高等学校规划教材

板带材生产工艺及设备

许石民　孙登月　主编
胡国栋　主审

北　京
冶金工业出版社
2015

内 容 提 要

本书是轧钢工艺及设备专业的专业课程教材，主要讲述板带材生产的工艺过程及所使用的机械设备。本书从钢板的分类及一般生产方法和技术要求入手，分别介绍了厚板、热轧带钢和冷轧带钢的生产工艺、轧机机型、主要设备和辅助设备的结构和工作原理等。结合现代冶金企业的板带材生产典型工艺及设备作了有针对性的介绍和理论分析，内容贴近生产实际。

本书可以用作大学本科轧钢专业学生的教材，相关专业本科、专科学生的教学参考书，冶金企业和重型机械设计研究单位相关工程技术人员的参考资料。

图书在版编目(CIP)数据

板带材生产工艺及设备/许石民，孙登月主编．—北京：冶金工业出版社，2008.8（2015.2 重印）

高等学校规划教材

ISBN 978-7-5024-4611-6

Ⅰ.板…　Ⅱ.①许…　②孙…　Ⅲ.①板材轧制—高等学校—教材　②带材轧制—高等学校—教材　Ⅳ.TG335.5

中国版本图书馆 CIP 数据核字(2008)第 119408 号

出 版 人　谭学余

地　　址　北京市东城区嵩祝院北巷 39 号　邮编　100009　电话　(010)64027926

网　　址　www.cnmip.com.cn　电子信箱　yjcbs@cnmip.com.cn

责任编辑　曾　媛　美术编辑　李　新　版式设计　葛新霞

责任校对　卿文春　责任印制　牛晓波

ISBN 978-7-5024-4611-6

冶金工业出版社出版发行；各地新华书店经销；北京百善印刷厂印刷

2008 年 8 月第 1 版，2015 年 2 月第 3 次印刷

787mm×1092mm　1/16；17.25 印张；457 千字；266 页

35.00 元

冶金工业出版社　投稿电话　(010)64027932　投稿信箱　tougao@cnmip.com.cn

冶金工业出版社营销中心　电话　(010)64044283　传真　(010)64027893

冶金书店　地址　北京市东四西大街 46 号(100010)　电话　(010)65289081(兼传真)

冶金工业出版社天猫旗舰店　yjgy.tmall.com

（本书如有印装质量问题，本社营销中心负责退换）

前　言

随着生产的发展和科学技术的进步，轧钢生产工艺和设备水平在迅速提高。生产和科学技术的进步必将促使教材内容的不断更新。同时，教学改革的内容之一是拓宽培养面，这就使教学必须突破原有设备专业和工艺专业的界限，在教材内容上把设备和工艺结合起来。

《板带材生产工艺及设备》的编写，本着工艺和设备相结合的原则，力求反映国内外板带材生产在近20年的新技术和发展方向。

本书在燕山大学校内经过多届本科生教学使用和研究生教学参考，在此基础上，结合近年国内外板带材生产技术的新发展，对内容进行进一步补充和修改，以期使内容能够跟上科学技术发展的快节奏。

本书可以作为机械设计及自动化专业的冶金方向的教学用书，也可以供相关的生产和技术部门工程技术人员参考。

本书第1章和第2章由胡国栋编写，第3章由孙登月编写，第4章由许石民编写。全书由许石民、孙登月主编，胡国栋主审。

由于编者水平所限，书中会有许多不足之处欢迎读者批评指正。

编　者

2008年5月

目　录

绪 论

钢铁工业属于原材料工业，是国民经济中的基础工业。在科学技术高速发展的今天，虽然许多国家和地区已不把钢铁工业作为支柱产业，钢产量也不作为衡量一个国家经济实力的最重要的经济指标。但是，钢铁工业的现状和发展仍在很大程度上体现一个国家的科学技术水平和经济发展实力。

我国钢铁工业的发展突飞猛进，在20世纪末年钢产量达到了1亿t，仅又过了2~3年钢的年产量就达到了1.6亿t，并且仍在大幅度增长，到2007年，钢产量已达到5.4亿t，约占世界钢铁总产量的50%，成为远远高出其他产钢大国年产量的第一产钢大国。我国制造业的发展、城市化进程和能源、交通、水利、电力等基础设施建设都需要钢铁的支撑，钢铁工业强有力地支持了我国经济的高速增长。

经济的发展创造了巨大的钢铁需求，使钢铁工业高速发展。轧钢生产是钢铁生产的后部工序，轧制成材的钢铁产品既要满足产量的需求，还要满足品种规格和质量的需求。反观我国的钢铁生产，产品的品种结构还不能满足国民经济发展的需求，而高档次的产品表现尤其明显。

板带材在钢材各品种中应用最广泛，近年来我国板带材生产有了快速的发展，从1998年产量为3427万t增加至2003年的8017万t，再到2007年的1.4亿t。尽管如此，仍不能满足消费需求，到2003年板带材的进口量占进口钢材总量的近90%，特别是特厚板、高档次冷轧板、镀锌板、不锈钢板和硅钢片等生产能力更显不足，许多品种在国内生产还是空白。纵观我国板带材生产，需要在以下几个方面进一步开展工作：

（1）提高钢材板带比。我国钢材的品种结构不合理，主要表现在钢材的板带比比较低，增长比较缓慢。2003年以前我国钢材的板带比小于35%，2004年增长了一个百分点达到35%，相当于前6年的增长数，2005年增加至36%，2007年增加到42%。据发达国家的经验，钢材生产和消费的板带比将随着国家工业化进程而增加。当国家从以建筑业为主要支柱产业转向以汽车等制造业为主要支柱产业时，板带比将超过50%。目前发达国家的板带比均保持在60%以上，我国钢材生产的板带比还低于消费需求，预计今后5~10年，我国钢材生产的板带比将逐步升至50%左右，基本上可满足消费要求的板带比。从长远来看，增加钢材生产的板带比是我国钢材生产结构调整的重要方向。

（2）提高产品质量。我国板带生产的品种规格和品种结构需要进行不断地调整，以满足市场需要。目前，世界钢铁市场竞争的焦点已集中在高附加值的板带领域，而我国板带生产仍是弱项。进口的板带材均属于高附加值领域，除不锈钢板和硅钢片属特钢外，进口部分厚板和大量的冷、热轧薄板和涂层板，都是具有特别的尺寸规格和尺寸精度、高使用性能、高技术含量、高附加值的产品。近年来，我国钢铁生产采用许多引进和自主研发的先进设备和生产技术，生产水平有了大幅度提高。提高管理水平，生产高质量的板带材，不仅可填补板带材品种需求的缺口，而且可生产出高附加值的板带材进入国际市场。

（3）注意环境友好和可持续发展。板带材生产技术的发展必须考虑资源的利用和回收、可循环使用、性能的可调节性、性能价格比和环境友好，因此，生产过程需要注意节能降耗，增加金属收得率，废料的回收和综合循环使用；性能的高级化是通过钢水的高洁净度的精炼、无缺陷或少缺陷连铸板坯、控轧控冷、高精度轧制和材料的复合化，最大限度地开发产品的极限性能，提高性能价格比。对生产过程产生的废料、废水、废酸、粉尘等污染环境的排放物严格处理，实行节能降耗、废品回收、可循环的综合利用的“绿色”生产工艺。

(4) 高速、快节奏的科研成果转化与开发。由于市场需要的推动和高新技术的应用，钢板生产技术的研究和开发成果向生产力转化进入了高速度、快节奏的阶段。研究开发的指导思想和组织管理，由原来的研究开发向工程化转变，许多成熟的生产技术很快就被科技含量更高的新技术所取代。

21 世纪将是知识经济时代，然而世界仍然是物质的，人类社会的生存、发展不可能脱离物质。“数码”（信息）是非常重要的，但它永远不可能取代物质。在知识经济时代，钢铁工业必将发生更为深刻的变化，在钢板生产中，以新工艺取代老工艺、以新流程取代老流程、以新技术装备的设备取代老设备的发展趋势不断地变革轧钢生产。我们要很好地驾驭这个发展规律，逐步地把我国由钢铁大国推向钢铁强国。

1 概 述

钢板和带钢是国民经济各部门中应用最广泛的钢材，它作为多种工业部门的原料使用。因此工业发达的国家板带钢产量占钢材产量的50%～60%，最高已达到66%以上。到2000年，我国板带钢产量占钢材产量不足35%，尤其是高质量、高附加值的板材品种短缺，要依靠进口弥补不足，这是需要发展的钢材品种。

1.1 钢板的品种分类

钢板的品种规格按厚度分为两大类，即厚板和薄板。我国一般称厚度为4mm以上者为中厚板；4mm以下者为薄板，尺寸范围见表1-1，其中，厚度在20mm以下（有时厚度达到30mm）的钢板，采用成卷方法生产，称为带钢。

表1-1 钢板厚度尺寸范围

分 类	厚 板			薄 板	
名 称	特厚板	厚 板	中 板	薄 板	极薄带
厚度/mm	60～160	20～60	4～20	0.2～4	0.002～0.2
备 注	最厚为700mm			最薄为0.001mm	

钢板按其用途分类如下。

（1）结构制造业用板：如桥梁板、锅炉板、压力容器板、高炉及其他工业建筑物用板。

（2）交通运输业用板：如汽车板、造船板、机车制造和航空结构用板。

（3）机器制造业用板：以钢板为原料冲压、焊接和机械加工成各种机器零件用钢板。

（4）电工钢板：制造电机、变压器等用的硅钢板。

（5）焊管和冷弯型钢用板：焊管坯和冷弯型钢坯用的钢板。

（6）金属制品工业用板：如日用品制造业和食品包装用钢板。

（7）特殊用途钢板：如装甲板、不锈钢板、耐热钢板、耐酸钢板、复合板等。

钢板按其材料可分为碳素钢板和合金钢板。碳素钢板大部分为低碳钢板，也有中、高碳钢板。合金钢板大部分为低合金钢板，也有高合金钢板。

钢板按表面处理方法不同可分为镀锡板、镀锌板、涂层板等。

有关钢板品种规格可参阅国家有关标准。

1.2 钢板生产的技术要求

钢板根据厚度和用途以及生产的技术要求不同，最基本的要求可归纳为如下四个方面：

（1）尺寸精度要求。钢板的尺寸精度主要指厚度精度。厚度精度包括纵向厚度差和横向厚度差的允许范围。通常说板厚精度是指纵向厚度差的大小；而横向厚度差的大小往往用板凸度表示。由于钢板的L(长)$\times B$(宽)$/H$(厚)比值很大，厚度微小的波动将引起金属消耗很大的波动。因此，钢板的厚度偏差不仅关系到构件的重量和强度等使用性能，也关系到金属的节约。以汽车板为例，为降低公里油耗，必须尽可能地降低车重，要求每台汽车重量偏差小于5kg，因而要求严格控制各种汽车板的厚度偏差。虽然钢板标准规定厚度偏差为10%，但汽车板厚度偏差超过+3%，即会因超出汽车行业法规而遭到罚款。目前，汽车板要求实际产品厚度偏差是标准厚度偏差的1/4。因此，在钢板生产中都十分重视厚度控制，力争厚度的高精度轧制和按负公差轧制。

（2）板形精度要求。板形精度是指板带钢的平直度，表示板带材纵、横向各部位是否产生波浪或瓢曲（即单边浪、双边浪、中浪、肋浪和局部瓢曲）。板形良好的条件取决于轧后伸长率沿宽度方向上的分布是否均匀。如果边部的延伸大于中部，超过一定值就会出现边浪，反之，则出现中浪。由于板带材的板形问题随着厚度减小而越来越敏感，因而薄板轧制的板形精度要求更为严格。板带材使用部门对板形精度的要求越来越高，例如：高速自动冲压加工线为防止冲模夹卡和提高冲压外形质量，要求板形偏差小于5I，厚度偏差为±2μm。

（3）表面质量要求。板带钢材是单位体积的表面积最大的钢材，又多用于外围构件，因此，对于大多数板带材要求表面光洁，不允许有结疤、麻点和划伤。对于表面进行镀层、涂层加工的板带材，则表面又有一定的粗糙度要求。

（4）性能要求。板带材的性能要求主要包括工艺性能、力学性能和某些特殊的物理或化学性能。钢板用于制造各种形状及尺寸的构件时，必须经过剪切、弯曲、冲压和焊接等加工过程，要求具备良好的工艺性能。对于一般的结构钢板，只要求具有良好的加工工艺性能，例如冷弯和焊接性能等，对力学性能的要求并不很严格。对于甲类钢板，则要求保证力学性能，要求有一定的强度和塑性。对于重要用途的结构钢板，则要求有较好的综合性能，既要有良好的工艺性能，又要有一定的力学性能，还要保证一定的化学成分、一定的金相组织和各向组织均匀性要求，以保证钢板具有良好的焊接性能、常温或低温冲击韧性或一定的冲压性能等。诸如造船板、桥梁板、压力容器板、汽车板、低合金结构板以及优质碳素钢板等，它们的综合性能要求比较严格。例如，锅炉钢板除要求具有一定的强度、塑性和冲击韧性外，还要求具有一定的化学成分和细小的金相组织，含碳量严格控制在0.3%以下，否则焊接后的高速冷却会发生淬硬而影响焊缝的强度；磷能降低钢板的冲击韧性并引起冷脆，故磷的质量分数不允许超过0.04%；硫能促进钢板的热脆，必须限制硫的质量分数在0.045%以下。又如造船板和桥梁板，除必须具有良好的工艺性能和常温的力学性能外，还要有一定的低温（-40℃）冲击韧性。再如用于汽车覆盖件的汽车板，在冲压加工时中间部位变形小，加工硬化作用不明显，汽车在高速行驶中受到沙石碰击在表面上会产生凹陷，为避免这种情况发生，希望钢板有较高的抗凹陷性能。因此出现了烘烤硬化板，称BH板，是一种将冲压用的深冲性能与元素P（或Mn）的固溶化机制相结合的特殊性能钢板。这种钢板在冲压加工前具有较低的屈服强度，深冲部分经大变形冲压加工后，在油漆烘烤170℃左右高温下保持20min，钢中残留的C、N原子引起应变时效，通过烘烤硬化的应变机制获得高强度、深冲性能与良好的抗凹性相结合、综合性能优异的冷轧板。除上述各种结构钢板外，还有各种特殊用途的钢板，例如，高温合金钢板、不锈钢板、硅钢片、复合板等，它们或要求特殊的耐高温性能、低温性能、耐酸耐碱等耐腐蚀性能，或要求电磁性能，以及其他特殊性能。

为保证板带钢的技术要求，在生产过程中，必须对钢的冶炼过程、轧制过程、轧后冷却以及热处理过程进行严格地控制，同时要促使这些过程的生产工艺和设备不断地更新和改进。

1.3 钢板生产的一般方法

板带钢的厚度和技术要求不同，其生产的方法也不同。

1.3.1 单张轧制生产

单张轧制生产的生产过程在一张一张的状态下进行，用于中厚板的生产。由于厚度比较大，只能采用单张轧制的生产方法。为了减小变形抗力，中厚板的轧制都采用热轧的方法。用于单张轧制厚板生产的轧机形式可以分为单机座和双机座厚板轧机。

1.3.2 成卷轧制生产

成卷轧制生产用于薄板生产，也用于生产部分规格中厚板。由于薄板的轧后长度都很长，通常是几百米到上千米，甚至几千米的长带，生产只能是在卷成钢带卷的状态下进行，成卷生产的带钢有热轧带钢和冷轧带钢两种。

1.3.2.1 热轧带钢生产

热轧带钢生产的带钢厚度范围一般为1～20mm，最薄可达0.8mm，最厚可以超过30mm。用于热轧带钢生产的轧机形式有以下3种：

（1）连续式热带钢轧机，通常称为热带钢连轧机，是生产热轧带卷应用最广泛、最主要的轧机形式。

（2）薄板坯连铸连轧机，是近年来发展起来的短流程轧机。

（3）带有炉内卷取机的炉卷轧机，是一种可逆式轧机，其前后的卷取机置于加热炉内，在轧制的过程中可以对带钢进行加热和保温，使轧制变形在一个很窄的温度区间内进行，用于轧制变形温度要求严格、难于变形的合金板。

1.3.2.2 冷轧带钢生产

冷轧带钢生产的带钢的厚度范围为0.01～3.5mm，最薄可达到0.001mm。冷轧带钢生产的轧机机型有下面两种：

（1）连续式带钢冷轧机，通常称为带钢冷连轧机，是大规模生产的主要轧机形式。

（2）可逆式带钢冷轧机，一般是单机座的，在一个工作机座上对带钢进行往复的多道次轧制。目前，可逆式带钢冷轧机也应用较广，多应用于多辊轧机的轧制。

1.3.3 板带轧机工作机座的形式

由于板带轧机轧辊的 L（辊身长）/D（辊径）的比值比较大，为了提高轧辊的刚度，在工作辊的外侧都加有支承辊。据轧辊数量的不同，板带轧机可分为如下两大类：

（1）四辊轧机。曾是板带轧机最主要的工作机座形式。随着对板带钢轧制精度要求的提高，其地位在不断下降。目前，四辊轧机仍是厚板轧制的最主要机型，而薄板轧制则逐步被多辊轧机所代替。

（2）多辊轧机。轧辊数量超过四个的板带轧机称为多辊轧机，包括六辊轧机、十二辊轧机、二十辊轧机和复合多辊轧机等，主要用于薄带钢和超薄带钢的生产。

2 厚板生产工艺及设备

厚板钢材可用于大直径输送管道用管的生产，大型桥梁、海上采油平台和大型舰船的建造，以及高炉壳体、压力容器、锅炉等重型机器制造和军工部门的特殊需要。厚板生产是一个国家的工业基础，世界各国都非常重视厚板生产技术的发展。各类高质量的专用钢板，诸如性能好的造船板、石油化工及输送管道钢板、电站及锅炉钢板、大型桥梁钢板和装甲板等的市场前景较好。

2.1 厚板生产的发展状况

厚板生产的发展趋势主要是提高轧机产量，提高产品质量，降低消耗，提高效益，满足市场对厚板的需要，提高产品的竞争能力。

2.1.1 改造或淘汰旧轧机、建设现代化厚板轧机

从20世纪60年代到90年代，世界厚板轧机发生了很大的变化，到20世纪末全世界中厚板生产能力达到1.2亿t，超过市场需求。因此从节约能源和资源、降低成本、提高生产能力和产品质量出发，逐步地淘汰了落后的和小规模的轧机，改造和新建了一批现代化厚板轧机，将世界原有的大约120套厚板轧机缩减到1998年的大约74套，其中4700mm以上的厚板轧机有20套，选择其中的9套，其轧机性能见表2-1。

表2-1 9套国内外厚板轧机性能

厂名及轧机规格	投产年份	支承辊直径/mm	最大轧制力/kN	最大轧制速度/$m\cdot s^{-1}$	轧机刚度系数/$kN\cdot mm^{-1}$	主电机额定功率/kW	板形控制装置	单位辊身长度轧制力/$kN\cdot mm^{-1}$
中国鞍钢4300mm	1993年7月	1800	50000	4.2	5800	2×3700	无	11.6
德国迪林根4300mm	1972年	2150	92000	7.32	10400	2×8600	支承辊弯辊	21.4
韩国浦项3号4300mm	1997年9月	2150	80000	6.15	9000	2×6500	PC+工作辊弯辊	18.6
苏联伊里奇3000mm	1983年	2150	71000	6.54		2×12600	工作辊弯辊	23.7
瑞典SSAB3700mm	1998年	2150	102000	7.0	9700	2×11200	CVC+工作辊弯辊	27.6
德国蒂森3900mm	1956年（1978年改造）	2100	80000	7.85	10000	2×11540	工作辊弯辊	20.5
德国迪林根4800mm	1985年改造	2150	92000	7.32	10400	2×860	支承辊弯辊	19.2
德国迪林根5500mm	1985年	2400	110000	6.95	10600	2×11000	工作辊弯辊	20.0
日本大分5500mm	1976年	2400	100000	6.28	10000	2×8000	CNP+工作辊弯辊	18.2

2005年，我国中厚板的生产能力达到5330万t，中厚板比达到13.6%，高于发达国家，中厚板产量已能满足国内要求。新建的中厚板轧机产能比较大，用宽热带钢连轧机生产中厚板的比例有所下降。

近年中厚板轧机的发展特点主要有以下几点。

(1) 提高轧机的生产能力。

改造后和新建的厚板轧机生产能力的提高表现在以下几个方面：

第一，轧辊辊身长度增加。厚板轧机的最大板宽一般是工作辊辊身长度减去300mm，大直径的直缝焊管UOE成形生产需要更宽的厚板作为原料，例如，5500mm厚板轧机可生产宽度为5200mm的钢板，供给直径为1626mm的焊管作原料。航空母舰等大型舰船制造也需要提供更大面积的板料，以减少焊缝，最宽可达到4500mm，最长可达到25000mm。此外，随着滚切剪的出现，轧机可以生产双倍成品宽度的宽厚板，然后纵向剖切，可以提高轧机生产率和金属收得率。因此，在21世纪前的74套厚板轧机中，4700mm以上的轧机有20套，5000mm以上的轧机有12套，在仅有的4套5500mm轧机中日本就有3套。到2005年，我国有15套3500mm以上厚板轧机投产，其中有5000mm级厚板轧机2套。

第二，轧机刚度不断增大。现代厚板轧机工作机座的基本特点是具有高刚度，这是为了满足板宽增加和控制轧制工艺所要求的较低变形温度。目前，世界厚板轧机刚度系数最高已达到9000～10600kN/mm；支承辊直径达到2100～2400mm；牌坊立柱断面面积达到10000～11000cm^2；单片牌坊最重达390t。

第三，轧机力学性能参数不断增大。由于增大轧辊辊身长度可轧制更宽的厚板，加之实施控制轧制，使得轧制力增大，现代厚板轧机的轧制力已达到100000～110000kN（最大达到130000kN）。

轧制力增大使工作辊传递的扭矩增大，辊身长度大于4000mm的厚板轧机，最大扭矩达到6000kN·m，工作辊直径在1030～1130mm以上。

提高轧制速度可以缩短轧制周期、提高轧机生产率、减少钢板因头尾温差带来的厚度差、控制终轧温度、提高产品质量。厚板精轧机座的轧制速度已由5.0～6.4m/s提高到7.0～7.85m/s。

轧制力矩增大，轧制速度提高，使电机功率随之增大，达到2×10000～2×12600kW。

(2) 开发新型厚板轧机。

普通四辊轧机取代了二辊式和三辊劳特式厚板轧机成为厚板轧机工作机座的主要机型，并被广泛地应用。为了提高厚板轧机的效率，提高钢板的尺寸精度和更好地控制板形，现已开发出PC厚板轧机、HCW厚板轧机和CVC厚板轧机。

日本君津厚板厂开发的第一套4724mm PC厚板轧机于1991年投入生产。该轧机将工作辊和支承辊做成可以成对交叉形式，同时还设有工作辊弯辊装置，其特点是：

1）轧机工作辊和支承辊成对交叉的最大交叉角为1°，设定精度为0.003°，有效地控制了板形和板凸度。

2）由于PC轧机采用调整上下轧辊的交叉角，调整上下轧辊的等效凸度，控制板形和板凸度，不再需要控制轧辊曲线，也无需在精轧最后阶段的轧制道次限制轧制负荷，轧机可以实现高压下率的自由轧制，减少轧制道次，提高了轧机效率。

日本福山钢铁厂于1985年制造了1台4700mm HCW厚板轧机，其特点是：

1）工作辊做成可以轴向移动的形式，轧制时工作辊作定期移动调整，可以使轧辊磨损均匀，使局部磨损减小到最小，这样可以连续不断地改变宽度规格，生产出各种规格钢板，实现在轧制周期中任何宽度尺寸规格的自由轧制，增加了轧机的灵活性，有效地提高了轧机的效率。

2）将工作辊的一端做成有一定长度的锥形段，根据不同板宽要求，对上下工作辊进行轴向移动，实行锥形段的位置设定，可以有效地控制钢板的边部减薄及控制板形。

瑞典奥斯陆厚板厂改造成世界第一台 CVC 厚板轧机，并于 1998 年 10 月投产。

（3）采用液压 AGC 厚度自动控制系统和液压弯辊板形控制系统。

国外的厚板轧机上广泛地采用液压 AGC 厚度自动控制系统，可以使厚板的厚度差减小到 0.07～0.08mm。意大利塔兰托厚板厂 4286mm 厚板轧机精轧工作机座进行液压 AGC 系统的改造后，使钢板的成材率提高了 0.4%。

利用厚板轧机设置液压 AGC 厚度控制系统，可开发生产宽度和长度方向的楔形钢板或变断面钢板，用于造船、桥梁和箱罐的建造，可以减轻结构重量、节约工时。法国 20 世纪 80 年代建造的跨度 75m 的公路桥，采用长度方向楔形板，使结构重量减轻了 10%，节约了金属 5%。

以往在厚板轧制中，因为板厚大，对板形的反应不敏感，近年来由于用户对板形质量的要求提高，在厚板轧机上开始设有液压弯辊系统控制板形，也开始用液压 AGC 厚度控制系统进行轧机的倾辊调整，优化板形和消除镰刀弯，实现了板形动态自动控制。

下面举两个厚板轧机进行技术改造比较典型的例子。如德国迪林根厚板厂，1973 年建成 4300mm 单机架厚板轧机，为了满足 ϕ1626mm 大直径直缝焊管要求，于 1985 年改造成为 4800mm 轧机，还在前面加上 1 架 5500mm 工作机座，并设有液压弯辊系统。又如，日本君津厂的厚板轧机，自 1968 年投产以来，精轧机座进行了几次重要的改造，1978 年引入了液压 AGC 厚度自动控制系统，1981 年更换了新牌坊，1991 年改造成为了 PC 轧机。

2.1.2　以连铸坯为厚板轧制的坯料

除少量特殊用途的合金钢板采用钢锭为坯料外，大多数的厚板生产都以连铸坯为坯料，同时普遍采用连铸坯热送、热装技术，这项技术的使用以日本最为突出，20 世纪 80 年代厚板生产连铸比就达到 90% 以上，大分和八幡等厚板分厂的连铸比达到了 100%。使用连铸坯生产厚板，简化了冶金生产过程、节约了能源、降低了金属消耗、提高了金属收得率、降低了生产成本。

2.1.3　广泛地采用厚板平面形状控制技术

在厚板轧制过程中，由于某些工艺因素控制得不好，轧制过程中产生了不均匀变形，造成厚板轧后畸形，如钢板边部形状不齐、头尾形不整、镰刀弯、板凸度过大等，统称为厚板的平面形状不良。控制钢板的平面形状，对于提高厚板的成材率和提高轧机的产量是非常有意义的。在国外的先进厚板轧机上，针对厚板的形状缺陷，开始采用厚板平面形状控制技术，以减小切头、切尾和切边损失，甚至可生产不切边钢板。

2.1.4　钢板综合性能控制

随着用户对钢板强度、低温韧性、可焊性要求日益严格化，用常规的轧制方法加上正火热处理组合的生产工艺无法满足要求，例如，造船要求用抗拉强度为 400MPa 级且具有良好韧性的造船板，因此相继出现了控制轧制、控制冷却，进而发展成控制轧制与控制冷却相结合的热机械控制工艺。这种工艺方法不仅对厚板轧制的终轧温度和低温阶段的压下率进行控制，而且对轧后的冷却速度和终冷温度进行控制，因此，也称控轧控冷工艺。这种方法可以生产出高强度、高韧性和良好的焊接性能为一体的钢板品种，可以生产出用常规轧制加上热处理组合方法无法达到要求的造船板和管线钢板。

2.1.5 采用计算机控制

现代化的厚板轧机都实现了计算机控制，包括基础自动化、完成程序压下、物料跟踪、事故检测和报警的控制。有的还实现了包括生产管理级、生产控制级、过程控制级和设备控制级的管理和控制。计算机管理和控制，使生产组织和生产过程高度自动化，在现阶段厚板生产发展的新技术，都是与计算机相联系的。计算机控制给厚板生产带来极大的效益。例如，日本鹿岛厚板厂实现了生产线和车间的三级计算机管理和控制，使业务处理时间缩短10天，钢板的成材率提高5%，轧机产量提高10t/h，产品精度也得到提高。

2.2 厚板生产工艺及生产过程中的新技术

由于厚板产品用途广泛，使用环境复杂，对产品的尺寸精度，尤其是性能要求各不相同，形成了厚板产品品种和规格的多样性。因此，厚板生产工艺过程十分复杂，而且不断地涌现出新的生产技术。

厚板生产工艺过程由原料及轧前准备、轧制和精整三大部分组成。

2.2.1 厚板生产的原料及轧前准备

2.2.1.1 厚板生产的原料

厚板生产的原料经历着钢锭—初轧坯—连铸坯的演变。随着冶金生产技术发展，板坯初轧机基本被淘汰，因此，初轧坯也基本上不再使用。极少数工厂因初轧机继续使用而仍采用初轧坯。

连铸坯是用板坯连铸机将钢水连续不断地注入其结晶器，一定厚度和宽度的板坯连续地被拉出，并切成一定长度。连铸坯的优点是：

（1）简化和缩短了冶金生产过程，减少了厂房和设备投资；

（2）节约能源，提高了金属收得率；

（3）物理化学性能均匀。

因此，采用连铸坯对于提高产品质量、降低生产成本是很有意义的。绝大部分厚板厂采用连铸坯生产。

连铸坯厚度尺寸确定：为保证钢板的组织和性能，其厚度要保证轧制有一定的压缩比。采用多大的压缩比为好，其说法不一，美国认为4~5，日本要求6以上，德国提出3.1即可。为保证质量，对一般用途钢板宜选用压缩比为6~8，重要用途宜选用为8~10以上。

连铸坯长度确定：当板坯需要宽展轧制时，长度受到粗轧机座辊身长度限制，一般最大取辊身长度减去500mm；终轧温度和轧件的头尾温差，也是确定坯料长度的限制条件。

连铸坯的厚度可达到320mm，宽度可达到800~2500mm，重量可达到45t。

对于特厚板或特殊用途的合金板，仍需采用钢锭为原料进行轧制。

2.2.1.2 板坯的轧前准备

除少量厚板，尤其是重要的合金钢板，需要在加热之前进行表面缺陷清理，绝大多数板坯不需要表面清理。清理方法有火焰清理、砂轮修磨等。

为了提高塑性、降低变形抗力，使坯料便于轧制，根据板坯尺寸和材质性能不同，采用不同的加热规范加热板坯，这就是板坯的加热工艺。板坯加热质量的好坏，不仅影响到轧制工艺，而且关系到产品质量和金属的收得率。

A 板坯的加热要求

板坯的加热要求如下：

（1）加热温度应当满足加热工艺规范的温度要求，不得产生过热和过烧。

（2）加热温度应当沿长度和断面均匀。如果加热温度不均匀，会造成各个部分变形抗力不一致，轧制时产生不均匀变形，影响板厚和板形精度。

（3）尽量减少加热时的氧化烧损。

B 板坯加热的参数

板坯加热最重要的参数是加热温度和加热时间。

a 板坯的加热温度

板坯加热温度一般是指加热完成后，出炉时的表面温度。加热温度的确定要考虑到钢种的化学成分和性能、轧制工艺的要求和轧制设备的特点，既要满足产品产量和质量的要求，又要注意降低单位能耗。

对于碳钢和低合金钢，通常加热温度的上限可以根据铁碳平衡图来确定，应比固相线 AE（1140～1530℃）低 100～150℃。某些钢种的最高加热温度和理论过烧温度见表 2-2。加热温度下限要考虑到轧机的布置形式、轧机的设备能力及轧制工艺特点。例如，实行热机械控制工艺的厚板坯加热，要根据终轧阶段的轧制温度和终轧温度的要求，考虑轧制过程中的温度降，确定出炉温度。

表 2-2 某些钢种的最高加热温度和理论过烧温度

钢号		最高加热温度/℃	理论过烧温度/℃	钢号	最高加热温度/℃	理论过烧温度/℃
碳钢	1.5% C	1050	1140	硅锰弹簧钢	1250	1350
	1.1% C	1080	1180	镍钢(3% Ni)	1250	1370
	0.9% C	1120	1220	渗碳镍钢(5% Ni)	1270	1450
	0.7% C	1180	1280	铬钒钢	1250	1350
	0.5% C	1250	1350	高速钢	1280	1380
	0.2% C	1320	1470	奥氏体镍铬钢	1300	1420
	0.1% C	1350	1790			

b 板坯的加热时间

板坯的加热时间是指加热到工艺要求所必需的总时间。可用较简单的公式粗略计算。

（1）齐瑞科夫公式：

$$t = CH \tag{2-1}$$

式中 t——加热时间，h；

H——板坯厚度，cm；

C——系数，通常取值为：软钢低碳钢，$C=0.01\sim0.15$；中碳钢和低合金钢，$C=0.15\sim0.20$；高碳钢，$C=0.20\sim0.30$；高级工具钢，$C=0.30\sim0.40$。

（2）泰茨公式：

$$t = (7 \times 0.05H)H \tag{2-2}$$

式中 t——加热时间，min；

H——板坯厚度，cm。

（3）里斯公式：

$$t = K\frac{H}{1.24 - H} \tag{2-3}$$

式中 t——加热时间，h；

H——板坯厚度，m；

K——系数，通常取值为：单面加热，$K=22.7$；双面加热，$K=13$。

C 连续式加热炉的分类

板坯加热采用连续式加热炉，加热过程分为预热段、加热段和均热段。

预热段的目的：一是对冷装炉，预热段加热缓慢，以免加热速度太快造成厚板坯内部的温差太大，产生热应力，引起内部裂纹；二是利用加热段废气余热对板坯预热，可以节能。

加热段可以提高加热速度。

均热段的目的是使板坯的内部温度均匀。

连续式加热炉依据板坯在炉膛内前进方式不同分为推钢式加热炉和步进式加热炉两种。

a 推钢式连续加热炉

推钢式连续加热炉加热过程如图2-1所示。板坯在炉膛内的前进是靠装料端的推钢机推动。这种形式加热炉的缺点是：

（1）板坯加热后与水冷管道接触部分存在黑印，加热温度不均；

（2）板坯的下表面有划伤；

（3）炉膛内易产生起拱现象；

（4）炉膛内的板坯排空困难。

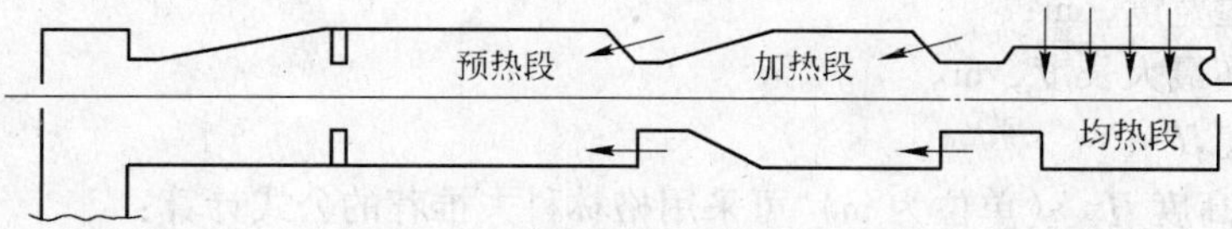

图2-1 连续式加热炉加热过程简图

因此，推钢式连续加热炉正逐步被步进式连续加热炉所取代，只有少量以小型合金钢锭为原料以及没有来得及改造的还在使用。

b 步进式连续加热炉

步进式连续加热炉的原理如图2-2所示。它由6个固定的水冷管道组成固定梁，沿炉子长度支撑板坯，另有4个水冷管道组成步进梁，步进梁支撑在步进机构的构架上，步进机构实现板坯的步进运动。当步进运动开始时，比固定梁低100mm的步进梁被步进机构托起上升200mm，将板坯升高至固定梁上方100mm，步进机构步进运动使步进梁连同板坯一起前进

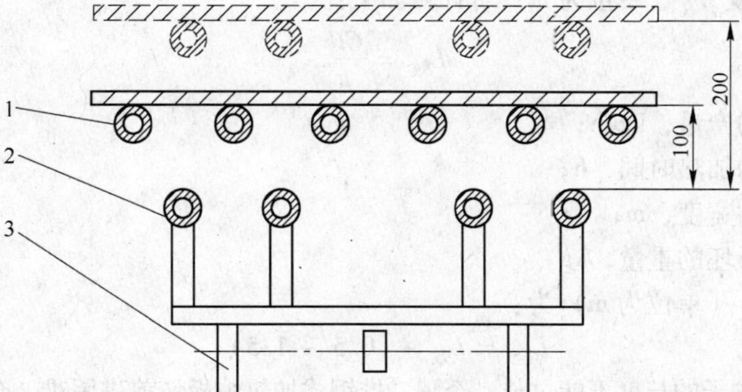

图2-2 步进式连续加热炉步进原理示意图

1—固定水冷梁；2—步进水冷梁；3—步进机构（偏心轮式）

450mm，然后，步进机构使步进梁下降200mm，将板坯放到固定梁上，并退回450mm，完成一个步进周期。步进式连续加热炉的步进机构在本书第3.2节中介绍。

步进式连续加热炉的优点是：

（1）可以减少板坯的黑印。板坯向前运动时有半个周期停留在固定梁上的耐热陶瓷垫块上，有半个周期停留在步进梁陶瓷垫块上。当板坯不向前运动时，步进梁只做垂直升降运动使板坯原地踏步，不断地变换与耐热陶瓷垫块的接触点，使均匀加热。

（2）板坯下表面没有划伤。

（3）在炉膛内板坯不会产生起拱现象，炉长不受最小坯厚限制。

（4）炉膛排空容易。轧机停轧时，步进机构做相反运动，板坯可以从装料端排出，不会在加热炉开始加热和冷却过程中产生严重烧损。

D　加热炉的炉膛尺寸

炉膛尺寸是连续式加热炉炉体设计的重要参数，它与炉子的产量、技术工艺操作、板坯的尺寸及其在炉内的布置有关。

a　炉膛宽度 B

单排装料时：

$$B = L + 2 \times 0.25 \tag{2-4}$$

双排装料时：

$$B = 2L + 3 \times 0.25 \tag{2-5}$$

式中　B——炉膛宽度，m；

L——板坯最大长度，m。

b　炉膛高度 H

炉膛的有效高度 $H_{效}$（单位为m）可采用格林科夫推荐的公式计算：

$$H_{效} = (A + 0.05B)T_{气} \times 10^{-3} \tag{2-6}$$

式中　B——炉膛的宽度，m；

$T_{气}$——炉气温度，℃；

A——系数，当 $T_{气}$ 在900～1500℃之间时，$A = 0.5 \sim 0.65$。

炉膛的全高 $H_{全}$（单位为m）为：

$$H_{全} = 2H_{效} + \delta \tag{2-7}$$

式中　δ——加热物料厚度，即板坯厚度，m。

c　炉腰长度 L

炉子的有效长度 $L_{效}$（单位为m）可计算如下：

$$L_{效} = \frac{Gtb}{g} \tag{2-8}$$

式中　G——炉子的产量，kg/h；

t——板坯的加热时间，h；

b——板坯的宽度，m；

g——每块板坯的重量，kg。

炉子的全长 $L_{全}$（单位为m）为：

$$L_{全} = L_{效} + (0.5 \sim 1.5)$$

设计时应注意炉子的长度不能过长，否则，推钢式加热炉板坯前进困难，会引起起拱；步进式加热炉炉长过长会造成步进机构庞大。一般连续式加热炉可取最适宜炉长 $L_{宜}$（单位为m）为：

$$L_{宜} = (280 \sim 340)h$$

式中　h——板坯厚度，m。

如果根据产量计算的炉膛长度超过合理适宜的炉长 $L_{宜}$ 时，可用双排装料或者增加炉子的数量。

E　板坯的加热工序

板坯有冷装炉、从缓冷坑中取出的热坯或直接从连铸车间来的高温板坯热装炉。坯料用吊车放在受料辊道上，送至装炉位置，经装料推钢机将板坯推入炉内。当冷、热板坯切换装炉时，后装的板坯要有时间滞后，在炉内为使前后板坯不出现空位，装炉推钢机采用长行程。板坯在炉膛内由步进机构搬运前进。加热好的板坯由出钢机从炉膛内托出，放在出料端的输送辊道上，送往轧机进行轧制。

2.2.2　厚板的轧制过程

2.2.2.1　除鳞

板坯在轧制前和轧制过程中必须清除在加热过程中的炉生氧化铁皮和轧制过程中生成的再生氧化铁皮，这个过程称为除鳞。除鳞对保证钢板的表面质量是非常重要的。否则氧化铁皮压入钢板表面，会造成麻点，而且，这种表面缺陷会因轧制进行而扩大面积；另外，氧化铁皮很硬，它的存在还会增加轧辊磨损，这不仅增加轧辊消耗，还会增加换辊次数，影响轧机产量。

氧化铁皮的塑性低，很脆，在冲击力和轧制延伸的作用下会破碎。因此，除鳞的方法有以下几种：

（1）高压水除鳞。高压水的冲击力可以破碎和清除板坯表面的氧化铁皮，这种方法除鳞得到广泛地应用。一般采用高压水的压力为 15～17MPa。由于采用热机械工艺，在钢中加入微合金元素和低温出炉，使氧化铁皮在钢板表面的黏着力增强，因此，高压水的压力有增强的趋势。20 世纪 80 年代新建和改造的厚板厂均采用 20MPa 的压力，如瑞典奥斯陆厂为 23.5 MPa，英钢联为 24MPa，德国米尔海姆厂为 25MPa。

（2）轧制延伸除鳞。由于氧化铁皮塑性低，又很脆，轧制延伸可将其破碎。因此，清除炉生氧化铁皮可以设置专门的破鳞机座（立辊或水平辊），在轧制的开始道次，采用 5%～15% 的压下量破碎氧化铁皮。为了提高除鳞效果，有的采用增大压下量的方法（除鳞道次的压下量达 15%～20%）；也有采用水平辊的异步轧制方法除鳞，用上下轧辊线速度的不同步提高除鳞效果。

（3）高压蒸汽除鳞箱。为避免钢板在除鳞过程中的过度冷却，日本一些轧机用高压蒸汽代替高压水，在一般钢种轧制的最后道次采用，轧制不锈钢时在所有道次都使用。

高压水除鳞装置置于破鳞机前或后，或者前后都有，或者将高压水喷嘴置于轧机工作机座的机上除鳞。将延伸除鳞和高压水除鳞结合起来，可以很好地清除掉炉生和再生氧化铁皮。

2.2.2.2　轧制方式分类

厚板的轧制方法，按厚板坯进入轧机的方式不同可分为横轧—纵轧法、全纵轧法和全横轧法三种。

（1）横轧—纵轧法：包括纵向辗平、横轧宽展和纵轧工序，如图 2-3 所示。

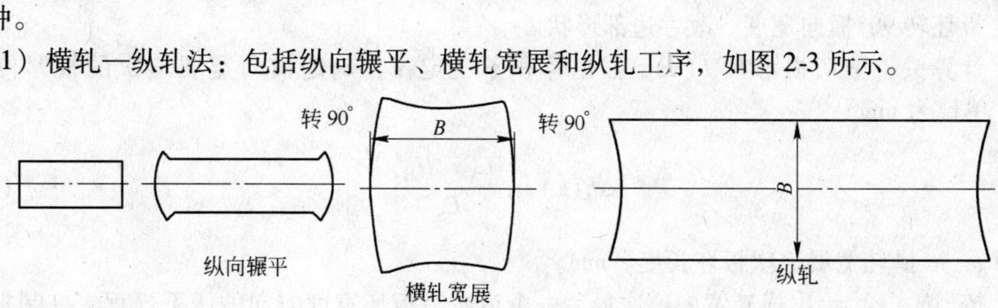

图 2-3　横轧—纵轧法轧制厚板的过程

1）纵向辗平：板坯沿长度方向咬入轧机，使板坯的端部产生扇形，以减少横轧宽展道次板坯端部的收缩。

2）横轧宽展：当板坯的宽度小于成品宽度时，板坯纵向辗平之后，回转 90°，进行横向宽展轧制，达到宽度要求后，再回转 90°进行纵轧。

3）纵轧：在横轧宽度达到要求后拨正，进行纵向轧制，轧到要求的厚度为止。

（2）全纵轧法：当板坯的宽度等于或大于板宽时，即不用横轧，直接纵向轧制成成品。

（3）全横轧法：当板坯的宽度小于成品宽度而长度等于成品的宽度时，板坯进行横轧直到成品厚度。

全纵轧法和全横轧法，由于金属始终向一个方向延伸，带来钢板的组织和性能严重的各向异性，使横向性能往往不合格（尤其是冲击韧性），应尽可能少用。

轧制过程分为粗轧和精轧两个阶段。粗轧阶段进行横轧宽展和大压下量纵轧延伸；精轧阶段进行纵轧延伸和质量控制，包括厚板控制、板形控制、表面质量和性能控制。在实施时，单机座厚板轧机，粗轧和精轧阶段中间无一定界限；双机座厚板轧机，则分别在粗轧机座和精轧机座上进行。

2.2.2.3 轧制过程中的平面形状控制

钢板轧制过程中的平面形状控制，对于提高成材率和轧机产量是非常有意义的。钢板的平面形状不良引起的头、尾和边部的切损达到 5% ~6%。采用平面形状控制技术的条件是厚板轧机具有液压压下和液压 AGC 厚度控制功能，轧机既可以带钢压下，又可以做倾辊调整，以及设有立辊机座。

国外已采用的钢板平面形状控制技术有以下几个：

（1）MAS 轧制法也称平面模型控制法，即在纵向辗平的最后一道，沿纵向调整板坯的厚度，以改善钢板侧边形状；在宽展道次的最后一道，沿宽度调整板坯厚度，以改善钢板头、尾形状。其控制原理如图 2-4 所示，控制过程如图 2-5 所示。

其控制的要点如下。

1）计算板边切损形状 $T(y)$，根据体积不变定律，确定纵向辗平道次的厚度修改量 $\Delta h(y)$（单位为 mm）：

$$\Delta h(y) = \frac{T(y)H_B}{W_S} \tag{2-9}$$

式中 H_B——钢板成品厚度，mm；

W_S——板坯厚度，mm。

2）按 $\Delta h(y)$ 给出纵向辗平最后一道次沿板坯长度方向的压下规程，控制板坯沿长度方向厚度分布。

3）板坯转 90°横向宽展，改善边部形状。

4）计算头、尾切损形状 $L(x)$，根据体积不变定律，确定横向宽展道次的板厚修改量 $\Delta h(x)$（单位为 mm）：

$$\Delta h(x) = \frac{L(x)H_B}{L_S} \tag{2-10}$$

式中 L_S——横轧宽展道次板坯长度，mm。

5）按 Δh（x）给出横轧宽展道次最后一个道次沿板坯宽度方向的压下规程，控制板坯宽度方向厚度分布。

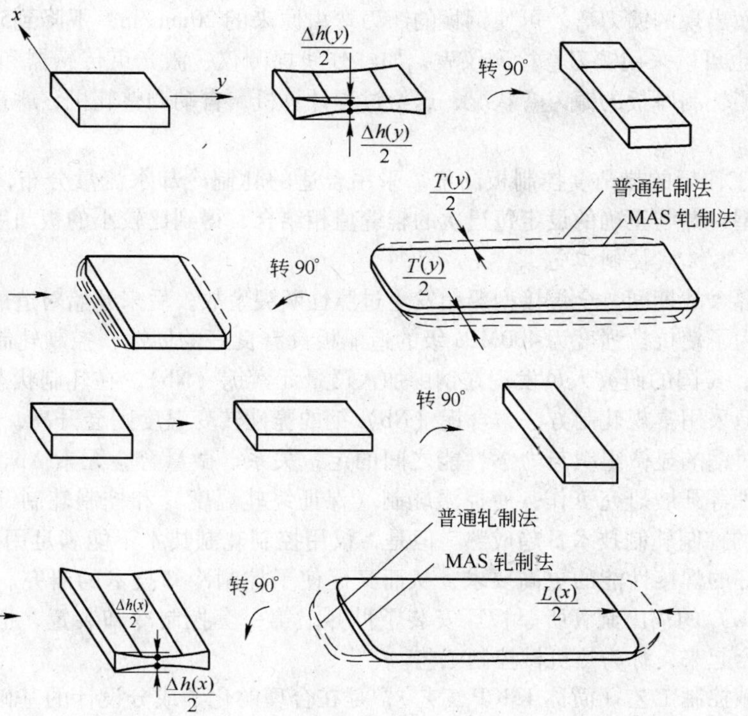

图 2-4 MAS 轧制法控制原理图

6）板坯转回 90°，纵向轧制到成品；改善头、尾形状。

MAS 轧法可以得到接近长方形的成品。

（2）利用立辊机座改善平面形状。有立辊机座的厚板轧机，在粗轧阶段对板坯的边部进行轧制，以获得较好的断面形状，同时，使金属向延伸方向流动。既改善边部形状，又使头、尾的舌形得到缓解，改善了钢板的平面形状。立辊轧制和 MAS 轧法的结合，可以生产不切边钢板。

（3）不同厚度宽展法。这种方法的特点是：在横轧宽展道次后的厚板轧制，依据横轧和纵轧出现的端部不均匀变形，将轧辊作倾斜调整，改善钢板端部形状，可使成材率提高 1.0% ~1.5%。

（4）ALTS 轧制法。这种方法是以轧制时测出轧辊两端的轧制压力为依据，通过两端的液压压下机构在中间道次作自动调整，达到平整钢板的作用，解决由于调整轧机时出现的左右压下偏差和

图 2-5 MAS 轧制法控制流程

板坯厚度偏差而出现的镰刀弯。可使钢板的镰刀弯由原来的20mm/m，下降到5mm/m，成材率提高0.35%。也可以采用镰刀弯检测仪表，如红外线探测仪、激光束传感器和CCD电视摄像机等，自动检测轧制厚板的镰刀弯状况，送给过程计算机，自动调整轧机，矫正镰刀弯，提高成材率。

（5）控制工作辊的热凸度控制板凸度。采用合适的轧制冷却水流量分布，调整工作辊的热凸度控制辊型，并与正确的设定每道次的辊缝值相结合，得到比较小的板凸度。

2.2.2.4　热机械控制工艺

第二次世界大战期间，全焊接型船舶发生过脆性断裂事故，后来开始对造船板的低温脆性提出了要求。为了使抗拉强度为400MPa级的造船板具有良好的韧性，控制轧制的原始工艺诞生了。1958年，美国的研究人员发现在钢中加入微量元素铌（Nb），在轧制状态下可明显地提高钢的强度。但采用常规轧制方法，含铌（Nb）钢的脆性转变温度则会升高，韧性则会恶化。于是人们开始对钢的显微组织与力学性能之间的定量关系、微量合金元素Nb、V的强化机理和控制轧制机理等开展研究工作，使控温轧制（保证终轧温度）和控制轧制（控制最终变形程度）为内容的控制轧制技术日趋成熟。但是，仅用控制轧制技术不能满足用户对钢板强度、低温韧性和良好的焊接性能的更高要求，从而又促使了控制冷却技术的研究。1980年，日本钢管公司（NKK）的福山制管所厚板厂安装了世界上第一套控制冷却装置，把控制轧制与控制冷却工艺结合起来，称为热机械控制工艺。

所谓热机械控制工艺（简称TMCP工艺），是在合理的化学成分设计的基础上，通过控制板坯出炉温度、低温阶段累计压下率和温度、终轧温度、轧后冷却速度和终冷温度等工艺参数，以达到控制奥氏体状态、相变产物及组织状态、细化铁素体晶粒、减小珠光体片层间距，从而实现钢板高强度、高韧性和焊接性能的统一，生产出用常规的轧制和热处理相结合工艺无法生产出的优质厚板品种，满足用户要求。这种工艺由于是控制轧制和控制冷却工艺的结合，因此也称为控轧控冷工艺。

A　热机械控制技术的冶金学原理

钢的强化机理主要是：固溶强化、析出强化、位错强化、细晶强化（晶界强化和亚晶强化）、相变强化等。通常添加C、Mn、Si、Ni等合金元素可以获得固溶强化；添加Nb、V、Ti微合金元素及采用控制轧制工艺可实现析出强化、位错强化、细晶强化。但固溶强化（Ni元素除外）、析出强化、位错强化，使脆性转变温度升高；而细晶强化使脆性转变温度降低。因此，通过控制轧制工艺获得细小铁素体晶粒及采用奥氏体和铁素体两相区轧制获得铁素体亚晶组织，在提高钢的强度时，又可以降低钢的脆性转变温度。

B　控制轧制原理

各温度区域轧制后相变终了组织示意图如图2-6所示。从图中可以看出，在奥氏体低温再结晶区域（图中Ⅱ阶段）、奥氏体未再结晶区域（图中Ⅲ阶段）、奥氏体和铁素体两相区实行控制轧制可以获得细小的铁素体晶粒。

a　奥氏体再结晶区域轧制（≥950℃）

板坯加热后，在较高的温度轧制时（图中Ⅰ阶段），奥氏体再结晶可以在短时间内完成，且迅速长大，轧后未见组织明显细化。随着温度降低，轧制道次增多，轧后组织的再结晶恢复和不完全再结晶多次发生，组织有所细化。在低温再结晶区（图中Ⅱ阶段）轧制时，再结晶恢复较少，不完全再结晶增加，奥氏体晶粒细化效果明显，强化作用充分体现出来，相变后的组织为细小的等轴铁素体和珠光体组织。

b　奥氏体未再结晶区域内轧制（950℃～A_{r3}）

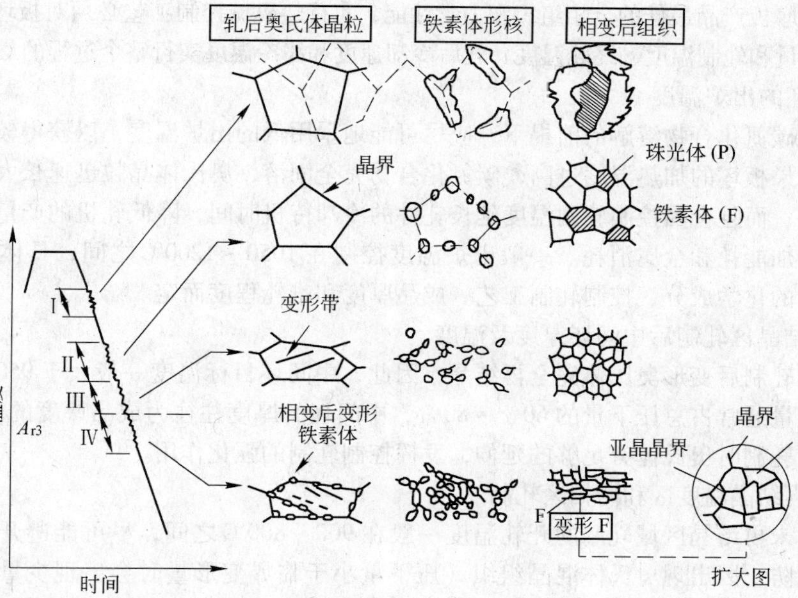

图 2-6 各温度区域轧后相变终了组织示意图

在奥氏体未再结晶区域（图中Ⅲ阶段）轧制时，轧后奥氏体不产生再结晶，因此，随着轧制道次增加，奥氏体晶粒沿轧制方向拉长，形成变形带和位错。变形奥氏体的晶界、变形带和位错等处，是铁素体生成的形核部位，随着变形量增大，变形带数量增多，分布更均匀，而且奥氏体晶粒被拉长后，将阻碍铁素体晶粒长大，因而相变后获得可更细小的铁素体和珠光体。

c 奥氏体和铁素体两相区轧制（$<A_{r3}$）

在奥氏体和铁素体两相区（图中Ⅳ阶段）靠近 A_{r3} 线温度区域轧制一定道次，达到一定的积累变形，使未相变的奥氏体继续被拉长。在这些细长的晶粒内变形带和位错，形成新的等轴铁素体晶粒。先析出的铁素体晶粒，在轧制变形作用下晶粒内形成大量的位错，恢复形成亚晶结构，这些亚晶结构使钢的强度提高，脆性转变温度降低。经过两相区轧制后，在室温下的金相组织复杂。通常为由极细小的等轴铁素体、拉长的铁素体、具有亚晶结构的变形铁素体、极细小的珠光体组成的混合组织。两相区轧制使相变后的晶粒组织更细小，同时还产生了位错强化和亚晶强化，从而进一步提高了钢的强度和韧性。

根据厚板产品不同的性能要求，控制轧制可以在不同的温度区域内进行，可产生不同的相变组织和组织状态，获得不同的力学性能。

C 控制冷却原理

尽管控制轧制能够有效地改善钢材性能，但由于控制轧制使钢的相变温度 A_{r3} 提高，致使铁素体在较高的温度下析出，在空冷的过程中铁素体晶粒长大，从而使控制轧制的效果降低。因此，控制轧制过程中必须配合控制冷却，即用加快冷却速度的方法降低相变温度，进一步细化铁素体和珠光体组织。同时使 Nb、V、Ti 微合金元素的碳氮化合物更加弥散析出，进一步提高了析出强化效应。当轧后加速冷却的速度达到一定值时，得到的相变组织从铁素体和珠光体变成更细小的铁素体和贝氏体组织。贝氏体组织的增加和细化，使钢的强度进一步提高。合理地选择冷却速度，能在提高钢强度的同时，维持高的韧性指标。

D 热机械控制的生产工艺

为获得厚板产品最佳的金相组织和力学性能，实行热机械控制工艺必须对板坯加热温度、各道次的压下量和轧制温度、终轧温度、轧后冷却速度和终冷温度实行整个过程的最优化控制。

a 板坯的出炉温度

在确保碳氮化合物溶解的前提下，应尽可能地采用低的出炉温度，以获得较为细小的原始奥氏体。如果板坯的加热温度过高，碳氮化合物完全固溶，奥氏体晶粒迅速长大，不仅影响控制轧制效果；而且会因控制轧制温度延长轧件的冷却待机时间，降低轧机的产量；还会因高的加热温度增加能耗和金属消耗。一般出炉温度控制在 1050 ~ 1200℃之间，具体的出炉目标温度应根据钢的化学成分、控制轧制工艺、成品厚度和难轧程度而定。

b 再结晶区轧制后中间坯厚度及温度

该阶段轧制后变形奥氏体完全再结晶，因此，中间坯目标温度一般大于 950℃。这一阶段的累计压下量通常占总压下量的 60% ~80%，中间坯的厚度往往为成品厚度的 3 ~4 倍，以确保在后阶段轧制时奥氏体有足够的延伸，发挥控制轧制的强化作用。

c 未再结晶温度区和两相区轧制

奥氏体未再结晶区域轧制的开轧温度一般在 900 ~ 800℃之间，尽可能避开奥氏体部分再结晶区域，防止因出现奥氏体混晶组织（压下量小于临界变形量时会出现少量特大的奥氏体再结晶的晶粒）对性能带来的不利影响。未再结晶区域结束轧制的温度应高于 A_{r3}。

两相区轧制在确定终轧温度时，必须考虑两相区轧制的累计变形量，一般取 20% ~30%，以使未相变的变形奥氏体在两相区轧制继续拉长；相变获得的铁素体晶粒会产生塑性变形，形成亚晶结构和位错，提高钢的强度和韧性。高牌号管线钢的终轧温度一般选 680 ~ 720℃。终轧温度过低，钢板的强度虽然提高了，但韧性会恶化。

d 控制冷却的工艺参数

控制冷却的工艺参数主要是确定冷却速度和终冷温度。

控制轧后加速冷却速度，可使相变温度降低，铁素体形核数量增多，抑制相变后铁素体的晶粒长大，进一步细化铁素体的晶粒；同时，使珠光体分布均匀，生成细小的贝氏体组织，产生更大的强韧性效果。但是，冷却速度过高，会造成钢板的内部在厚度方向上的组织差异，造成厚度方向上的性能不均，也有可能造成脆性转变温度上升。如图 2-7 所示为轧后冷却速度对 Si-Mn 钢、含 Nb 钢、含 Nb-V 钢板抗拉强度和脆性转变温度的影响。从图中可以看出，冷却速度在 5 ~ 15℃/s 范围内，在强度提高的同时，脆性转变温度基本能保持不变，随着冷却速度进一步加快，钢板的强度提高，但脆性转变温度急剧上升，韧性恶化。

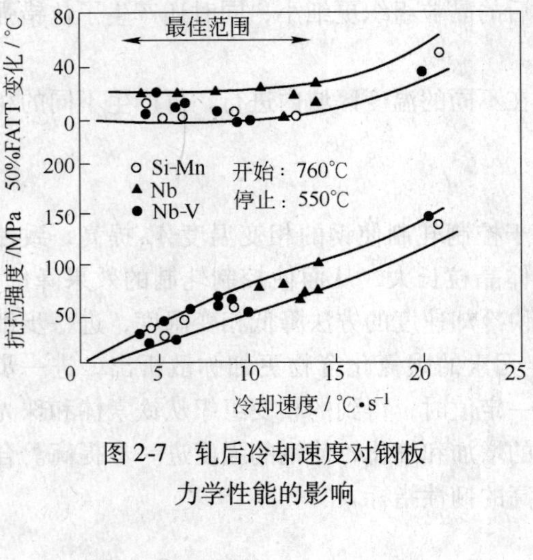

图 2-7 轧后冷却速度对钢板力学性能的影响

终冷温度对钢板的强度和脆性转变温度的影响如图 2-8 所示。从图中可以看出，抗拉强度随着终冷温度的降低而升高，在 600 ~ 500℃温度范围内变化较小。终冷温度在 450℃以上时，脆性转变温度保持不变；而在 450℃以下时，强度升高，脆性转变温度急剧升高。

因此，比较合理的加速冷却工艺，应是在接近终轧温度时就开始加速冷却，冷却速度为 3 ~ 15℃/s，终冷温度为 500 ~ 600℃，以保证在韧性不受影响的前提下提高钢板的强度。

e　热机械控制工艺对厚板生产设备的要求

控制轧制的显著特点是低温轧制和高的轧制负荷，因而对轧制设备提出了较高的要求，对 5000mm 级宽厚板轧机最大轧制力为 100000kN；为确保钢板的厚度精度、小的板凸度和良好的板形，轧机的刚度达到 10000kN/mm，支承辊直径达到 2000～2400mm，还应采用液压弯辊控制板形；允许最大过载力矩 2×400kN·m，最大轧制速度达 6.5～7m/s，主电机功率达到 2×10000kW。

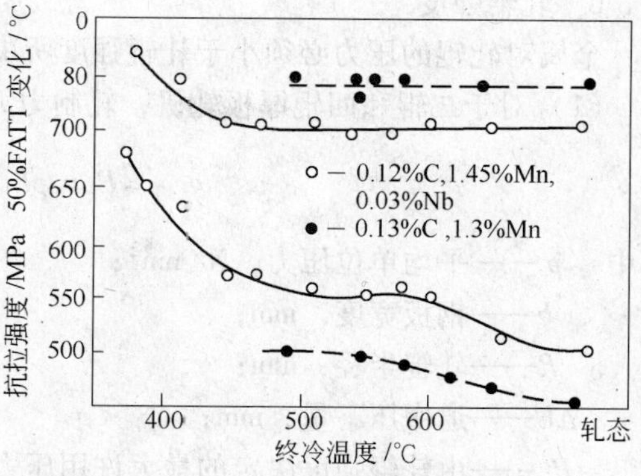

图 2-8　轧后加速冷却终冷温度对钢的力学性能影响（冷却速度 6～8℃/s）

由于需要控制轧制温度，要求中间坯有待温冷却时间。因此，在轧机前后设有较长的待温冷却辊道，或设置加速冷却装置进行强制冷却。如德国迪林根厚板厂，采用双机座三阶段控制轧制工艺生产管线钢。在粗轧机座上进行第一阶段轧制；粗轧中间辊道上待温冷却至规定的温度后，在精轧机座上进行第二阶段轧制；在高温未再结晶温度区域内完成第二阶段轧制，轧成精轧中间坯，迅速送至加速冷却装置强冷至规定的温度后，在精轧机座上进行第三阶段的轧制；在低温未再结晶温度区域开轧；在两相区结束轧制。

为实现控制冷却，厚板的轧后快速冷却装置种类繁多，主要有虹吸管层流冷却、水幕层流冷却和气-雾冷却。其中气-雾冷却装置最为先进，不仅可以实现控制冷却速度，而且可以实现在线直接淬火工艺。

控轧控冷工艺生产厚板强度高，对矫直设备和剪切设备的力学性能参数提出了更高的要求。同时对各类工艺参数控制精度要求也提高，从板坯加热到成品钢板在线热矫直，至少由 2 级计算机实施工艺全过程自动化控制，设置了大量的钢板位置检测仪和测温仪表。

2.2.2.5　厚板压下规程制定

厚板压下规程制定，就是要确定由板坯到成品的轧制道次和每道次的压下量大小，在操作上提供确定各道次压下螺丝的升降位置。在现代厚板轧机上都采用电动液压压下或全液压压下，压下规程的制定就是确定轧辊各道次的设定位置。

影响压下规程的因素可分为设备能力和产品质量两大方面。在保证产品质量的前提下，充分发挥设备能力，是一个好的压下规程的标志，即可达到优质高产。

A　设备能力

设备能力对压下量的限制条件包括三个方面：咬入条件、轧辊强度和电机功率。

a　咬入条件

对二辊和四辊厚板轧机，咬入条件所决定的最大允许压下量 Δh_{max}（单位为 mm）计算如下：

$$\Delta h_{max} = D(1 - \cos\alpha) \tag{2-11}$$

式中　D——轧辊直径，mm；

α——最大允许咬入角，(°)，$\alpha = \arctan\mu$；

μ——轧件与轧辊间的摩擦系数。

由于厚板轧机都采用可逆式，可以低速咬入，咬入角可达 25°，因此，咬入条件不是压下量的主要限制条件。

b 轧辊强度

金属对轧辊的压力必须小于轧辊强度所决定的最大允许压力。

(1) 对于二辊和四辊厚板轧机，轧制力 P 应满足：

$$P = pb\sqrt{R\Delta h} \leqslant P_y \tag{2-12}$$

式中 p——平均单位压力，N/mm^2；

b——钢板宽度，mm；

R——轧辊半径，mm；

Δh——道次压下量，mm；

P_y——由轧辊强度决定的最大许用压力，N。

轧辊强度所决定的最大许用压下量 Δh_{max} 为：

$$\Delta h_{max} = \frac{1}{R}\left(\frac{P_y}{pb}\right)^2 \tag{2-13}$$

(2) 二辊板轧机轧辊和四辊板轧机支承辊承受轧制力，因此，辊身的弯曲强度决定的最大允许压力 P_y（单位为 N）计算如下：

$$P_y = \frac{0.8D^3[\sigma]}{2l - b} \tag{2-14}$$

式中 D——轧辊直径，mm；

$[\sigma]$——许用应力，MPa；

l——压下螺丝中心的距离，mm。

(3) 对于工作辊传动的四辊板轧机，工作辊辊身承受较小的弯曲力矩，P_y 的大小由工作辊轴颈的扭转强度确定：

$$P_y = \frac{0.4d^3[\tau]}{\psi\sqrt{R\Delta h}} \tag{2-15}$$

式中 d——轧辊轴颈直径，mm；

$[\tau]$——许用切应力，MPa；

ψ——力臂系数。

(4) 对于具有工作辊弯辊装置的 P_y 的大小应由轴颈的弯扭联合作用强度条件确定。

c 电机功率

在设计轧钢机时，电机功率是按产品的大纲、给出合理的压下规程进行选择的，因此，新轧机的电机都能保证发挥轧机能力，不是限制压下量的主要因素。但对于实行强化轧制过程的新工艺，老轧机往往受到电机能力的限制。

(1) 电机过载校验：

$$N_{max} < KN_H \tag{2-16}$$

式中 N_{max}——最大轧制功率，kW；

N_H——电机额定功率，kW；

K——电机许用过载系数。

(2) 电机发热校验，要使均方根功率 N_E 小于电机额定功率 N_H：

$$N_E=\sqrt{\frac{N_{Zh}^2 t_{Zh}+N_K^2 t_j}{t_{Zh}+t_j}}<N_H \qquad (2\text{-}17)$$

式中 N_{Zh}，N_K——分别为轧制功率及空转功率，kW；

t_{Zh}，t_j——分别为轧制时间及间歇时间。

制定压下规程一般首先根据咬入条件和轧辊强度确定压下量，然后再校验电机的过载和发热。

B 产品质量

产品质量是现代厚板轧机制定压下规程时要考虑的非常重要的因素。以质量求生存，以质量求效益，企业都非常重视。产品质量对压下规程的影响需考虑下面几个因素：

(1) 金属塑性。对某些合金钢板，采用钢锭为原料轧制时，在最初几道次，由于晶粒粗大、塑性差和某些部分呈拉应力，有可能出现裂纹缺陷，因此，压下量不宜过大。

(2) 钢板的几何精度。钢板的几何精度包括厚度、板凸度和板形精度。轧制时轧制力的波动会使钢板产生厚度不均，轧辊辊身的温度分布不均、轧辊磨损和轧辊弹性变形等因素的变化都会引起板凸度和板形的变化。粗轧阶段的厚度精度要求不高。对于板形问题，在粗轧阶段由于轧件较厚，温度较高，轧件断面的不均匀压缩可以通过金属的横向流动的转移而得到补偿，板形问题并不敏感。因此，粗轧阶段可以采用比较大的压下量。在精轧阶段，轧制力的波动会影响到成品的厚度、板凸度和板形。此时，轧件的温度较低，厚度小，不均匀变形的自我补偿能力差。故道次压下量应逐渐减小，以保证钢板的厚度、板凸度和板形的质量要求。

(3) 实行热机械控制工艺时，必须按控制轧制要求来确定压下量，以保证对各轧制阶段累计变形量的要求，确保钢板的金相组织和力学性能。

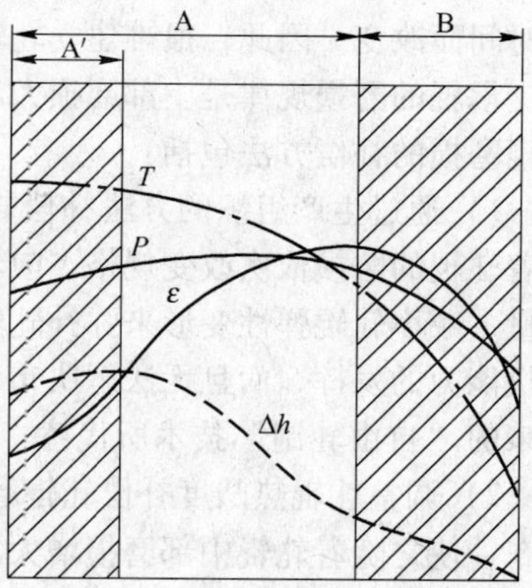

图 2-9 制定厚板压下规程的一般规律
A—粗轧阶段；B—精轧阶段

综上所述，制定厚板压下规程的一般规律如图 2-9 所示。将整个轧制过程分为粗轧 A 和精轧 B 两个阶段。粗轧开始阶段，由于轧件比较厚，又称咬入限制阶段 A′。在咬入条件、除鳞和纵向辗平限制下，压下量不允许太大。轧数道次后，咬入限制消除，可增大相对压下量 ε（%），增大轧制力 P，充分发挥轧辊强度和电机能力，迅速减小板坯厚度，缩短轧制周期，提高轧机产量。这一阶段轧件变薄，温度降低，虽然相对压下量增加，但绝对压下量 Δh 逐渐减小。当接近成品道次时，轧制压力及相对压下量逐渐下降，至最后道次最小，以保证钢板尺寸精度和板形要求，实行控制轧制要满足控制轧制对压下量的要求。这样的压下规程，可以满足优质高产的要求。

2.2.2.6 厚板的板形控制

由于热轧忽略了轧件在轧制后的弹性恢复变形，轧制时轧辊间的有载辊缝形状和尺寸决定着钢板的断面形状及尺寸，而轧辊间有载辊缝形状反映着沿板宽压下量的分布，也即反映着轧件伸长率沿板宽分布情况，而轧辊间有载辊缝的形状取决于轧辊的辊型。因此，轧辊的辊型与板形间建立起直接的影响关系，即板形控制必须控制辊型。

A 影响轧制时有载辊缝形状的因素

影响轧制时有载辊缝形状的因素如下：

(1) 轧辊的热凸度。轧制时轧件的变形功所转化的热量、轧件与轧辊间摩擦所产生的热量，以及高温轧件所传递的热量都会使轧辊受热；而冷却水、空气及与轧辊接触的零件会使轧辊冷却。在轧制过程中，加热和冷却条件沿辊身长度是不均匀的，靠近辊颈部分受热少、冷却快，轧辊中部则相反。故轧辊中部温度高，热膨胀大，使轧辊产生热凸度。对于四辊轧机，工作辊和支承辊都产生热凸度。

轧制时轧辊温度升高以及沿辊身长温度的变化与一系列因素有关，如压下量、轧制速度、轧件长度、纯轧时间和间隙时间、轧件温度、冷却条件等。因此，轧辊温度分布难以用理论公式计算，一般都使用实测资料来确定。

已知轧辊表面温度分布，轧辊热凸度 ΔD_t（单位为 mm）可计算如下：

$$\Delta D_t = mD(T_z - T_b)\alpha \tag{2-18}$$

式中 m ——考虑轧辊内部与表面温度不均匀的系数，可取 $m=0.9$；

D ——轧辊直径，mm；

T_z，T_b ——分别为轧辊辊身中部和边部的表面温度，℃；

α——线膨胀系数，一般取值为：钢轧辊，$\alpha = 0.000013℃^{-1}$；铸铁轧辊，$\alpha = 0.000011℃^{-1}$。

轧辊的热凸度可以采用沿轧辊辊身调节冷却水流量分布的方法加以控制。

（2）轧辊的磨损。轧辊与轧件、工作辊与支承辊间的相互摩擦都会使轧辊产生磨损。影响轧辊磨损的因素很多，如轧辊与轧件的材料与温度、轧制力与轧制速度、前滑和后滑数值、工作辊和支承辊的滑动量和滑动速度、轧辊和轧件的表面硬度和粗糙度等，而且轧辊的磨损量随时间而改变。因此，很难建立轧辊磨损量与上述因素的关系式来进行理论计算。一般工作辊和支承辊的磨损规律是中部磨损大、两端磨损小，板坯边部温度较低会造成边部的局部磨损。轧辊磨损的补偿方法包括：

1）通过生产组织的方法补偿轧辊磨损的影响。一是先轧宽和薄、公差要求严格的产品，随着轧辊的磨损依次改变规格，向较窄和较厚、要求较低的产品过渡；二是对终轧道次减小压下量，减小轧辊弹性变形来弥补轧辊中部较大磨损。用生产组织的办法补偿轧辊磨损，影响了轧机能力的发挥，而且无法解决市场需要与生产组织的矛盾。这种生产组织的“不自由”被后来的“自由轧制”技术所代替。

2）调整轧辊热凸度补偿轧辊磨损。采用调整轧辊冷却水流量沿辊身分布，改变轧辊温度分布，使之随着轧辊中部磨损增大相应地减小轧辊中部冷却水流量，增大轧辊的热凸度，补偿轧辊的磨损。

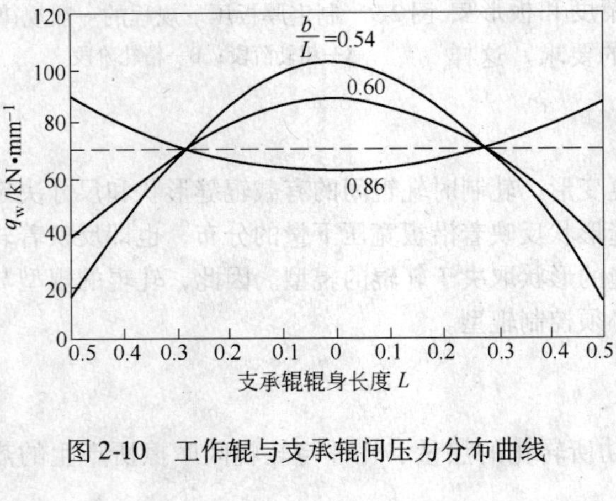

图 2-10 工作辊与支承辊间压力分布曲线

（3）轧辊的弹性弯曲。轧制时，轧制力通过工作辊传给支承辊，使支承辊产生弹性弯曲，引起有载辊缝形状变化。在计算支承辊挠度时，要考虑工作辊和支承辊之间的压力分布情况。工作辊和支承辊间压力分布不均，2800mm 四辊轧机，支承辊直径 D_2 = 1400mm、工作辊直径 D_1 = 700mm，辊间压力分布曲线如图 2-10 所示。

（4）轧辊的弹性压扁。轧辊的弹性压扁，包括变形区工作辊与轧件接触引起的工作辊弹性压扁和工作辊与支承辊之间的相互弹性压扁的总和。决定辊缝形状的不是弹性压扁绝对值，而是弹性压扁沿辊身长的分布。变形区内工作辊弹性压扁的变形如图 2-11 所示。如果轧制力沿钢板宽度均匀分布，则中部的弹性压扁是均匀的。边部则由于轧辊外部的刚端影响弹性压扁小一些，引起钢板边部减薄。一般轧制压力沿板宽分布不可能是均匀的，因此，中部的压扁会偏大一些，但热轧钢板变形区内工作辊弹性压扁所引起的边部减薄量比较小可以忽略不计。当压下量沿宽度变化较大时，轧制压力不均匀分布引起变形区内工作辊弹性压扁的不均匀对辊缝的影响必须考虑。

四辊轧机工作辊和支承辊之间压力分布不均，使工作辊和支承辊之间相互弹性压扁沿辊身长的分布也是不均匀的。2800mm 四辊轧机，支承辊直径 D_2 = 1400mm、工作辊直径 D_1 = 700mm，辊间弹性压扁曲线如图 2-12 所示。

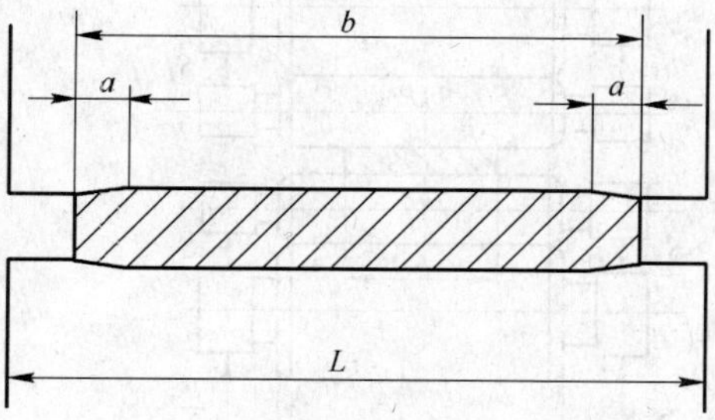

图 2-11　变形区内工作辊弹性压扁

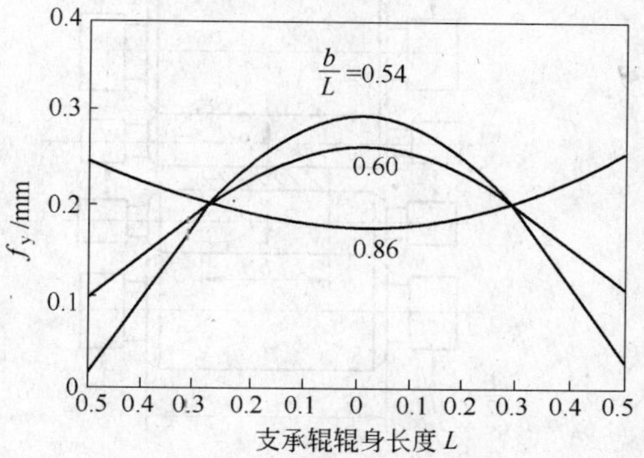

图 2-12　工作辊和支承辊间相互弹性压扁分布曲线

（5）轧辊的原始辊凸度。轧辊的辊型有圆柱形和凸形两种。合理的选择轧辊磨削形状，可以在一定程度上补偿上述因素对有载辊缝的影响。对于四辊轧机，支承辊一般都做成圆柱形；工作辊一般做成一个圆柱形，另一个是凸形。这主要是因为 2 个凸形的轧辊可能由于 2 个凸形的顶不重合会产生很大的轴向力，增加轧辊轴承的损坏。

B　厚板轧制板形控制的方法

钢板轧制的板形控制，就是通过调整轧辊的辊型，控制轧辊间有载辊缝形状，调节沿板宽压下量的分布，使延伸沿板宽分布均匀，达到钢板平直度的要求。关于板形控制理论和控制方法的研究，在薄带钢轧制，尤其是在冷轧薄带钢生产方面的成果最为深入、广泛。对于厚板轧制的板形控制研究，是近年来发展起来的，许多方法是从冷轧带钢生产中移植过来的。对于板形控制，将在冷轧带钢生产中进行深入介绍，这里只对厚板轧制板形控制的方法作一般性介绍。

a　采用具有板形调节功能的新型厚板轧机

在本书第 2.1 节中讲到开发新型厚板轧机，诸如 PC 轧机、HCW 轧机和 CVC 轧机，它们都有很强的板形控制功能。其中 PC 轧机和 CVC 轧机是从热轧带钢生产中移植的，HCW 轧机是从冷轧带钢生产中移植的。这些轧机的调节手段各具特色，但它们的共同之处在于，通过轧辊初始位置设定来影响板形，如 PC 轧机设定轧辊的交叉角、HCW 轧机和 CVC 轧机设定工作辊的轴向移动位置。它们都不能在轧制过程中根据板形的变化情况做随机调整。这主要是因为轧制力过大，做随机调整会使调整机构过大而受到限制。因此，尽管这些轧机的板形控制功能很强，但由于只能做板形设定，因此影响到这些轧机板形控制功能的发挥。

b　采用板形快速调节方法

为对板形做随机的控制，无论是普通四辊厚板轧机，还是新型厚板轧机都设置了板形快速调节装置，其方法如下：

（1）液压弯辊。

在厚板轧机上采用液压弯辊快速调整辊型，控制板形的方法，也是从冷轧带钢轧机上移植过来的，现在使用越来越广泛。

所谓液压弯辊，就是采用液压缸的压力，使工作辊或支承辊在轧制过程中产生附加弯曲，以此改变有载辊缝形状，保证钢板的平直度和断面形状合乎要求。液压弯辊方法有弯曲工作辊和弯曲支承辊，如图 2-13 所示。

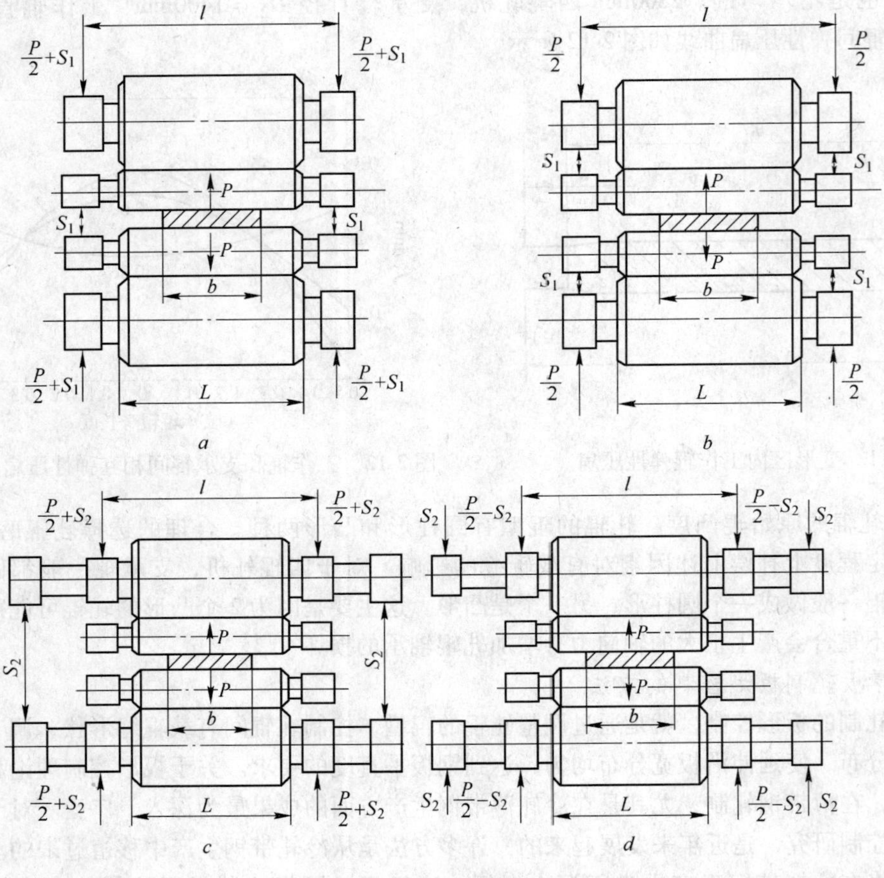

图 2-13　液压弯辊方法简图

a—正弯工作辊；*b*—负弯工作辊；*c*—正弯支承辊；*d*—负弯支承辊

弯曲工作辊分为正弯和负弯两种，弯曲支承辊也分为正弯和负弯两种。

1）正弯工作辊如图 2-13*a* 所示。在工作辊轴承座间设置弯辊液压缸，或直接利用工作辊平衡液压缸，液压缸的压力使工作辊轴承受到与轧制力 P 方向相同的弯辊力 S_1 作用，使工作辊在轧制过程中产生附加弯曲，规定此力方向为正值，称为正弯工作辊。正弯工作辊使轧辊的弯曲挠度 f_1 减小。

2）负弯工作辊如图 2-13*b* 所示。在工作辊和支承辊的轴承座之间设置液压弯辊液压缸，液压缸使上下工作辊轴承座受到与轧制力 P 方向相反的弯辊力（$-S_1$）作用，使工作辊在轧制过程中产生附加弯曲，规定此力方向为负值，称为负弯工作辊。负弯工作辊使轧辊的弯曲挠度 f_1 增大。

弯曲工作辊的方法改变工作辊挠度的机理主要是改变工作辊和支承辊之间互相弹性压扁量的分布曲线。如图2-14所示，压力差 Δq（中部压力减去边部压力）和压扁量差 Δf_y（中部压扁量减去边部压扁量）随正弯辊力增加而减小，甚至成为负值，而弯辊力经工作辊传给支承辊，由于支承辊粗大，故其挠度 f_2 增加很小，所以工作辊的挠度 f_1 减小。相反，负弯工作辊的压力差 Δq 和压扁量差 Δf_y 增加，而支承辊的挠度 f_2 减小很少，故工作辊的挠度 f_1 增加。采用正弯工作辊的方法，工作辊磨削凸度 ΔD_1 可以小一些，用增加弯辊力 S_1 来减小工作辊的挠度，保证有载辊缝均匀。采用负弯工作辊的方法时，工作辊磨削凸度 ΔD_1 可以大一些，用增加负弯辊力（$-S_1$）来增加工作辊的挠度，以补偿轧辊凸度增加。若同时采用两种方法，可以使用更大范围的原始辊凸度，在更大的范围内调节辊型，满足不同品种和压下规程的要求。

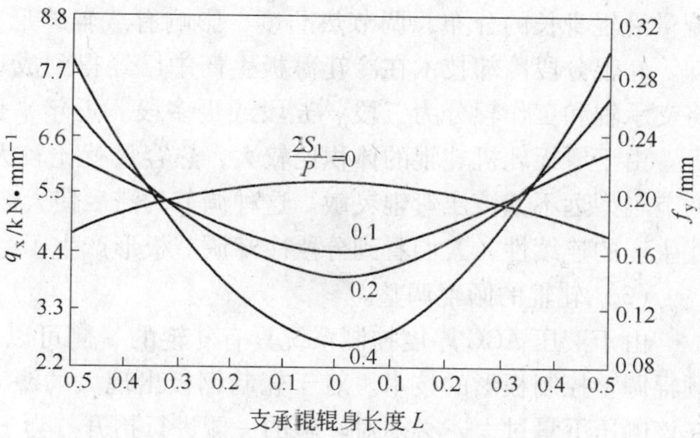

图2-14 正弯工作辊时工作辊与支承辊间压力和压扁量的分布曲线（$b/L=0.7$，$L=1680\text{mm}$，$P+2S_1=10000\text{kN}$）

弯曲支承辊的方法是把支承辊的两端做得长一些，在加长叚上装置液压缸，弯曲支承辊也分为正弯和负弯两种。

1）正弯支承辊如图2-13c所示。在上、下支承辊的加长段上设置弯辊液压缸，使支承辊受到与轧制力 P 方向相同的弯辊力 S_2 作用，使支承辊的弯曲挠度 f_2 减小。

2）负弯支承辊如图2-13d所示。上、下支承辊的加长段上受到液压缸的弯辊力（$-S_2$）与轧制力 P 方向相反，支承辊的挠度 f_2 增大。

弯曲支承辊方法改变工作辊挠度的机理是弯辊力改变了支承辊的弯曲挠度。正弯支承辊时，支承辊的弯曲挠度 f_2 减小是主要的，虽然工作辊和支承辊之间的压力差 Δq 和压扁量差 Δf_y 会略有增加，但工作辊的弯曲挠度 f_1 仍然是减小的。同理，负弯支承辊时负弯辊力（$-S_2$）使支承辊的挠度 f_2 增加，所以，工作辊的弯曲挠度 f_1 随之增加。

弯曲支承辊和弯曲工作辊两种方法对有载辊缝形状的影响效果不同，实践表明：当 $L/D_1 \geqslant 4$，即宽板轧机，工作辊相对比较细长，弯曲工作辊的方法只能够影响边部的板形，而工作辊的刚度远比支承辊小，故弯曲工作辊要比弯曲支承辊灵敏。弯曲支承辊改变支承辊的弯曲挠度，可以在整个辊身长度方向上影响工作辊的挠度。可以得出：对于窄板轧机，采用弯曲工作辊方法比较好；而对于宽板轧机，采用弯曲支承辊方法比较好。通常宽板轧机采用弯曲支承辊和弯曲工作辊联合使用，可以更有效地控制板形。

液压弯辊在轧制时使辊系增加了弯辊力作用，必然对轧机受力件和压下带来一定的影响。正弯支承辊和工作辊，弯辊力增加了轧辊轴承负荷，降低了轴承寿命；正弯工作辊增加了轧辊轴颈负荷，会增加支承辊辊身边部的疲劳剥伤；负弯支承辊和工作辊都增加了轧辊轴颈负荷，降低了轧辊轴颈的疲劳强度。此外，当弯辊力作用到轧辊上传给轧机压下系统时，尤其是液压压下，给压下液压缸带来干扰，给板厚带来影响。为此，在厚度AGC系统中必须引入弯辊力信号，对弯辊力对厚度的干扰予以补偿。

(2) 轧辊分段冷却。

轧辊的热凸度可以对轧辊的磨损、轧辊的弹性变形给以一定长度的补偿，控制轧辊冷却液流量沿辊身长的分布，调节热凸度，影响有载辊缝形状，参与板形控制，这就是轧辊分段冷却。轧辊分段冷却技术在冷轧薄板生产中已经得到成功的应用，如图 2-15 所示。根据需要可将支承辊和工作辊分为三段、五段或更多段。近年来也将轧辊分段冷却技术移植到厚板轧机上。由于厚板轧机轧辊的体积比较大，热容量就比较大，因此，在调节辊温时变化比较缓慢，调节辊型远不如液压弯辊灵敏。这种调节的滞后使人们对它的效果曾产生怀疑。但是，由于现代生产的连续性，人们看到分段冷却调节板形产生了令人满意的效果。

(3) 轧辊的倾辊调整。

由于液压 AGC 厚度控制系统具有轧辊的一侧可以单独进行压下调节的功能，出现了轧辊倾辊调整控制板形的技术。对于轧制钢板出现大的镰刀弯（伴随大的单边浪）时，说明辊缝在该侧压下量过大，必须对轧辊的一侧进行抬升。为了使这种调整不影响钢板轧制的厚度，通常采用一端压下，另一端作相应抬升的调整方法，如图 2-16 所示。

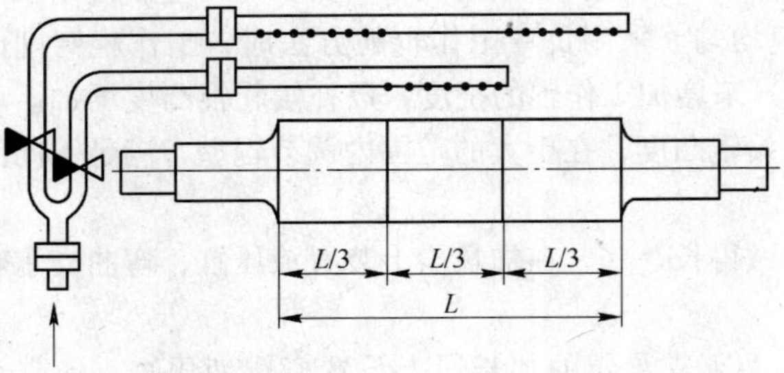

图 2-15　轧辊分段冷却示意图

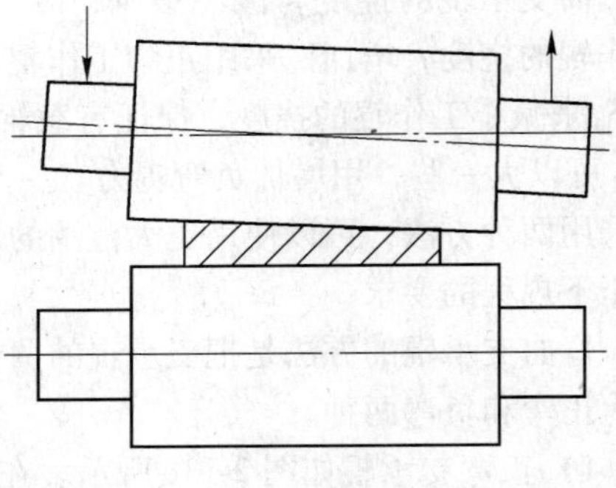
图 2-16　轧辊倾辊调整

2.2.3　厚板的精整

厚板的精整主要包括轧后冷却、矫直、剪切和热处理等工序。

2.2.3.1　*厚板的轧后冷却*

钢板的轧后冷却速度对其金相组织和力学性能影响非常大。轧后冷却速度的大小，决定着奥氏体的相变温度、相变完全程度和相变后产物的组织结构。对于普通轧制一般在奥氏体区结束，不希望在 A_{r3} 温度以上过久停留。因为停留时间长，会使轧后的奥氏体晶粒长大，相变后产生较为粗大的铁素体。因此，应加快冷却速度。当通过 A_{r3} 发生奥氏体向铁素体转变的再结晶，也应当加快冷却速度，以获得细而均匀的铁素体和弥散度较大的珠光体组织，提高力学性能。对于控制轧制，如果在两相区内轧制结束，若冷却速度过慢，铁素体晶粒长大，会降低控制轧制效果。因此，轧制后采用快速冷却，抑制铁素体长大，进一步细化铁素体、使珠光体均匀分布，生产细小的贝氏体，提高强度和冲击韧性。

终冷温度，一般冷却到 450 ~ 600℃ 以下时，内部金相组织已定形，为减小钢板的内应力，应进行缓慢冷却。实行热机械控制工艺的钢板，如前所述，冷却在 450℃ 后，要放慢冷却速度，进行缓慢冷却，防止脆性转变温度升高。

对于某些合金钢，如奥氏体不锈钢，在空冷时会发生淬火现象，因此，轧后立刻装入缓冷坑缓冷。

厚板的轧后冷却装置主要有虹吸管层流冷却装置（冷却水采用虹吸原理从虹吸管流出落到板面上进行“点式”冷却）、水幕层流冷却装置（冷却水以“线式”落到板面上）和气-雾（ADCO）冷却装置（对钢板实行“面式”连续冷却）。

气-雾冷却技术为法国一家公司的专利，是目前最先进的连续冷却技术。冷却设备结构如图2-17所示。上喷嘴5和下喷嘴4是模块式组合组件，每个组件装有4~5个空气-水的喷嘴，上下喷嘴对称布置，每个喷嘴在6mm宽的连续线性缝隙中心进水，两壁进气，水由高位水塔提供，水压稳定。每对组件有一个风机供风，风压为7600Pa。每个喷嘴所使用的水流量可在很大的范围内调节。每个组件顶部设置了气水分离器2，蒸汽收集靠装在气水分离器2内的抽风扇1。同时，在设备的出入口设置气阻，防止蒸汽飞溢，在轧机至热矫机之间设置4~7组这样的组件。

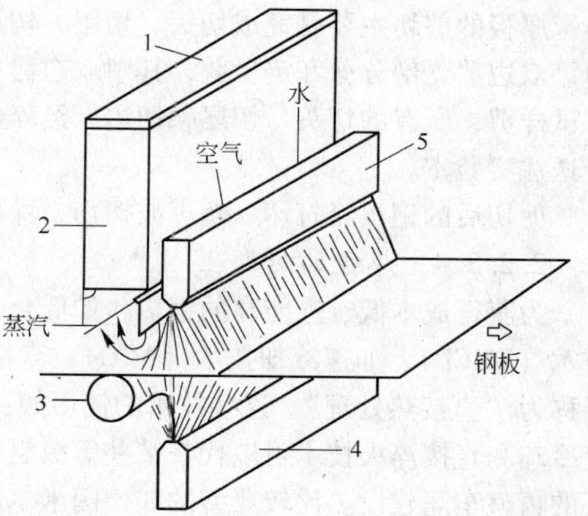

图2-17 气-雾冷却装置上下喷嘴示意图
1—抽风扇；2—气水分离器；3—辊道；
4—下喷嘴；5—上喷嘴

气-雾冷却的优点有：

（1）具有理想的冷却均匀性。该装置形成的蒸汽以“面式”连续对钢板冷却，冷却均匀。装置上还设计了“边部遮蔽”、“头尾控制”、“纵向补偿”、“上下平衡”及“压气吹扫”等自动控制手段，使钢板各特殊部位不致产生温差应力，实现尽可能地均匀冷却，得到均匀的性能和最佳的平坦度，使冷矫率小于8%。

（2）具有较宽的冷却水流量调节范围，且可自动无级调节。该装置准确的无级流量调节，可使终冷温度精度达到±6.7℃，大流量时可实现在线直接淬火工艺。这是其他冷却设备无法比的。

（3）易于实现高精度的全过程自动控制，便于进行各钢种的快速冷却软件开发，以便与控制轧制工艺获得最佳配合。装置采用计算机实现全部自动控制，诸如风机、控制柜、边部遮蔽等有PLC控制。计算机根据输入的钢板原始条件（厚度、钢种等）及冷却条件（始冷温度、终冷温度、冷却速率等），可以计算出下列内容：钢板通过速度、总的水流量和喷嘴的水流量、组件的开启数量、边部遮蔽位置、上下平衡和头尾专门冷却计划。同时，采用金属检测器可进行轧件跟踪，并可用点式和扫描式温度计对始冷温度、终冷温度进行测量。

（4）易维修，在线作业率高。由于采用模块式组合结构，装拆方便，易于检查，故障率低；且维护检修方便，一年内只需对喷嘴清扫一次。

2.2.3.2 厚板的热矫直

轧制时的不均匀变形、辊道运输撞击和冷却不均匀等方面的原因，使钢板产生弯曲。普通轧制通常在轧后冷却至700℃左右时进行热矫直，因为这时钢板的塑性好，可以减小矫直机负荷和钢板的残余应力。热矫直后必须注意均匀冷却，否则还会产生弯曲。因此，热矫直后有时还需在冷矫直机上进行冷矫直。进行冷矫直的主要是合金钢板，因为合金钢板轧后必须立刻进行缓冷。

由于实行热机械控制工艺，对热矫直机提出了更高的要求。钢板的矫直温度更低，强度更高，这就促使热矫直机向着高刚度和高承载能力方向发展，以期达到高的矫直精度和效率。热矫直后，钢板经冷床冷却至150~200℃以后进行表面检查，设置翻板机检查上下表面的质量，检查后送厚板剪切线进行剪切。

2.2.3.3 厚板剪切

厚板剪切在厚板剪切线上进行，剪切前要对厚板进行划线。为此，先进的厚板剪切线上都设置钢板形状识别装置。计算机按钢板形状制定最佳的方案，用激光划线机划线，磁力对中对位，进行剪切。

厚板的剪切主要是完成切头、切尾、切边、剖切、切定尺和切试样。为此，设置切头切尾剪、双边剪、剖分剪和定尺剪，其中双边剪和剖分剪靠近布置组合在一起，在定尺剪外还布置有试样剪，所有的切头、切尾和切边，经碎边剪碎边后用链带送出厂房集中处理，试样则由链带送往实验室。

剪切后的钢板经打印、超声波探伤、垛板，收集起来运到成品库，或继续进行热处理。

2.2.3.4　厚板的热处理

为获得成本低、性能高的钢板，如低合金、高强度钢板等，国外较普遍地采用热机械控制技术（TMCP）、加速冷却技术（ACC）、直接淬火技术（DQ）等生产工艺，所有这些技术可以称为“直接热处理”。这些技术的使用如：控轧控冷可以代替某些等级钢板的正火处理；加速冷却和直接淬火技术可以代替某些等级钢板的淬火处理。这些工艺的出现，直接影响到厚板厂的精整车间建设。比较典型的如德国米尔海姆厂，对管线钢的生产已不进行热处理，98%的产品采用控轧控冷工艺生产。原有的2座辊底式热处理炉已停用。但是对于性能要求较高的钢板，如高强度板、低温用钢板、锅炉板和压力容器板、桥梁板和某些特殊用途的钢板，仍然需要采用常规热处理的方法生产，以满足强度和韧性等方面的要求。

A　厚板常规热处理方法

厚板的常规热处理方法有正火、淬火、回火、退火等。

(1) 正火：即正常化，是厚板热处理的基本形式。一般碳钢和低合金钢广泛采用正火处理，以消除因终轧温度过低所引起的加工硬化，提高金属塑性和保证获得细小的晶粒组织。

(2) 淬火及随后回火：当碳素钢板和低合金钢板的厚度大于15～20mm时，采用正火，由于在辊道上冷却缓慢，不能达到所要求的效果，则采用淬火及随后650℃回火。另外正火钢只能保证在室温条件下有良好的冲击韧性，而淬火及随后650℃回火，可使钢板的硬脆温度降低，在室温及更低温度下（零度以下）提高钢板的冲击韧性，得到更好的力学性能。许多特种用途的合金钢板多采用淬火及随后回火处理。

(3) 回火：优质合金钢板（含碳量0.5%）采用680～700℃回火。回火可以改善金属塑性和韧性，保证有良好的冲击韧性和力学性能。

(4) 退火：某些高碳工具钢、铁素体不锈钢、中锰钢和其他特殊合金钢必须进行退火处理，以提高伸长率，降低强度和硬度。

B　热处理设备

常用的热处理设备有：

(1) 台车式炉。炉底设置在台车上，可以在炉膛抽出。这种炉子用于退火和回火尚可，用于正火或淬火不适宜。其原因是用于正火，钢板的力学性能不均匀；用于淬火，钢板的性能也不稳定，且生产过程麻烦，生产率低。因此，新建厚板轧机已不再采用台车式炉。

(2) 罩式炉。用于退火、回火和缓冷。罩式炉由外罩、炉底和金属内罩组成，内罩内叠装150～180t钢板。1个外罩，3个金属内罩和3个炉底为1套炉。1个炉底装料，1个炉底退火，1个炉底退火后冷却，占地面积较大。金属内罩的作用是减少钢板氧化，改善表面质量；罩内也可以通入保护性气体，防止高碳钢脱碳和铬不锈钢烧损。罩式炉设备简单，生产率比较高，单位燃料消耗少，投资小，得到广泛应用。

(3) 步进梁式炉。炉底由两组步进梁组成，步进梁可使钢板在炉内作连续地步进运动，采用明火单面加热，可用于正火、淬火和回火。炉子呈流水线布置，生产率高，钢板的下表面不会划伤，但在加热效率和钢板的加热温度均匀方面比较差。

(4) 辊底式炉。辊底式炉有明火加热辊底炉和辐射管加热无氧化辊底炉两种。

1）明火加热辊底式炉：采用常规烧嘴对钢板进行明火加热。烧嘴对称地或交错地布置在炉子的两侧，对钢板上下表面同时加热，加热效率高，加热温度均匀，但加热过程中不可避免地在表面产生氧化铁皮。因此，不宜进行高温热处理。钢板回火属于低温热处理，可以采用明火加热辊底式炉。

2）辐射加热无氧化辊底式炉：用于正火和淬火热处理，属于高温热处理。炉辊材料采用Cr25、Ni20高耐热钢，在高温（小于1000℃）时强度不存在问题，但抗渣性能差。采用明火加热，煤气中含硫（S）较高，硫和镍（Ni）化合生成低熔点化合物，使炉辊受到侵蚀，加上与氧化铁皮黏结，在辊面上会产生结瘤，造成钢板下表面麻点，影响表面质量。为解决上述问题，出现了辐射式加热无氧化辊底式炉取代明火加热辊底式炉，以适应正火和淬火热处理。

辐射加热无氧化辊底式炉解决炉辊结瘤的办法包括：一是无氧化加热，即采用辐射管的热辐射加热和炉内通入保护性气体氮气（N_2）；二是钢板进炉前进行表面抛丸处理，使钢板表面的氧化铁皮和锈蚀不带入炉内。我国从德国LDI公司引进的辐射加热无氧化辊底式炉，其主要参数和结构如下：

①炉子总长68440mm；入口及出口区各长1740mm，炉子有效长64960mm，炉内宽2800mm，高2365mm；炉子最高加热温度1000℃，一般工作温度550～960℃。

②炉子分为4个区域、10个温度段。4个区域用来控制炉内辊道运行，两头为高速进料区和高速出料区，中间两个区为工艺运行区，进、出料区的最高速度为60m/min，进出料的工艺运行速度和中间两区的工艺运行速度同为0.516～2.950m/min，淬火状态时，出料速度与淬火机组同步，为3～30m/min。炉内辊道采用变频调速。10个温度段用来控制炉内各段温度，以保证工艺要求。

③炉子的燃烧系统采用水平安装的单根辐射管。辐射管尺寸ϕ202mm×2430mm，材质为Cr25、Ni20，由开关方式控制温度，助燃空气由1台能力为15000m^3/h的风机供应，废气由2台能力为31800m^3/h的排烟机排出。辐射管的结构如图2-18所示。辐射管外管为耐热合金，内管为陶瓷，煤气燃烧火焰从陶瓷管内喷出，在末端由内管和外管间返回，使辐射管得到加热。煤气进入辐射管前利用废气预热。烧嘴的通断是自动控制的，由电磁阀操作，并设有高压电火花点火器。辐射管每半年转180°，要防止在900℃以上的高温下长期工作，避免自重产生弯曲。整个燃烧系统有172根辐射管，布置在炉子的上下部。10个温控区的辐射管数量各不相同，根据设定温度和生产能力确定。

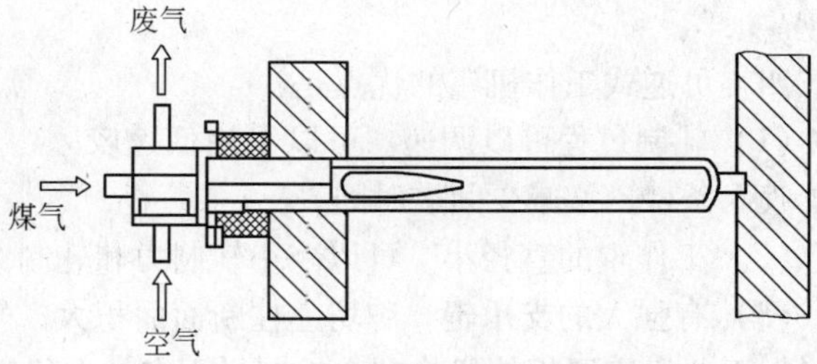

图2-18 辐射管结构

炉子在不装炉、不出料时，关闭炉门，并有压紧装置密封。炉内通入99.99%的氮气，炉子处于正压和无氧化气氛，炉子出、入料区的1740mm通道与炉体加热区之间有耐热钢丝编织的门帘分开，在进出炉料时封闭炉膛，以减少热量损失和防止空气进入炉膛。整个炉子用计算机控制，将钢板厚度、加热温度和加热速度输入计算机，即可自动给定炉温和辊道速度。

（5）厚板淬火设备。厚板淬火设备有辊式淬火机组和压平式淬火机组，分别介绍如下。

1）辊式淬火机组：由上下两组平行辊道组成，水嘴位于两根辊道之间，上辊道可以垂直移动。在钢板进入淬火机组之前，预调上下辊间辊缝略小于板厚，打开喷嘴，加热好的钢板从炉内快速抽出，进入淬火机组。此时上辊道被顶起，辊道对钢板产生夹紧力，防止钢板在淬火过程中产生弯曲变形。钢板的淬火过程连续运行，其速度取决于板厚，薄板快，厚板慢。淬火完成由输出辊道输出。

2）压平式淬火机组：由固定在上下两组框架上的压头组成。水嘴位于压头之间，下框架固定，上框架可以垂直移动。下压头之间装有可以移动的辊道。加热好的钢板出炉，上框架向上运动，位于下压头之间的运输辊道上升，辊道面高出下压头，将钢板输入上下压头之间，运输辊道下降，上压头压下，上下压头压紧钢板，喷嘴向钢板上下表面喷水，进行淬火。淬火完成，上压头抬升，运输辊道抬起钢板，运出机组。

我国从德国LDI公司引进的辊式淬火机组的技术参数为：机组总长14484mm，有效长度13974mm，运行速度3~60m/min，淬火速度3~30m/min；高压水淬火区水的喷淋长度3200mm，水压0.8MPa，水流量36m^3/min；低压水淬火区喷淋长度900mm，水压0.4 MPa，水流量36m^3/min；淬火钢板规格厚×宽×长：(10~50)mm×(1600~2500)mm×(2400~12000)mm。

2.3　厚板轧机的基本形式

单张轧制的厚板轧机按工作机座的数量分为单机座厚板轧机和双机座厚板轧机两种形式。

2.3.1　单机座厚板轧机

在厚板轧机的生产线上，设置一台厚板轧机工作机座，将轧制工艺的粗轧和精轧阶段的轧制，都在这一台工作机座上完成，称为单机座厚板轧机。

单机座厚板轧机的工作机座，曾经有三辊劳特式轧机、二辊可逆式轧机和四辊可逆式轧机三种形式。由于三辊劳特式轧机和二辊可逆式轧机的刚度低，装机水平低，不能满足产品精度要求，三辊劳特式轧机被淘汰，二辊可逆式轧机也很少被采用。目前普遍采用四辊可逆式工作机座。

四辊可逆式工作机座的优点是：

（1）轧制过程可以调速。可以采用低速咬入、升速轧制、降速抛钢的速度制度轧制，既改善咬入条件，又减少间歇时间。

（2）工作辊的直径小，可以减小轧制力和轧制力矩。

（3）有强大的支承辊，牌坊立柱断面面积大，轧机刚度高，可以保证产品精度。

由于单机座厚板轧机将整个轧制过程在一个机座上完成，不仅轧机产量低，而且由于氧化铁皮对轧辊的磨损会影响钢板的表面质量。

如图2-19所示为我国酒钢公司中板厂的单机座厚板轧机车间平面布置图。

主要设备包括：2座推钢式连续加热炉、1架2800mm四辊可逆式工作机座，1台十一辊钢板热矫直机、2台辊盘式冷床、1台滚切式双边剪和1台滚切式定尺剪。

为实现热机械控制工艺，轧机后面设有待温辊道和气-雾（ADCO）冷却装置。其主要技术性能如下。

原料：连铸坯，厚160mm、200mm，宽900mm、1050mm、1350mm，长1800~2800mm，重量2.1~6.4t。

成品：厚4.5~40mm，宽1500~2700mm，长2000~16000mm。

轧机：工作辊尺寸ϕ1000mm/ϕ940mm×3000mm；支承辊尺寸ϕ1800mm/ϕ1650mm×2800mm；最大轧制力55000kN；最大轧制力矩1700kN·m；轧制速度0~±2.6~±6.3m/s；开口度280mm；主电机功率8400kW；主电机转速0~±50~±120r/min；轧机刚度9000kN/mm。

单机座厚板轧机还有一种复合式机座，即有二辊/四辊复合机座和辊身长度可以改变的复合机座两种。如日本的3000mm/4300mm复合厚板轧机有两组轧辊，二辊尺寸ϕ1230mm×

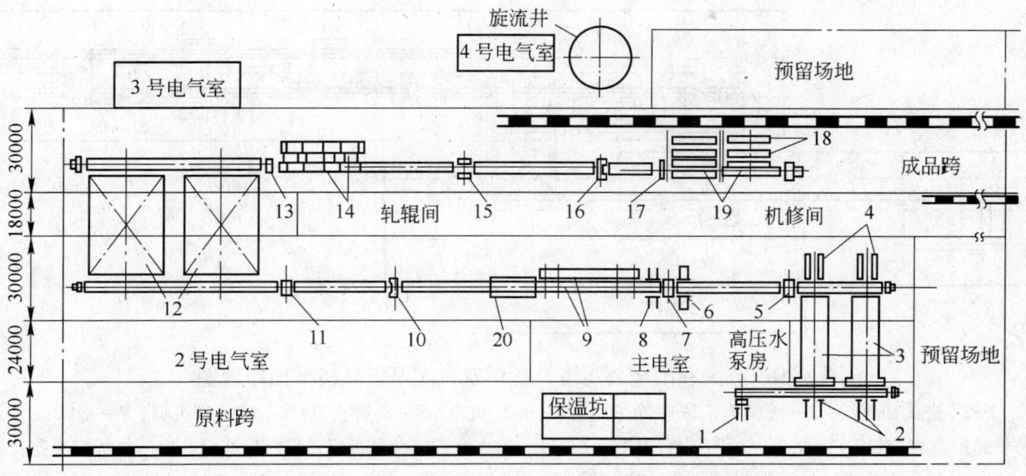

图 2-19 2800mm 单机座厚板轧机平面布置图

1—上料垛板台和推钢机；2—加热炉推钢机；3—连续式加热炉；4—出钢机；5—高压水除鳞机；6—机前液压推床；7—四辊可逆式轧机；8—机后液压推床；9—待温辊道和拉钢机；10—热分断剪；11—十一辊矫直机；12—辊盘式冷床；13—下表面检查装置；14—翻板机及检查台；15—滚切式双边剪；16—滚切式定尺剪；17—打印机；18—成品垛板台；19—磁力小车；20—快速冷却装置

3000mm；四辊尺寸 ϕ1020mm/ϕ1840mm × 4300mm，两片牌坊可对称地改变距离 1300mm，用二辊时上辊最大移动距离为 1700mm，移动速度为 77 ~ 170mm/s；用四辊时上辊最大移动距离为 550mm，移动速度为 15 ~ 37mm/s。又如美国的 5335mm/4065mm 四辊复合式厚板轧机有两组辊身长度不同的轧辊，其中，辊身长度为 4065mm 的用于轧制薄板。复合式工作机座，用于生产有特殊要求、产量不高的钢板。

2.3.2 双机座厚板轧机

双机座厚板轧机设置粗轧机座和精轧机座两个工作机座，分别完成厚板轧制工艺中的粗轧和精轧阶段轧制。这种形式的厚板轧机比单机座的不仅提高了产量，而且由于板坯表面上的氧化铁皮在粗轧前和粗轧机座上被清理干净，经精轧机座轧制，提高钢板表面质量。同时还可以减少精轧机座的轧辊磨损，延长轧辊使用期限，减少换辊次数，减少停机时间，提高产量。

双机座厚板轧机粗轧和精轧组合形式，曾经有二辊可逆和三辊劳特、三辊劳特与四辊可逆、二辊可逆和四辊可逆、四辊可逆和四辊可逆组合四种形式。随着三辊劳特式轧机被淘汰，前两种形式已不存在，第三种组合形式在少数国家仍在使用，粗轧和精轧机座都采用四辊可逆式轧机是目前应用最广泛的轧机形式。

由 2 架四辊可逆式轧机组成的双机座厚板轧机，是现代厚板轧机的最佳形式，这主要是因为：首先，2 台四辊轧机可以合理地分配轧制道次和压下量，提高轧机产量；其次，粗轧机座用四辊机座提供给精轧机座的中间坯板凸度小，提高产品精度；第三，可以便利有效地实施控制轧制；第四，一般将粗轧机座的辊身长度加长，既可以满足横轧宽展需要，又可以在粗轧机座上生产更宽的产品规格。如德国迪林根双机座厚板轧机，粗轧机座为 5500 mm，精轧机座为 4800mm。双机座厚板轧机的平面布置图如图 2-20 所示。

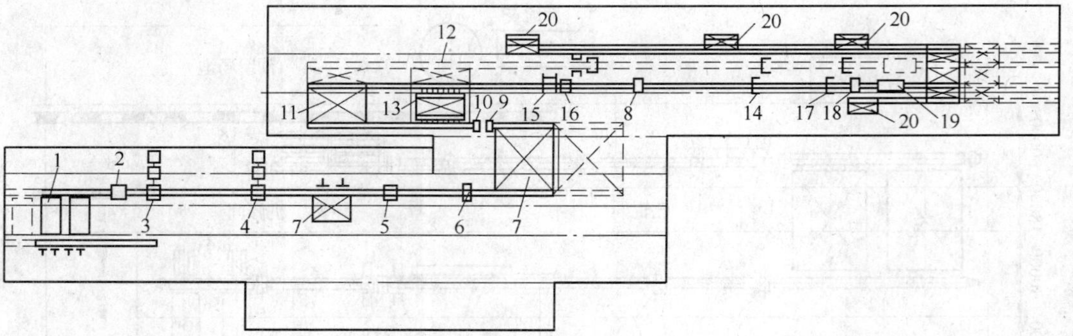

图 2-20　意大利冶金公司塔兰托厂双机座厚板轧机平面布置图

1—步进式加热炉；2—除鳞箱；3—粗轧机座；4—精轧机座；5—热矫直机；6—热板切头剪；7—冷床；8—超声波检查；9—肉眼检查；10—板厚测量仪；11—检查台；12—翻板机；13—检修台；14—冷板切头剪；15—双边剪；16—滚切式纵剪；17—横切剪；18—打印机；19—钢板秤；20—侧向堆垛装置

2.3.3　厚板轧机中的立辊机座

人们对立辊机座在厚板生产中的作用的认识是有反复的。20 世纪 40 年代，立辊机座出现于万能式厚板轧机，用来生产齐边钢板，未达到预期效果；50 年代采用大型立辊机座，用于以钢锭生产钢板的轧边定宽；到 60 年代，由于粗轧坯的采用，立辊机座的作用又被削弱，有的只作为破鳞机使用，因此，70 年代到 80 年代中期的十多年间建的厚板轧机中几乎没有立辊机座；进入 20 世纪 80 年代以来，先进国家的厚板生产，开始从产量型向追求品种和质量效益型转变。在主要以连铸坯为原料的厚板生产中，使用立辊来提高产品的收得率，又一次成为人们关注的焦点，并在实践中得到广泛地认同。厚板轧机设置立辊机座的情况见表 2-3。从表中可以看出，立辊机座较多是在原有轧机上新增设的。其位置或设在粗轧机座前后，或设在精轧机座前后，实行接近布置。

表 2-3　厚板轧机设置立辊机座的情况

工厂名称	投产时间	轧　机	立辊机座投产时间	立辊机座位置
新日铁大分	1976 年	5500mm 精轧机座	1986 年	（不详）
川崎水岛	1976 年	5490mm 精轧机座	1987 年	精轧机后接近布置
住友鹿岛	1970 年	5450 + 4830mm	1980 年	粗轧机座前
浦项 2 号	1978 年	4724 + 4724mm	1989 年	粗轧和精轧机座前接近布置
浦项 3 号	1997 年	4300mm	1997 年	机前接近布置
瑞典 SSZS	1998 年	3700mm	1998 年	机后接近布置

立辊机座的作用是在钢板轧制的成形和宽展轧制阶段，以一定的测压量消除边部可能出现的鼓形，使平面形状趋于矩形，同时可以抑制双腰鼓形和边裂产生；在精轧（延伸）阶段轧制的最初道次中，利用立辊机座的短行程控制功能进行宽度控制（AWC），对板坯的前、后、中给以不同的侧压下量，提高钢板的宽度精度和形状精度。根据国外的统计，采用立辊机座后，减少切边量达 60 ~ 100mm，使综合成材率提高了 1.5% ~ 3.0%。

2.4　厚板轧机的工作机座

四辊可逆式机座是目前厚板轧机工作机座的主要机型。它主要由机架、辊系、平衡装置、压下系统、弯辊装置和换辊装置等组成。我国21世纪自行设计和制造的3500mm厚板轧机的四辊精轧机座主要组成部分如图2-21所示，主要技术参数见表2-4。

表2-4　3500mm四辊精轧机座主要技术参数

序号	技术参数	数值	序号	技术参数	数值
1	最大轧制力/kN	70000	13	轧机压靠刚度/$kN \cdot mm^{-1}$	>10000
2	最大轧制力矩/kN·m	2×3070	14	压下电机功率及转速/kW，$r \cdot m^{-1}$	2×450，632/1000
3	轧辊最大开口度/mm	330			
4	轧制速度/$m \cdot s^{-1}$	0~2.75~6.6	15	压下螺丝/mm×mm	S 680×40
5	电动压下速度/$mm \cdot s^{-1}$	0~35	16	平衡液压缸/mm×mm	2-ϕ360×600
6	主电机功率/kW	2×7000	17	平衡重量/t	340
7	主电机转速/$r \cdot min^{-1}$	0~50~120	18	高压水除鳞压力/MPa	18
8	压下液压缸/mm	ϕ1840×40	19	高压水除鳞水耗量/$L \cdot s^{-1}$	120 一次喷3~10s
9	工作辊尺寸/mm×mm	ϕ1050/ϕ950×3500			
10	支承辊尺寸/mm×mm	ϕ2100/ϕ1900×3400	20	成品规格/mm×mm×mm	(6~50)×3200×18000
11	牌坊立柱断面尺寸/cm^2	95×105=9975	21	坯料规格/mm×mm×mm	280×1800×3300
12	牌坊净重/t	340	22	年产量/$t \cdot a^{-1}$	800000

2.4.1　机架

机架是工作机座中最重要的零件，其结构参数不仅影响到轧机的刚度，而且还是确定轧制车间厂房高度、轧制跨吊车能力的重要依据。机架的两片牌坊特别庞大，3500mm厚板轧机的单片牌坊的外形尺寸为13245mm（高）×4750mm（宽）×2000mm（厚），重量为340t，制造和运输都很困难，必须采取相应的保证措施。

2.4.2　工作辊和支承辊系

四辊轧机的辊系由工作辊、支承辊及轧辊轴承组成。辊系的主要参数是辊径、辊身长度和轧辊的开口度。辊径的大小要考虑产品厚度和板形；辊身长度的大小要考虑轧制的板宽，板轧机通常由辊身长度来命名；轧辊的开口度要考虑轧制厚板的压缩比，精轧机座的开口度小，粗轧机座大。工作辊的材料为半冷硬球墨铸铁；支承辊有铸钢、锻钢和镶套结构辊。镶套辊的镶套材料为9CrMo，辊芯材料为35CrMo。

轧辊轴承：支承辊为油膜轴承，这是因为油膜轴承的承载能力高、抗冲击性能好、寿命长，且径向尺寸小，有利于提高支承辊轴颈的强度，3500mm轧机支承辊油膜轴承的尺寸为ϕ1500mm×1130mm，$l/d = 0.753$；工作辊采用滚动轴承，它不承受轧制力，滚动轴承的径向尺寸大，但拆装方便，对工作辊经常磨辊有利，3500mm轧机工作辊采用4列圆锥滚子轴承，尺寸为ϕ625mm/ϕ815mm×480mm。

3500mm厚板轧机下支承辊及轴承的部件图如图2-22所示，3500mm厚板轧机上工作辊及轴承的部件图如图2-23所示。

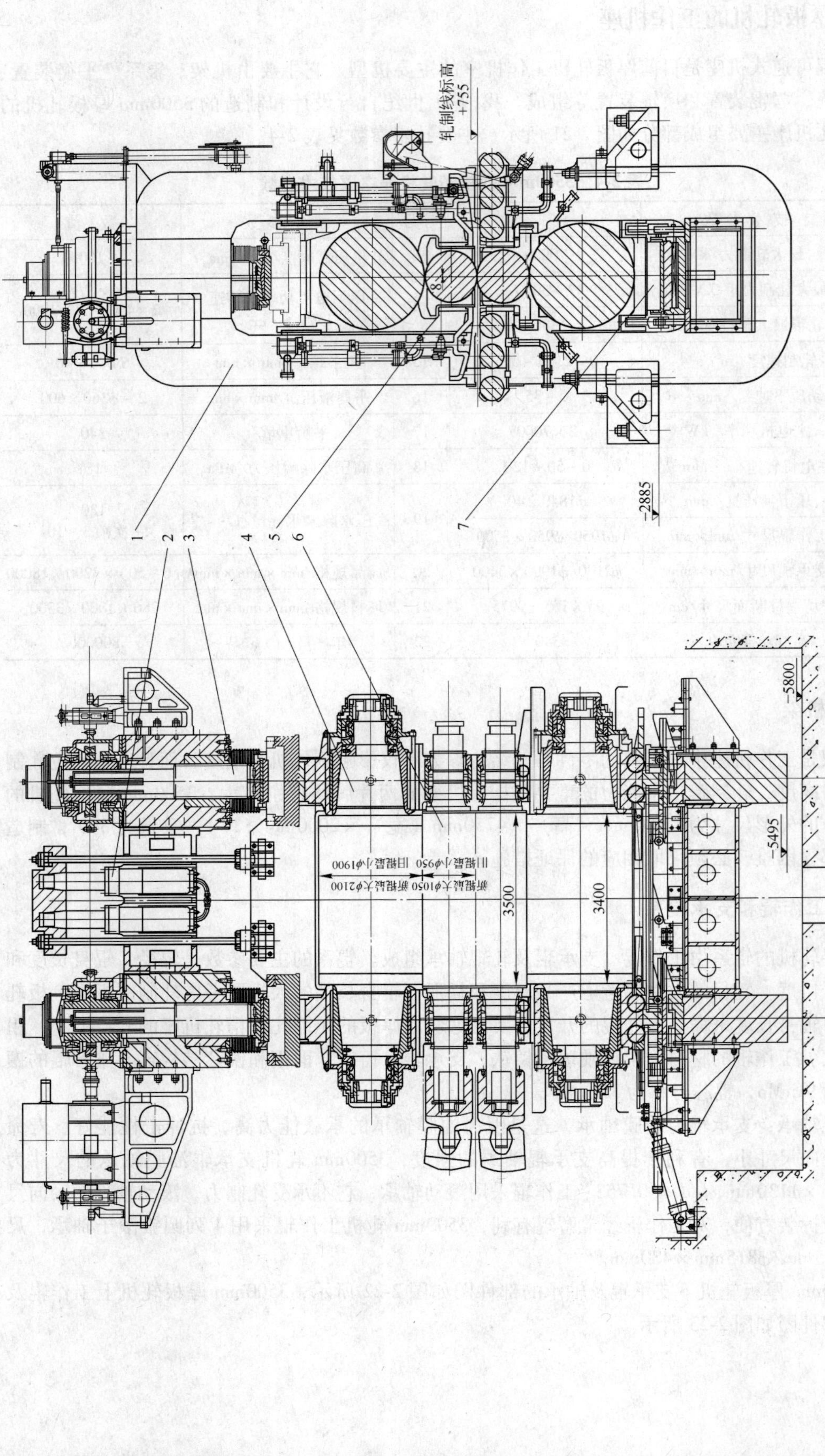

图 2-21 3500mm 四辊可逆式机座总图

1—机架;2—液压平衡装置;3—电动-液压压下装置;4—支承辊及轴承;5—上下辊夹紧弯辊装置;6—工作辊及轴承;7—下辊标高调节装置

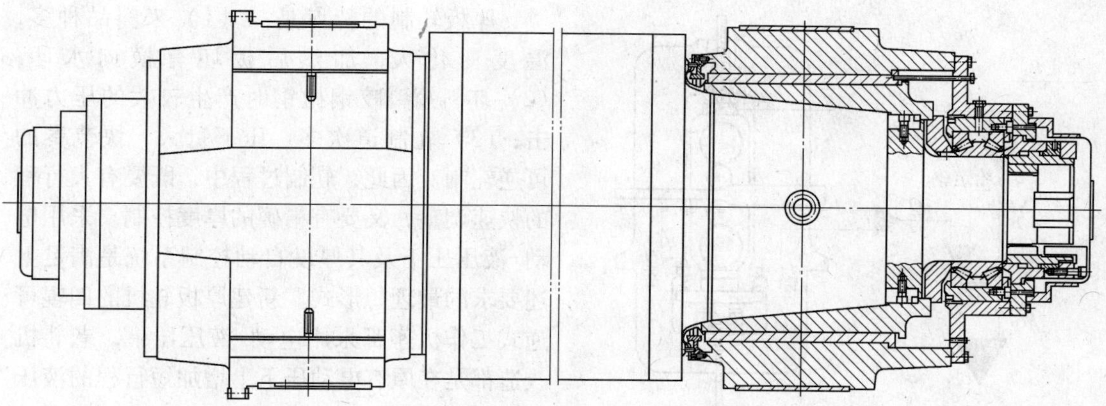

图 2-22 3500mm 厚板轧机下支承辊及轴承部件图

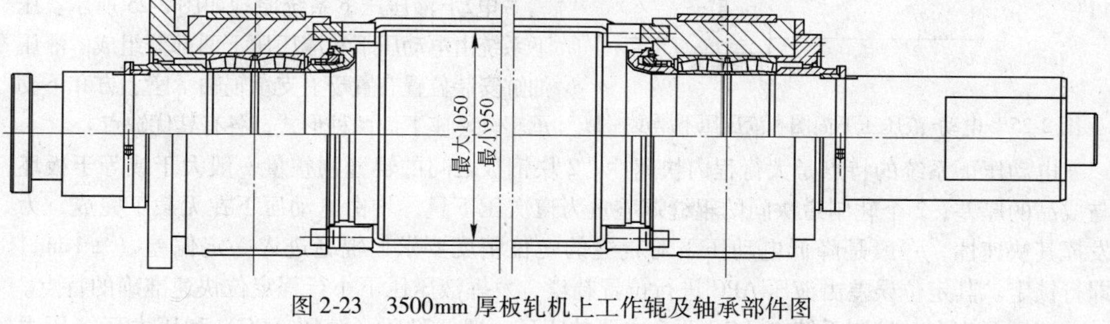

图 2-23 3500mm 厚板轧机上工作辊及轴承部件图

2.4.3 压下装置

厚板轧机的压下装置，在许多轧机上，尤其是在粗轧机座上多采用电动压下，如图 2-24 所示。两台低转动惯量的直流电动机通过两对圆弧面蜗轮蜗杆传动压下螺丝，其特点是承载能力高，自锁性能好，轧制时压下位置准确。为处理卡钢事故回松轧辊，在蜗杆轴上设有压下螺丝的回松装置。

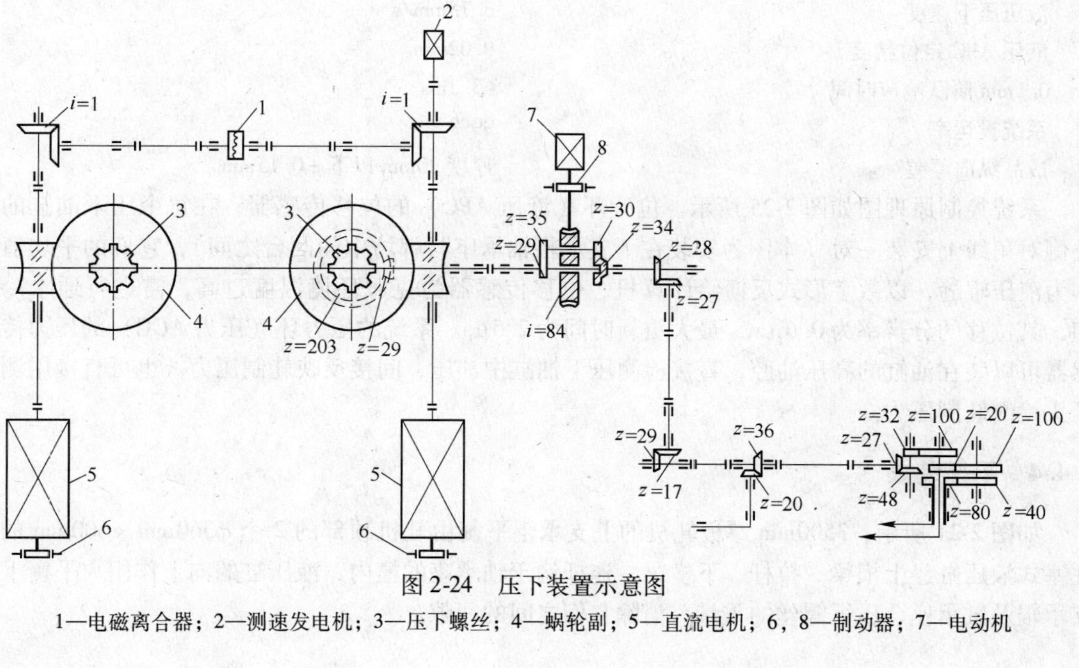

图 2-24 压下装置示意图

1—电磁离合器；2—测速发电机；3—压下螺丝；4—蜗轮副；5—直流电机；6，8—制动器；7—电动机

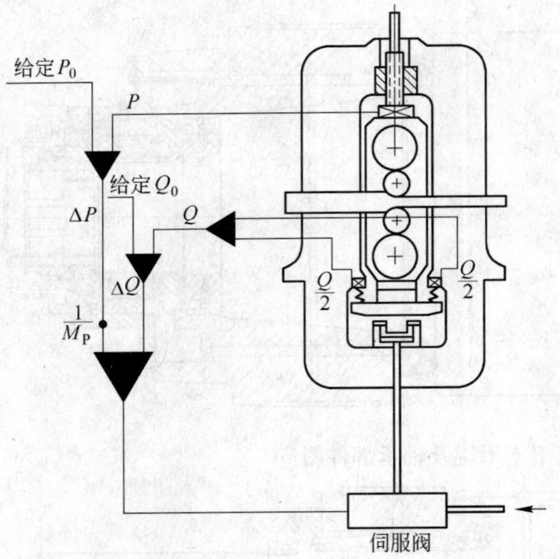

图 2-25　电动-液压压下简图和液压压下厚度控制

厚板轧制的特点是：（1）来料品种多，温度变化大，加热后板坯有横向水印；（2）坯料短，咬钢抛钢时产生较大的压力冲击；（3）轧制道次多、压下量大、快节奏的可逆轧制。因此，轧制过程中，既要有大行程的快速调整，又要有精确的厚度控制。采用电动-液压压下及其厚度自动控制系统是满足上述要求的最理想形式。新建厚板轧机的四辊可逆式工作机座都采用电动-液压压下，老轧机改造都是在原有电动压下上增加短行程的液压压下油缸。

电动-液压压下系统原理如图 2-25 所示。压下系统由电动压下和液压压下两部分组成。液压油缸安装位置有置于上支承辊轴承座上方和下支承辊轴承座下面两种形式，各有其优缺点。

电动压下系统的特点是大行程内快速性。2 块钢板之间的辊缝调整量一般大于或等于板坯与成品的厚差；2 个轧制道次间的辊缝调整量为道次压下量，均由电动压下在无载下完成，为发挥其快速性，一般是降低电动压下对辊缝的定位精度要求，辊缝进入一定偏差（±1mm）即行锁定。其定位误差由液压 APC 进行位置补偿，发挥液压压下小行程定位快速准确的特点。

液压厚度自动控制系统有 AGC 两个主要的闭环，即位置环（液压 APC）和压力环（压力 AGC）。液压 APC 实现辊缝自动控制；压力 AGC 在液压 APC 基础上实现压力补偿，是控制同板差的关键。当需要调节辊缝时，依靠位置环，由人工或自动系统给出辊缝调节量，由位移传感器反馈信号。当咬抛钢、坯料超差和温度不均等原因导致轧制压力变化，引起轧机弹跳影响厚度时，系统根据控制方程对弹跳量的变化量调节辊缝进行补偿，由压力传感器反馈信号。

国产厚板轧机液压 AGC 厚度控制系统的性能参数如下：

液压压下速度	3.75mm/s
液压 APC 定位精度	0.02mm
0.1mm 阶跃响应时间	63.3ms
系统投运率	99%
成品纵向厚差	厚度 20mm 以下 ±0.15mm

系统控制原理图如图 2-25 所示。位置环（液压 APC）的位移传感器，在每个压下油缸的外侧对角线上安装一对（本图为安装在下支承辊轴承座与牌坊中间凸台之间），它们的平均值作为液压辊缝，以数字形式反馈给计算机，位移传感器为克服环境温度过高，需进行通水冷却，其位移的分辨率为 0.6μm，最大更新时间为 2.5μs。系统的压力环（压力 AGC）的压力传感器可以装在油缸的高压油腔，直接检测压下油缸中油压，间接反映轧制压力。也可直接用测压头检测轧制压力。

2.4.4　平衡装置

如图 2-21 所示，3500mm 厚板轧机的上支承辊平衡由轧机顶部的 2 个 ϕ360mm×600mm 的柱塞式液压缸经上横梁、拉杆、下横梁、连杆钩于轴承座的槽内，液压缸的向上作用力平衡上支承辊及轴承座、压下螺丝的重量，消除它们之间的间隙。

2.4.5 上下辊压紧弯辊缸

在机架窗口内的凸台里和凸台上的垫块里各设有工作辊弯辊油缸，弯辊油缸的活塞杆顶在上、下工作辊轴承座的侧耳上，如图2-21所示，弯辊力可使工作辊实现正弯。为防止工作辊和支承辊在空转时打滑，引起划伤轧辊，在轧辊空转时弯辊油缸仍给出一定压力，使工作辊紧紧地压在支承辊上，因此，弯辊油缸又称压紧弯辊缸。3500mm厚板轧机在每个工作辊的一端设有4个压紧弯辊缸，上压紧弯辊缸尺寸规格为（活塞/活塞杆×行程）ϕ160mm/ϕ125mm×190mm，下压紧弯辊缸尺寸规格为ϕ160mm/ϕ125mm×80mm，工作压力为28MPa，最大弯辊力为2300kN。

2.4.6 下辊标高调节装置

轧辊的重磨使轧辊在使用中直径由大变小，3500mm厚板轧机支承辊使用直径最大ϕ2100mm，最小ϕ1900mm，工作辊最大ϕ1050mm，最小ϕ950mm，下工作辊轧面标高变化为0~150mm，因此，下辊的标高必须调整。厚板轧机的下辊标高调节通常采用加调节垫的方法，如图2-21所示，在换辊时，由液压缸将调节垫框架拖出机架窗口，调整好调节垫厚度后再推入窗口，保持下辊标高不变。

2.4.7 换辊装置

轧机工作辊和支承辊需经常换辊，因此设有换辊装置。ϕ3500mm厚板轧机工作辊换辊，由机架内的活动轨道升起，托起下工作辊轴承座的滚轮，与操作侧固定轨道面成水平，由换辊小车将工作辊由窗口内拖出。支承辊换辊则由两个液压缸推动滑架沿斜轨上升，将带有滚轮的托架升起，托起活动轨道与固定轨道成水平线重合，用换辊小车上的齿轮和轨道上的长齿条，将支承辊由窗口内移出。

2.5 辊式钢板矫直机的形式与厚板矫直机

2.5.1 辊式钢板矫直机的形式

辊式钢板矫直机矫直辊的辊径与辊身长度的比值很小，因此辊式钢板矫直机一般都带有支承辊。按支承辊相对于矫直辊的排列形式可以分为布棋式、垂直式和交错式三种（见图2-26）。

（1）布棋式，如图2-26*a*所示，支承辊布置在2根矫直辊之间，每根矫直辊都受到2根支承辊的支撑。其优点是：工作辊稳定性好，能承受垂直方向的矫直力和水平方向的作用力。其缺点是：无法安装单独调整的导向辊；下支承辊阻碍氧化铁皮落下，因此，不能用于钢板的热矫直。这种形式在薄板矫直机上得到广泛应用。

（2）垂直式，如图2-26*b*所示，支承辊布置在与矫直辊同一个垂直平面内。其优点是：热矫直时氧化铁皮降落不受下支承辊的阻碍；允许两边设单独调整的导向辊；结构简单，拆装方便。其缺点是：矫直辊的水平刚度低。因此，适用于矫直辊直径比较大、水平刚度足够的热矫直机矫直厚度比较厚的钢板。

（3）交错式，由于钢板的产品厚度规格范围扩大和实行热机械控制工艺，矫直温度降低（由600~800℃降到最低500~550℃），为了保证矫直质量，要求矫直机的节距变小，矫直辊变细，但垂直方向和水平方向的刚度不能降低，因此，出现了如图2-26*c*和图2-26*d*所示的支承辊两种交错式排列形式。它是将支承辊分段，交错排列支撑矫直辊。图2-26*c*和图2-34形式矫直机的优点是：矫直辊稳定，既可承受垂直方向的矫直力，水平方向的刚度又比较大，有利

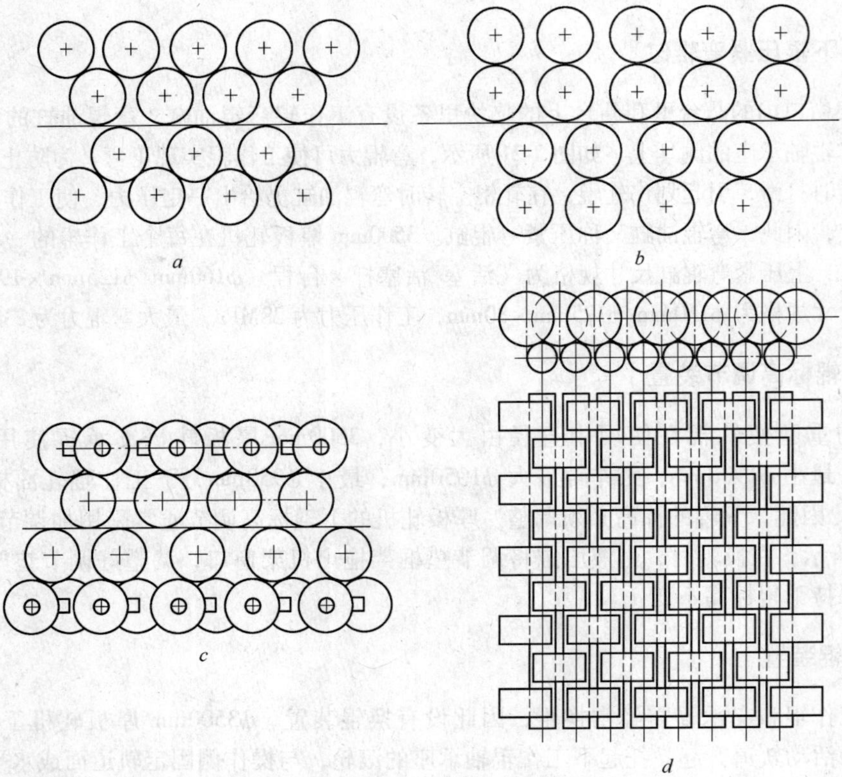

图 2-26　钢板矫直机支承辊的排列形式

于减小矫直辊的直径；将支承辊的长跨度支撑变为短跨度的多段支撑，提高了支撑的强度和刚度；下支承辊不阻碍氧化铁皮的下落。如图 2-26*d* 和图 4-110 所示的矫直机适用于薄板矫直。

辊式钢板矫直机的结构形式主要决定于矫直辊的调整方法。由于调整下矫直辊有时会对不准输送辊道面的水平线，因此一般都采用调整上矫直辊的方法。按上矫直辊调整方法的不同，辊式钢板矫直机可以分为下列四种基本形式。

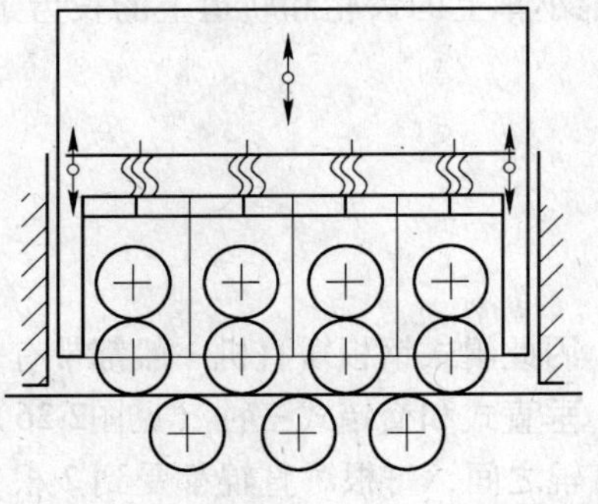

图 2-27　矫直辊单独调整的矫直机简图

（1）每个上辊单独调整的矫直机，如图 2-27 所示，每个上矫直辊都有单独的压下机构进行单独调整。同时，上矫直辊又都装在可以做升降运动的横梁上，实行集体升降调整。

（2）上下辊平行排列的矫直机，如图 2-28 所示。这种形式的矫直机又有两种：

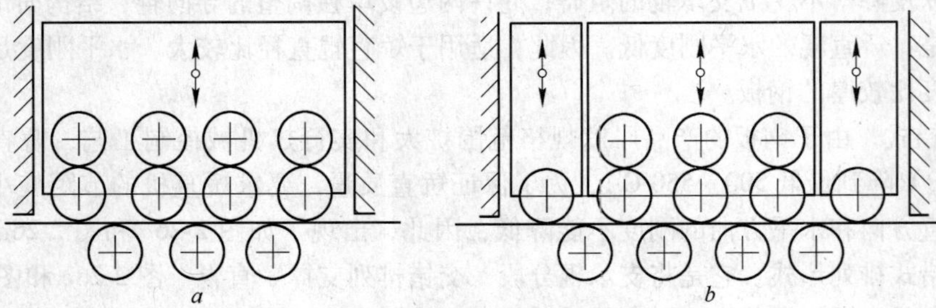

图 2-28　上下辊平行排列的矫直机

1）全部上辊一起调整的矫直机，如图 2-28*a* 所示，全部上辊相对下辊平行排列，整体升降，结构简单，可以实现小变形矫直方案和大变形矫直方案。

这种排列形式采用小变形矫直方案时，以最小可能的变形来进行矫直的小变形方案如图 2-29所示。由于辊为集体调整，都使钢板向反方向弯曲的弹复曲率为$\frac{1}{\rho_w}$。这样当原始曲率在 00′范围内时，经过第②、③矫直辊的弯曲矫直后，残余曲率就减小到 11′的范围内。若不考虑残余应力的影响，经过第④、⑤辊的矫直后，残余曲率就可以减小到 22′的范围内。由于残余应力的影响，经过第④矫直辊以后的弯曲矫直就基本不起作用了。因此，这种矫直方案不能保证良好的矫直质量。

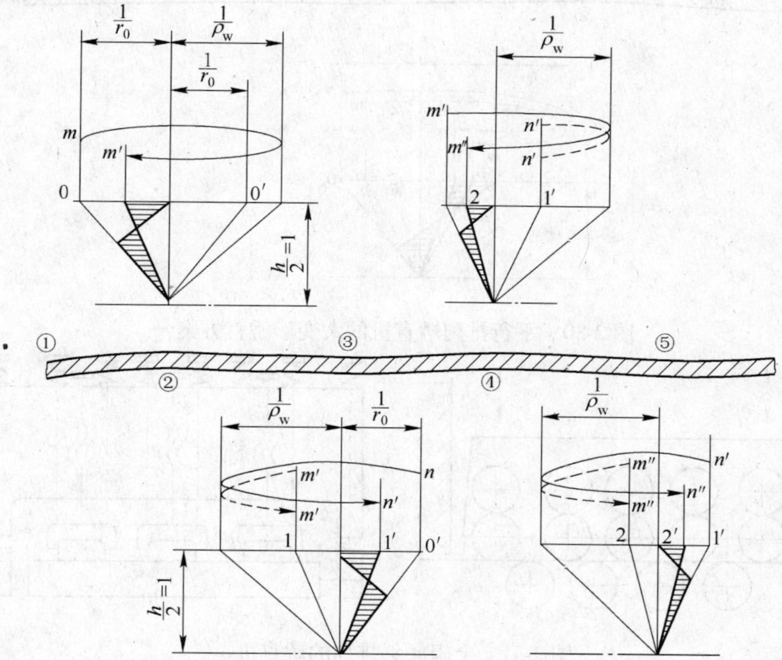

图 2-29 平行排列矫直机小变形矫直方案

这种排列形式采用大变形矫直方案如图 2-30 所示，从第②个矫直辊开始，各辊的反方向弯曲变形的弯曲曲率比弹复曲率更大，即$\frac{1}{R_f} > \frac{1}{\rho_w}$。这样，残余应力的影响大为减小，每个辊的矫直作用大为提高，原始曲率$\pm\frac{1}{r_0}$很快趋于较小的均匀弯曲。

综上所述，全部上矫直辊一起调整的平行排列矫直机，无论采用大变形还是小变形矫直方案，都不能保证良好的矫直质量，而采用大变形矫直方案的矫直效果要好一些。因此，虽然结构简单，但较少采用，仅用于薄板矫直。

2）带有单独调整导向辊的平行排列矫直机，如图 2-28*b* 所示。矫直机的前后设 2 个导向辊单独调整，出口侧导辊可以克服矫直后钢板存在的残余弯曲。因此，这种矫直机采用大变形矫直方案可以保证良好的矫直质量。所以，它是厚板矫直的基本形式，被广泛采用。由于导向辊承受的矫直力为中部矫直辊承受的矫直力的约 1/5，所以不设支承辊，一般可不传动，为改善咬入条件有时也做成传动的。

（3）上下矫直辊倾斜排列的矫直机，如图 2-31 所示。上排矫直辊和支承辊装在一个可以倾斜调整的架体上，倾斜角度可以根据工艺要求进行调整。这种形式的矫直机可以使弯曲变形

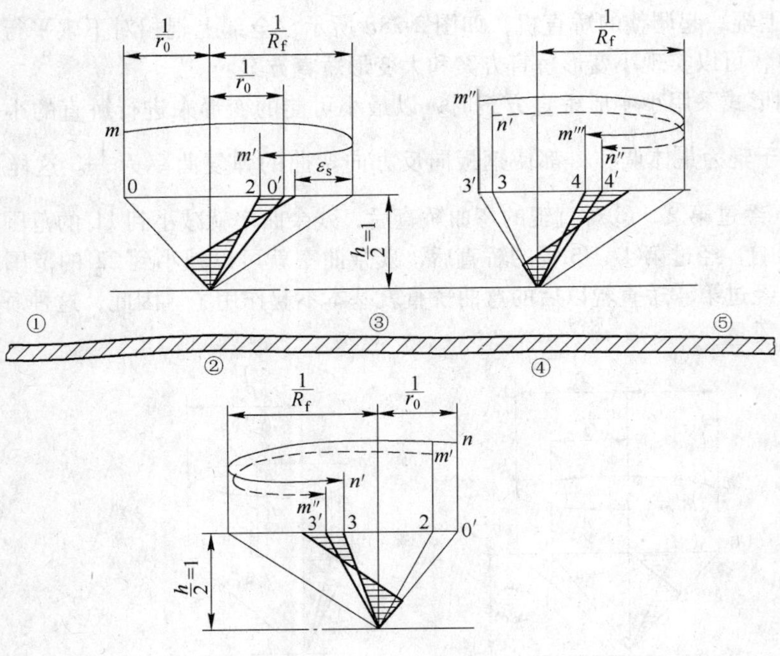

图 2-30　平行排列矫直机的大变形矫直方案

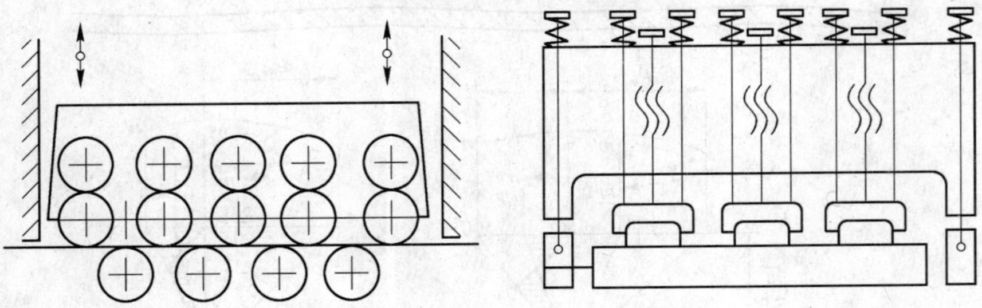

图 2-31　上辊倾斜排列的矫直机

逐渐减小，能很好地保证矫直质量。也可以采用大变形或小变形矫直方案，调整方便，广泛地用于中、薄板矫直。

由于中、薄板矫直机的节距比较小，矫直辊比较细，支承辊都采用布棋式，同时支承辊都采用分段对矫直辊支撑，这不仅提高了支承辊的强度和刚度，而且还可以改变各段支承辊的压下，调整矫直辊的弯曲挠度。薄板在轧制生产过程中，因工艺因素的影响，不仅会出现弯曲，还会因不均匀变形出现板形不良，调整矫直辊的弯曲挠度，沿板宽给有瓢曲的部位比较小的弯曲变形，给没有瓢曲的部位较大的弯曲变形，使没有瓢曲的部位因弯曲变形大而产生一定的延伸量，可以改善板形。

(4) 混合排列的矫直机，如图 2-32 所示。一种是入口段设置平行排列，出口段为倾斜排列（见图 2-32*a*），这种排列参加大变形的矫直辊数可以比单纯倾斜排列增多，矫直效果更好。另一种是中间平行排列，出、入口倾斜排列（见图 2-32*b*），用于可逆矫直，并改善咬入条件。这两种形式的结构都很复杂。

2.5.2　厚板矫直机

厚板热矫直机一般装有 2 台，按照钢板温度和厚度做合理分工。布置在冷床之前，矫直的

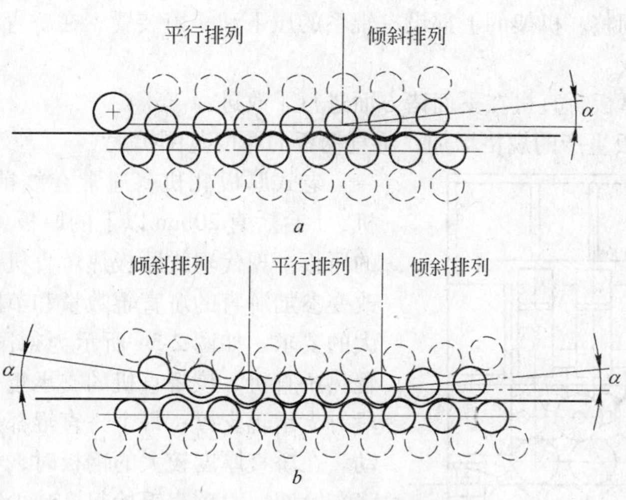

图 2-32 混合排列的辊式矫直机

a—入口平行，出口倾斜；b—中间平行，两端倾斜

钢板厚度范围比较大，温度范围一般为 800～600℃；实行控轧控冷工艺的钢板矫直温度范围一般在 550～600℃之间。冷矫直机布置在精整线热处理线之后，矫直钢板的厚度相对比较薄一些。通常厚度大于 100～120mm 的特厚钢板采用压力矫直机矫直；辊式钢板矫直机矫直厚度小于 100～120mm 的钢板。

厚板矫直机无论是热矫直还是冷矫直，希望矫后钢板平直，残余应力降到最小，尽可能一次完成矫直；同时希望矫直机的节距小，矫直能力强，设备简单，便于调整。如图 2-33 所示为一种九辊热矫直机的结构简图。矫直机由下述主要部分组成：机架由上盖（上横梁）、下横梁和 4 个立柱组成，为了提高连接刚度，连接立柱和横梁的螺母是在立柱端部螺丝热状态下拧紧的。支承辊和矫直辊的直径相同，支承辊对矫直辊实行分段支撑，可以调节矫直辊的挠度；矫直辊是空心的，通水冷却，冷却水流量约 $40m^3/h$。矫直辊的材质为 50CrMo 调质，抗拉强度为 800～1000MPa，伸长率为 13%；42CrMo4 调质，抗拉强度为 750～900MPa，屈服强度为 550MPa，伸长率为 14%。矫直辊由 1 台直流电动机通过高功率减速器和万向接轴驱动。整套辊系可借助于换辊设备从机架窗口侧向移出，进行换辊。前后导向辊直径稍大一些，为的是改善咬入条件，导向辊

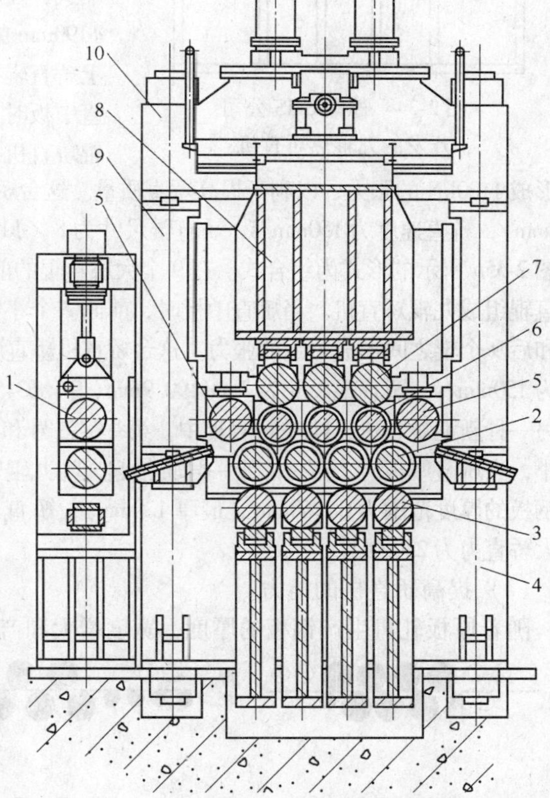

图 2-33 九辊厚板热矫直机

1—送料辊；2—下矫直辊；3—下支承辊；4—下横梁；5—导向辊；6—上矫直辊；7—上支承辊；8—活动横梁；9—立柱；10—压下装置

可由蜗轮蜗杆单独调整。机架的上部设有辊系的压下和平衡装置。在矫直机的入口和出口设有立辊，用于对中钢板。

近年来，辊式厚板矫直机在下面诸方面进行了改进：

（1）为适应厚板生产的规格增加，矫直钢板的厚度范围扩大。

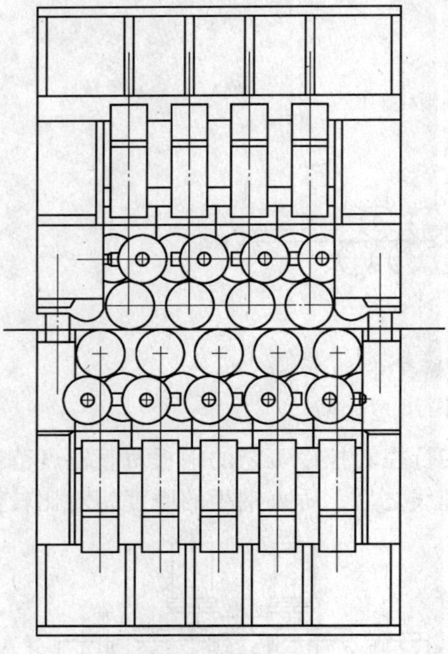

图 2-34　德国 SMS 公司开发的九辊热矫直机

老式厚板轧机，通常在线前后设置 2 台热矫直机，1 台矫直 20mm 以下的厚板，1 台矫直 20 ~ 50mm 的厚板。现代辊式厚板热矫直机都是设置 1 台，采用改变参加矫直的矫直辊数量和节距，满足厚度范围扩大的要求。如图 2-34 所示为德国 SMS 公司开发的九辊热矫直机。该矫直机的支承辊采用交错式布置，分段对支承辊支撑；每个矫直辊都采用单独的电动机驱动。在矫直厚度较大的钢板时，将第三、七矫直辊下降，第四、六矫直辊抬起，减少矫直辊数量，增大节距。该矫直机矫直钢板厚度范围为 4 ~ 50mm。

如图 2-35 所示为日本三菱重工自 1984 年以来制造的 3 台热矫直机，为扩大矫直钢板厚度范围，采用改变矫直辊数量和节距的方法。如图 2-35*a* 所示的形式为伸缩式，在中间 7 个 ϕ282mm 的矫直辊前后，各设置 4 个 ϕ190mm 的矫直辊。当矫直厚板时，前后 4 个 ϕ190mm 的上矫直辊抬起，中间 9 个矫直辊组成九辊矫直机；当矫直中板时，前后 4 个 ϕ190mm 的矫直辊压下，组成十五辊矫直机。而且，小矫直辊间间距减小，大小矫直辊之间形成 1100kN 的张力，以利于提高矫直质量。这台矫直机矫直钢板的厚度范围为 4.5 ~ 80mm（最厚 265mm），矫直速度为 150mm/s，矫直辊尺寸为 8 × ϕ190.2mm、7 × ϕ282mm，最大矫直力为 41000kN。如图 2-35*b* 所示的形式为组合式。在 9 个大矫直辊的前面设置 7 个小矫直辊。当矫直厚板时，9 个大矫直辊组成九辊矫直机。当矫直中板时，前面 7 个小矫直辊参与矫直，组成十六辊矫直机，前 7 个辊和后 9 个辊之间形成一定的张力。这台矫直机矫直厚度范围为 4.5 ~ 70mm（最厚 275mm），矫直速度为 150mm/s，矫直辊尺寸为 7 × ϕ190.9mm、9 × ϕ315mm，最大矫直力为 30000kN。如图 2-35*c* 所示为另一种新型矫直机，11 个矫直辊中，第一、二号和第十、十一号矫直辊距及与中间相邻辊的辊距较小，当矫直厚板时，第一、十一号辊抬起，为九辊矫直机；当矫直中板时为十一辊矫直机，其矫直钢板的厚度范围为 6 ~ 60mm（最厚 120mm），矫直速度为 120mm/s，矫直辊尺寸为 11 × ϕ250mm，最大矫直力为 23000kN。

（2）提高矫直机的能力。

随着厚板轧机生产钢板的厚度、宽度增大和产量提高，以及采用控轧控冷工艺，使矫直机

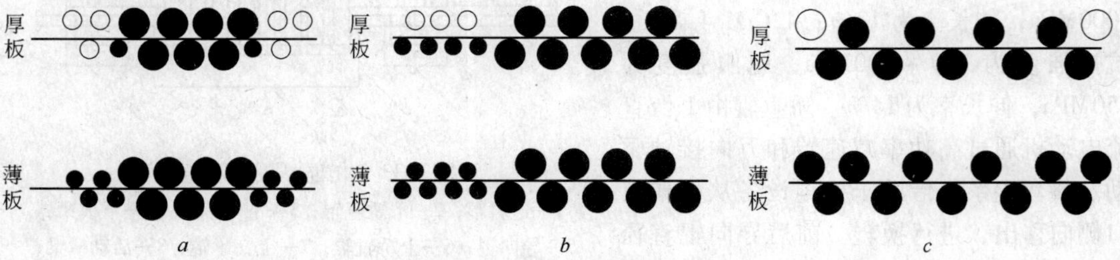

图 2-35　三菱重工制造的热矫直机

的负荷增大，矫直力达到30000~40000kN，最大达到41000kN；机架的刚度达10000kN/mm；矫直速度达120m/min。

（3）矫直机装机技术水平提高。

为了提高矫直精度，使辊缝快速而准确的调整，在厚板矫直机上，将轧机的液压压下技术移植过来，设置了液压AGC系统；为了消除板形不良，针对钢板的边浪和中浪对矫直辊进行了预弯；采用计算机控制对矫直辊的压下、速度等工艺参数进行了设定；另外，还设有过载保护、快速换辊技术等。

2.6 厚板的剪切设备

剪切设备是厚板精整线上的重要设备，它完成厚板剪切加工的切头、切尾、切定尺、切边、剖切和切试样。厚板的剪切设备有斜刃剪、滚切剪和圆盘剪。斜刃剪的上剪刃是倾斜的，倾角度数为2°~6°，有利于减小剪切力，它的缺点是剪后的钢板有压弯，不能用于定尺剪切和剖分剪切，用于切边也会使废边出现较大的弯曲，因此，现代厚板生产中已很少采用。滚切剪是现代厚板生产的主要剪切设备。圆盘剪主要用于剪切中、薄板。

2.6.1 滚切剪

滚切剪的出现标志着厚板的剪切达到一个新的水平，它满足了厚板轧机提高生产能力的需要。

2.6.1.1 滚切剪的分类

根据用途和结构的不同，滚切剪可以分为三类：滚切式双边剪、滚切式剖分剪和滚切式定尺剪。

A 滚切式双边剪

滚切式双边剪用于钢板切双边。由固定剪和移动剪组成，它们分别装在剪切线的两侧，为调整剪切宽度，移动剪的位置可以调整。出口设有碎边剪，剪切机的入口和出口有夹送辊道，入口前有磁力对中装置，辊道两侧有激光划线。

滚切式双边剪的传动形式有三轴三偏心和单轴三偏心两种。所谓三轴三偏心运动是指传动的三轴为传动上剪刃的两个同半径偏心轴和传动碎边机的一个偏心轴，三轴三偏心可使剪切力分配到三个轴上去，且互不干扰。另一种形式称为单轴三偏心传动，即在一根轴上加工出三段偏心，两个半径同相偏心传动上剪刃，另一个传动碎边机。这种形式结构简单，造价低，但传动轴负荷大。

B 滚切式剖分剪

滚切式剖分剪用于双倍宽度钢板剖分剪切，只有一对剪刃，传动上剪刃的两个偏心轴有双轴双偏心和单轴双偏心两种形式。在使用时剖分剪和双边剪是组合在一起的，其目的是缩短车间长度。因此，在设计这种剪切机时，剪切钢板尺寸、剪切次数、剪切步长等性能参数是一致的。

C 滚切式定尺剪

滚切式定尺剪用于钢板的定尺剪切。结构形式也有双轴双偏心和单轴双偏心两种，其剪刃长度要大于钢板的宽度。

2.6.1.2 滚切剪的优点

上述三种滚切剪，其剪切原理是相同的，具有共同的特点。与斜剪刃相比，滚切剪具有下述优点：

（1）由于弧形的上剪刃相对于平直的下剪刃滚动剪切，因此，上剪刃与钢板之间的滑动量小，钢板的切口规整，剪刃的磨损小。

(2) 上下剪刃的重叠量可以根据钢板的厚度合理选择，调整为正、负或零值，而且在剪切长度上不变。因此，剪刃对钢板的压弯很小，对于双边剪切下的板边条压弯很轻，有利于碎边处理；对于剖分剪和定尺剪，剪切厚度20~40mm的钢板，压弯很小，甚至可以使钢板的压弯在弹性范围内，保证了剪后钢板的平直度；在一般的情况下，几乎没有弯曲钢板和废边的附加力。

(3) 由于采用滚动剪切方法，剪切过程中剪刃的切入深度不变，这样使剪刃的最大开口度大约为板厚的3倍，即剪切行程占总行程的30%~40%，这个开口度比斜刃剪的开口度大很多，因而钢板可以顺利地通过。

(4) 虽然滚切剪有较大的开口度，但总行程比斜刃剪的行程大约减少了30%~40%，因此，传动上剪刃的偏心轴曲柄半径减小了，传动力矩也按比例减小。

2.6.1.3 滚切剪的结构

图2-36为滚切剪的结构图，在剪切机的左右两侧面装有两个焊接结构的立柱，它们同下刃台和焊接的上横梁通过螺栓连接和预紧拉杆牢固地构成架体。铸钢结构的上刀架的四面都有限制，前后面有前护板和齿轮箱箱体限位，靠楔形挡板调节上刀架升降的滑动间隙；两

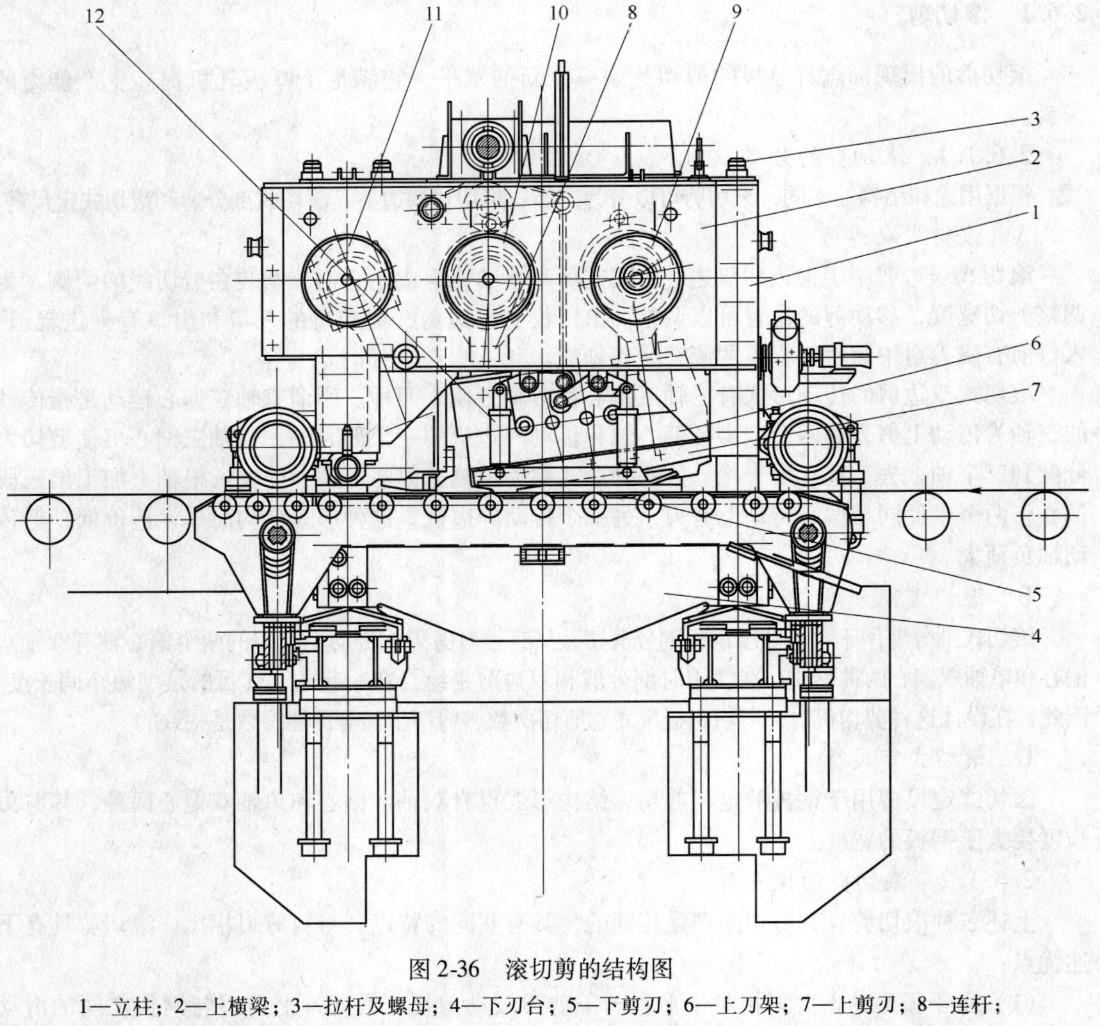

图2-36 滚切剪的结构图

1—立柱；2—上横梁；3—拉杆及螺母；4—下刃台；5—下剪刃；6—上刀架；7—上剪刃；8—连杆；9—偏心1号轴；10—偏心2号轴；11—偏心3号轴；12—液压压板

侧有装在立柱上的固定滑道和可动滑道，其作用是保证精确的剪切运动。两个连杆将上刀架与偏心1号轴和偏心2号轴连接起来。为了调节上下剪刃的重叠量，两个连杆的长度可调，其调节装置是由电机驱动一对伞齿轮通过蜗轮蜗杆传动偏心套来完成的。剪刃的侧向间隙可根据钢板不同的厚度要求进行调整，它是靠上刀架剪刃后楔形挡板位置调节来实现的。楔形挡板的移动是靠电机、蜗轮蜗杆完成的。在上刀架的前面装有液压压板，液压系统装在平台上，液压缸经连杆推动压板。当压板把钢板压在辊道上后开始剪切。偏心3号轴经连杆带动碎边剪完成碎边剪切。偏心1号、2号轴由两台电机经齿轮箱驱动，其同步由一个中间过桥齿轮保证。电动机带有反向电源制动，靠行程开关和电机轴上的机械抱闸使偏心轴停留在要求的位置上。对于双边剪，移动剪由剪机移动装置调节位置；固定剪和移动剪的同步剪切靠剪机上方横跨的横轴保证。为了完成钢板的对中、输送、停止，在滚切剪的前后设有可调节开口度的导板、输送辊道、压辊等机构。被剪切的钢板每次送进长度由脉冲计数器控制。

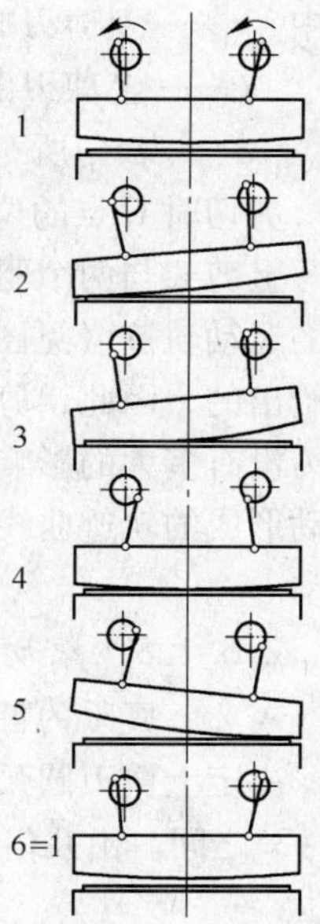

图 2-37 滚切式定尺剪的剪切过程

2.6.1.4 *滚切剪原理*

滚切式定尺剪的剪切过程用如图2-37所示的5个位置表示。安装圆弧形上剪刃的上刀架由两个偏心半径相同、转向相同、偏心相位不同的偏心轴带动。位置1为上剪刃的起始位置，两个偏心轴转动，圆弧剪刃的出口端（图示左端）首先下降，另一端相差一个相位下降，直到前缘（图示左端）下降到与下剪刃或与下剪刃平行的一条假想线相切，即位置2，然后上剪刃沿假想线滚动，位置4是上剪刃滚动到与假想线中部相切，一直到与入口端（图示右端）相切，即位置5，之后升起恢复到原始位置1。

滚切式双边剪和剖分剪的剪切过程与滚切式定尺剪有些差异，在位置5时，上剪刃与假想线的相切点距离端点还有一定的距离，在钢板尚未被全部剪断时，就停止剪切，上剪刃抬起，钢板送进，进行下一个循环的剪切过程。

为实现上剪刃相对于下剪刃做滚切运动，必须设计固定在两侧立柱上的固定滑道和可伸缩滑道曲线，如图2-38所示。可伸缩滑道在剪切时所需要的压力由液压缸提供。

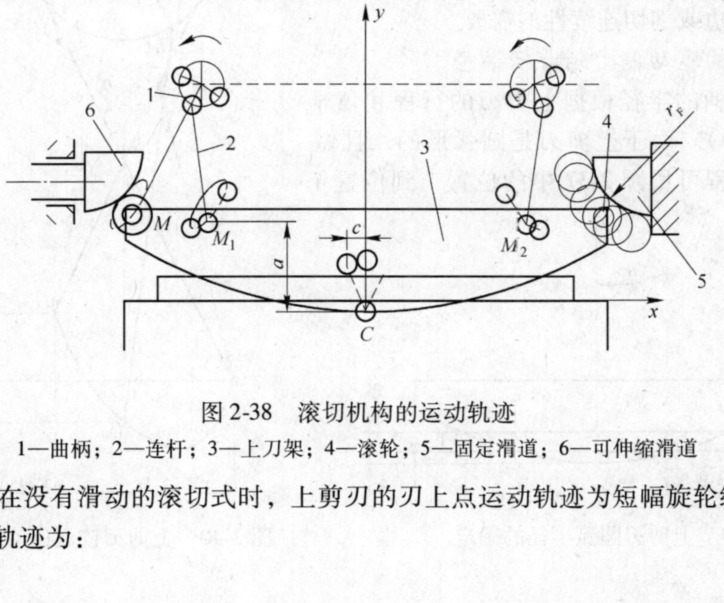

图 2-38 滚切机构的运动轨迹

1—曲柄；2—连杆；3—上刀架；4—滚轮；5—固定滑道；6—可伸缩滑道

弧形上剪刃在没有滑动的滚切式时，上剪刃的刃上点运动轨迹为短幅旋轮线，取上剪刃的中间点 C，移动轨迹为：

$$\begin{cases} x_C = r(\alpha - \sin\beta) \\ y_C = r(1 - \cos\beta) \end{cases} \tag{2-19}$$

式中　r——上剪刃的圆弧半径；

β——上剪刃由前缘到中间位置 C 的圆弧中心角，(°)；

α——β 角所对应的弧度。

剪切时 C 点的位移很小，x_C仅有几毫米。

上剪架与两个驱动连杆的铰接点 M_1、M_2由于与上剪刃有一定距离，只能是接近短幅旋轮线的运动轨迹（见图 2-38 中实线），可以用解析法给出。由于滚切运动是铰接点 M_1、M_2的运动给出的，因此，剪切只能是近似的上剪刃沿假想线滚动。虽然不能绝对的无滑动滚切，但对剪刃没有多大的影响，M_1和 M_2的空行程（见图 2-38 中虚线）是剪切开始前和剪切完了后的运动形成的轨迹曲线，对于剪切并不重要，只要是封闭的圆滑曲线即可，以免产生无谓的冲击振动。

2.6.1.5　滚切剪的基本参数

A　上剪刃的圆弧半径

决定上剪刃圆弧半径的主要因素是滚切角 α（见图 2-39）。α 根据最大板厚确定，一般在 2°～3°之间。由几何关系可得：

$$r = \frac{h_{max} + S}{1 - \cos\alpha} \tag{2-20}$$

式中　h_{max}——钢板的最大厚度，mm；

S——上下剪刃的重叠量，mm；

α——滚切角，(°)。

对于横切剪（定尺剪），重叠量在 0～5mm 之间变化，上剪刃圆弧半径为 30～70m，取一个半径值就满足要求了。半径确定后，再准确计算出实际滚切角。滚切角的大小影响剪切力的大小，并与剪切质量有关。对于双边剪和剖分剪的剪刃，只有一个剪刃半径是不够的，有时需要有第二或第三个半径，这两个半径比主半径小得多。这样的上剪刃可以满足切边或剖切连续性的需要。

B　上剪刃的驱动偏心轴曲柄半径

两个驱动曲柄的半径根据上剪刃的行程和角 γ 确定（见图 2-40）。由于上剪刃是圆弧形的，且做平面运动，其行程可用图 2-37 中的位置 1 到位置 4

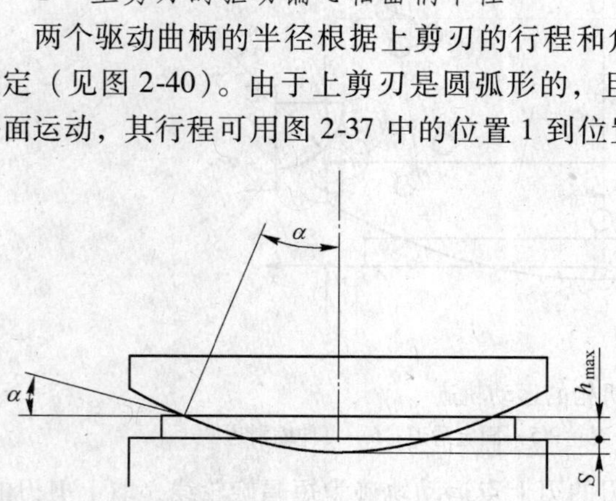

图 2-39　上剪刃圆弧半径的确定

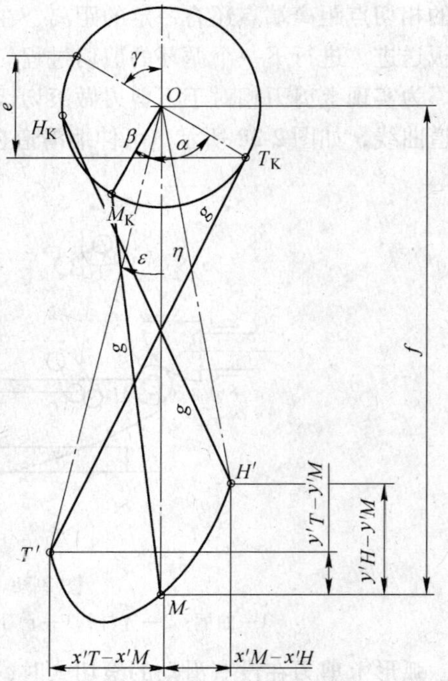

图 2-40　上剪刃铰点运动与偏心轴关系

上剪刃的移动距离来定义，则：

$$r_K = \frac{e}{2\cos\gamma} = \frac{d + S}{2\cos\gamma} \tag{2-21}$$

式中 r_K——驱动曲柄半径，mm；

e——上剪刃行程，mm；

d——上剪刃最大开口度，mm；

S——剪刃重叠量，mm；

γ——偏心 1 号轴曲柄位置 1 的初始相位角，(°)。

由于驱动半径是角 γ 的函数，给式 2-21 的计算带来麻烦，这里 γ 角有个最佳选择。

C 滚轮的运动曲线

固定滑道曲线决定着滚轮中心的运动，由于上剪架是通过两个连杆挂在两个偏心轴上的六杆机构，在力的作用下会向一边偏摆，为使剪切实现精确的滚切，固定滑道的曲线形状非常重要。

首先，滚轮中心运动轨迹用坐标计算给出。如果六杆为几何对称，则滚轮中心的运动轨迹为一段圆弧，用作图法可以确定圆弧的半径，而滚轮滚动所形成的包络线即是固定滑道曲线，如图 2-38 所示，也为一段圆弧，其半径用下式表示：

$$r_F = r_{MR} - r_R \tag{2-22}$$

式中 r_F——固定滑道曲线半径，mm；

r_{MR}——滚轮中心运动曲线半径，mm；

r_R——滚轮半径，mm。

为保证滚切剪实现精确的滚切所设置的固定滑道和可伸缩滑道，由于上剪刃圆弧半径很大，滚切角 α 仅有 2°～3°，在剪切时上剪刃中点 C 的位移量很小，可以采用设置导向杆的方法代替固定滑道和可伸缩滑道。如图 2-41 所示，导向杆一端固定在立柱上，另一端与上剪架铰接，导向杆承受上剪刃剪切时所需要的侧向力，实现滚切运动。这种设置会增加一些上剪刃与钢板之间的滑动，但滑动量很小，对剪刃磨损和剪切质量影响不大，却使剪切机构简化。

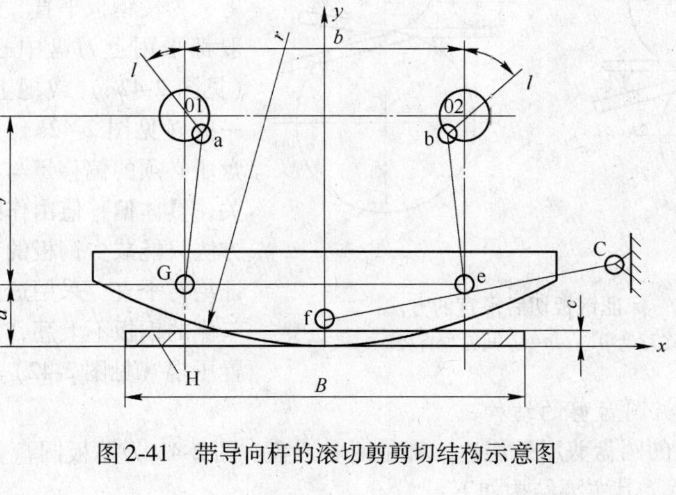

图 2-41 带导向杆的滚切剪剪切结构示意图

D 连杆长度

上剪架与偏心轴间的连杆长度的确定，简单的办法是采用作图法获得。如图 2-40 所示。当铰链 M_1 的运动轨迹（TMH）和上剪刃的行程 e，曲柄半径 r_K 和角 γ 已知，同时要注意：(1) M_K 为 H_KT_K 的中点；(2) M_K 点对应的 M_1 铰链运动轨迹上点 M 到回转中心 O 点距离 f 和连杆长度 g 同时给出。当得到的 f 和 g 的值满足：

$$\begin{cases}\angle H_K OM_K = \dfrac{1}{2}\angle H_K OT_K \\ r_K = \dfrac{e}{2\cos\gamma}\end{cases} \tag{2-23}$$

时，所确定的 f 和 g 的尺寸满足连杆运动几何关系要求。

E　剪刃的重叠量和侧向间隙

剪切不同厚度的钢板所采用的剪刃重叠量和侧向间隙见表 2-5。

表 2-5　剪切不同厚度钢板的剪刃重叠量和侧向间隙

钢板厚度/mm	剪刃重叠量/mm	剪刃侧向间隙/mm
5 ~ 8	5 ~ 2	0.3 ~ 0.4
8 ~ 10	2 ~ 0	0.4 ~ 0.6
10 ~ 15	0 ~ -5	0.6 ~ 0.8
15 ~ 20	-5 ~ -7	0.8 ~ 1.0
20 ~ 25	-7 ~ -8	1.0 ~ 1.2
25 ~ 30	-8 ~ -10	1.2 ~ 1.4
30 ~ 35	-10 ~ -11	1.4 ~ 1.7
35 ~ 40	-11 ~ -13	1.7 ~ 2.0

2.6.2　圆盘式剪切机及厚板圆盘剪

2.6.2.1　圆盘剪的形式及用途

圆盘剪的上下剪刃是圆盘状的。刀盘连续旋转，可以纵向连续剪切钢板和带钢。刀盘的对数决定于圆盘剪的用途，两对刀盘剪用于剪切板边，多对刀盘圆盘剪则用于切边和纵剪成窄条带钢。

剪切薄板用的圆盘剪，一般上下刀盘的直径都相等，并且上下刀盘的中心都在同一条垂线上。剪切厚板用的圆盘剪，为使钢板平直、边部向下弯曲，一般都采用上刀盘中心偏移一定的距离（见图 2-42*a*）或把上刀盘的直径做小一些（见图 2-42*b*）。第一种方法上刀盘所必须的偏移量与板厚及刀盘直径有关，具体偏移值由作图法求得。第二种方法只能减少钢板的弯曲程度，不能保证绝对平直。采用这两种方法，为使进口侧的钢板不上翘，在刀盘之前必须装置压辊（见图 2-42）。

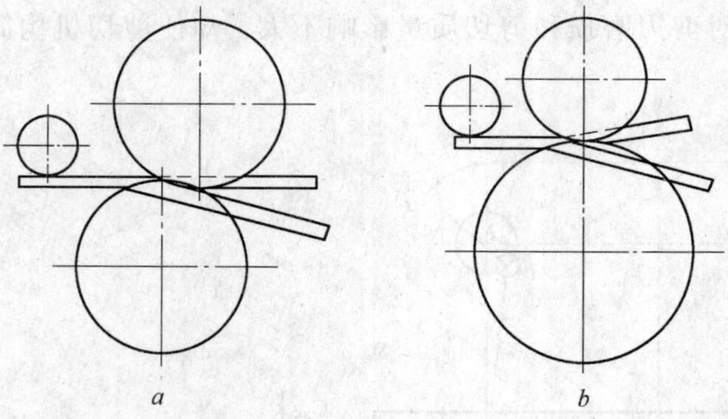

图 2-42　保证钢板切后平直的方法

a—偏移刀盘中心；*b*—不同刀盘直径

2.6.2.2　厚板圆盘剪的结构

厚板剪切线上的圆盘剪用于切边，都是两对刀盘。图 2-43 为厚板圆盘剪结构图，传动示意图如图 2-44 所示。其主要结构如下：

（1）机架移动装置。当板材宽度改变时，必须移动机架，以改变两对刀盘间的距离，在中厚板剪切线上，由于钢板可以不对准辊道中心线，所以只移动一个机架（见图 2-44），由电动机经蜗轮减速器和丝杆螺母机构带动。

（2）刀盘侧向间隙调整机构。刀盘侧向间隙调整机构如图 2-44 中的机构 5 所示，由手轮

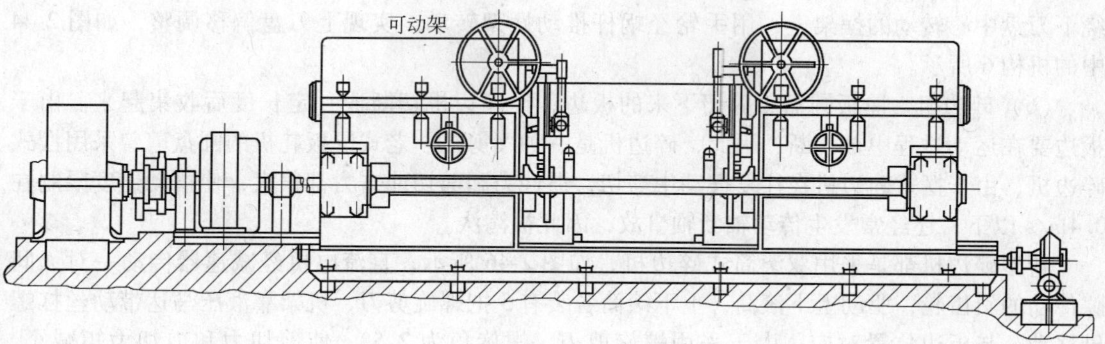

图 2-43 厚板圆盘剪总图

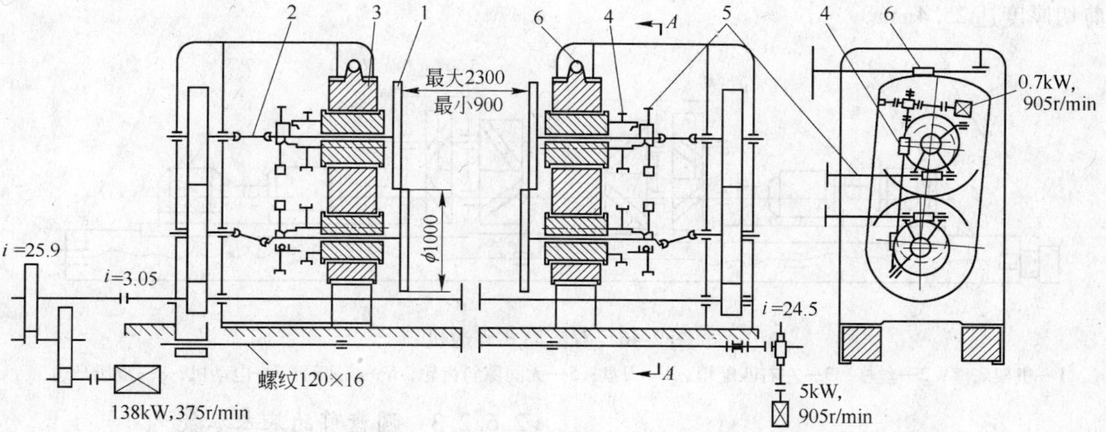

图 2-44 厚板圆盘剪传动示意图

1—刀盘；2—万向接轴；3—偏心套；4—刀盘中心距调节机构；5—刀盘间隙调整机构；6—上刀盘偏移机构

通过蜗杆蜗轮传动，在螺丝螺母作用下使刀盘轴产生轴向移动，即可调整刀盘的侧向间隙。

（3）刀盘中心距调整机构。调整刀盘中心距的作用是补偿刀盘磨损和重车，并根据不同的板厚正确的选择刀盘的重叠量，以保证剪切质量。其调整结构如图 2-44 中的机构 4 所示，由电动机通过蜗轮传动，同时转动上下两个偏心套，从而实现刀盘中心距的改变。偏心套转动会使刀盘的轴产生移动，但上下刀盘轴上都有螺丝螺母，故上下刀盘产生的是同步移动，不会改变刀盘的侧向间隙。

（4）刀盘传动装置，如图 2-44 所示，主传动电机通过齿轮减速器，两个齿轮机座和两对万向接轴分别带动两对刀盘。由于圆盘剪是长期工作制，厚板剪切线又不要求调速，故主传动电机采用交流电动机。采用万向接轴除使刀盘中心距可调外，还可使刀盘相对钢板运动方向转一个角度（见图 2-45），通常为 $\alpha = 0°22'$，以减小金属对刀盘的摩擦。

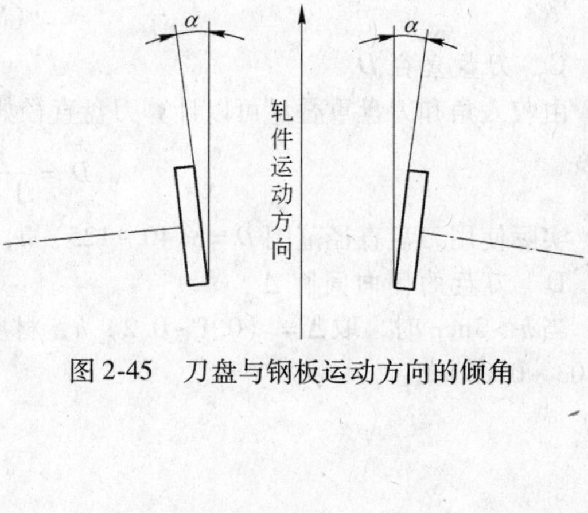

图 2-45 刀盘与钢板运动方向的倾角

（5）上刀盘偏移机构。为了根据钢板厚度调整上刀盘偏移量，以保证切后的钢板平直，设置上刀盘偏移机构。上下刀盘设置在可绕下刀盘中心转动的摆架上，用手轮经蜗杆推动摆架转动，实现上刀盘偏移调整，如图 2-44 中的机构 6 所示。

（6）碎边机。厚板圆盘剪剪切下来的板边，经碎边机切断成一定长度后收集起来。由于板边要在运动过程中被切断，因此，碎边机是一种飞剪机。老式厚板轧机的圆盘剪曾采用摆式碎边机，由于摆式碎边机在往复摆动中剪切，惯性力和剪切冲击力都很大，使摆动速度限制在 0.4m/s 以下，还经常发生传动轴断轴事故，因此被淘汰。

新型碎边机都是采用双滚筒式碎边机，如图 2-46 所示，直流电机经减速器传动一对无间隙传动的斜齿轮，驱动上下滚筒，上下滚筒各装有 5 把螺旋剪刀，机架靠液压马达带动丝杠螺母移动，与板边位置对应。由于采用螺旋剪刀，螺旋角为 2.5°，使剪切力和剪切力矩减小，所需剪切功率小；剪切平稳，振动和噪声小。安装剪刃的套筒采用锥形套筒，更换剪刃时套筒做整体拆装，快速更换。由于滚筒的动平衡性能好，碎边速度提高，达到 91.5m/min。碎边的剪切厚度达 25.4mm。

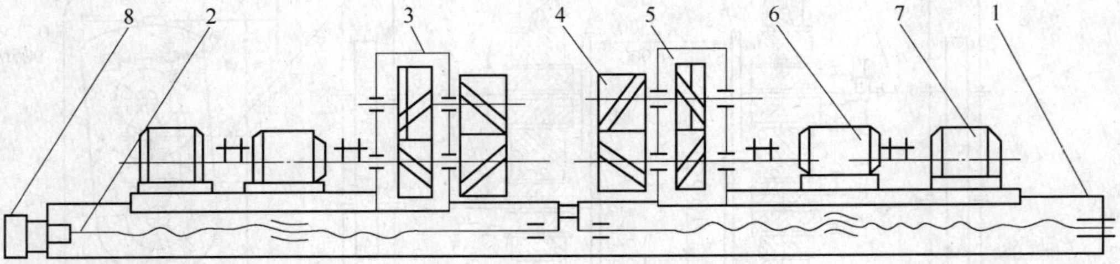

图 2-46　双滚筒式碎边机

1—机架底座；2—丝杠；3—左右匹配箱；4—刀盘；5—无间隙斜齿轮；6—减速箱；7—电动机；8—液压马达

2.6.2.3　圆盘剪的基本参数

A　咬入角 α

最大咬入角是根据咬入条件决定的，一般取 $\alpha = 10° \sim 15°$。许用咬入角的大小与摩擦系数有关，在厚板剪切刀盘和厚板之间的接触状态一定的情况下，剪切速度影响着摩擦系数。圆盘剪的许用咬入角与剪切速度的关系如图 2-47 所示。

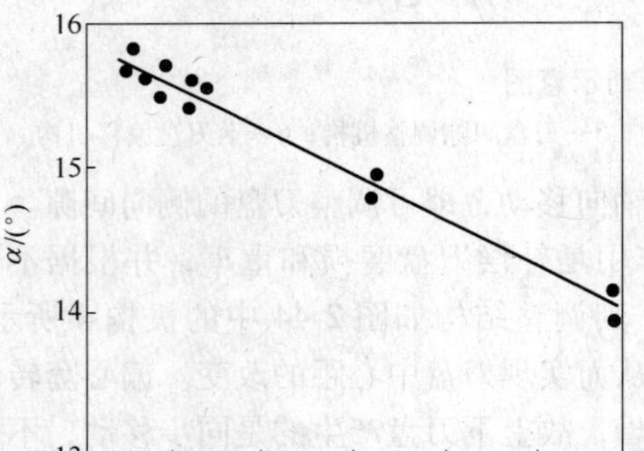

图 2-47　圆盘剪许用咬入角与剪切速度的关系

B　刀盘重叠量 S

刀盘重叠量与钢板厚度有关，一般取 $S = 1 \sim 3$mm，薄板取大值，较厚板取小值。厚度大于 5mm 的中厚板可取负值，最大负值可取 $S = 0.5h$（h 为板厚）。

C　刀盘直径 D

由咬入角和刀盘重叠量可以计算刀盘直径如下：

$$D = \frac{h + S}{1 - \cos\alpha} \tag{2-24}$$

实际使用刀盘直径范围 $D =（40 \sim 125）h$，大值适用很薄的钢板。

D　刀盘的侧向间隙 Δ

当 $h > 3$mm 时，取 $\Delta =（0.1 \sim 0.2）h$，材质软取小值，材质硬取大值；对于薄板，取 $\Delta =（0.03 \sim 0.05）h$。

E 刀盘厚度 δ

刀盘厚度 δ 根据刀盘直径选择，一般取 $\delta=(0.06\sim0.1)D$。

F 刀盘材料

厚板热剪时剪切温度可达到 200～300℃，因此刀盘材料要有耐高温性能，但硬度不能过高，一般采用 5CrW2Si，经热处理后为 HRC50～60。

2.7 厚板生产的计算机控制

在厚板生产中，用户对产品的外在质量（板厚、板凸度、板形和平面形状等）和内在质量（各种理化性能）的要求越来越高；生产厂家又希望在满足用户要求的前提下，提高质量，降低成本，提高效益。因此，除了在工艺和设备方面不断改进外，采用计算机控制对生产管理，对设备和生产工艺实行最优化控制，是提高产量和质量，提高设备作业率，节能降耗，增强企业市场竞争力的重要手段。

为了达到上述目的，现代宽厚板厂采用计算机对生产进行组织管理，对生产过程进行监视、跟踪、控制，将生产自动化和管理现代化有机结合在一起。按照分级控制的原则，现代宽厚板厂一般可分为以下四级计算机控制：生产管理级；生产控制级；过程控制级；设备控制级（基础自动化级）。

2.7.1 生产管理级计算机

生产管理级计算机一般负责全厂或区域（如炼钢区、轧钢区等）的生产管理。它包括生产计划系统、技术信息系统、设备维修系统。

（1）生产计划系统：包括定货合同的管理；根据合同编制、调整生产计划；根据生产计划和实际生产情况向上工序（如炼钢、连铸车间）申请板坯，并根据上工序供坯情况调整、安排生产计划；此外还负责产品质量证书的编制及向用户发货。

（2）技术信息系统：用于存放大量与生产、工艺有关的技术信息。

（3）设备维修系统：用于设备及部件的管理；关键设备在线使用情况，在大、中、小修时提供备件使用情况；进行预维修和保养及稳定生产情况。

生产管理级计算机还要负责与其他区域的管理计算机进行通信，交流必要信息，以保证本厂、本区域与全厂协调生产。

2.7.2 生产控制级计算机

生产控制级计算机是作为厂一级的生产控制而采用的，负责全厂各库的管理、物料跟踪、质量监视以及生产计划的接收、处理和下达。按照生产特点，可以分为轧制区和精整区两部分。

2.7.2.1 轧制区生产控制计算机

轧制区生产控制计算机的控制范围包括板坯库、加热炉、轧机、热矫直机以及钢号打印装置。它具有以下功能：

（1）生产计划的接收、处理和下达。由生产管理级计算机下达的生产计划，生产调度人员可根据轧线生产实际情况和库存情况调整生产顺序，并由计算机对轧制计划进行优化处理。

（2）板坯库管理，包括：

1）入库作业管理。当板坯运到板坯库时，计算机根据来坯特性和库存情况给板坯分配位置。操作工根据计算机的指示把该板坯吊到指定位置，并将信息返回到计算机。

2）板坯堆垛管理。计算机对每块板坯堆放位置进行记忆。

3）吊车作业管理。通过人机对话，指导吊车进行各种作业。

4）出库作业管理。当轧制计划优化处理完毕，计算机按顺序指示吊车将板坯吊到受料辊道，并由操作工返回信息。计算机向加热炉计算机发出受料信息。

5）倒垛作业。

6）对保温坑进行管理，支持热装热送。

(3) 热装轧制计划的执行。对连铸机送来的热板坯数据进行处理，按热装轧制计划进行装炉作业管理。

(4) 物料跟踪。对板坯库中板坯进行管理，对轧制线上的物料分布进行跟踪，并记录关键节点数据（如板坯出炉温度、粗轧机出口板坯温度、尺寸等），目的是供调度管理及制作生产与工程报表之用，便于进行宏观控制。

(5) 质量控制。根据过程计算机采集的数据，对全厂生产质量进行分析，进行质量控制。

(6) 生产数据采集及生产报告书的制作。进行现报、日报、月报等报告书的制作。

2.7.2.2　精整区生产控制计算机

精整区生产控制计算机的控制范围从轧制板材进入冷床开始到成品库，包括剪切线、热处理线、离线处理的跟踪及中间库、成品库的管理。它具有以下功能：

(1) 精整区计划和发货计划的接受及执行。

(2) 中间库、成品库管理。库的管理方式类似板坯库管理，内容有：

1）中间库管理。

2）临时下线板坯管理。在精整过程中对各种原因临时吊下作业线的钢板号、存放位置和下线原因等，由人工输入计算机进行管理。

3）成品入库堆放管理。

4）成品堆垛分布图和查询。成品库实际情况在 CRT 上显示或打印出来，并可按板号、尺寸、定单号等查询，便于发货。

5）成品发货管理。

6）倒垛作业或库位修改。

(3) 精整区物料跟踪。对轧制线以后（一般从冷床开始到成品库）的板材进行跟踪，并把关键数据送入数据库。因精整区的设备及生产工序较多，流程较为复杂，生产控制计算机必须与过程控制级、设备控制级计算机配合，以保证跟踪的正确性。

(4) 质检中心数据的采集与处理。该级计算机与质量检测中心的计算机进行通信，收集成品的理化性能数据，并送入成品数据库，用以编制生产报告及质量保证书等。

生产控制级计算机的各种库的管理，一般需通过无线电通信与吊车通信。生产控制级计算机之间、生产控制级计算机与过程控制级计算机之间可以通过网络进行通信。此外，生产控制级计算机还要与炼钢、连铸的生产控制计算机通信。接收对方送来的连铸坯数据，尤其是连铸坯热装炉数据。

2.7.3　过程控制级计算机及主要设备控制

过程控制级计算机系统可设置加热炉计算机、轧机计算机、控制冷却计算机、冷床计算机、精整线计算机和热处理线计算机。其中以前三者尤为重要，是过程控制中的精髓部分。根据功能和管理的区别，它们可以是一台或一组计算机（如剪切线上）。过程控制级计算机负责生产工段内的过程检测和控制、区域内的跟踪、优化控制。这一级有较为复杂的数学模型以及自适应功能，需具有较强的实时处理能力。

过程控制级（基础自动化）负责各设备的闭环及开环控制，是最基础的控制，通常由PLC及工业微机等完成，要求有大量输入输出能力及极快的响应速度。

2.7.3.1 加热炉计算机

加热炉计算机控制范围自坯料到达受料辊道至除鳞箱前。它具有以下功能：

（1）板坯在加热炉区（炉前、炉后辊道及各炉中）的位置跟踪。位置跟踪由仪表监测加人工确定来完成。

（2）板坯在炉中的热跟踪。计算机根据加热炉内各段温度，计算板坯内部温度分布情况。

（3）最佳燃烧控制。目的是在保证板坯的加热质量和产量情况下节约燃料。

（4）节奏控制。与轧线计算机相配合，提高轧制节奏，并节约燃料。

（5）停炉管理。在轧机停机的情况下降低炉温，以节省燃料，减少烧损，并保证在重新生产前有加热好的板坯供给轧机。

（6）自适应功能。根据出炉后或轧制后所实测的板坯温度，对控制模型进行修正，提高控制精度。

（7）人机对话及报表。便于操作工对加热炉情况进行了解和调整。

加热炉的基础自动化主要进行炉内燃烧控制及顺序控制。燃烧控制是对炉内各段燃烧情况及炉内压力等进行控制；顺序控制是对加热炉的各个设备，如炉前、炉后辊道，入口、出口装置，步进梁等进行自动控制。

2.7.3.2 轧机计算机

轧机计算机控制范围从除鳞机经粗轧机座、精轧机座到测厚仪，主要有以下功能；

（1）轧制区轧件跟踪。包括对轧件的位置及各种参数的跟踪。一方面，它为操作工显示出正确的轧件位置及数据；另一方面，又为顺序控制、道次设定计算等功能准备数据，保证自动化过程顺利进行。

（2）道次设定计算。计算机采用较多的数学模型，诸如：轧制力模型、轧机弹跳模型、轧制力矩模型、热辐射模型等，对粗、精轧机座进行负荷分配，决定轧制道次和各道次压下量。在道次和压下量的计算中应考虑板形控制，控制轧制及平面形状控制等各因素，在设备能力允许的情况下，以最少的轧制道次轧出符合要求的板材。

（3）板形控制。除道次设定计算中要考虑板形因素外，现代宽厚板轧机还采用液压弯辊、PC轧机等技术进行板形控制，必须由计算机参与控制。

（4）控制轧制。进行控制轧制时，在轧制区要放置较多板坯，两块在轧制中，其余空冷待温。计算机一方面要进行道次设定计算，另一方面要对待温板坯进行温度计算，并选择适当时间进行交替轧制。只有采用计算机才能对控制轧制进行精确、有效的控制。

（5）形状控制。为提高成材率，减少切损，要在轧制阶段进行平面形状控制，这只有计算机才能实现。

（6）节奏控制。与加热炉计算机配合工作，提高轧制节奏，降低能耗。

（7）人机对话及报表。通过人机对话可对轧制参数进行修改，以保证生产顺利进行。此外，还可生成生产报表、工程报表、班报、日报等报表。

轧机的基础自动化主要有以下功能：

（1）数据采集及处理。对生产过程中的各种压力、位置、速度、温度等信号进行采集和处理，作为对轧机跟踪和设定计算的依据。

（2）位置控制。对压下、推床等装置进行定位控制。

（3）顺序控制。控制辊道、推床、压下、主传动之间的协调动作，完成自动轧制过程。

（4）液压 AGC 厚度控制。采用液压 AGC 厚度控制，提高产品厚度精度，使同板差达到 ±0.1mm之内，并且提高产品质量，进行负公差轧制产生明显效果。

2.7.3.3　控制冷却计算机

实行控制冷却或直接淬火工艺，要求严格控制冷却水流量、冷却位置分布，计算机控制是必不可少的。其主要功能有：

（1）钢板温度控制条件设定。根据钢板的钢种及厚度、来板温度和目标温度，确定钢板的运行速度、冷却水流量和冷却区的选择，以保证钢板达到目标温度。

（2）钢板平整度控制条件设定。保证钢板冷却后平整、不产生弯曲是十分重要又很困难的，关键是冷却要均匀。计算机可对钢板边部、头部、尾部的冷却控制条件进行设定，使钢板冷却后保持平整。

（3）冷却水控制条件设定。

（4）对冷却设备实时控制计算。

（5）设备控制。包括钢板运行速度控制、边部水量控制、头尾水量控制、辅助设备控制等。

（6）水量控制。对各冷却区水量控制。

（7）测量值采集。包括冷却区前后各点钢板温度测量、辊道速度测量、冷却水流量测量等。

以上（5）、（6）、（7）三项内容的控制可由控制冷却计算机完成，也可由基础自动化来完成。由于冷却段和钢板的长度都很短，而水系统响应时间较长，以上各项计算都应在钢板进入冷却区前 1～2 s 内完成，即钢板最后一道次刚轧出头部就要进行控制冷却计算。

根据工艺布置情况，控制冷却计算机还负责从冷却辊道至热矫直机的钢板跟踪，向热矫直机发送钢板的厚度及设定值，向打印机发送钢板号及待打印的内容。

2.7.3.4　精整线过程控制计算机

精整线计算机的特点是控制范围大，数学模型不多。跟踪和生产指令下达是其主要功能。一般用分布式计算机系统处理，每台计算机控制一个区域，用网络连接起来。各部计算机功能分别介绍如下。

冷床计算机的功能为：

（1）冷床区域的钢板跟踪；

（2）冷床钢板排列指导；

（3）钢板温度计算；

（4）表面检测结果记录；

（5）钢板堆冷管理。

剪切线计算机的功能为：

（1）剪切线钢板跟踪；

（2）切头剪区，包括钢板确认、切头记录、分段指示及记录；

（3）组合剪（或双边剪）区，包括剪切钢板宽度指令下达及实际板宽记录；

（4）定尺剪区，包括下达定尺长度、记录实际长度和根据钢板分块，重新组织跟踪数据；

（5）收集超声探伤结果；

（6）向冷矫直机下送设定值；

（7）成品喷字打印；

（8）启动生产控制计算机的产品入库程序。

热处理线计算机的功能为：

（1）热处理线各处理炉的钢板跟踪；

（2）最佳燃料控制；

（3）操作指导，人机对话。

精整线上的设备控制内容，如各种剪切机、矫直机、热处理炉等，由基础自动化级计算机完成。

我国目前尚无全部采用计算机控制系统的现代宽厚板厂。从仅在精轧区采用了计算机控制的某厂看，效果是显著的：成品同板差可控制在 ±0.1mm 之内；无板形不良的产品；对较难轧制的规格，如 8mm×3000mm 的钢板，在计算机控制下可顺利轧出。在国外，一些采用了较高水平的计算机控制系统的厚板厂，金属收得率提高 3%、产品超重减少 3%、板凸度降到 50μm，年产量可增加 10%，其他产品质量方面也有明显改进。

3 热轧带钢生产工艺及设备

3.1 热轧带钢生产的发展现状

热轧带钢产品主要以钢卷状态供给冷轧机作原料，主要钢种有低碳钢（包括超低碳钢）、碳素结构钢、电工钢和不锈钢等。冷轧机原料钢卷的规格范围为：厚度 1.5 ~ 6mm，宽度 600 ~ 1900mm，钢卷内径 ϕ762mm，最大外径 ϕ2150mm，最大单位宽度卷重 23kg/mm。同时，也直接向用户和市场销售热轧钢卷和精整加工产品，如分卷钢卷、平整钢卷、纵切窄带钢卷、横切钢板等。其用途十分广泛，例如：普通碳素结构钢板和优质碳素结构钢板用于制造建筑结构、起重运输机械、工程和农用机械以及铁路车辆等各种构件；低合金高强度结构钢用于制造要求更高、成形性能和力学性能更稳定的机械制造、车辆和化工设备、大型厂房和桥梁工程结构；耐大气腐蚀的高耐候钢用于制造铁路客车、货车、冷藏车、矿石车和船舶制造、石油井架、工程机械及交通运输机械；耐海水腐蚀结构板用于海上石油井架和平台、海港建设、海上船舶制造；汽车制造系列钢板用于汽车横梁、车厢、车轮、传动轴等；耐磨钢板用于集装箱制造、石油天然气输送的管线钢、气瓶和压力容器及锅炉用钢板、矿用机械等。热轧带钢产品的社会需求量非常大，近年来生产发展非常迅速，生产工艺和设备不断更新，各种新技术大量应用在热带钢连轧机上。因此，热带钢连轧机的生产水平在一定程度上反映了一个国家的钢铁工业水平。

热轧带钢连轧机的发展已有 80 多年的历史，自 1926 年美国用 1 架 1200mm 二辊可逆粗轧机座和 4 架 1070mm 四辊精轧机座组成的热带钢连轧机诞生以来，热带钢连轧机经历三个发展时期。

1960 年以前所建的热带钢连轧机，习惯上称为第一代热带钢连轧机。这段时间较长，技术发展缓慢，轧机辊身长度范围为 1120 ~ 2490mm，由于没有宽的板坯，需要横轧宽展，单坯重量为 6 ~ 13.6t，单位卷重为 5 ~ 12kg/mm，精轧机最大轧制速度为 10 ~ 12m/s，年生产能力在 100 万 ~ 200 万 t。这一时期最重要的技术进步是在精轧机组上应用了厚度自动控制（AGC）技术。

1960 年到 1970 年间所建的热带钢连轧机被称为第二代热带钢连轧机，这一时期是热带钢连轧机发展最重要的时期。在生产技术方面，热带钢连轧机向现代化飞跃发展。同时，连铸技术发展成熟，为热带钢连轧机提供了优质大型连铸坯，为轧机大幅度提高产量创造了条件。这一时期的技术进步表现在 1961 年美国国家钢公司大湖分公司投产的 2032mm 热带钢连轧机精轧机组上首先采用了升速轧制技术，使轧制速度突破了 12m/s，同时，先后在美国麦克劳斯钢铁公司和英国斯宾塞公司将计算机控制应用于热带钢连轧机上，这是钢铁工业发展划时代的技术进步。大型的连铸板坯、步进式加热炉、大型化的粗轧机、精轧机组增加到 7 架机座、厚度自动控制、升速轧制、高效层流冷却技术以及轧制过程计算机控制的全面应用，把热带钢连轧机的技术发展推向一个新的发展阶段。这一时期精轧机最高轧制速度达到 21.5m/s，最大卷重为 35t，单位卷重达 16 ~ 22kg/mm，年生产能力达 200 万 ~ 350 万 t。

1969 年以后建的轧机称为第三代热带钢连轧机。这一时期热带钢连轧机追求大型化、高速化、连续化和自动化。由于热带钢连轧机产品厚度、宽度、强度方面提出更高的要求，热带钢连轧机产品厚度由第二代的1.2～12.7mm扩大到1.0～20mm，宽度扩大到2150mm，材料强度提高到600MPa以上，轧机精轧机组的轧制速度达到20～27m/s，最大卷重达45t，单位卷重达19～28.5kg/mm（最高达36kg/mm），年生产能力达240万～450万t（最高达600万t）。这一代新型热带钢连轧机的建设也促进了机械、液压、电子和计算机等工业部门的发展，在技术上对这些部门起到推动的作用。

进入20世纪80年代以来，发达国家的钢材市场供大于求，随后世界性的市场不景气导致钢材用量下降。为了提高市场的竞争力和增加利润，热带钢连轧机在继续追求高产量的同时，把注意力转向提高产品质量，节能降耗，提高自动化水平，提高生产效益的新的发展方向上。

多年来，我国热轧带钢生产一直不能满足市场需求，到2003年热轧薄带钢的自给率仅为63%，因此，计划中仍有多条生产线在建设，以满足市场对热轧带钢产量的需求。

目前，生产热轧带钢的设备有传统热带钢连轧机、薄板坯连铸连轧机和炉卷轧机，下面将这三种轧机生产热轧带钢的技术发展状况分别作以介绍。

3.1.1 传统热带钢连轧机发展状况

所谓传统热带钢连轧机是指由板坯加热、粗轧、精轧和卷取组成的生产过程大型连续式的热带钢连轧机组。传统热带钢连轧机虽然开始经受短流程的薄板坯连铸连轧机的挑战，但它以生产技术成熟、产量高、产品质量好、产品品种规格齐全、自动化程度高的优势，在热轧带钢的生产中仍居统治地位，是生产热轧带钢的主力轧机。到20世纪末，全世界1m以上宽热带钢连轧机已有160余套，而且亚洲一些国家和地区还在新建，20世纪90年代，新建的传统热带钢连轧机有22套，其中有20套在亚洲，见表3-1。

表3-1 20世纪90年代以来新建传统热轧宽带钢连轧机

序号	国家	工厂名称	投产时间	轧机规格/mm	形式	轧机组成		最高速度/m·s⁻¹	年产量/万t·a⁻¹
						粗轧/台	精轧/台		
1		浦项光阳厂2号	1990年	1780	半连续	2	6	21.67	300
2	韩国	浦项光阳厂3号	1992年	2080	3/4连续	2	7	25	347
3		韩宝牙山湾	1997年	2050	半连续	1+(1)	6		210
4		攀钢	1992年12月	1450	半连续	2	6	11	100
5		太钢	1994年11月	1549	3/4连续	3	6	15.17	135
6		梅山	1994年11月	1422	全连续	5	7	12.17	115(200)
7		宝钢2号	1996年	1580	半连续	2	7	22.3	2800
8	中国	武钢		2250	半连续	2	6	18	400
9		首钢		2160	半连续	2	6	15.9	400
10		鞍钢		1700	半连续	1+(1)	7	25	400
11		台湾安丰	1990年11月	1675	半连续	1	6	14.45	200
12		台湾中钢2号	1997年	2050	半连续	2	7		300
13		塔塔	1993年3月	1700	半连续	1	5	15.6	100(200)
14	印度	埃沙	1995年12月	2130	半连续	1	6	15	200
15		津达尔	1997年		半连续	1	6		125(240)

续表 3-1

序号	国家	工厂名称	投产时间	轧机规格 /mm	形 式	轧机组成		最高速度 /m · s^{-1}	年产量 /万 t · a^{-1}
						粗轧/台	精轧/台		
16	泰国	萨哈维利亚	1993 年 12 月	1700	半连续	1	6	10.6	250
17	菲律宾	国家钢铁公司	1992 年 12 月	1676	半连续	1	7	13.83	120(230)
18	日本	东京制钢	1991 年 10 月	1500	半连续	1	5		150
19		川崎千叶 3 号	1995 年 5 月	2050	半连续	3	7	14.3	28
20	利比亚	密苏拉达	1990 年 3 月	1680	半连续	1	6	16.17	58

3.1.1.1 提高轧机生产能力

传统热带钢连轧机进入第三代仍保持高产能力。保持产量高的措施有以下几个方面：

(1) 增大板坯重量。增大板坯重量可以提高轧机生产能力。增大板坯重量的方法是增加板坯的厚度和长度。目前，连铸板坯的厚度由 100 ~ 300mm 增加到 360mm，长度由 9 ~ 12m 增加到 15m，板坯重量由 27 ~ 40t 增加到 45.7t。

(2) 增加精轧机座数目。增加精轧机座数的目的是：

1) 减轻分配给各架轧机的负荷，提高轧制速度，改善带钢板厚和板形质量；

2) 加大精轧坯的厚度，减少粗轧机组的轧制道次，减少板坯的温度降，提高产量；

3) 可轧出更薄的带材。

精轧机座的数目与产量的关系见表 3-2，从表中可以看出，机座数目对年产量的影响比较大，现代热带钢连轧机精轧机座的数目均为 7 架。

表 3-2 精轧机座数目、轧制速度、板坯厚度和产量的关系

精轧机座架数	末架速度 /m · s^{-1}	单位卷重 /kg · mm^{-1}	精轧坯厚 /mm	年产量 /万 t · a^{-1}
6	16.7	17.9	25	300
7	21.7	23.3	35	400
8	25	26.8	45	500 ~ 600

(3) 提高轧制速度。采用加大主电机功率和增加精轧机座数目等措施，提高精轧机组轧制速度，由过去的 6 ~ 10m/s 普遍提高到 20m/s 以上，法国的 2290mm 热带钢连轧机精轧机组末架最高轧制速度达 30.8m/s。为适应精轧机组的高速化，粗轧机组的轧制速度也由 2 ~ 3m/s 提高到 4m/s 以上，最高速度达 5m/s。

(4) 增大主电机功率。随着板坯厚度的增大和轧制速度的提高，要求增加主电机的传动扭矩来强化轧制过程。目前，粗轧机座的主电机功率达 10000kW，精轧机座的主电机功率达 8000 ~ 12000kW。一般都采用直流电动机，由可控硅整流供电；新建的热带钢连轧机，粗轧机组和精轧机组已经全部采用交流同步电动机和交流调速系统。主传动电机交流化，可以使主电机具有维护工作量小、工作可靠、转动惯量小、传动效率高、单机容量大的特点。

3.1.1.2 扩大产品规格

A 设置近距离卷取机和强力型的卷取机

随着焊管坯和冷弯型钢生产品种的需要，使热带钢连轧机生产的板卷厚度规格增大。板卷厚度增大除对轧机的电机功率、切头飞剪等设备有一些影响外，主要对卷取机的影响比较大。第三代热带钢连轧机设计产品厚度最薄达 0.8 ~ 1.0mm，为此设置了距精轧机组 50 ~ 60mm 的近距离卷取机。为具备卷取20mm以上的热轧带钢的能力，有的热带钢连轧机还设置了强力型卷取机，最大卷取厚度达到30mm。

B 在线调宽技术

由于板坯连铸机调整板坯宽度较为复杂，因此生产的宽度种类要尽可能地减少。为满足用户对产品规格的要求，通常在粗轧机组的前面设置重型大立辊或压力定宽机，在较大的宽度范围内调整热轧带卷的宽度。

3.1.1.3 提高产品质量

A 采用步进式加热炉

用步进式加热炉提高板坯加热温度精度，使板坯加热温度均匀，减少黑印，减少过热过烧，提高板坯加热质量。

B 增加机座的刚度

机座刚度对板材成品的几何精度影响很大，因此，新建热带钢连轧机牌坊的立柱断面面积和轧辊的直径都有增大趋势。立柱断面面积达7600～8000cm^2，支承辊直径达1525～1625mm，工作辊直径达1120～1270mm，轧机刚度系数达到5000～7500kN/mm。

C 设置中间辊道保温罩和带坯边部加热器

在粗轧机机组后的中间辊道上设置保温罩，可以减少带坯头部和尾部的温度差，应用得好可使温差缩小到20℃，有利于缩小带钢头部和尾部的厚差。

在精轧机组前设置边部加热装置，采用电磁感应加热方式，对厚度为20～65mm的精轧带坯，在坯速20～90m/min的运动中加热，可以使带坯边缘25mm范围内提高温度30～60℃。通过边部加热使带坯横断面温度分布均匀，从而使带钢横向组织均匀化，减轻带钢边部对轧辊的局部磨损，对于轧制比较薄规格的产品尤为重要。

D 提高板厚、板凸度和板形的精度

（1）热轧带钢的厚度精度控制。由电动AGC厚度控制系统，发展到电动-液压AGC厚度控制系统，近年又采用长行程液压缸的全液压AGC厚度控制系统。采用液压AGC厚度控制系统提高了热轧带钢的纵向厚度精度，尤其是近年来采用绝对值AGC和各种厚度补偿控制，使热带钢全长上的厚度精度为±0.035mm的达到95%以上。

（2）板凸度和板形的控制。板凸度和板形是相互关联的两项质量指标，带钢在热轧阶段不控制好板凸度和板形，到冷轧阶段再去解决，不仅增加了难度，而且板凸度和板形的矛盾也越来越明显。在中间坯厚度大于12mm和温度较高时，金属的横向流动比较容易。因此，在精轧机组的上游机架对板凸度优先控制，使上游机架（如3架或4架）出口中间坯达到设定的比例凸度目标，而下游机架在保持这个比例凸度的同时，控制热轧带钢的板形，实现板凸度和板形的综合控制。板凸度和板形的控制对象都是有载辊缝的形状，其主要方法是采用CVC轧机、PC轧机、VC辊轧机等工作机座和设置强力液压弯辊（每侧弯辊力达2000kN），还要设置位移传感器、压力传感器、凸度仪、板形仪进行在线检测和信号反馈，进行闭环控制，以获得良好的板凸度和板形。

E 实行控制轧制

控制轧制是生产优质热轧带钢的经济而有效的方法。奥氏体控制轧制内容大致包括：在A_{r_3}温度以上、稳定奥氏体区域内进行轧制；严格控制终轧道次的压下量和轧制温度，使终轧道次在相变温度区域进行；加快和控制冷却速度，以改善热轧带钢的金相组织和力学性能。

近年出现的铁素体轧制工艺和奥氏体/铁素体轧制工艺都是不同于传统的奥氏体相区轧制方法的控制轧制。用热轧带钢的生产方法代替冷轧加热处理方法，可以生产深冲钢板。

3.1.1.4　节能降耗，降低生产成本

由于能源紧张和提高产品竞争力的要求，节能降耗、降低成本普遍引起各工厂的重视。

A　板坯的热送热装炉和直接轧制

热送热装炉：为了充分的利用连铸板坯的剩余热量，将热状态下的连铸坯装入热带钢连轧机的加热炉或先放入保温坑，然后再装炉。在这项技术的运用中，日本处于领先地位，平均板坯温度为600～700℃的热装炉率高达94%；新日铁800℃的热装炉率达80%，节能达5.86×10^5J/t。

直接轧制：把炼钢、连铸、热轧的生产过程三位一体紧凑布置，把1050℃以上的连铸坯经过边部加热后，直接送给轧机进行轧制。这种技术，在日本应用使能耗降低了40%，直接轧制率达93.1%，热轧带钢的吨钢消耗最低达0.12GJ/t。

实行直接轧制不仅要求炼钢、连铸和轧钢三位一体的紧凑式布置，还要有生产管理和技术保证。如要有统一的生产管理和全线计算机实时控制；生产线上设备作业率高；生产无缺陷的高温连铸坯；实施自由轧制计划；有在线的补充加热和保温输送板坯等措施。

B　低温出炉

以往都是追求高出炉温度，主要为了提高金属塑性，降低变形抗力，实现大压下量。实践证明高出炉温度既增加燃料的消耗，又增大氧化铁皮厚度，增加金属耗损，还降低钢板的表面质量和力学性能。

所谓低温出炉是指出炉温度由热轧带钢成品质量要求的终轧温度算起，考虑轧制过程和输送过程中的温度降，反推计算得到要求的出炉温度，比原来的高温出炉温度降低100℃左右，可以节能0.069GJ/t。

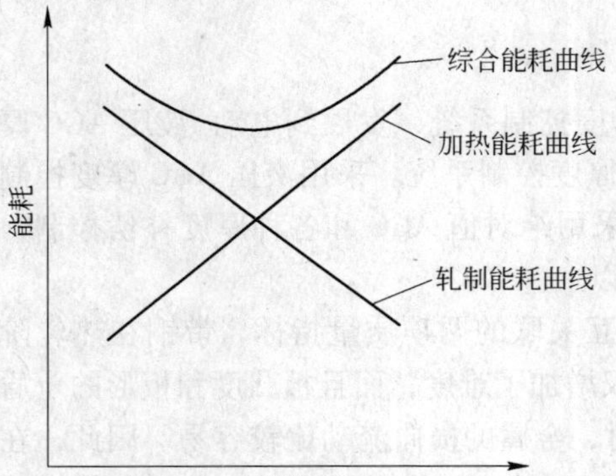

图3-1　低温出炉综合节能效果

随着出炉温度降低，燃料消耗下降。降低出炉温度和控制轧制结合，变形抗力可增加约20%，轧机的能耗会增加约0.018GJ/t，但轧机的效率比加热炉高，综合效果有利于节能。热轧工艺润滑使变形抗力下降10%左右；控轧控冷的热轧带钢可以免去常化处理，又可以节能约3.3GJ/t，低温出炉可节能降耗，对降低成本很有意义。图3-1所示为低温出炉综合节能效果示意图。

C　设置精轧坯的热板卷箱

精轧机组前的热板卷箱，是将粗轧机组轧出的精轧坯在进入精轧机组之前卷成热板卷，其结构如图3-2所示。热板卷箱有卷取和直通两种工作方式。热板卷箱处于卷取工作方式时，要求入口导槽上的辊子1、入口导向辊2、1号托辊5和成形辊4均处于上升位置，精轧坯导入热卷箱后，其头部经弯板辊3作用产生弯曲，进入1号托辊上方，并经成形辊4产生二次弯曲并成一定的弯曲曲率，形成内圈，内圈在弯板辊3，1号托辊5和成形辊4的作用下进行无心卷取，弯板辊的压下量自动调整，使板坯的弯曲曲率适应板坯卷直径增大的变化。当粗轧机组末架抛钢时，上弯板辊台起，1号托辊落下，实现尾部定位功能。此时1号托辊停止转动，传送臂芯轴插入内圈，开卷臂6下降、铲头打开带卷尾部。将带尾压于轧线辊道上，同时1号托辊反转，辊道转动，将带卷打开，送入后部的夹送辊，平头矫直机矫直后再送入切头飞剪切头。精轧机组第一架轧机咬钢后，开卷臂抬起，当板卷直径减少到一定大小后，传送臂7做摆动，将

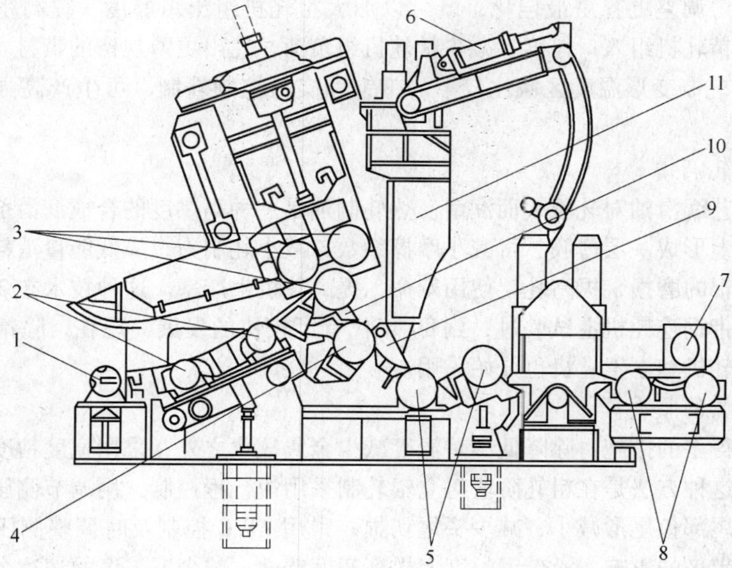

图 3-2 热板卷箱结构示意图

1—入口导辊；2—入口导向辊；3—弯板辊；4—成形辊；5—1 号托辊；6—开卷臂；7—传送臂；8—2 号托辊；9—护板；10—成形辊护板；11—带卷稳定器

板卷移到 2 号托辊 8 的位置继续开卷。直通工作方式是精轧坯不经卷取，直接送入切头飞剪切头后，进入精轧机组。此方式的工作状态是入口导向辊、成形辊和 1 号托辊不升起，同处于辊道面位置。

设置热板卷箱有下列优点：

（1）减低能耗。采用热板卷箱技术，成卷后精轧坯的冷却速度由 1.7℃/s 下降到 0.06 ℃/s，可使出炉温度降低 50℃，降低燃料消耗 4% ~10%；同时减少板坯的氧化铁皮形成。成卷后的精轧坯头部和尾部温差由以前的 100 ~200℃减小到 10 ~20℃，使精轧机组无需采用温度加速的速度制度升速轧制，用高速轧制的变形温升去补偿尾部的温度降低，省去了因带尾的升速轧制所增加的轧制功率，节约能耗在 5% ~10% 左右。

（2）减少中间辊道长度。粗轧机组与精轧机组之间的中间辊道长是根据精轧坯长和安全操作空间来确定的，长度一般在 120 ~130m。采用热板卷箱只需按粗轧的倒数第三道次中间坯长确定两个机组之间距离，可使距离缩短 50 ~70m。

（3）提高产品质量。精轧坯经板卷箱卷成卷后再开卷轧制，原来的尾部变成头部，下表面变成上表面，均匀了头部和尾部、上表面和下表面的温度，也有利于消除炉底造成的黑印，提高了产品厚度精度和力学性能的一致性。

（4）提高成材率。采用热板卷箱可以相应增大板坯重量，这意味着可提高轧机的产量和成材率。同时，使用热板卷箱技术可以减少轧机故障的废品损失，这是因为精轧机组和地下卷取机出现较小的故障时，后一个精轧坯成卷可在热板卷箱中存储，排除故障后继续轧制。当故障时间达 1min 时，后一坯卷可正常开卷、切头轧制，不必报废；当故障时间长达 8 ~9min 时，可将外围切掉报废，成材率只损失 5% ~10%；如故障时间过长，成卷也容易吊运，比长条坯好处理。

（5）实行最佳的轧制程序。由于成卷的精轧坯减少了温降和头尾温差，可使粗轧机和精轧机组的生产能力调整更容易最佳化，既可以加大粗轧机组出口厚度、提高粗轧机组生产能力，也可以减小精轧机组入口厚度、减少精轧机组负荷，轧出更薄规格的带材。

(6) 有利于轧制变形温度区域比较窄的带钢和实行控制轧制，可生产高强度、高韧性的优质带钢。

D　采用热轧润滑

采用热轧工艺润滑油对轧辊表面润滑。热轧制油是一种高黏度的合成润滑剂，在工作辊和带钢的接触表面上形成一层薄膜，可减小摩擦系数，减小轧制力，降低能量消耗；改善带钢表面质量，减少轧辊的磨损，提高轧辊使用寿命，提高轧机生产率。这种技术在20世纪50年代前苏联的一些热带钢连轧机上试验过，到80年代有了较快的发展，现在，除精轧机组采用润滑油轧制外，粗轧机和立辊轧机也开始采用。

E　提高金属的收得率

提高金属收得率的措施，除降低出炉温度减少金属氧化之外，采用宽度精度控制也是一个很有效的方法。这种方法是在粗轧阶段对立辊轧制采用短行程控制，用调节侧压量的方法使带坯的头部舌形和尾部鱼尾形减小，减少头尾切损；采用AWC控制及时调整侧压量，消除板坯加热黑印对带宽带来的影响，沿带钢长度上提高宽度精度，减少下工序的切边余量，提高金属收得率。

3.1.1.5　采用无头轧制技术

无头轧制技术是指经过粗轧后，将精轧坯在中间辊道上焊接起来，连续不断地送入精轧机组轧制，轧后用高速飞剪分卷卷取的一种轧制方法，其主要优点是：

(1) 由于精轧机组只有一次穿带，之后不间断轧制，轧制条件稳定，板厚和板形波动很小，特别是头部和尾部板厚和板形精度大幅度提高。

(2) 对于热轧薄带钢生产，没有穿带困难。不需要采用低速穿带、升速轧制，实行以一定的轧制速度轧制。因此，既可以轧制更薄的带钢（如厚度0.8～1.2mm），又可以提高轧机作业率，降低轧制薄带钢的板坯出炉温度和提高轧制薄带的产量（约20%）。

(3) 带钢全长在同一个轧制条件下进行，终轧温度和卷取温度均匀，产品的力学性能均匀。

无头轧制技术是日本川崎千叶厂首先开发应用的。1995年底对板厚4.5mm的带钢实现了无头轧制；1996年4月成功地对1.2mm×（900～1200）mm带钢实现了无头轧制，后用于轧制厚度为0.8mm的软钢。

3.1.1.6　精轧机组工作机座采用高效能控制板凸度和板形的新型轧机

以往的热带钢连轧机精轧机组都普遍采用四辊轧机，其控制热轧带钢板凸度和板形的方法是采用原始辊凸度、压下负荷分配和液压弯辊方法等，这些方法显然已不能满足用户对产品的板凸度和板形的质量要求。因此，先后开发出CVC轧机、VC辊轧机和PC轧机，又把HC轧机和HCW轧机从带钢冷轧机中移植过来。这些轧机能够有效地控制热轧带钢的板凸度和板形，提高产品质量；也有利于采用自由轧制工作制度和采用较大的压下量，提高轧机产量。

3.1.1.7　采用计算机控制的自动控制系统

热轧带钢生产采用计算机控制系统，是现代热轧带钢厂的主要标志，反映着一个国家钢铁工业的生产技术水平。在钢铁工业中，热带钢连轧机的计算机控制范围最广、功能最齐全，全线自动化程度最高。一般采用四级分层结构计算机控制系统。第一级为生产管理级计算机，主要用于全厂或区域存储处理技术信息、定货计划、材料准备。第二级为生产控制级计算机系统，用于建立数据库；实施生产计划和调节；完成从板坯库入口到加热炉入口、从卷取机出口到精整线为止的物料跟踪。第三级为过程控制级计算机系统，用于制定最佳化生产计划；轧机的最佳设定；完成板坯库到卷取机的物料跟踪；给出基础自动化的设定值。第四级为基础自动化系统，主要任务是依据工艺要求编程，根据各种检测信号来启动这些程序；将过程控制的设定值在适合的时刻送给执行元件。四级管理的计算机系统采用光纤数据通道通讯。

3.1.2 短流程工艺和薄板坯连铸连轧机的发展

新的短流程工艺和薄板坯连铸连轧机迅速发展，开始冲击传统热带钢连轧机的地位。

传统热带钢连轧机的设计原则往往是尽可能选择满足全部热轧带钢产品生产要求的设备，组成具有较高的生产能力、产品范围广的生产线。这种高生产能力型的传统热带钢连轧机在生产难变形的产品时，具有较高的生产能力，而在轧制低碳钢所采用的力能参数则远小于许用值，强大的设备能力不能得到发挥。从市场的需求看，难变形的产品份额只占整个板带产品的20%，这就意味着传统热带钢连轧机在大多生产情况下是“大马拉小车”的作业方式。

薄板坯连铸连轧机是短流程工艺、新型高效率热轧带钢生产方式的设备，它把薄板坯连铸机与热带钢连轧机的精轧机组直接连接起来。其特点是：生产工序少；生产周期短；设备布置紧凑；投资和生产成本低；劳动生产率高；环境污染小。近年来，在一些废钢资源丰富、电价低廉的国家迅速建立起了一批电炉炼钢和薄板坯连铸连轧生产线，其中美国建成11套这种形式的轧机，2000年生产能力达到1800万t，占美国薄板市场的22%。

目前，薄板坯连铸连轧机技术仍在不断改进，尚未定型。已经出现的几种不同类型技术，如CSP（Compact Strip Production）技术、ISP（Inline Strip Production）技术、FTSRQ（Flexible Thin Slab Rolling for Quality）技术、CONROLL技术、CPR（Casting Pressing Rolling）工艺等，都面临扩大品种、改善质量（表面质量和力学性能），以及连铸机和连轧机能力匹配问题。在产品质量的某些方面，薄板坯连铸连轧机与传统热带钢连轧机还有一定的距离，只能进入中、低档的薄板市场。但是，进一步研究薄板连铸连轧生产过程中的金属学特点及其对产品质量的影响，发掘出短流程工艺在金相组织形成过程中的优势所在，完善生产工艺，必将在产品质量方面也向传统热带钢连轧机发起挑战。

3.1.3 炉卷轧机技术更新换代

炉卷轧机技术更新换代受到不锈钢和小批量、多品种生产的中小型企业的欢迎。

在传统热带钢连轧机发展时期，炉卷轧机生产热轧带钢曾因其产品质量低一度遭到淘汰。20世纪80年代以后，炉卷轧机引用了连轧机所用的HC轧机、CVC轧机等新机型，采用了液压AGC厚度控制、板形控制技术，使产品的几何精度大大提高；强化了轧机结构；增强了主传动电机的能力；减少了轧制道次和温度降；增加了卷重（达到18kg/mm）；将不锈钢板最小厚度轧至2mm。除可生产表面质量要求较高的汽车板和镀锡板外，还可生产普碳钢、不锈钢、硅钢等钢板。由于它与热带钢连轧机相比具有生产规模小、投资小、生产灵活等特点，因此受到50万t/a以下的专业不锈钢厂和100万t/a以下的多品种（中、薄板）生产的中、小钢厂欢迎。

3.1.4 热轧带钢生产新技术

伴随着20世纪70年代热轧带钢生产的三代热带钢连轧机的发展，热轧带钢生产和科学研究领域的相关新技术层出不穷，推动了工艺、设备和技术的飞跃发展。尤其是在第三代时期，热轧带钢生产技术研究和科研成果的开发向生产力转化进入了高速度、快节奏的阶段。这不仅体现在各种新技术的研究成果成熟推广的周期变短，而且体现在成熟的新技术很快地被科技含量更高的新技术所取代。下面对热轧带钢生产技术中的厚度控制、宽度控制、板形控制、组织性能控制、自由程序轧制、无头轧制、智能化轧制技术和热轧润滑等新技术加以介绍。

3.1.4.1 厚度控制新技术

提高厚度精度是多年来热轧带钢生产不懈追求的目标。提高热轧带钢厚度精度可以从下面两个方面入手：提高轧制参数的预设定精度；开发高性能的在线自动控制系统。

A 高精度厚度预设定技术

提高与热轧带钢厚度有关轧制参数的预设定精度是提高厚度精度的一项根本性措施。主要包括轧制力的设定、轧件温度的设定、轧缝的设定、弯辊的设定等。数学模型是预设定计算的核心，数学模型的结构和系数对设定计算的结果都有重要的影响。对模型的结构调整不能轻易改动，一般都非常慎重，但对模型系数则往往需根据轧制条件的变化经常调整，使数模工作在最佳状态。提高模型精度的一个非常有效的措施是利用自适应系数，根据参数的实测值及偏差趋势来修正预报值。厚度预设定计算的主要项目有轧件温度、轧制力、辊缝、张力、速度等，要精确地得到这些参数还要计算轧辊的变形、轧件的变形与金属的三维流动和金属变形抗力的变化等，在加减速阶段还应考虑轧制过程和传动系统的动态特性。

B 在线厚度自动控制系统

a 绝对值 AGC

液压 AGC 厚度控制系统的厚度给定有绝对值方式和相对值方式两种。绝对值 AGC 是当带钢咬入精轧机后立即开始按照它的绝对厚度进行控制。绝对厚度的目标值由设定模型给定，根据实测的轧制压力和预设定的轧制压力的偏差来调节压下位置，使轧出的板厚达到设定的目标厚度，减小厚度超差长度。

提高绝对值 AGC 控制板厚精度必须具备的软硬件条件有：

(1) 轧制采用快速响应的液压压下系统和压下油缸精确的位置检测；

(2) 高响应特性的弯辊装置和弯辊力跟随轧制力控制；

(3) 高精度的轧制力模型和轧辊弹跳模型；

(4) 高精度金属流量控制。

b 机架间测厚和测速

日本住友金属鹿岛热带钢厂实行一种新的厚度控制方案，即：在精轧机组的 F_4 与 F_5 之间安装一台 X 射线测厚仪，检测 F_4 机座的出口厚度，用其与目标值的偏差对 F_6 和 F_7 进行厚度的前馈控制，修正 F_6 和 F_7 的压下；同时，对 F_5 和 F_6 的轧辊转速进行修正，以补偿由于修正压下造成的秒流量变化。这一控制方法使带钢头部的厚度标准差由 42μm 下降为 26μm，头部的厚度精度提高 38%。

在设置机架间测厚仪的同时，为了控制秒流量，必须对带钢的速度进行测定，用考虑轧件前滑计算出口速度方法误差太大，因此，采用激光测速仪直接测出带钢的速度，参与厚控系统中的流量控制。

c 厚度的补偿控制

厚度的补偿控制主要是对轧辊偏心和油膜厚度波动进行补偿。

利用液压 AGC 系统的快速响应性可以对轧辊偏心造成的厚差进行补偿，根据检测方法的不同，有轧制力方法（使轧制力恒定）、辊缝仪法（恒辊缝轧制）和前馈控制法（设置机架间测厚仪检测轧辊偏心引起厚差）控制压下，补偿轧辊偏心引起的厚度偏差。

热轧带钢轧机的支承辊采用油膜轴承时，轧制力和轧制速度的变化会引起油膜厚度的变化。根据轧制力、轧辊转速和油压，建立油膜厚度方程，实时预报油膜厚度，转换出轧件厚度变化，进行厚度补偿。

3.1.4.2 控宽与调宽新技术

宽度控制精度直接影响到成材率和用户钢材的利用率，这引起了热轧带钢厂极大的重视。近年来在宽度预报和控制方面取得了很大的进展。

A 高精度的宽度预报

宽度精度问题主要来源于轧件的不均匀变形，特别是在粗轧阶段水平辊轧制时的头尾失宽和立辊轧制的“狗骨”形变形。精确预报出头尾失宽量和“狗骨”形的特征，对提高宽度控制精度十分重要。用有限元方法模拟出水平辊轧制头尾失宽量和形状，模拟出立辊轧制“狗骨”的位置和峰值、平轧的回展量，作为宽度控制的依据，建立宽度控制数学模型的基础。

B 立辊短行程控制

短行程控制的基本思想是：根据不加控制时的头尾失宽轮廓曲线，计算出头尾不同部位的失宽量，给出立辊轧机辊缝变化的设定量，按照设定的曲线使头尾的不同部位有不同的坯宽量，使这种坯宽量恰好补偿在后面水平辊轧制的失宽量。绘出立辊轧制辊缝的设定曲线是短行程控制的关键。

C 定宽压力机调宽

定宽压力机由于采用模块侧压，变形能切入到板坯中部，局部变形缓解，使“狗骨”峰值下降，且向中部移位，使水平轧制时的回展小，头尾也整齐；另外模块的平行部分的定宽作用强，精度高。在新建的热带钢连轧机中定宽压力机调宽取代了大立辊机座。

D AWC 技术

AWC 技术是一种对宽度实行自动控制的技术。它是在立辊轧机轧制时测出轧制压力，以轧制压力的波动为信号，调节立辊的辊缝值，补偿辊缝弹跳，从而保持轧件的宽度不变。

3.1.4.3 板形控制新技术

热轧带钢的板形包括横断面形状和平直度两项内容。横断面形状最主要的参数是板凸度。因此，热轧带钢的板形控制的目的是使板凸度和平直度达到目标。

带钢的板凸度与平直度之间存在着耦合关系，改变板凸度必然会影响平直度，平直度的控制需要调整板凸度。在热带钢连轧机的精轧阶段控制板形已引起了热带钢生产厂的高度重视，精轧机座采用 CVC 轧机和 PC 轧机，加上强力型的液压弯辊，并且将精轧机组的工作机座分成上游和下游两部分进行分工，在上游机座（$F_1 \sim F_3$）轧件厚度大，温度高，金属横向流动性好，不易出现平直度缺陷，则优先控制板凸度；在下游机座，平直度和板凸度的耦合性增强，改变板凸度必然会引起平直度的变化，则按平直度优先控制准则，使上游机座出现的板凸度在下游各机座按比例凸度保持，以获得良好的平直度。

实现热轧带钢板形在线实时控制的控制系统由检测、控制和调节三个部分组成。

A 板形检测系统

板形检测系统检测高速运行热轧带钢的断面形状和平直度。检测的结果用于板形的反馈控制，对板形模型进行修正和提供产品的板形质量报告。

断面形状测量仪一般设在精轧机组出口，有的在精轧机组入口也设置 1 台，采用射线式检测装置。利用射线在金属内部的衰减特性测量带钢的厚度横向分布，测量装置分固定式和移动式两种。

固定式：沿带钢横向设置多个测量点，由于边部厚度变化比较大，因此布置比较密的测点。这种方法可准确获得带钢断面瞬态厚度分布，用于反馈控制。

移动式：射线测量单元安装在可横向移动的测量小车上，通过小车的移动，测量单元扫描整个带钢横断面。这种方法可以绘制出连续的厚度分布曲线，由于带钢的轧制运行使实际的测量轨迹在带钢上是一条斜线，测量结果并不是真正意义上的横断面，所以测量结果不能用于反馈控制。

平直度测量仪装在轧机末架机座的出口，一般采用非接触式的激光平直度仪，利用激光测距和图像分析技术获取带钢几何形状信息，识别平直度缺陷的类型（中浪、双边浪、单边浪或局部浪）和大小。

B　板形的计算机控制

现代热带钢连轧机均采用专门的计算机用于板形控制，板形控制模型应具有如下功能：

(1) 设定功能。根据轧件的材质、规格、板形目标、轧制力、轧机及辊形参数，依据板形控制策略，在轧件进入轧机前计算并输出 CVC 轧机的轧辊移动量、PC 轧机的轧辊交叉角、弯辊力等板形机构的调节量。

(2) 前馈功能。根据前面机座轧制力的波动、来料的板形变化，对板形机构的调节量输出，主要是对弯辊力进行调整。

(3) 反馈控制。根据板形检测结果与目标值的偏差，计算并输出板形机构的调节量。

(4) 板形修正（自学习）功能。根据板形的实际情况与模型设定之间的偏差，计算模型的参数修正量，以提高模型的精度。

建立精确的板形控制模型，需要解决下面的一系列问题，如：准确的预报支承辊和工作辊的辊形，主要是磨损和热变形；提高轧制力的预报精度，准确的计算轧辊的弹性变形；厚度控制与板形控制之间的耦合，处理好弯辊力跟随轧制力变化；确定板形控制手段对板形的作用，解决板形机构调节量与板形控制量的关系；板形信号的识别与特征提取，分离出与板形调节手段对应的控制特征；控制策略确定，制定出最佳的板形控制方案和调节方式。

C　板形的调节

在现代热带钢连轧机中，板形的调节手段有 CVC 轧机的工作辊轴向位置调节、PC 轧机的辊系交叉角调节、液压弯辊的弯辊力调节、液压 AGC 的倾辊调节、冷却轧辊的轧辊热凸度调节，另外，通过调整机座的负荷来控制辊系变形仍在采用。

3.1.4.4　组织性能控制新技术

热轧板带钢的内在质量除受自身的化学成分影响之外，在很大程度上取决于轧制过程的变形制度和冷却制度。通过控制变形量分配、轧制温度、终轧温度、冷却速度、终冷温度、卷取温度，可以控制热轧带钢的晶粒度、析出、相变、微结构形态等组织结构特征和屈服强度、抗拉强度、伸长率、断面收缩率、韧性等力学性能参数。

A　冷却控制新技术与轧件温度场的模拟计算

热轧带钢采用层流冷却实行控制冷却速度和终冷温度是最有效的控制组织性能的手段。为此，把控冷区分为主冷区和精冷区，根据测温仪的信号进行前馈控制和反馈控制，并利用模型自适应的方法来提高卷取温度的控制精度，如图 3-3 所示。

当轧件较厚时，测温仪测得的轧件表面温度并不能真实地反映轧件内部温度分布、横向温度分布和平均温度，因而需要计算轧件横断面的温度场。

目前，温度场模拟计算采用有限元法和有限差分法都可以得到满意的结果。模拟计算通常是从出炉开始对温度变化的全过程进行模拟。

B　组织性能预报与控制

带钢轧制过程中影响轧后力学性能的因素很多。化学成分、工艺参数对最终性能的影响复

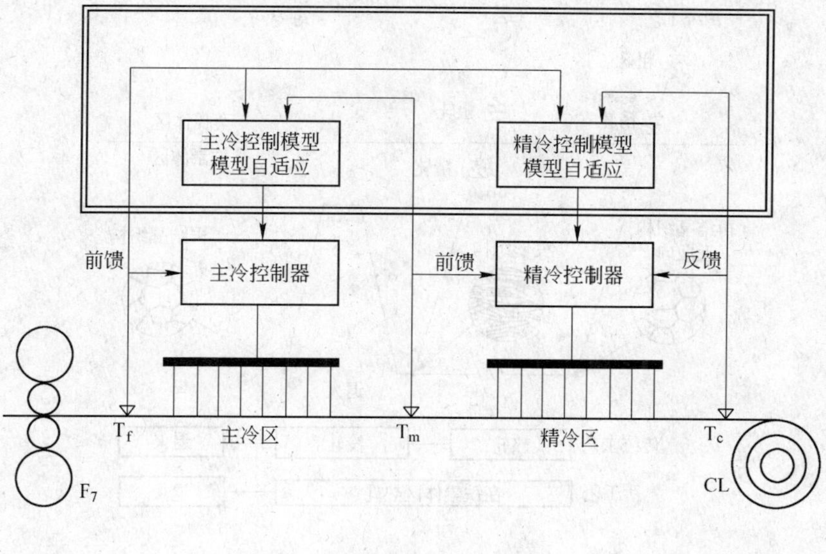

图 3-3 层流冷却控制系统

F_7—末架精轧机座；T_f—精轧后测温仪；T_m—中间测温仪；T_c—卷取前测温仪；CL—卷取机

杂，实测数据波动大、离散程度严重。目前理论研究滞后于实践，理论预测性能仍有较大的困难。传统上用数理统计方法可在一定程度上进行预测，但回归的函数类型和主要影响因素难以确定。采用人工神经网络（ANN）方法进行组织性能预报，取得了较好的效果。

如某公司热轧厂管理计算机（MS）收集的100组轧制400MPa级别C-Mn钢生产数据作为样本，热轧过程控制机（PCC）记录的主要生产工艺参数包括产品厚度、含碳量、含硅量、含锰量、终轧温度 T_f 和卷取温度 T_c；主要的力学检测数据有屈服强度 σ_s、抗拉强度 σ_b、伸长率和显微硬度。

采用两个三层BP网络进行热轧带钢的组织性能预报。网络结构为 $6\times10\times1$，两个网络均为6个输入：厚度 h、含碳量、含硅量、含锰量、终轧温度 T_f 和卷取温度 T_c。一个网络的输出为屈服强度 σ_s 和抗拉强度 σ_b，另一个输出为伸长率。

经10000次训练后，每个网络输出值与样本输出值误差都在 $\pm10\%$ 之内，绝大多数在 $\pm5\%$ 之内。训练出来的神经网络也可以对样本数据以外的生产数据进行预测和分析。

C 铁素体区轧制新技术

铁素体区轧制工艺又称温轧工艺，在20世纪80年代后期出现，初始设计思想是以简化生产工艺、节能为主要目的。连铸坯经过铁素体轧制，生产出直接使用、价格便宜、可取代冷轧板的热轧钢板。对于IF钢板的生产，由于含碳量很低，$\gamma\rightarrow\alpha$ 转变温度较高，很难保证在奥氏体区终轧，很容易实现铁素体区轧制。IF钢的铁素体轧制与传统的生产工艺的区别在于：传统的IF钢热轧生产中，粗轧和精轧温度均在 A_{r3} 以上，即在奥氏体区轧制；而铁素体区轧制时精轧在 A_{r3} 以下，即在铁素体区轧制。两种工艺的差别如图3-4所示。

IF钢的优良深冲性能一方面来源于钢质纯净；另一方面是具有强烈的 <111>//ND 结构。研究表明，在其他工艺合适的前提下，再结晶铁素体在形成和长大的过程中，能优先发展 <111>//ND 结构。IF钢奥氏体轧后，在奥氏体向铁素体转变过程中，钢板结构会出现随机取向，无法得到｛111｝结构占优，因此，传统的IF钢生产工艺采用冷轧积累大量的变形。经退火使形变铁素体再结晶，获得占优的｛111｝结构，从而获得优良的深冲性能。而IF钢实行

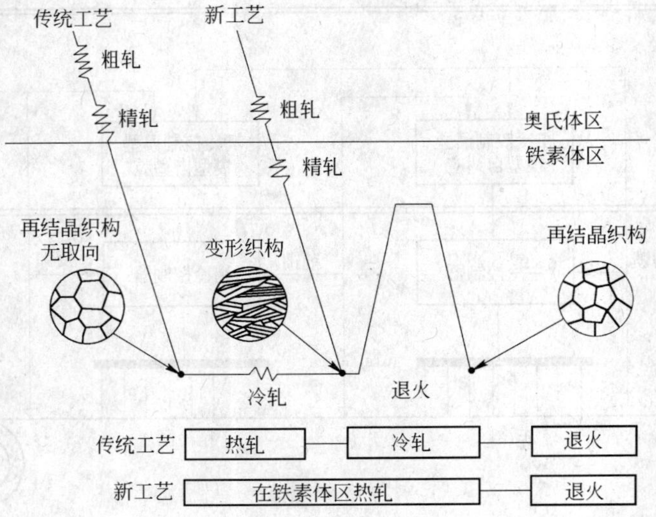

图 3-4　铁素体热轧与传统工艺比较

铁素体热轧时，通过合理的控制工艺参数，就有可能生产占优的｛111｝结构。因此，只要在铁素体区积累足够的变形量，铁素体区热轧可以代替冷轧。

3.1.4.5　自由程序轧制技术

传统制定轧制计划的做法是按一定的规则来安排生产品种规格的顺序。一般在一个换辊周期内产品宽度轧制顺序为：首先是安排宽度较窄的品种“烫辊”，使轧辊产生稳定的热凸度；然后利用新辊辊面状态好的特点优先安排轧制较宽的产品，随着轧辊磨损加剧，逐渐减小轧件的宽度。另外，轧件的厚度和变形抗力的差别也不能跳跃太大。这样做可以利用轧辊的热凸度在一定程度上补偿轧辊的弹性变形，避开板边对轧辊造成的严重磨损带来的影响。按这种宽度规格顺序安排生产称为“棺形”规程。

“棺形”规程的生产计划与钢材市场需求相矛盾，企业必须按市场需求安排生产计划，另外连铸板坯的使用和直接轧制技术也需要突破传统轧制计划的限制。

实行自由程序轧制必须有一套相关的新技术为条件，主要包括：

（1）工作辊横移技术。工作辊沿轴向往返移动，可以分散轧辊局部过量磨损，使热凸度均匀分布，是自由程序轧制最重要的相关技术。轧辊横移策略有定步长周期横移和变步长周期横移两种。定步长横移是每轧一卷或几卷，上下轧辊向反方向移动定距离，移动到极限位置后，再反方向同步长移动；变步长横移的思想是根据磨损量的分布情况来确定每一步的横移量。CVC 轧机的轧辊横移受辊形曲线的限制，为此，将 F_6、F_7 改为平辊加工作辊轴向移动的形式，以适应自由程序轧制的需要，而 PC 轧机则将 F_6、F_7 改为 HCW 轧机。

（2）热轧边部润滑。润滑可以减轻轧辊磨损，适当的边部润滑可明显减轻局部磨损量，增加同宽轧制长度。润滑的方法是把喷嘴安装在侧导板上，将润滑油喷射到板边对应的轧辊部位。

（3）新材质轧辊。选择新的轧辊材料，提高轧辊的耐磨性能。用高铬轧辊代替高铬镍铸铁轧辊，耐磨性能可提高 50%；使用高速钢轧辊，轧辊寿命可提高 3 倍以上。

（4）高精度设定模型。采用自由程序轧制时，由于钢板的宽度，钢种的跳跃范围大，板厚、板凸度和板形的数学模型系数在短时期内完成自适应调整困难，这就要求有高精度的初始设定模型和高精度的调整技术，以保证轧件尺寸和板形的高精度控制。为此，轧制的变形抗力模型、轧件温度模型、轧辊磨损和热凸度模型等都要相应的提高精度，按钢种规格细化自适应系数，对数学模型系数进行跟踪调整。

(5) 增强板凸度控制能力。采用自由程序轧制时，无规则的变换产品宽度、厚度，势必增加板形控制难度，故需要有更为强大、更精确的平直度和板凸度的控制能力。采用 CVC 轧机和 PC 轧机，配备强力型液压弯辊的办法可增强板凸度控制能力。

3.1.4.6 智能化轧制技术

A 轧制力的智能化纠偏

提高轧制力预报精度对提高设定精度及提高第一块钢和带钢头部命中率具有重要的意义。轧制力直接影响到负荷分配、AGC 和 AFC 等环节。传统的轧制理论计算轧制力的精度虽已大幅度提高，但仍不能满足用户对产品质量的严格要求。利用修正数学模型的方法提高轧制力的计算精度，多年来都无大的突破。利用神经网络（ANN）进行轧制力纠偏是一项轧制力给定的新技术。

影响轧制力的因素有轧件内部因素，如化学成分、组织和性能决定的变形抗力；工艺条件的因素，如轧制温度、轧制速度、压下量、轧制张力、摩擦系数等；轧辊直径等设备参数。这些因素与轧制力之间多数为复杂的非线性关系，选出这些因素中的主要影响因素作为 ANN 的输入项，输出项为精轧机组 7 个机座的轧制力。

为对网络进行训练，需要有大量的实际数据，为此建立滚动优化要求的海量数据库，存储钢种化学成分、轧制工艺和设备参数，以及用作教师信号的 7 架轧制力检测值。

采用数学模型（MM）与神经网络（ANN）相结合的方法，以数学模型作为预报的基值，用 ANN 作为数学模型计算误差的实时补偿，组成一个综合网络，并取得了良好的效果，使轧制力预报偏差小于 5%。

B 厚差诊断专家系统

a 数据采集系统

为了向专家系统提供轧制信息，在热带钢连轧机精轧机组上安装了数据采集及信息处理系统。收集车间的各种数据，如通过传感器采集的过程数据、工艺设定数据、轧机设备参数、钢板参数等，再根据需要进行分析和加工，从而为生产过程的计划、优化、诊断、模拟和监控提供支持和服务。精轧机组的数据采集及处理系统原理如图 3-5 所示。该系统有 32 ×2 通道，采样间隔时间最短为 5ms，主要检测机组各架轧制力、辊缝、电流、活套角度、出口厚度差和宽度差等。采集的数据除用于实时控制外，还可以分类归档保存于数据库中，以备进行在线或离

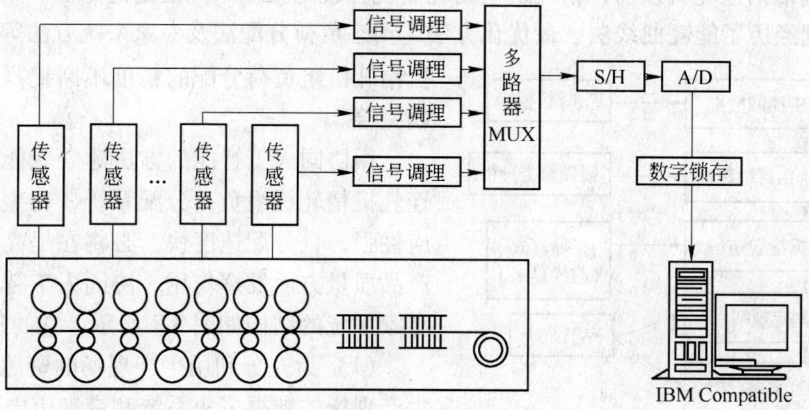

图 3-5 数据采集及处理系统图

线分析处理。

b　厚差诊断专家系统的结构

在数据采集的基础上，建立实时厚差诊断与监控专家系统。该系统根据采集的过程检测数据和过程控制数据，通过实时数据处理，对厚差状态进行诊断，推理机以厚差状态的标识数据作为推理起点。监控主要是将动态数据处理后按一定的方式提供给用户，并在必要时直接由监控装置对过程进行实时控制或修改现场的某些参数、方案或结构。厚差诊断专家系统基本结构如图 3-6 所示。实践表明，本专家系统能够较好地诊断出水印、温度、轧辊偏心、监控、设定模型等对厚差的影响。

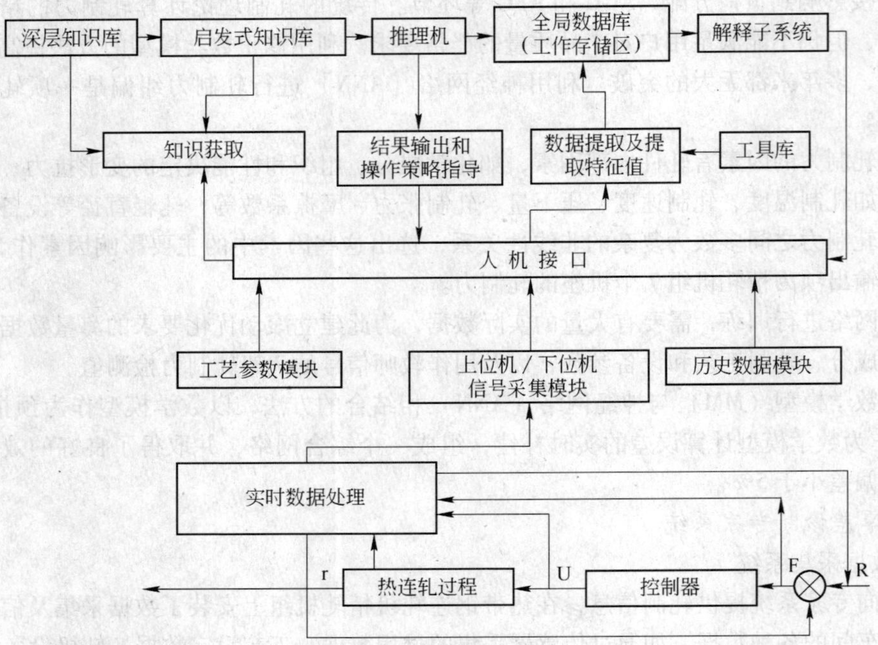

图 3-6　厚差诊断专家系统基本结构

C　负荷分配协同人工智能系统

负荷分配是热连轧过程的关键环节，它直接影响到生产的稳定性、产量和产品质量。在计算机被引入热带钢连轧机以前，精轧机组的轧制规程设定采用人工设定的方法。采用计算机以后，负荷分配经历了能耗曲线法、最优化方法、动态负荷分配法及专家系统方法等阶段。连轧机精轧机组负荷分配的精度不断提高，技术也日趋完善。

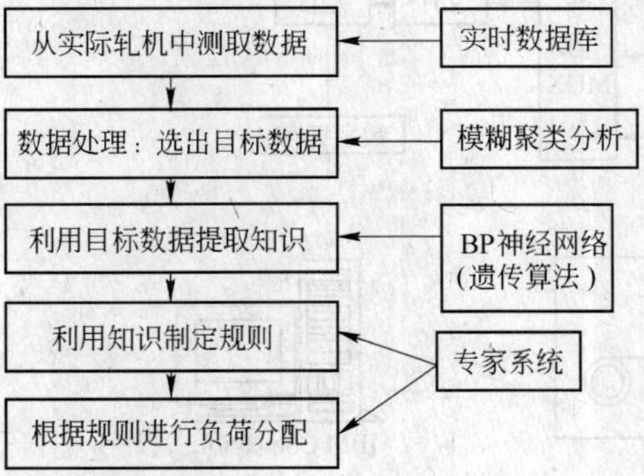

图 3-7　协同人工智能负荷分配专家系统结构

用协同人工智能的方法建立智能化的带钢热连轧机精轧机组负荷分配系统，在生产实际中适应性强，且分配速度快，必将在提高轧机产量和产品质量方面发挥作用。协同人工智能负荷分配专家系统的结构如图 3-7 所示，它的作用是：

（1）为充分利用生产现场的资源，首先建立生产现场的数据采集系统和带钢历史数据库。

（2）利用二级模糊综合评判模型，分析带钢海量历史数据库中的数据，为评价带钢产品质量提供一个新标准，使带钢产品质量的总体评价更具合理性。

（3）引入人工神经网络方法预测精轧机组负荷分配，网络的预测结果可以提高负荷分配的质量。

（4）采用遗传算法与BP算法耦合合成混合学习系统，将遗传算法的全局性寻优能力和BP算法的指导性搜索思想结合起来，为BP网络提供结构参数。

（5）建立智能负荷分配专家系统，使无法理论模型化和非结构化解决的问题得以解决。

应用的结果表明：协同人工智能负荷分配设定结果轧制状态良好，优于其他方法负荷分配值的使用效果。

3.1.4.7 无头轧制技术

传统热带钢连轧机其精轧机组是采用单块坯轧制，每块钢都要经过咬入穿带、升速轧制和抛钢过程，其缺点是：

（1）单块轧制的头尾部因没有外端限制，会出现变形不均匀，产生舌形、鱼尾形、失宽、劈头等现象，增加了金属耗损。

（2）每块钢在轧制过程中头、中、尾部的散热条件不同，因而轧制的纵向温度分布不同，温度偏差会导致尺寸偏差、板形问题和性能不均匀。

（3）每块钢轧制都要进行头部轧制AGC的厚度锁定和调整、升速轧制、头尾部轧制张力的不稳定，使头尾在相当一段长度内的厚度公差难以控制，降低轧制精度和成材率。

（4）在使用热轧润滑技术时会影响轧件咬入，因此，单块轧制缩短了热轧油喷射的连续性，限制热轧润滑的使用。

（5）单块轧制每块钢都要进行穿带，易出现刮撞导卫装置、穿带失控、头部冲击轧辊现象，易引起故障，降低轧机作业率。

实行无头轧制，上述问题将不复存在，但在热带钢连轧机上实行无头轧制技术要比冷轧带钢连轧机上使用困难得多，必须解决下列相关的关键技术：

（1）板坯的焊接。精轧坯的厚度大、温度高，不允许像活套仓那样存储焊后长坯，焊接必须在轧件运动中完成，因此焊接操作困难。

（2）准确的轧制节奏控制。焊起来后即送入轧机，没有缓冲环节，必须对原料准备、加热、粗轧、焊接、精轧、分卷、卷取、卸卷、运输等整条生产线进行准确的节奏控制，否则会破坏无头轧制的生产状态。

（3）提高对精轧机组的要求。由于没有头尾，因此要求改变产品规格能在轧制过程中动态完成，即要有动态改变规格功能（FGC），实现飞速辊缝控制以实现厚度的变化。在精轧机组各架辊缝快速变化中，轧机速度需要同时进行调整，这就要求有高响应性能的张力控制、厚度控制、液压缸位置控制等。

（4）分卷及卷取新技术。采用无头轧制后，必须解决没有头尾的带钢按卷径要求在高速运行下进行分卷的问题。首先要有高速飞剪剪切，同时解决切断后带钢失张问题，还要解决带头顺利进入卷取机等问题。

日本川崎制铁公司千叶厂开发了热轧带钢无头轧制技术，并于1996年3月在其3号热带钢连轧机上使用，该生产线示意图如图3-8所示。所采用的关键技术如下：

（1）热卷箱。设置在粗轧机组之后，将精轧坯卷成卷。与传统热连轧机的热卷箱不同的是该热卷箱有3个工位，如3-9所示。

第一个工位将精轧坯卷成卷；第二个工位存储一个带卷，可起一定的缓冲作用，协调轧制节

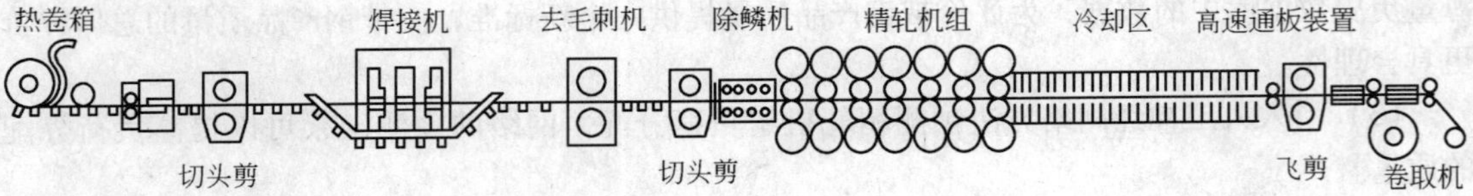

图 3-8 日本川崎制铁千叶厂无头轧制设备布置示意图

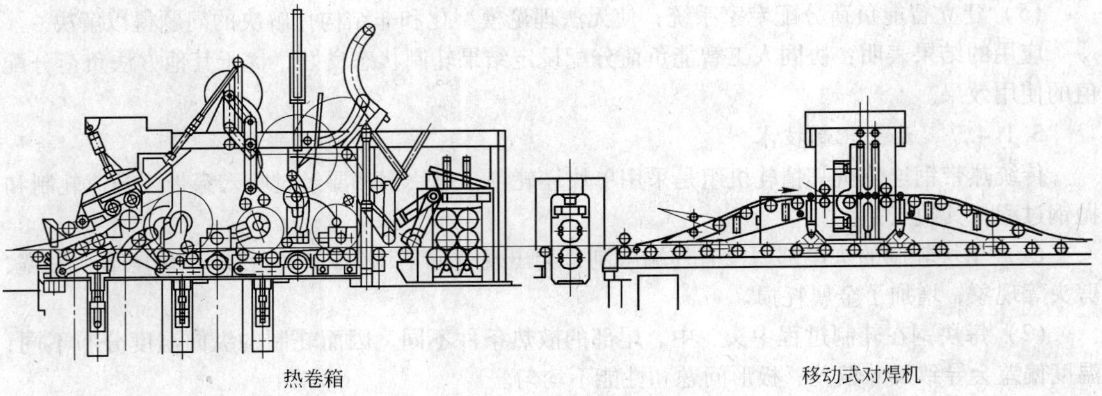

图 3-9 无头轧制采用的热卷箱和移动式对焊机

奏；第三个工位开卷。板卷的保温作用可使辐射温降减少很多，在焊接和待轧时间内减少温降，保证精轧机组的开轧温度不受焊接工序影响。开卷时使头尾换位，减小了进精轧机组的头尾温差。

（2）移动式对焊机。对焊机对经过切头飞剪切去头、尾后的前后两块精轧坯进行对焊，如图 3-9 所示。采用电磁感应式加热，在精轧坯前进过程中焊接。焊机有两个夹头，一个卡在前块料尾端，另一个卡在后一块料的头端，感应加热使两块钢的头、尾局部达到接近熔化温度，然后施加压力使两块钢顶锻焊合，焊接过程如图 3-10 所示。

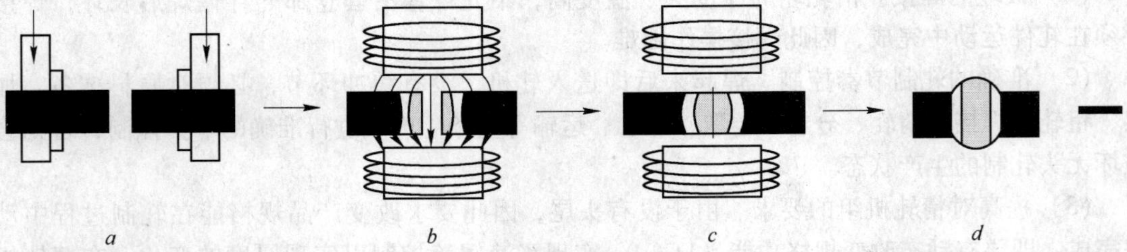

图 3-10 移动式板坯焊接过程

a—焊接准备；*b*—感应加热；*c*—加压焊接；*d*—焊接完成

焊机可焊接宽度为 800 ~ 1900mm，厚度为 20 ~ 40mm 的精轧坯，所需焊接时间为 3 ~ 5s。整个焊机装在移动小车上，在与轧件同步前进中焊接。

（3）去焊接瘤技术。焊接顶锻加力的镦粗作用，使焊缝附近产生焊瘤，破坏轧制稳定性，或产生折叠缺陷，为此需设置去瘤机。与棒铣刀相似，采用机械加工的方法，在板坯的上下面各有 1 个由液压控制位置的铣刀辊，覆盖最宽轧件，同时铣掉上下两面的焊瘤和毛刺。

（4）焊缝轧制技术。由于焊缝附近的局部温度高于轧件的正常温度，因而在轧制过程中会导致轧制压力降低，引起张力波动和厚度偏差。为防止这种现象出现，需要有高精度、快速响应的 AGC 系统和张力控制系统。川崎千叶厂采用高速循环 AGC 来纠正厚度偏差，用多变量活套控制来防止张力波动。

（5）动态变规格技术（FGC）。实现无头轧制动态改变产品的厚度规格，需要有高精度的轧件跟踪技术、高精度的设定计算模型、高响应性能的液压压下系统、高响应性能的交流调速传动系统、绝对值 AGC、轧机变刚度控制，这些技术保证辊缝的快速变化，实现轧件的厚度变化。川崎千叶厂在 F_4 及以后所有各机架之间都设置了 X 射线测厚仪，参与厚度控制。

（6）高速飞剪。位于地下式卷取机前，用于无头轧制时，将带钢按设定长度进行分卷。由于无头轧制带钢速度最高可达 20m/s 以上，因此，要求分卷飞剪要满足剪切速度高，而且不剪切时不能划伤带钢，高速飞剪的结构示意如图 3-11 所示。高速飞剪为转鼓式结构，上下转鼓装有一对剪刃，电机经传动机构带动转鼓旋转，转鼓装在上下偏心套内，偏心套由伺服电机和传动装置驱动。剪刃运动由两部分运动合成。转鼓按照设定速度旋转，使剪刃的线速度与带钢速度匹配；上下转鼓轴安装在偏心套中，上下偏心套之间有同步齿轮连接，偏心套的伺服电机可实现精确的速度和角度控制，偏心套的转动可实现上下转鼓相互接近，剪刃重合完成剪切，转鼓分开，如图 3-12 所示。在剪切过程中，转鼓和偏心套在剪切时同步转动，偏心套达到剪切位置时，上下转鼓上的剪刃正好重合，控制的关键是精确的控制偏心套的加速度和加速过程的时间。在末架轧机和高速飞剪之间设有张力辊，使带钢剪断后不失去张力。

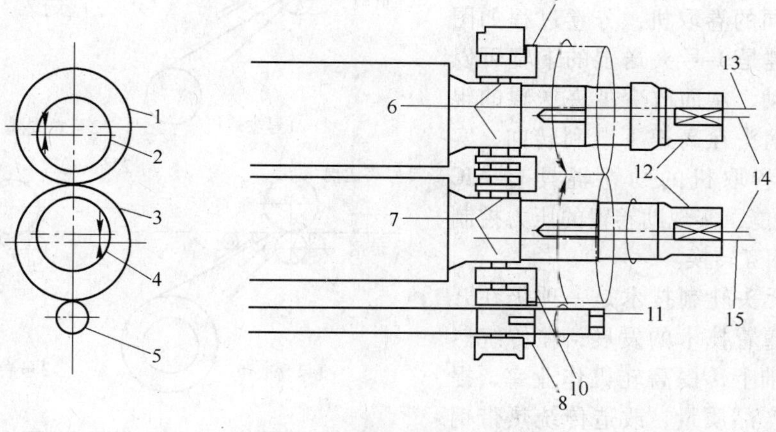

图 3-11 高速飞剪结构示意图

1—上偏心套；2—上转鼓；3—下偏心套；4—下转鼓；5—传动齿轮；6—上转鼓轴承；7—下转鼓轴承；8—偏心传动齿轮；9—上偏心套齿轮；10—下偏心套齿轮；11—偏心套驱动轴；12—转鼓套驱动轴；13—上偏心套轴线；14—转鼓轴线；15—下偏心套轴线

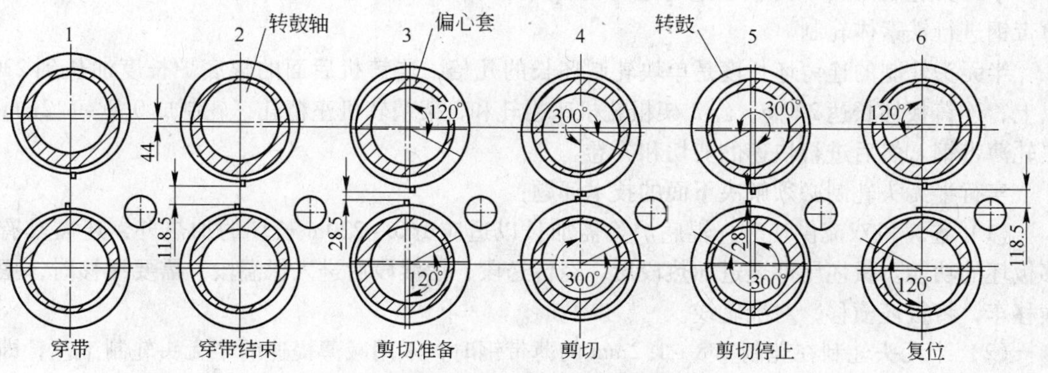

图 3-12 高速飞剪的剪切过程

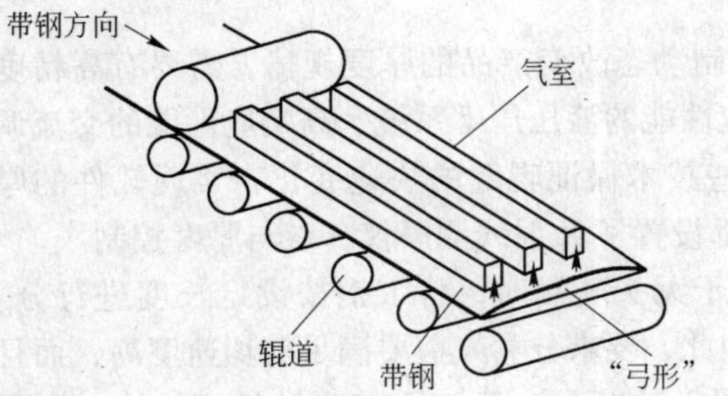

图 3-13 高速通板装置示意图

（7）高速通板装置。对于厚度小于2.0mm 的薄带钢在前进方向上的刚度很低，在20m/s 的高速下，带钢头部会飘飞起来，使卷取不能正常穿带，造成堆钢事故。为使带钢头部高速稳定穿带，在两台地下卷取机的机前输入辊道上设置高速通板装置。如图3-13 所示，在输送辊道上方设置 3 个气室、气室升降机构和调宽机构。每个气室下方有窄缝，压缩空气经气室由窄缝喷出，并与带钢表面形成一定的夹角，在带钢上表面产生一定的横向气流，空气的高速流动使上表面的气压降低，使上下表面产生压力差，在压力差的作用下，带钢横断面中部微微向上凸起，呈“弓形”。“弓形”的产生，使带钢的长度方向刚度提高，限制钢板飘飞的向上弯曲，保证了高速通板。

（8）高速双地下卷取机。2 台地下卷取机在飞剪剪切后交替工作，为保证前卷带钢尾部和后卷带钢头部分开后，带钢头部顺利导入不同的卷取机，分卷过程如图3-14 所示。关键是 1 号夹送辊的下辊可以沿轧线方向移动，从而改变了夹送辊的辊缝方向，使带钢头在高速下顺利转向，实现高速分卷。卷取机的助卷辊具有 AJC（自动踏步）功能，实现助卷辊的压力控制和位置控制的相互转换。

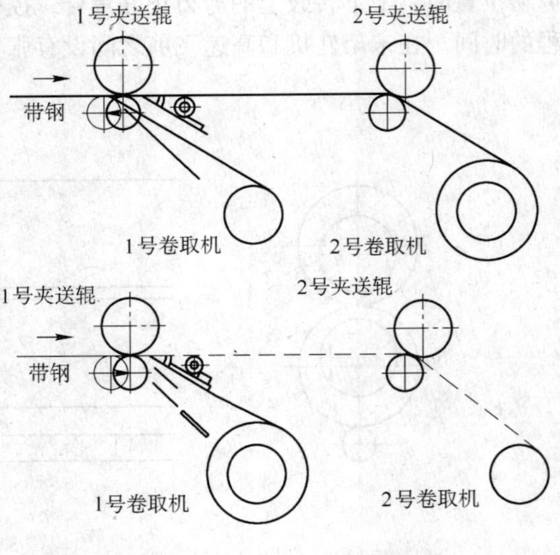

图 3-14 高速分卷示意图

热轧带钢无头轧制技术是一项仍在开发的新技术，随着技术的发展，在传统热带钢连轧机基础上，提高轧机作业率，提高轧机产量和产品质量，改造传统热带钢连轧机或新建无头轧制生产线是一个发展动向。

3.1.4.8 半无头轧制技术

半无头轧制是 CSP 薄板坯连铸连轧机上实行的一种新工艺，适用于生产 0.8 ~ 1.2mm 热轧薄带钢进行铁素体轧制。

半无头轧制的连铸坯长度是单块轧制坯长的几倍，连铸机后面的辊底炉长度加长到 230m 以上，连铸板坯长达 220m，经 2 架粗轧机座粗轧和 5 架精轧机座精轧，轧制成 0.8 ~ 1.2mm 的热轧薄带钢。然后进行快速的剪切和分卷。

实行半无头轧制必须解决下面的技术问题：

（1）连铸机双流供坯时，辊底炉除需加长以适应 160 ~ 220m 长坯的加热外，还需具有横移板坯的功能。板坯尾部通过加热段后，经传送段、摆渡段后进入保温段，需要横移时，摆渡横移车，将板坯横移，对准轧线。

（2）半无头轧制在轧制 0.8 ~ 1.2mm 的薄带钢时，采用减薄提速的半无头轧制工艺，即将一块长坯按几个厚度段轧制，头部轧制比较厚的规格卷，中部轧制多卷薄带，尾部也可以轧制比较厚的卷，各规格的卷数可根据市场需要灵活安排，而将比较厚的规格安排在头部轧制，可以满足高速穿带要求。如半无头轧制1块长坯的减薄生产方案为：1.4mm厚一卷→1.2mm厚一卷→1.0mm厚一卷→0.8mm厚多卷→1.0mm厚一卷→1.2mm厚一卷。

动态的减薄生产方案要求精轧机组的各机座具有动态变规格功能（FGC），因此机组应有高响应性能的厚度控制、液压位置控制、精确的厚度检测和张力控制。在厚度规格的变化过程中，相应的调整轧制速度。

（3）与无头轧制相类似（参阅无头轧制各图示），半无头轧制也需要解决薄带的高速分卷。在轧制线尾部设有高速飞剪、高速通板装置、可实现高速分卷的两台地下式卷取机或双卷筒卡罗塞尔卷取机。

3.1.4.9 热轧润滑技术

热轧工艺润滑技术是在轧制过程中向轧辊表面喷涂一种特制的润滑剂（轧制油），通过轧辊旋转将其带入变形区，在轧辊与带钢表面形成一层极薄的油膜。这层油膜改变了变形区金属的变形条件，降低了摩擦系数，降低了轧制力，减轻了轧辊磨损，提高了带钢表面质量。热轧润滑是热轧带钢节能降耗，减小辊耗，提高产品质量的新技术。除精轧机组外，粗轧机、立辊轧机也开始逐渐采用。

A 热轧润滑机理

热轧润滑的机理是：在轧件进入辊缝之前，在轧辊和轧件表面喷涂润滑剂形成薄膜，这层薄膜有一小部分在进入辊缝前被热轧件的高温烧掉，大部分则被带入辊缝，在工作辊和轧件的接触面上形成一层薄薄的润滑膜。这层油膜的存在时间只有百分之几秒，在被烧掉之前可起到润滑作用。

B 对润滑剂的要求及各成分的特点

由于热轧润滑是在高温、高速、高压的条件下，润滑剂的使用条件比较恶劣，因此，要求润滑剂满足下列要求：

（1）具有良好的润滑性能，油膜黏着力强，有足够的油膜强度，使用状态下摩擦系数低。

（2）对轧辊表面有良好的吸附性、展开性和乳化性，能均匀地附着在轧辊表面形成牢固的油膜。

（3）轧制油既要有良好的热分解稳定性和较高闪点，又要在带钢出轧机后，残余润滑油尽可能短时间内烧尽，防止残油在带钢表面形成油污。

（4）燃烧灰分小，无烟，对人体无害。

（5）废液容易处理，不造成环境污染。

根据上述对热轧润滑剂的要求，组成热轧润滑剂的成分有矿物油、合成脂、脂肪酸、极压添加剂、固体润滑剂、乳化剂、附着性改善剂等，它们的作用分别介绍如下：

（1）矿物油、合成脂：这两种物质自身的润滑性不足（200~300℃时燃烧），但它有提高轧辊对其他油性物质的物理附着性的作用。

（2）脂肪酸：可以在轧辊表面形成吸附膜（为化学性吸附），可降低载荷下的摩擦和磨损，还可与金属表面发生反应，产生润滑性能良好的金属皂。

（3）极压添加剂：与轧辊表面在热状态下的分解添加剂反应形成润滑膜。

（4）固体润滑剂：在高温高压条件下具有摩擦作用，防止轧辊磨损。在高载荷轧制和轧制难变形的金属时，为防止表面烧结，加入固体添加剂是必要的。

（5）乳化剂和附着性改善剂：提高与水混合形成乳化液的乳化性和附着性。

用于粗轧、精轧前几架、精轧后几架时，采用高速轧制还是高润滑轧制、不同的轧辊材料和不同的轧件材质，上述热轧润滑剂的基本组成成分具体的成分会有所不同，可形成不同牌号的热轧润滑油。各种材料的轧辊特性和对润滑剂的要求见表3-3。

表3-3　各种材料工作辊特性和对润滑剂的要求

材　质	优　点	缺　点	对润滑剂的要求
半钢辊（阿达迈特铸铁）	价格便宜，易形成稳定的氧化膜，不会产生龟裂	耐磨性差，硬度较低	降低摩擦系数，降低磨损
高铬钢辊	耐磨性好，易形成氧化膜	易打滑，易产生龟裂，价格贵	降低摩擦系数，减轻滑伤
镍基铸铁棍	刚性好，不会产生辊裂氧化皮粘辊	难形成氧化膜	降低摩擦系数，形成牢固的油膜
高速钢辊	耐磨性好	轧制力增大，价格贵	降低摩擦系数，尽量降低氧化皮的黏结量

C　热轧润滑的作用和效果

热轧润滑的作用和效果主要是：

（1）降低热轧时轧辊与轧件间的摩擦系数。没有润滑时的摩擦系数一般为0.35；使用有效的润滑，即润滑油的成分和油膜厚度适量时，摩擦系数可以降低到0.12。

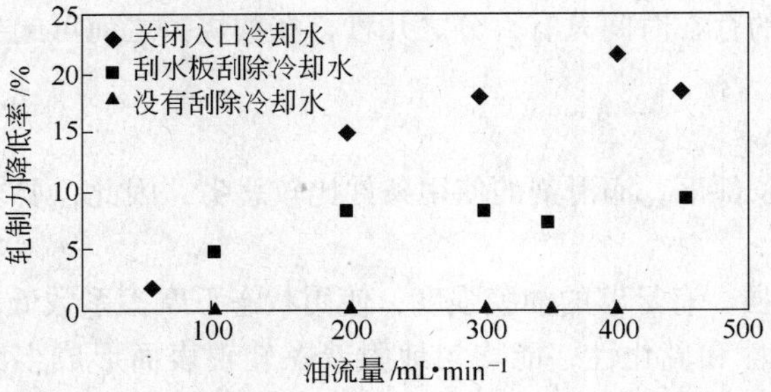

图3-15　轧制力与润滑效果的关系

（2）降低轧制力。轧制力最大可降低15%～25%，一般条件下可以降低5%～10%。轧制力与润滑效果的关系如图3-15所示。轧制力减少有利于轧制更薄的带钢；有利于减小能耗。

（3）改善带钢的表面质量。润滑降低了轧辊的龟裂和磨损速度，降低了轧件表面的粗糙度；减轻了带钢表面产生氧化铁皮和轧辊表面上“黑皮”（氧化铁末）在轧件表面上的聚集。

（4）减少轧辊消耗和储备。在热轧条件下，工作辊和带钢与冷却水接触，生成Fe_3O_4和Fe_2O_3等硬度很高的氧化物，粘在轧辊表面生成黑皮，在变形区高压摩擦的作用下，造成轧辊表面的磨损增大。采用热轧润滑，润滑膜覆盖在轧辊表面，降低了轧辊表面工作温度，降低了冷却水的急剧氧化作用，防止了轧辊表面生成“黑皮”，减少了轧辊磨损，抑制了轧辊表面裂纹生成，使工作辊磨损降低了35%～40%。日本住友金属鹿岛厂轧辊使用情况见表3-4。支承辊的磨损减少了，工作辊和支承辊磨损也下降了，同时减少了轧辊储备。

表3-4　热轧润滑对轧辊使用周期的影响

不同轧辊	铸铁辊	高铬钢辊
住友金属鹿岛厂（使用润滑工艺）	2000t（50km）	5000t（170km）
经验数据（未使用润滑工艺）	1000～2000t	2000～4000t

（5）提高轧机生产率。轧辊磨损减小，可以延长一次磨辊轧制的公里数，延长工作辊的使用周期，减少换辊次数，减少换辊时间，提高轧机作业率。

热轧油的喷射方法之一是直接喷在工作辊上，如图 3-16 所示。如图 3-17 所示为一种可移动的热轧润滑系统设备原理。该系统可以针对轧机咬钢和抛钢自动开启和关闭，流量可以根据轧机的速度调节，计量泵与静态混合器连接，设备安装距轧机 30m，但静态混合器位置距轧机越近越好，油水进入混合器后分散喷射。系统调节快捷、简便；耗油低，吨钢耗油 100 ~ 150g；上下轧辊润滑效果一致；喷油量小，燃烧充分，对水处理无需增加特别处理系统。

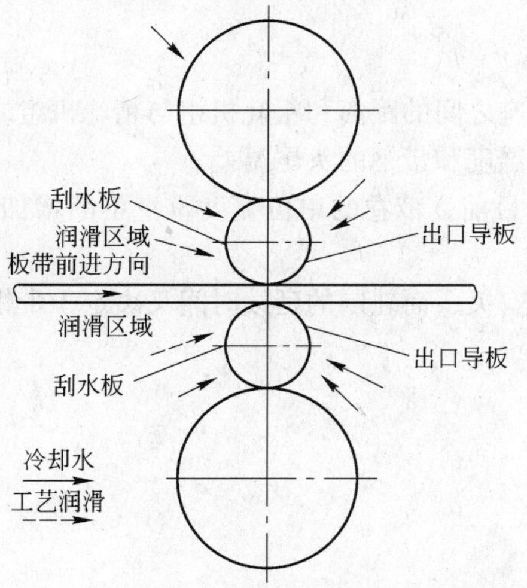

图 3-16 热轧油喷射方法示意图

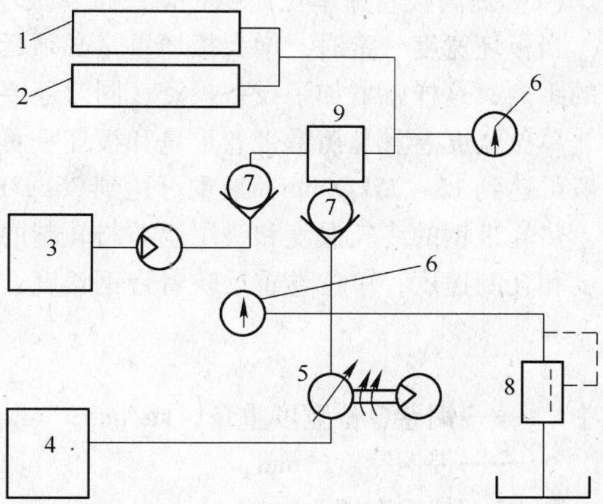

图 3-17 可移动的热轧润滑系统设备原理图

1—上辊喷嘴梁；2—下辊喷嘴梁；3—水箱；4—油箱；5—变量泵；6—压力表；7—单向阀；8—减压阀；9—油水混合器

3.2 热轧带钢生产的工艺过程

传统热连轧机生产过程包括坯料选择和轧前准备、粗轧、精轧和轧后精整四个大的阶段。

3.2.1 板坯的选择和轧前准备

热轧带钢生产所用的板坯主要是连铸板坯，只有少量尚存初轧机的冶金厂采用初轧坯，或连铸坯为主、初轧坯为辅。

3.2.1.1 板坯的选择

板坯的选择主要是板坯的几何尺寸和重量的确定。

A 板坯的几何尺寸选择

a 板坯的厚度选择

增大板坯厚度可以增大板卷的重量和提高轧机产量，但势必增加轧制道次，引起机座数目的增加，延长轧制线和增加车间面积。因此，板坯厚度的选择要根据产品的厚度，考虑板坯连铸机和热带钢连轧机的生产能力，把板坯厚度选得适当。热带钢连轧机所用的板坯厚度，一般为 150 ~ 250mm，最厚为 300 ~ 350mm。

b 板坯的宽度选择

板坯的宽度决定于成品宽度，一般板坯宽度比成品宽度大 50mm 左右。目前板坯宽度可达到 2300mm。

c 板坯长度选择

板坯长度取决于板坯的重量和加热炉宽度。加热炉内单排加热时，最大板坯长度达到 9 ~

14m；而双排加热时，板坯长度应比单排加热板坯长度的1/2稍小一些。

B　板坯重量选择

目前，热带钢连轧机采用的板坯重量为20～30t，最重达45t。增大板坯重量的优点是：

（1）提高热带钢连轧机的生产率，也为后续的冷轧工序及其精整提高生产率创造条件；

（2）延长稳定轧制时间，有利于轧制过程的自动控制；

（3）降低金属消耗；

（4）提高板卷库单位面积负荷，减少板坯库面积。

当板坯宽度一定时，增大板坯重量必须延长粗轧机座之间的距离和粗轧机组与精轧机组之间的距离，这样就增加了设备投资，同时还要考虑终轧温度和带钢的头尾温差。

单位宽度卷重是衡量带卷重量和板坯重量的指标。目前，带卷的单位宽度重量不断增加，一般可达到15～25kg/mm，最重可达到36kg/mm。

热轧带钢的终轧温度和头尾温差与轧制的延续时间有关，而轧制的延续时间又决定于带钢长度和轧制速度，单位卷重反映着带钢长度 l（单位为mm）：

$$l = \frac{q}{h\rho} \tag{3-1}$$

式中　q——钢卷单位宽度重量，kg/mm；

h——带钢厚度，mm；

ρ——带钢密度，kg/mm^3。

从式3-1可以看出，带钢厚度减小，长度会增加，所以允许的头尾温差和终轧温度应按最薄的产品来考虑。另外提高钢卷单重，必须相应地提高轧制速度。

3.2.1.2　板坯的轧前准备

板坯的轧前准备包括板坯的清理和板坯加热工序。

A　板坯加热的送坯方式

a　板坯冷装炉

连铸车间板坯经过冷却、检查，对表面缺陷要进行清理。清理的方法是采用火焰清理机进行整体清理，随后用水轮冷却装置对板坯快速冷却，使板坯温度降至200℃，以减少板坯表面形成的氧化铁皮。板坯在冷装炉前用水将表面清洗干净，以保证表面质量。

b　板坯热装炉

检查标记内部质量合格的板坯，经输送辊道运来后，用吊车将热坯放入保温坑内堆放，再根据生产计划用上料起重机吊到加热炉受料辊道，装炉加热。

c　直接热装炉

当连铸机和热带钢连轧机的生产计划相匹配时，表面质量和内部质量合格的高温连铸板坯标记后，经连铸机输出辊道送来，由加热炉的输送辊道送入加热炉受料辊道，直接装炉加热。

d　直接轧制

当连铸机和热带钢连轧机的生产计划相匹配时，表面质量和内部质量合格的高温板坯标记后，从连轧机的输入辊道，经边角加热炉补充加热后，直接送往轧机轧制。

B　板坯加热

板坯加热温度，一般是加热到1200～1250℃出炉。部分碳素钢和某些低合金钢采用“低温出炉”工艺，其出炉温度约为1100℃左右。

板坯加热采用步进式连续加热炉。某1580mm热带钢连轧机的步进式连续加热炉的技术参数见表3-5。

表 3-5　1580mm 热带钢连轧机步进式加热炉技术参数

炉子尺寸/mm	全　长	42300	板坯重量/kg	6500 ~ 26600
	有效长	41000	装炉温度/℃	常温
	全　宽	12900		600
	有效宽	12000		800
板坯尺寸/mm	厚　度	230	出炉温度/℃	1250
	宽　度	900 ~ 1450	板坯在炉时间/min	165 ~ 175
	长　度	8000 ~ 11000	加热能力/$t \cdot h^{-1}$	250
		4000 ~ 5300	燃　料	混合煤气

为提高板坯的加热质量，在加热炉均热段的上部设有炉顶平火焰烧嘴，在预热段和加热段设置轴向烧嘴，保证炉宽方向温度均匀，使加热的板坯温度差在最小的范围，在非水冷梁处 $T_1 - T_2 \leqslant 35℃$，如图 3-18 所示。为减少板坯的水冷梁黑印温差，在非水冷梁上安装有马蹄形隔热的耐热垫块，前后两块交错排列，如图 3-19 所示。这项措施使板坯的黑印温差小于 19℃。

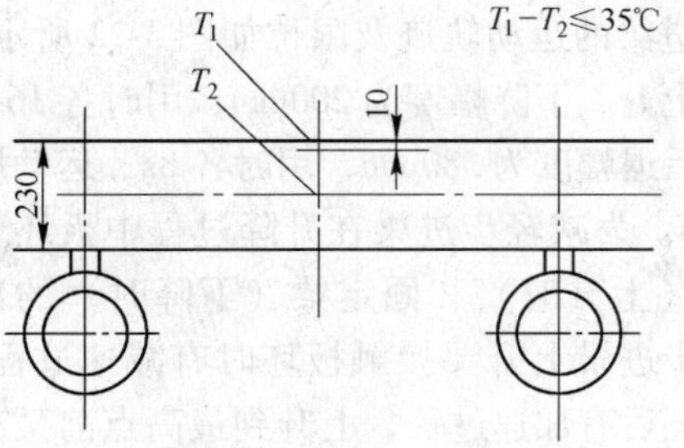

图 3-18　测温点

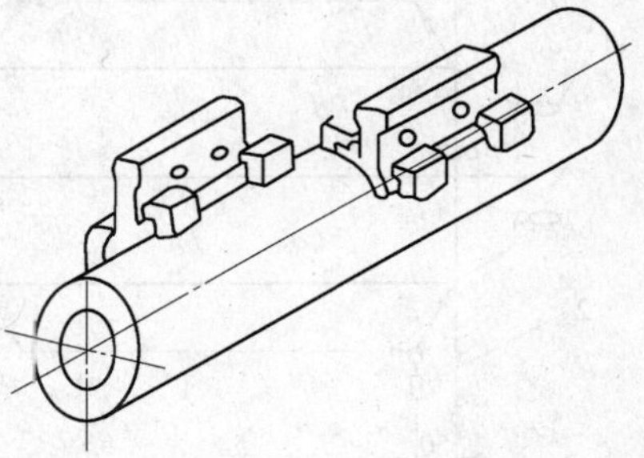

图 3-19　隔热垫块排列

加热炉还采用下列节能措施：

（1）为减少炉体热辐射损失，炉顶和炉侧墙采用复合炉衬，并增加耐火材料层的厚度；

（2）水冷梁和立柱均用双层隔热包扎，如图 3-20 所示，降低水冷梁和立柱内的冷却水带走的热量损失；

（3）在炉尾（预热段）设有较长的不供热的热回收段，降低烟气出炉温度；

（4）在平烟道内设有高效率管状换热器，预热助燃空气，回收废气余热。

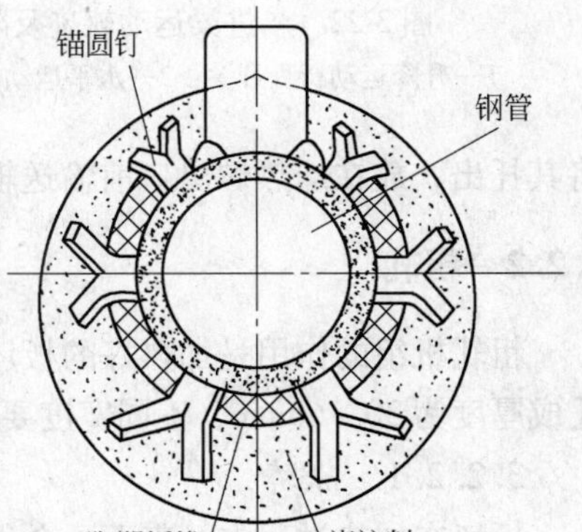

图 3-20　水冷梁和立柱的双层隔热包扎

步进式连续加热炉的步进梁沿炉长方向分为两段，各段有自己的步进机构，可以单独驱动，也可以同步驱动。当同步驱动时，整炉板坯做统一的步进运动；单独驱动，可以在冷热坯装炉切换时采用，分段调整板坯的前进速度，调整加热时间。另外，在炉的进料端设置有长行程装料推钢机，最大行程达 10.4m。当热装 800℃板坯时，在短时间内可以达到出炉温度，长行程装料推钢机可将板坯送入炉内深处。

步进梁的传动机构由升降运动和水平运动两个机构组成，如图 3-21 所示，两段步进梁的上升、下降运动机构各有一套电动偏心轮机构驱动，偏心轮沿炉宽方向有两列，沿炉长方向有

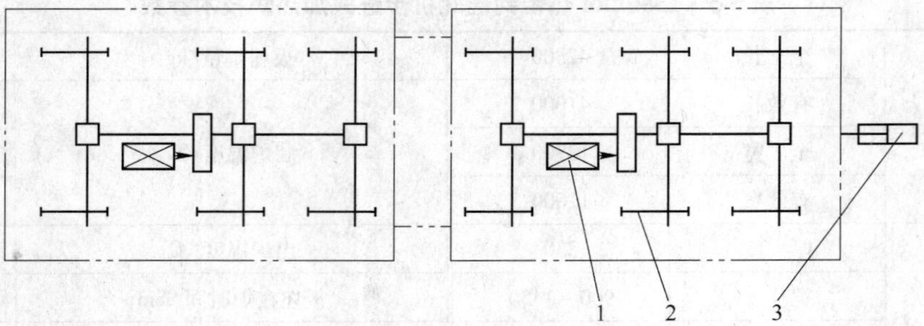

图 3-21　步进梁传动示意图

1—电动机；2—偏心轮；3—液压缸

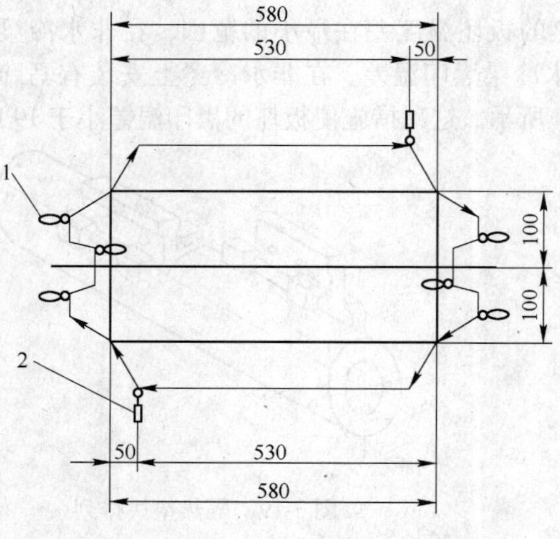

图 3-22　步进梁运动轨迹及限位

1—升降运动行程开关；2—水平运动行程开关

3 对，由 160kW 的交流电动机经减速传动。两段步进梁的水平运动机构由一个行程为 580mm 的液压缸推动，两段步进梁的分段处靠可以上下滑动的销轴连接。

步进梁的运动轨迹及限位如图 3-22 所示。步进梁上升、下降幅度为 200mm，用时各 16s，前进、后退幅度为 580mm，用时各 8s，运动周期为 48s。为减轻步进梁在升降过程中板坯对步进梁（上升时）和固定梁（下降时）的冲击，在步进梁上升要接触板坯时有减速过程，托起板坯后有加速过程，上升到最高点前又有一个减速过程。下降时也有 3 个加减速过程，加减速位置由行程开关检测。行走运动液压缸减速开始位置也由行程开关检测。

加热好的板坯，在打开炉门后由出料机将其托出，放在加热炉出口前输送辊道上，送去轧制。

3.2.2　粗轧

粗轧机组的作用是加热好的板坯经过除鳞、定宽、水平辊和立辊轧制，将不同规格的板坯轧成厚度为 30 ~ 60mm、不同宽度要求的精轧坯，并保证精轧坯要求的温度。

3.2.2.1　除鳞

板坯在加热过程中，表面上会生成 2 ~ 5mm 厚的氧化铁皮，称为炉生氧化铁皮。这些氧化铁皮必须在轧制前清除干净，否则会影响带钢的表面质量；这些氧化铁皮还会因为硬而脆从而加速轧辊磨损。

现代热带钢连轧机都设置有高压水除鳞箱来清除氧化铁皮。除鳞箱是一个基本封闭的箱体，如图 3-23 所示。箱内上下各装有两排集水管，其上下高压水喷嘴同时喷射高压水除鳞。上排集水管的高度可调，当板坯厚度变化时，电动机经蜗轮蜗杆减速器，传动螺旋装置调整上集水管位置。喷嘴的喷水方向迎着板坯前进方向与水平成 15°角，高压水产生水平分力，将氧化铁皮冲出板坯边缘以外。链条的作用是防止高压水和氧化铁皮散射，使其只能落入地沟。

高压水的压力通常采用 15 ~ 16MPa，每个高压喷嘴水流量为 91L/min。

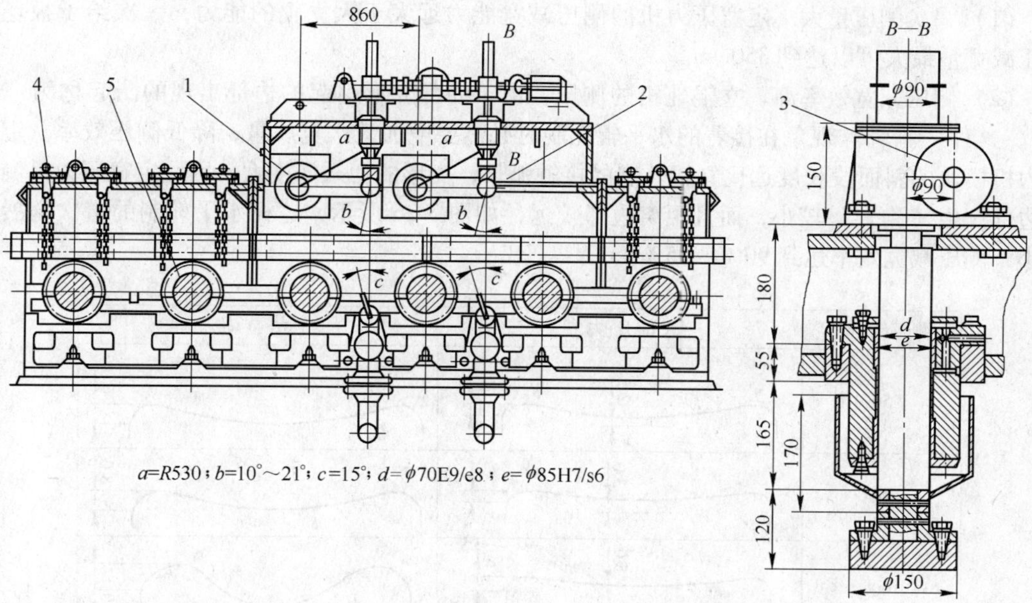

图 3-23 粗轧机除鳞箱

1—集水管；2—喷嘴；3—集水箱升降机构；4—链条；5—辊道

为了将炉生氧化铁皮清除干净和清除在高温轧制时产生的再生氧化铁皮，在粗轧机组的各架机座前后都设置有高压水集管组成的高压水除鳞装置。

3.2.2.2 定宽

由于采用连铸坯，在粗轧阶段必须设有定宽工序。这主要是因为板坯连铸机改变板坯的宽度比较复杂，定宽工序可以满足热轧带钢品种规格不同宽度的需要。

为改变板坯的宽度，以前采用在粗轧机组前设置一台强大的立辊机座，其道次压下量可达到50～100mm。立辊侧压为使轧制板坯保持稳定，通常把立辊都做成带有孔型的，这样对板坯会产生夹持作用，如图 3-24 所示。由于立辊的侧压量过大会在板坯两边部位产生较大凸起，造成后面水平辊轧制道次宽展量增大，所以在后面的万能机座的立辊上轧制也要完成一部分定宽任务。

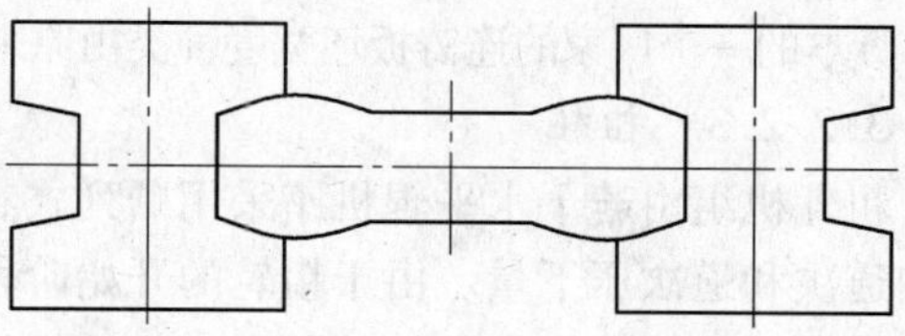

图 3-24 大立辊轧制

定宽压力机是一种新型在线调整板坯宽度的设备，它采用两个侧压模块在板坯前进中连续不断的施加侧压量减宽，其原理如图 3-25 所示。其优点是：

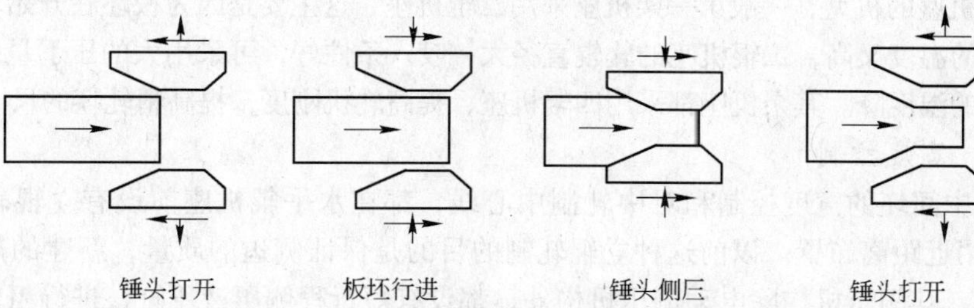

图 3-25 定宽压力机模块定宽

（1）一次侧压量大。定宽压力机的侧压减宽能力远大于大立辊的能力，一次给予板坯的侧压减宽量最大可以达到350mm。

（2）侧压减宽效率高。立辊轧机的侧压，由于局部变形引起的边部出现的凸起称为“狗骨”，这种“狗骨”现象在接着的水平辊轧制时必然要增加道次宽展量，降低侧压效率。定宽压力机模块的斜面段长度远比立辊轧制的接触弧长，变形的切入深度大，因此定宽压力机侧压在边部产生“狗骨”较小，而且距离边部较远，如图3-26所示，这样水平轧制的道次宽展量减小，侧压减宽效率达到90%～95%。

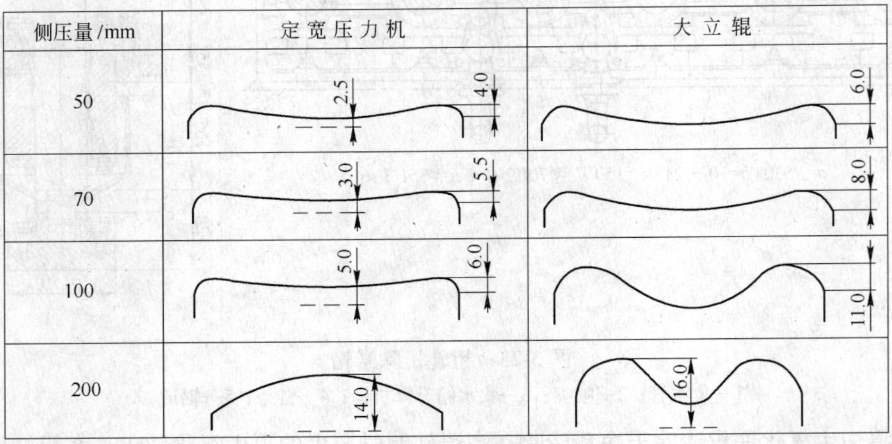

图3-26　定宽压力机和大立辊侧压时“狗骨”比较

（3）由于“狗骨”现象变小，经定宽压力机侧压的板坯头尾形状好，使精轧坯的头部“舌形”和尾部“鱼尾形”减小，减少了切头切尾损失。

（4）采用定宽压力机可以使连铸坯的平均宽度的进级量为200～220mm，连铸坯的宽度种类减少。日本的一个厂家的连铸板坯宽度种类由原来的19种减少到7种，使连铸机的产量提高了25%。

3.2.2.3　粗轧

粗轧机组由若干水平辊机座采用顺列式布置组成，按照压下规程在每个机座上完成要求的轧制道次和道次压下量。由于粗轧的开始阶段轧件比较短，板坯从一台机座轧出后，方能进入下一台机座，因此机座之间的距离一般比板坯长度大6～10m。随着轧制道次增加，板坯加长，某些轧机的粗轧机组最后两架或三架机座布置成连轧，其间距离大约为12m。

随着板坯单重的增加，板坯的厚度和长度增加，必然需要增加粗轧机组机座间距和机座数目，延长轧线长度，这将增加轧件的温度降，增加再生氧化铁皮的量。因此，要求提高轧制速度。粗轧机组末架机座最高轧制速度达到4.5～5.5m/s，以确保精轧机组要求的送坯温度。

粗轧机组机座的机型，一般第一架机座采用二辊机座，这主要是因为板坯在开始轧制时的宽厚比小，轧件的温度又高，二辊机座的轧辊直径大，咬入条件好，可采用大的压下量缩短轧制时间，减少板坯的温度降。其余机座都采用四辊机座，提高轧机刚度，提高精轧坯的尺寸精度。

3.2.2.4　宽度控制

为了进行中间坯的宽度控制和对中轧制中心线，都在水平辊机座前设有立辊轧机（称小立辊），并采用近距离布置。以前这种立辊轧制的目的是保证侧边的质量，新建的热带钢连轧机中的小立辊，其侧压机构除电动侧压机构外，都设有短行程侧压液压缸，进行粗轧阶段的宽度控制，包括短行程控制、AWC控制。

A 短行程控制技术

短行程控制技术简称 SHST（Short Strok），它的作用是动态地修正立辊轧制的开口度，改变侧压量，达到改善带坯头尾部形状的目的。

中间坯在以同样开口度进行立辊轧制后，经水平辊轧制，由于外端影响引起的不均匀变形，造成头部、尾部和中间部分的宽度出现不同，出现头部和尾部失宽现象，如图 3-27*a* 所示，而且头部的“舌形”和尾部的“鱼尾形”会越来越大，增加了精轧坯切头切尾损失。针对这种情况，在中间坯的头部和尾部进行立辊轧制时，按图 3-27*b* 所示的形状动态修正立辊开口度，即头部端点开口度最大，逐步缩小开口度，进入定宽度要求的开口度（称静态开口度）；在尾部则相反，由静态开口度逐渐增大，直到尾部端点达到要求的最大开口度。这样，经过水平辊轧制后，头尾部的不规整形状将大大减少。

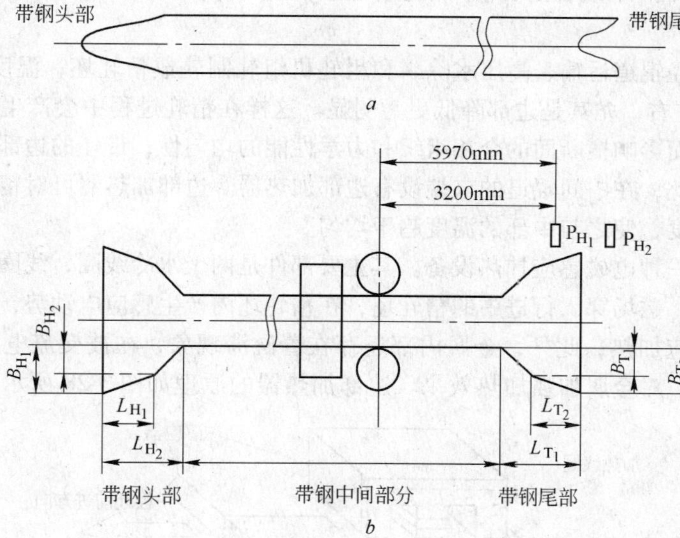

图 3-27 粗轧立辊行程控制

a—带坯头部和尾部形状变窄；*b*—短行程控制原理

P_{H_1}，P_{H_2}—金属探测器检测头尾部位；B_{H_1}，B_{H_2}—头部两段宽度修正值；L_{H_1}，L_{H_2}—头部两段修正长度；

B_{T_1}，B_{T_2}—尾部两段宽度修正值；L_{T_1}，L_{T_2}—尾部两段修正长度

如某块钢板的头尾修正参数为：$L_{H_1}=326$mm，$L_{H_2}=801$mm，$2B_{H_1}=10$mm，$2B_{H_2}=3$mm，$L_{T_1}=801$mm，$L_{T_2}=320$mm，$2B_{T_1}=3$mm，$2B_{T_2}=10$mm。

B AWC 技术

AWC 技术即宽度自动控制技术，它类似于液压 AGC 厚度控制的压力环（压力 AGC）。立辊轧制时，由安装在立辊侧压机构中侧压螺丝端部的侧压头测出立辊轧制压力，由短行程侧压液压缸调节立辊的开口度，补偿立辊的辊缝弹跳，使轧制中间坯的宽度保持不变。动态辊缝修正值 B_{AWC}（单位为 mm）的计算公式为：

$$B_{AWC}=B_0+\frac{WK_{ist}-WK_{SOLL}}{M_B} \tag{3-2}$$

式中 B_0——立辊辊缝设定值，mm；

WK_{ist}——立辊轧制力实际值，kN；

WK_{SOLL}——立辊轧制力设定基准值，kN。

在设有头尾宽度补偿短行程控制的立辊轧机上，一般是在头部短行程控制结束延迟 200ms 之后，AWC 开始投入运行。

3.2.2.5　精轧坯保温输送和边部加热

粗轧机组轧制的精轧坯，通过机组后的测厚仪、测温仪，检测值输给精轧机组的计算机，作为精轧机组的初始参数。当精轧坯出现废品或精轧机组因故停轧时，中间辊道上的废品推钢机将其推至废品台架上，用废品剪切成定尺运走。合格的精轧坯经中间辊道送至精轧机组。

A　精轧坯保温输送

在粗轧机组末架机座和切头飞剪之间的中间辊道上设有保温罩。保温罩总长一般为 38～113m，由若干个保温罩组成，每个保温罩长为 6.2m。保温罩有不锈钢反射式和陶瓷纤维式两种保温形式，从实际效果和维修方面来看后者比较好。精轧坯经过保温罩可使头尾温差减小到 20～30℃。

B　边部加热

板坯出炉后，经辊道运输、高压水除鳞和粗轧机组轧制轧成精轧坯，温度有明显地降低，一般要降低 200℃左右，尤其是边部降低更为明显。这样在精轧过程中会产生带钢边裂；也会因断面温度不均匀而影响横断面的金相组织和力学性能的均匀性；带坯的边部低温还会增加轧辊的局部磨损。为此，在中间辊道的末端设有边部加热器。边部加热器可对精轧坯的边部进行加热，提高边部温度，使之与中部的温度趋于均匀。

边部加热器是一种电磁感应加热设备。其主要部件是两个水冷线圈，线圈通入中频交流电流，产生交变磁场，磁场穿入行进中的精轧坯，在精轧坯内产生感应电动势，在金属边部产生涡流，使金属被感应加热；此外，金属内部还存在着磁滞现象，在被交流电反复磁化的过程中，磁滞损耗发热，对金属加强加热效果。边部加热器的原理如图 3-28 所示。当精轧坯出现

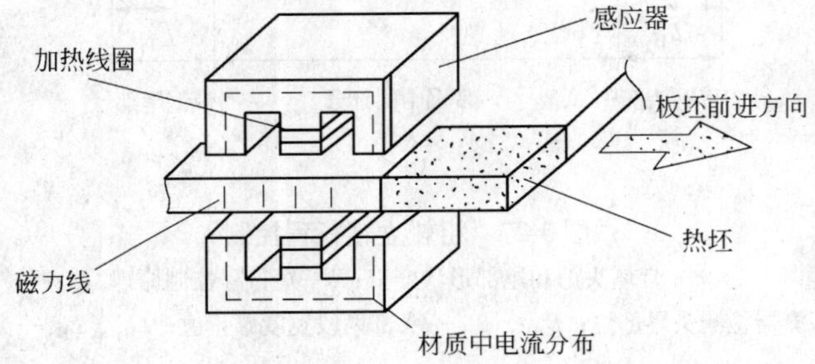

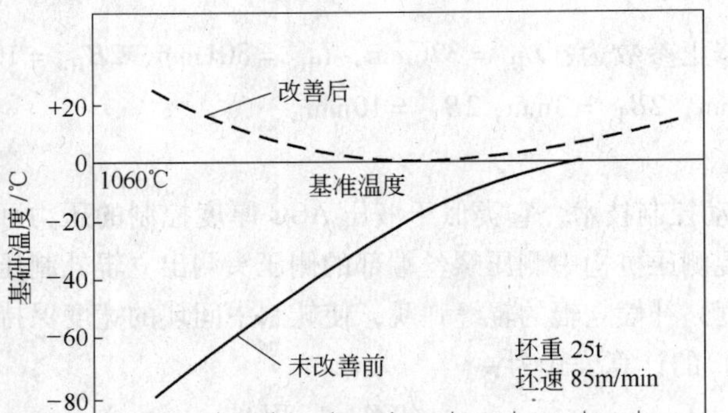

图 3-28　精轧坯边部加热原理

翘头时，为防止翘头撞坏感应线圈，设置两台异常翘头检测装置，当翘头达到一定的高度时，检测装置内的接近开关发出信号。1号检测器测出高于300mm的翘头，感应线圈退出；2号检测器测出175～300mm高的翘头，感应线圈由气缸抬高。边部加热器功率为2800～5500kW，交频逆变器频率为500Hz，电压为900V，适用精轧坯厚度范围为20～65mm，运动速度为20～90m/min，可在距边缘25mm的范围内提高温度30～60℃。如40mm厚的精轧坯，前进速度为75m/min，带坯本体温度为1000℃时，经边部加热器加热后，边部可以升温45℃。

3.2.3 精轧

精轧坯经过边部加热后，送入精轧机组进行切头切尾、二次除鳞和精轧，轧成符合用户要求的热轧带钢。

3.2.3.1 *切头、切尾*

精轧坯从粗轧机组轧出，往往头部呈“舌形”，尾部呈“鱼尾形”，头尾这种形状的长度会随着精轧机组轧制总压下量增大而增长。其危害是：（1）头部“舌形”和尾部“鱼尾形”部分比其他部分温度低，轧制时会产生很大的冲击，加速轧辊磨损以及传动系统中产生扭振；（2）头部长的“舌形”在运输中容易钻进设备的缝隙发生卡钢事故；（3）尾部的长“鱼尾形”会影响板卷的打捆质量。因此，在精轧前要把精轧坯的“舌形”和“鱼尾形”切掉。

由于切头、切尾是在精轧坯前进当中进行的，故在精轧机组前设置切头飞剪。切头飞剪的形式有曲柄杠杆式和转鼓式两种。转鼓式切头飞剪可以装置两对刀，一对采用圆弧形剪刃，用于切头，将坯头切成圆弧形，从而有利于咬入和减小冲击；另一对刀用于切尾，采用直剪刃。

3.2.3.2 *二次除鳞*

为了清除粗轧机组轧制和中间辊道运输过程中高温带坯产生的再生氧化铁皮，在切头飞剪和精轧机组之间设有二次除鳞箱，其设备简图如图3-29所示。由前后夹送辊、上下除鳞集管和喷嘴组成。前后夹送辊送进精轧坯，高压水喷嘴采用15MPa的高压水将氧化铁皮破碎冲掉，后夹送辊还作为切头飞剪切尾时的测量辊用，当精轧机组发生事故时，前后夹送辊反转，将带坯退回，切掉废头或送中间辊道的废钢台架处理。

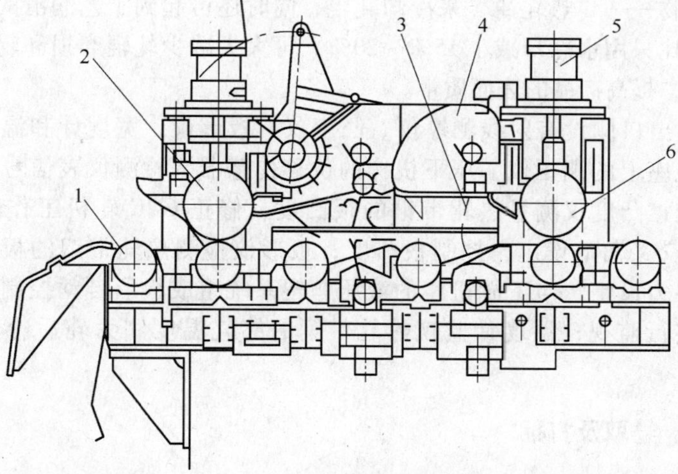

图3-29　二次除鳞箱简图

1—辊道；2—前夹送辊；3—喷嘴；4—集管；5—升降气缸；6—后夹送辊

3.2.3.3 精轧

精轧坯经过切头、切尾和二次除鳞，送精轧机组轧制。精轧机组是真正的连轧机，通常设置6~7架机座，将带坯轧到成品厚度。

在精轧机组第一架机座的入口侧，有的机组设有一对立辊，对精轧坯实行AWC宽度自动控制。目的是对带钢宽度微量调节，精确控制产品宽度。

精轧机组的工作机座，以往是由普通四辊机座组成。近年来由于对热轧带钢的板凸度和平直度的要求越来越高，用普通四辊机座加液压弯辊很难满足要求，因此工作机座开始采用CVC四辊轧机和PC四辊轧机，并设置强力型液压弯辊，这样可以较好地控制热轧带钢的板凸度和平直度。

精轧机组的头几架机座的轧制力比较大，为保证工作辊辊颈的扭转强度，要求采用较大的工作辊直径。同时支承辊直径也相应增大。这样既有利于轧辊冷却和减少磨损，又提高了轧机刚度和支承辊油膜轴承的承载能力。为减少轧制力和轧制力矩，机组后几架机座的工作辊采用较小的直径。

精轧机组连轧过程中，要保证连轧常数和防止机座间堆钢和拉钢，在机座之间设置活套支持器，使机座之间产生一定的活套控制张力，或者采用微张力控制。

终轧温度对产品质量有直接的影响。终轧温度高低在很大程度上决定了轧后带钢的金相组织和力学性能，尤其是实行控制轧制，对终轧温度要求更为严格。因此，除控制精轧坯的温度外，还要控制轧制速度。为轧制更薄的热轧带钢（最薄为0.8~1.2mm）轧制速度要提高，精轧机组末架机座最高速度可达到27.1m/s（最高设计速度达到30.8m/s）。提高轧制速度既可以保证终轧温度，又可以控制头尾温差，同时还可以提高轧机的产量。

精轧机组都是以较低的速度穿带，目的是稳定穿带、减少穿带事故。穿带完成后，为了提高轧机的生产率，都采用升速轧制，称之为功率加速，其加速度可以采用0.5~1.5m/s^2，使轧制速度升高到高速轧制；为改善带钢的头尾温差，使头尾温度均匀，获得尾部厚度均匀，对带钢的尾部采用温度加速，提高尾部温度，为防止因速度过快使尾部温度超过头部温度，一般采用较小的加速度0.025~0.125m/s^2，采用升速轧制可使热轧带钢的头尾温差控制在±15℃内，控制厚度差在50μm以内。

轧辊冷却和润滑对于提高轧辊寿命和提高产品质量有很大作用。有些热带钢连轧机在精轧机组采用油水混合物——“热轧油”来冷却轧辊，同时还可起到工艺润滑的作用，使轧辊和轧件之间摩擦系数比只用水冷却减小15%~20%，可大大减少轧辊磨损和辊耗，减少换辊次数，减少电力消耗，提高产品的表面质量。

在精轧机组的出口侧设有射线测厚仪、凸度仪、板形仪、宽度计和温度计。其中测厚仪和精轧机组各机座上的测压仪、压下机构的位移传感器等检测仪表信号组成厚度自动控制系统、厚度监控；凸度仪测量热轧带钢的板凸度，修正CVC轧机工作辊轴向位置设定或PC轧机的轧辊交叉角的设定，控制板凸度；板形仪检测热轧带钢的板形，调整各架机座液压弯辊的弯辊力设定，与下游机座的液压弯辊系统组成板形自动控制系统；测宽计对热轧带钢的宽度实行监视；温度计监视热轧带钢的终轧温度和为轧后冷却系统提供初始数据。

3.2.4 轧后冷却、卷取及打捆

热轧带钢从精轧机组末架机座出来后，经输出辊道（称中央辊道）输送到地下式热卷取机卷成带卷，并在中央辊道上按工艺要求进行冷却。

3.2.4.1　轧后冷却

轧后冷却的目的是把热轧带钢从终轧温度冷却到规定的卷取温度。卷取温度对带钢的金相组织和力学性能有很大影响，如图3-30所示。从图中可以看出：卷取温度降低，带钢的强度和屈服极限会提高，伸长率会降低，机械加工性能就变坏。

对于不同的钢种，卷取温度都有严格的温度规定和允许公差；不同规格的带钢在中央辊道上的冷却速度又不相同，因此，轧后的冷却既要控制冷却水的总量，又要控制冷却速率。现代热带钢连轧机中都采用层流冷却系统。所谓层流冷却，是采用低压大流量的方式进行，冷却水从水箱中以虹吸原理用0.0085MPa的压力从集管中流出，热带钢上下表面冷却水总的流量为1300～1400m^3/h，用投入冷却集管组的不同数量来控制用水量和冷却速度。为防止冷却水在带钢表面积存造成冷却不均匀，采用压力1MPa的侧喷嘴将积水清走。

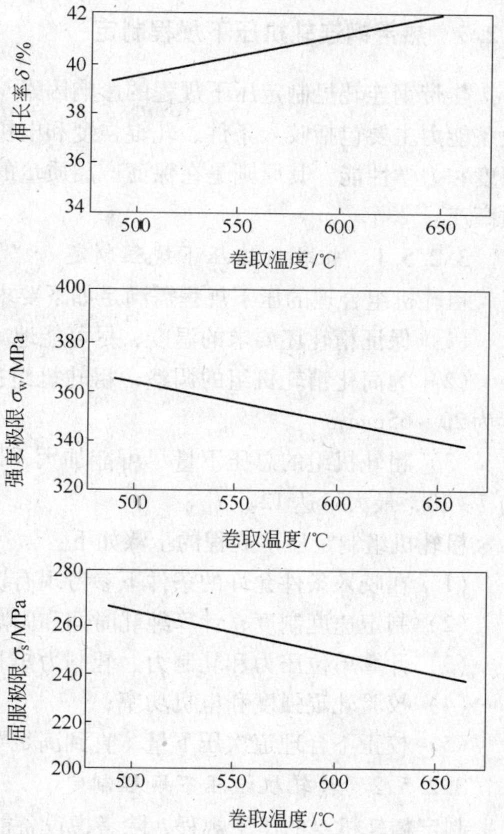

图3-30　卷取温度对低碳带钢力学性能的影响

带钢层流冷却的过程是：

（1）带钢上下表面受冷却水喷流，快速冷却，形成表面淬火层；

（2）由于带钢高速运行，表面受冷却水冷却时间短，因此表面低温层很薄，不能造成稳定的相变组织；

（3）通过中心层和表面层的热交换，使中心层温度降低，而表面层自回火。

由上述冷却过程得到层流冷却的控制思想是：首先确定一个临界的热带钢表面温度，采用主冷却段密集喷水，使之快速冷却到表面临界温度；然后用稀疏喷水使带钢内外热交换，达到冷却均匀；最后根据实测温度，精冷却段投入工作，使带钢达到要求的卷取温度并在允许公差范围内。要想达到上述要求，层流冷却要有温度检测和计算机控制装置。

3.2.4.2　卷取

带钢冷却到卷取温度后，由地下式热卷取机卷成带卷。

在中央辊道的末端，设置3台地下式热卷取机。按生产周期计算，2台卷取机交替工作就可以满足轧机生产率要求。由于卷取机是很容易出事故的，一般都有1台备用。随着石油工业和造船工业的要求，热轧板卷的厚度要达到22～30mm，因此出现了强力型卷取机。一般在150～190m的中央辊道末端设有3台强力型卷取机，以便于在较长的中央辊道上控制卷取温度，进行强力卷取较厚的热轧带钢。为卷取薄带钢（厚度为0.8～1.2mm），在距精轧机组末架机座60～70m处，要设置2台近距离卷取机，以适应薄带钢冷却速度快的特点，并可缩短无张力低速运行距离。

3.2.4.3　热轧带钢打捆、称重、喷印、入库

热轧带卷从卷取机内由卸卷小车托出后，由打捆机打捆，以防松卷，便于运输，自动称重之后用喷印机在外层卷面上喷印卷号，经链式运输机运至地面，用吊车放入板卷库存放。

3.2.5　热带钢连轧机压下规程制定

热带钢连轧机制定压下规程的影响因素与厚板轧制相似，也是考虑设备能力和产品质量。设备能力主要包括咬入条件、轧辊强度和电机功率三个因素；而产品质量则主要包括几何尺寸精度和力学性能。其原则是在保证产品质量的前提下，充分发挥轧机的设备生产能力，达到优质高产。

3.2.5.1　粗轧机组压下规程制定

粗轧机组合理的压下规程需满足如下要求：

(1) 保证精轧坯要求的温度，尽可能地减少粗轧的轧制道次和提高粗轧机组的轧制速度；

(2) 为简化精轧机组的调整，粗轧机组提供的精轧坯厚度范围尽可能小，一般精轧坯厚度为20～65mm；

(3) 粗轧机组的总压下量尽可能加大，以减少精轧机组负荷，一般粗轧机组的总延伸率为7～10，最大可达12。

粗轧机组制定压下规程的步骤如下：

(1) 在咬入条件允许的条件下参考现有资料预分配各道次压下量；

(2) 制定速度制度，计算纯轧时间和间隙时间，确定轧制道次温度降；

(3) 计算单位压力和轧制力、轧制力矩和总传动力矩；

(4) 校验轧辊强度和电机功率；

(5) 校正不合理道次压下量，直到满足要求为止。

3.2.5.2　精轧机组压下规程制定

制定精轧机组的压下规程，除考虑设备能力外，更主要的是考虑产品质量：

(1) 为提高热轧带钢的几何尺寸精度和表面质量，最后一架机座的相对压下量要取得比较小，一般取10%～15%；

(2) 为保证金相组织和力学性能，要保证终轧温度；

(3) 负荷的合理分配是制定精轧机组压下规程的关键，它直接影响到生产的稳定性和产品的产量和质量。分配方法有：对数伸长率法、能耗曲线法、按最大生产率或最佳质量的目标函数优化法、动态规划法和专家系统分配法。

制定精轧机组压下规程除合理的分配各工作机座的压下量外，还需要给出各机座的速度分配和计算各机座的温度降。

A　精轧机组各机座的速度分配

确定精轧机组各机座的速度，必须满足连轧机组稳定轧制条件，即各架机座每秒钟内通过的金属体积相等，这称为连轧常数。即有：

$$h_1 v_1 = h_2 v_2 = \cdots = h_n v_n$$

或

$$h_1 v'_1 (1 + S_1) = h_2 v'_2 (1 + S_2) = \cdots = h_n v'_n (1 + S_n) \tag{3-3}$$

式中　h_n——精轧机组第 n 架机座带材出口厚度；

v_n——精轧机组第 n 架机座带材出口速度；

v'_n——精轧机组第 n 架机座轧辊圆周速度；

S_n——精轧机组第 n 架机座带材前滑系数。

在确定各架机座的厚度基础上，首先确定最后一架机座的轧制速度，然后用式3-4确定其他各架的速度 v'（单位为m/s）：

$$v' = \frac{h_n v_n (1 + S_n)}{h(1 + S)} \tag{3-4}$$

任意一架机座的前滑系数计算如下：

$$S = \left(1 - \frac{h}{2R_1}\right) \frac{\Delta h}{4h} \left[1 - \frac{1}{2\mu}\left(\sqrt{\frac{\Delta h}{R_1}} - \frac{T_1 - T_0}{P}\right)\right]^2 \tag{3-5}$$

式中 h——轧件厚度，mm；

R_1——工作辊直径，mm；

Δh——绝对压下量，mm；

μ——轧辊与轧件间的摩擦系数；

T_1，T_0——前张力和后张力，kN；

P——轧制力，kN。

对于精轧机组，$T_1 \approx T_0$，$2R_1 \gg h$，故：

$$S = \frac{\Delta h}{4h}\left(1 - \frac{1}{2\mu}\sqrt{\frac{\Delta h}{R_1}}\right)^2 \tag{3-6}$$

由于轧制时厚度、温度、张力等工艺参数的波动，使连轧机轧制过程中的秒流量相等并不是绝对的，只是在一定精度范围内相等，所以式3-4分配的速度也是在一定的精度范围内的速度。

某1700mm热带钢连轧机轧制程序技术数据见表3-6。

表3-6 某1700mm热带钢连轧机轧制程序技术数据

轧制道次	粗轧							精轧						
	0	立	1	2	3	4	5	1	2	3	4	5	6	7
入口厚度 h_0/mm	250	250	250	200	140	85	45	25	12.5	7	4.4	3	2.22	1.75
出口厚度 h_1/mm		250	250	140	85	45	25	12.5	7	4.4	3	2.22	1.75	1.5
压下量 Δh/mm		(50)	50	60	55	40	20	12.5	5.5	2.6	1.4	0.78	0.47	0.25
相对压下量/%		4.76	20	30	39.3	47	44.5	50	44	37.1	31.8	26	21.2	14.3
宽度 b/mm	1050	1000	1000	1000	1000	1000	1000	1000	1000	1000	1000	1000	1000	1000
长度 l/m	9	9.45	11.8	16.9	27.8	52.5	94.5	189	338	540	790	1065	1350	1580
咬入速度 v/m · s^{-1}		0.96	1.2	1.2	1.2	2.5	3.0	1.2	2.14	3.41	5	6.75	8.57	10
最大速度 v_{max}/m · s^{-1}		1.92	2.4	2.4	2.4	2.5	3.0	2.16	3.86	6.14	9.0	12.15	15.43	18
工作辊直径 D_1/mm		1000	1150	1150	1150	1150	950	730	730	730	730	730	730	730

B 各轧制道次轧件温度降计算

轧件的温度不仅与热辐射、对流和传导的热量有关，还与轧制时的变形功和摩擦功转化的热量有关。

（1）高温轧件热辐射散热温降 ΔT（单位为K）可计算如下：

$$\Delta T = T_1 - \frac{T_1}{\sqrt[3]{1 + 0.0257K_1 \frac{t}{h}\left(\frac{T_1}{1000}\right)^3}} \tag{3-7}$$

式中 T_1——前一道次的绝对温度，K；

t——计算温降的热辐射时间（该道次纯轧时间和间隙时间），h；

h——轧件厚度，mm；

K_1——考虑散热条件系数，粗轧和中间辊道选用 $K_1=1.5$，精轧时选用 $K_1=2.0$。对于精轧机组，轧件通过各机座的延续时间 t 与轧件厚度 h 比 $\frac{t}{h}$ 为一常数，即：

$$\frac{t}{h}=\frac{S_0}{h_1 v_1}=\frac{S_0}{h_2 v_2}=\cdots=\frac{S_0}{h_n v_n}=\text{常数} \tag{3-8}$$

故式 3-7 可以简化为：

$$T_n=\frac{T_1}{\sqrt[3]{1+0.0515\frac{S_0(n-1)}{v_n h_n}\left(\frac{T_1}{1000}\right)^3}} \tag{3-9}$$

式中　S_0——精轧机组机座间距离，m；

v_0——第 n 架机座轧制速度，m/s；

h——第 n 架机座出口厚度，mm；

n——精轧机座号数。

（2）轧制变形功转化的热量 $\Delta\theta$（单位为 kJ/h）与塑性变形和轧件与轧辊间摩擦产生的热量有关，可计算如下：

$$\Delta\theta=p_0 h_1 b\frac{v_1}{427}\ln\left(\frac{h_0}{h_1}\right) \tag{3-10}$$

式中　p_0——轧制力，N；

v_1——轧件出口速度，m/s；

h_0，h_1——轧件入口、出口厚度，m；

b——带钢宽度，m。

从式 3-10 可以看出，随着轧制速度提高，变形功转化的热量增加，可以使轧件温度升高，温度加速可以控制带钢尾部温度。

3.2.6　热轧带钢的板厚、板凸度和平直度控制

板厚、板凸度和平直度是热轧带钢的几何精度指标，它不仅影响到以热轧带钢为原料的产品制造，也影响到冷轧带钢在几何精度方面的质量控制。

3.2.6.1　热轧带钢的厚度控制

热轧带钢的厚度控制与轧机的压下机构有直接控制关系。以电动压下为基础条件的厚度自动控制系统称为电动 AGC 系统。电动压下的缺点是：

（1）调节精度低。在稳态调节时，压下调整力矩使压下螺丝产生弹性扭转变形，使装在压下螺丝上的位移传感器测得的位置信号包括弹性扭转变形误信号（最大达 20 ~ 30μm），降低了调节系统的调整精度。

（2）响应速度慢。由于厚度控制系统是小距离调节，在这段小距离内主要是加速和减速时间组成的响应时间，电动 AGC 系统最快的压下加速度也不超过 2mm/s^2，即使采用低惯量电机改善性能，但由于系统惯性大，仍然存在烧坏电机或机械设备过载的危险。

电动-液压压下和长行程液压缸的全液压压下，都采用液压 AGC 厚度控制系统。液压压下的特点是：

（1）调节压下速度快。液压压下速度约比电动压下快 5 ~ 10 倍，加速度快 20 ~ 100 倍以上，所以可使带钢厚度超差部分的长度降到最短。

（2）调整精度高。液压压下调整的位置精度高，加上高分辨率的位移传感器，可使板材厚度偏差控制在10μm，提高产品的合格率。

（3）液压压下具有快速卸载装置，可防止轧辊及轴承的过载和损坏。

热带钢连轧机的厚度自动控制系统，其厚度测量一般是采用轧机的厚度方程间接测出机座出口厚度，测量值与设定值之差，经过积分环节，再乘以控制补偿系数，得到辊缝的调节量。整个厚度AGC系统，一般是由压力AGC和监控AGC组成。某厂2050mm热带钢连轧机采用的间接测厚（厚度计）模型为：

$$h = S + \Delta S_{\mathrm{i}} + \Delta S_{\mathrm{b}} + \Delta S_{\mathrm{p}} - \Delta S_{\mathrm{j}} - \Delta S_{\mathrm{CVC}} - \Delta S_{\mathrm{temp}} \tag{3-11}$$

式中　S——实际给定辊缝值；

ΔS_{i}——积分器输出补偿值；

ΔS_{b}——弯辊力对辊缝的影响量；

ΔS_{p}——轧机的弹跳量；

ΔS_{j}——液体摩擦轴承油膜厚度变化量；

ΔS_{CVC}——CVC轧辊轴向移动对辊缝影响量；

ΔS_{temp}——轧辊热膨胀对辊缝的影响量。

液压AGC厚度控制系统的厚度给定有两种方式：

（1）绝对值方式。称绝对值AGC，即当机座咬钢后200ms，将此时按式3-11计算得到的带钢厚度作为锁定值h^*，AGC系统开始工作，并将此后得到的厚度（仍按式3-11计算测得的厚度）与h^*比较，得到$\Delta h = h^* - h$，再进一步转换成辊缝调节量ΔS，送给位置控制（APC）系统执行。

（2）相对值方式。当4.5s内监控AGC从测厚仪采样得到的平均厚度偏差超过0.15mm时，监控AGC就从绝对值方式转为相对值方式，这时取40次厚度偏差的平均值作为目标厚度设定值，即$h^* = \sum h_i/40(i = 1 \sim 40)$。此时带钢有全长稳定同板差，但厚度可能超差。这种方式常用于给冷轧供料的轧制。

另外，AGC厚度控制系统中还有支承辊偏心补偿、速度补偿（补偿由加速轧制时引起支承辊油膜厚度变化对厚度的影响）、压下率补偿（补偿因各机座压下率变化引起机座间活套量变化）和尾端补偿（补偿在带材尾部离开上游机座时对下一架的张力瞬时消失带来的厚度变化）等。

3.2.6.2　热轧带钢板凸度控制

当热轧带钢的断面形状是中部厚度大于边部厚度时，中部与边部厚差$\Delta h = h_{\mathrm{z}} - h_{\mathrm{b}}$称为板凸度，如图3-31所示，而$\dfrac{\Delta h}{h}$为相对板凸度（$h$为公称厚度）。带钢的板凸度与轧辊的热凸度、轧辊磨损、轧辊的弹性变形和轧辊原始凸度有关。带钢生产在热轧阶段控制板凸度是非常关键的。如果热轧带钢的板凸度过大，带钢冷轧阶段去控制，就会造成冷轧带钢的板凸度超差或中浪。采用液压弯辊控制精轧阶段的辊缝形状，可以对热轧带钢的板凸度有所改善，但不能满足板凸度的要求。因此，在普通四辊轧机上常采用轧辊原始凸度、控制轧辊的热凸度、控制压下量来

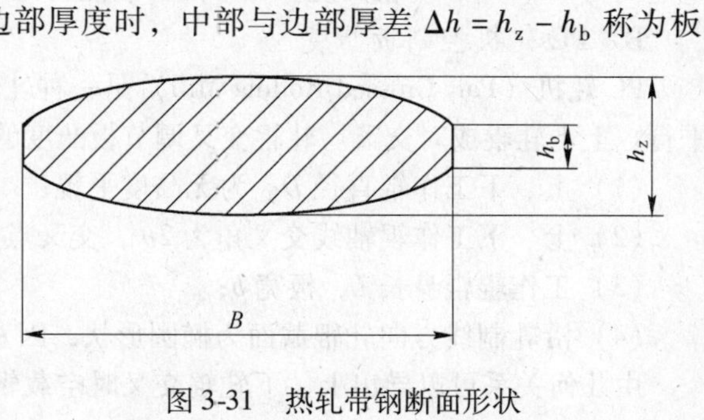

图3-31　热轧带钢断面形状

控制轧辊弹性变形等方法调整热轧带钢的板凸度，但这些方法不仅对板凸度的控制效果不理想，而且还影响轧机产量。近年来出现的CVC轧机和PC轧机，在控制热轧带钢板凸度方面取得良好效果。

A　CVC技术

CVC（Continously Variable Crown）技术，即轧辊连续可变凸度，其原理是：将工作辊加工成“S”形，即辊身一半磨削成凸型，另一半磨削成凹型，如图3-32所示，上下工作辊颠倒180°布置组成对称的辊缝形状，通过上下工作辊轴向对称的相对移动，达到改变辊缝形状，控制热轧带钢板凸度。

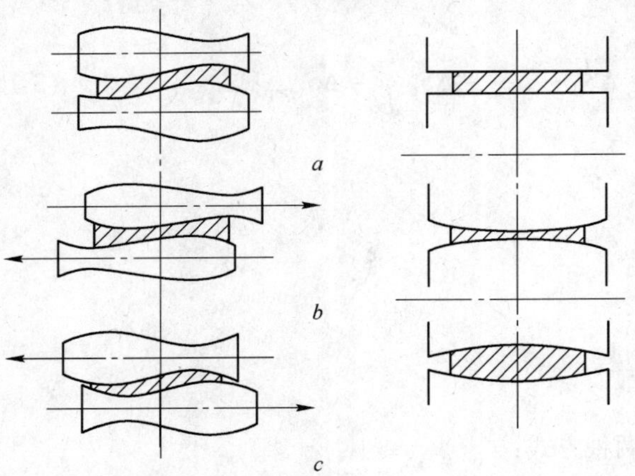

图3-32　CVC轧机控制原理

（1）当如图3-32a所示位置时，辊缝形状为“≈”，沿辊身长，辊缝形状处处相等，板凸度为零（未考虑轧辊弹性变形）；

（2）当如图3-32b所示位置时，在带钢中心处辊缝变小，板凸度小于零；

（3）当如图3-32c所示位置时，在带钢中心处辊缝变大，板凸度大于零。

工作辊轴向移动是无级的，因此，上下工作辊的凸度可连续控制，板凸度可连续控制。板凸度变化大小与工作辊直径差大小和工作辊轴向移动量大小有关。2050mm热带钢连轧机的CVC辊型最大凸度为0.5mm，工作辊轴向移动量为±100mm，可以调整板凸度范围达到400μm，再加上液压弯辊系统可调整板凸度150μm，两者叠加可达550μm。圆柱形轧辊和CVC辊形轧辊在相同情况下的比较如图3-33所示，显然板凸度采用CVC技术效果良好。

还应指出的是由于工作辊凸度是变化的，其差值为0.5mm之内，造成的圆周速度差在0.05%～0.2%范围内，没有增加支承辊重磨的磨削量；而工作辊与轧件之间的速度差远远小于轧件的前滑和后滑的滑动量（CVC轧辊圆周速度差在0.05%～0.2%范围内；CVC轧辊与轧件的线速度差仅0.076%，而变形区前滑为0.5%～5%，后滑为5%～40%），轧制状态与圆柱辊型无太大差异。

需要指出的是，轧辊的热凸度和轧辊的磨损都会对CVC轧型产生影响，当轧辊辊型磨损量达到0.2mm时，对板凸度和板形的控制能力失效；一般辊温控制在80℃以下。

B　PC轧机控制板凸度

PC轧机（Pair Crossed Rolling Mill）是一种轧辊成对交叉的轧机，其工作辊和支承辊保持平行，上下轧辊成对交叉。轧辊交叉调节板凸度的原理如图3-34所示，几何条件假设如下：

（1）上、下工作辊直径D_W为无凸度平辊；

（2）上、下工作辊轴线交叉角为2θ，交叉点处辊缝为S_0；

（3）工作辊辊身长L，板宽b；

（4）沿轧制线方向轧辊截面为椭圆形状，因θ角很小，简化为圆断面。

由几何关系可以导出上、下轧辊交叉时空载辊缝曲线方程为：

$$S_x = \sqrt{4x^2\tan^2\theta + (D_w + S_0)^2} - D_w \tag{3-12}$$

式中　S_x——横坐标x处的空载辊缝。

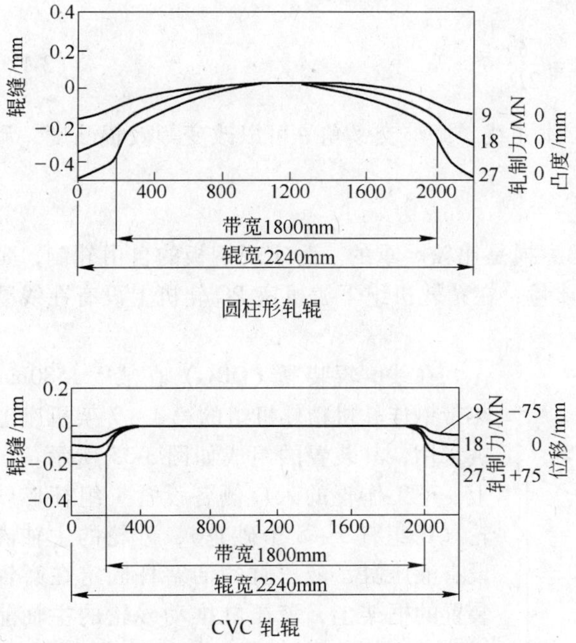

图 3-33　圆柱形和 CVC 形轧辊轧制板凸度比较

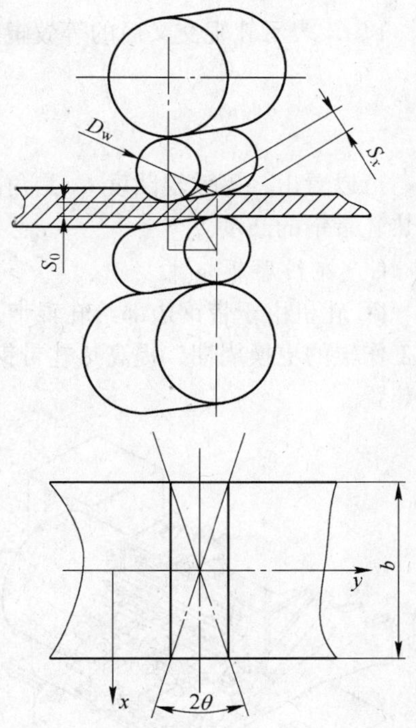

图 3-34　PC 轧机调节板凸度原理图

变换式 3-12 得：

$$D_w(S_x - S_0)\left(1 + \frac{S_x + S_0}{2D_w}\right) = 2x^2\tan^2\theta \tag{3-13}$$

由于 θ 角很小（$\theta = 0° \sim 1.5°$），可以简化为 $\tan\theta \approx \theta$；$D_w = \phi600 \sim \phi800$，则：

$$2D_w \gg (S_x + S_0)$$

$$\frac{S_x + S_0}{2D_w} \approx 0$$

所以式 3-13 可以简化为：

$$\Delta S_x = S_x - S_0 = \frac{2x^2\theta^2}{D_w} \tag{3-14}$$

当 $x = 0$ 时，$\Delta S_x = 0$；

当 $x = \frac{b}{2}$ 时，辊身边缘处与辊身中央辊缝差为：

$$\Delta S_b = \frac{b^2}{2D_w}\theta^2 \tag{3-15}$$

当 $x = \frac{L}{2}$ 时，辊身边缘处与辊身中央辊缝差为：

$$\Delta S_{\mathrm{L}} = \frac{L^2}{2D_{\mathrm{w}}}\theta^2 \tag{3-16}$$

以 C_{r} 表示轧辊交叉后的等效辊凸度，则：

$$C_{\mathrm{r}} = \frac{b^2}{2D_{\mathrm{w}}}\theta^2 \tag{3-17}$$

可以看出：等效辊凸度 C_{r} 是角度 θ 的二次曲线，调整交叉角 θ 可以改变等效辊凸度，调节热轧带钢的凸度。

C　在线磨辊技术

PC 轧机由于带钢边部给轧辊带来的局部磨损是比较严重的。为实现钢板的自由轧制，延长工作辊的更换周期，提高热轧带钢的表面质量，在精轧机组下游机座 PC 轧机上设有在线磨辊装置。

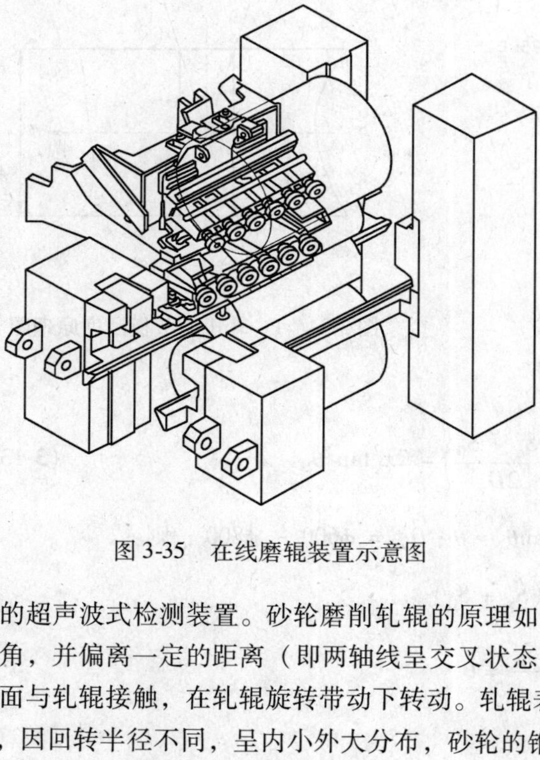

图 3-35　在线磨辊装置示意图

在线磨辊装置（ORG）在某厂 1580mm 热带钢连轧机精轧机组的第 4～7 架机座上被采用，其装置的组成如图 3-35 所示。在上、下工作辊的入口侧各设置 1 组杯形砂轮（每组有 5～8 个砂轮），砂轮的主轴内设有液压缸，液压缸的活塞杆固定在磨辊装置的框架上，液压缸推动砂轮的主轴前后移动，使砂轮压向工作辊或离开；固定砂轮的框架在液压缸的推动下，在托架滑道上横向移动；为适应轧辊直径的变化，砂轮可以做摆动调整，由油马达驱动螺旋升降机构，推动托架绕支承轴转动实现；为了消除磨削过程中因间隙存在产生振动，在杯形砂轮下面设有平衡液压缸用来消除机械间隙；在砂轮的空心轴内设有轧辊表面的超声波式检测装置。砂轮磨削轧辊的原理如图 3-36 所示，砂轮轴线与轧辊轴线有一定的倾角，并偏离一定的距离（即两轴线呈交叉状态）。如图 3-36*a* 所示，砂轮不传动，靠其杯形锥面与轧辊接触，在轧辊旋转带动下转动。轧辊表面线速度 v_{a}、杯形砂轮的锥面上各点线速度 v_{c}，因回转半径不同，呈内小外大分布，砂轮的锥面与轧辊各接触点的滑动速度为 v_{s}，三者为矢量关系，如图 3-36*b* 所示，即：

$$\boldsymbol{v}_{\mathrm{s}} = \boldsymbol{v}_{\mathrm{a}} - \boldsymbol{v}_{\mathrm{c}}$$

砂轮的锥形面与工作辊的接触为一曲线，上面的各点磨削速度的大小和方向各不相同，这种速度大小和方向不同达到交叉磨削的目的。也有的砂轮是主动的，可以提高磨辊速度，但必须对轧辊直径进行及时测量，否则易产生过磨削。

采用在线磨辊技术的作用是：

（1）防止氧化铁皮聚积发生。轧辊在轧制一定量的带钢以后，辊面上会生成一层“铁鳞”，这种氧化铁皮的聚积达到一定厚度会剥落，掉在轧制带钢的表面上，被压在带钢表层造成废品。采用在线磨辊对工作辊定期进行磨削，可以防止“铁鳞”聚积发生，提高产品

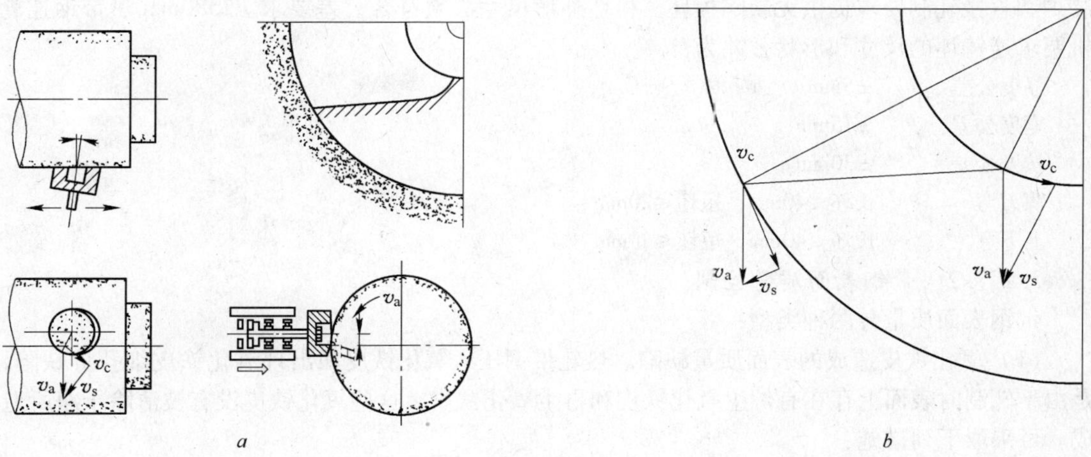

图 3-36 在线磨辊磨削原理图
a—杯形砂轮与轧辊的相对位置；*b*—杯形砂轮与轧辊间的磨削速度图：
v_a—轧辊速度；v_c—砂轮速度；v_s—滑动速度

质量。

(2) 延长换辊周期。经过在线磨辊，工作辊表面的局部磨损被清除，带钢表面轮廓形状得以改善，换辊周期延长，减少换辊次数，提高轧机产量。

(3) 实行宽度自由轧制。采用在线磨辊，可以缓和同宽度规格轧制卷数制约，也可以缓和宽度回缩轧制的制约，提高轧制宽度不同规格安排计划的自由度。

3.2.6.3 热轧带钢的板形控制

带钢的板形与轧制时沿宽度方向伸长率的分布有关。这种伸长率的分布又与沿辊缝压下率分布有关，而压下率沿辊缝的分布又直接由有载辊缝形状决定。因此，调节有载辊缝形状就可以控制板形。

热带钢连轧机精轧机组调节辊缝形状的方法如前所述：CVC 轧机可以用调节 CVC 轧辊的轴向位置调节辊缝形状；PC 轧机可以用调节轧辊的交叉角来凋节辊缝形状。因此 CVC 轧机和 PC 轧机既可以调节板凸度，同时又可以调节板形。

但是，热轧带钢 CVC 轧机轧辊位置的调节和 PC 轧机轧辊交叉角的调节都只是位置设定，只能空载调整。因此，CVC 轧机和 PC 轧机都设有工作辊弯辊装置，可在轧制过程中根据板形的不良状况，调节弯辊力来快速调整板形。同时热带钢连轧机精轧机组的出口侧设有激光板形仪，检测热轧带钢的板形偏差，并将这个板形偏差分配给精轧机组下游机座，组成板形闭环控制系统，控制各机座的液压弯辊，快速调节板形。

3.2.7 热轧带钢产品质量控制

热轧带钢的产品质量主要包括表面质量、几何形状精度质量和力学性能质量三大方面。

产品质量控制既是技术问题，又是管理问题。在采取科学的技术措施和管理措施的同时，还要强化全员质量意识。在全面质量管理的基础上，贯彻和实施 ISO 9000 系列标准，建立完善的质量管理体系，才能生产高质量的产品。

3.2.7.1 对板坯的质量要求

板坯的质量对热轧带钢的产品质量有直接的影响，板坯表面质量的缺陷必须除掉。对于热装炉和直接轧制要求提供无缺陷板坯。板坯外形尺寸必须符合公差要求。1580mm 热带钢连轧机要求连铸坯的尺寸和形状公差为：

厚度公差	±5mm
宽度公差	±15mm
长度公差	±30mm
镰刀弯	长坯≤40mm，短坯≤20mm
上下弯	长坯≤40mm，短坯≤20mm

3.2.7.2　带钢表面质量控制

带钢表面质量分两种类型：

（1）氧化铁皮造成的表面质量缺陷。热轧带钢压入氧化铁皮和出现氧化铁皮细孔等缺陷，是由于轧制时表面上存在有炉生氧化铁皮和再生氧化铁皮，这些氧化铁皮没有被清除干净所造成。可采取下列措施：

1）优化加热操作，改善炉生氧化铁皮状态。在加热炉内对氧化铁皮控制，一是希望生成量小；二是使生产的氧化铁皮疏松，以便去除。为此，对加热炉的优化操作要求控制好空气燃料比，保持弱氧化性气氛；要求在加热炉把板坯加热到所要求的温度，在均热段温度略微降低一点，尽量减少板坯在高温段的停留时间；要使用良好的自动化仪表，如炉气含氧分析仪等，以便控制加热过程中的氧化过程。

2）加强轧制线上的高压水除鳞，除净氧化铁皮。在轧制过程中不仅要求要除去炉生（一次）氧化铁皮，还要除去在粗轧、精轧过程中产生的二次、三次再生氧化铁皮。为此，轧制线上配备压力为 15MPa 的高压水除鳞系统，包括定宽压力机前除鳞箱、粗轧机组各机座的高压水集管、精轧机组前的除鳞箱和上游机座的高压水集管等。

高压水量的控制，要根据轧制的钢种和规格而定，既要保证冲掉氧化铁皮，又要控制水量不要太多。因为高压水量过多会造成板坯低温，生成的再生氧化铁皮致密，不易清除。

高压水喷嘴的导向角以 10°～15°为佳。要保持喷嘴畅通，防止因个别喷嘴堵塞而造成带状氧化铁皮缺陷。

3）改善精轧机组轧辊的使用状态，减少轧辊磨损以减少氧化铁皮细孔。轧辊因磨损变得粗糙时，再生氧化铁皮的细末在轧辊表面上黏结形成“铁鳞”，轧制时压到带钢表面上，形成散沙状氧化铁皮缺陷，在冷轧前的酸洗后，带钢表面上形成细孔，所以要按工艺要求的计划换辊，保证轧辊冷却，防止轧辊不正常磨损。

（2）表面压痕、凸块、划伤、边裂、边折等缺陷。

1）压痕和凸块：由轧辊黏着物、辊印、掉肉引起，也可以由夹送辊黏着物引起。

2）划伤：在轧制和精整辊道运输过程中，因辊道表面有尖锐物或辊道不转动造成刮伤、擦伤带钢。

3）边裂、边折：边部裂纹是由坯料的角裂、边裂、钢质 Mn/S 比不良、轧机侧导板机械擦伤引起的；边部折叠是由立辊严重磨损以及卷取机前导板夹得太紧引起的；另外板卷在板式运输链上立式运输也可使钢卷边部产生折窝。

3.2.7.3　几何形状精度质量

A　厚度精度

厚度精度控制主要是依靠液压 AGC 厚度控制系统，它可以使带钢全长厚度精度提高。另外，还必须完善厚度控制的数学模型，提高模型精度；向冷轧供料采用相对值方法锁定厚度，向精整加工供料采用绝对值方法锁定厚度；维护好液压 AGC 厚度控制系统，使其处于最佳稳定的工作状态；测厚仪故障时切除压力 AGC 厚控系统；完善精轧机组轧辊偏心补偿。某 1580mm 热带钢连轧机对厚度为 2.5mm 的薄带钢，厚度公差在 ±40μm 以内的达到 99% 以上；对厚度为 5mm 的带钢，厚度公差在 ±50μm 以内的达到 95% 以上。

B 宽度精度

宽度精度控制主要是采用立辊短行程控制和宽度 AWC 控制系统，包括对粗轧机组的水平辊机座前后立辊设置短行程控制，对板坯头尾的宽度形状补偿；采用 AWC 控制，提高整体长度上的宽度精度。有的轧机在精轧机组第一架水平辊机座前设置立辊，用宽度 AWC 精调宽度。另外还必须完善宽度控制的数学模型，提高模型精度；确保短行程控制功能，确保 AWC 系统正常投入运行；做好立辊机座的辊缝设定工作；改善精轧机组末架机座后的测宽仪的调零。某 1580mm 热带钢连轧机的宽度质量，对(2.5 ~4)mm ×(880 ~1180)mm 带钢宽度公差达到 0 ~6mm 的占 96% ~97%。

C 板凸度和板形精度

热轧带钢的板凸度和板形控制具有相同的调节手段，即采用 CVC 轧机和 PC 轧机，并设有强力型的液压弯曲工作辊。由于热轧薄带钢产量比例增加，而且供冷轧料密度增大，对板凸度和板形的要求越来越高。可采取下列措施提高板凸度和板形的精度：

（1）提高 CVC 轧机、PC 轧机及其在线磨辊的数学模型精度。对不同的钢种、不同规格最佳设定，并确定液压弯辊的负荷分配，获得最佳的板凸度和板形。

（2）加强轧辊磨削管理。严格按工艺要求磨辊，确保磨辊精度，建立检查验收制度。

（3）加强轧制计划管理。按最终用途、钢种、规格、凸度要求编排生产计划，制定 1 个支承辊更换周期内轧制限制条件，规定同宽度轧制的限制带长公里数。

（4）制定合理工艺操作规程、加强操作责任心。对板坯加热温度均匀要求把关；严格轧机换辊后零位调整精度；注意长时间故障停轧引起的辊温波动；及时与冷轧沟通信息，采取有针对性的措施。

某 1580mm 热带钢连轧机的板凸度在 ±20μm 的带钢达到 90%，同宽度带钢的板形达30 ~40I。

D 卷形质量

热轧板卷的卷形质量主要是保证卷紧、卷齐。其措施有：

（1）粗轧机组轧制要求没有明显的镰刀弯。

（2）轧制压下由厚度 AGC 控制时，操作工要注意人工干预单侧压下调整。

（3）加强卷取机操作者的责任心。发现镰刀弯要及时向上工序反馈信息，针对卷形问题及时修正侧导板、送料辊、助卷辊、卷筒的设定参数。

3.2.7.4 力学性能质量

热轧带钢力学性能的控制，主要是通过终轧温度和卷取温度控制。

A 终轧温度控制

热轧带钢的终轧温度与产品的金相组织和力学性能有密切的关系，特别是低合金钢对终轧温度的要求更为严格，而且终轧温度的变化对层流冷却系统是一个干扰量，又直接影响着卷取温度的控制。控制终轧温度的方法一个是对板坯的加热温度、精轧坯的温度要有一定的要求；另一个是对精轧机组升速轧制加速度和工艺冷却进行控制。

（1）带钢头部温度控制：采用精轧机组合适的穿带速度，在这个速度下带钢头部刚好达到要求终轧温度。

（2）采用功率加速度轧制时，为提高产量，轧制速度不受终轧温度限制，抑制轧件的温升，自动控制精轧机组机座间有喷水冷却，可获得沿带钢长度恒定的终轧温度。

(3) 对带钢尾部终轧温度控制，采用温度加速度轧制，消除在中间辊道上尾部辐射时间长而低于头部温度带来的终轧温度差。

B　卷取温度控制

卷取温度对热轧带钢的力学性能有直接影响，通常是通过层流冷却系统调节冷却水流量来控制。

(1) 根据不同钢种、不同规格调试好层流冷却系统的数学模型，保证卷取温度的精度要求。

(2) 工艺上摸清带钢卷取温度及其波动值、带钢的冷却时间和冷却速度对带钢力学性能的影响，提高层流冷却数学模型控制精度和冷却效果。

(3) 严格按照轧后工艺冷却的工艺规范操作，不允许因单独追求产量而随便改变冷却计划的事情发生。

(4) 对层流冷却系统故障及时处理，如主冷却区允许故障阀4个，精冷区允许故障阀1个，侧喷允许故障阀2个。

某1580mm热带钢连轧机的卷取温度公差在±20℃范围内的占95%。

热轧带钢的产品质量控制应根据各企业的工艺和设备条件进行科学的总结，不断的提高管理水平，向用户提供高质量的热轧带卷。

3.3　热轧带钢轧机的基本形式

3.3.1　传统热带钢连轧机的形式

传统热带钢连轧机主要是由粗轧机组、精轧机组和精整机组组成，完成热轧带钢生产工艺过程中的粗轧、精轧和精整（主要是平整和剪切）工序。各种形式传统热带钢连轧机的精轧机组和精整机组基本上是相同的，区别在于粗轧机组。根据粗轧机组布置形式和工作制度的不同，传统热带钢连轧机可以分为半连续式、全连续式和3/4连续式。传统热带钢连轧机粗轧机组布置形式如图3-37所示。

3.3.1.1　半连续式热带钢轧机

半连续式热带钢轧机粗轧机组由两架水平辊机座组成，又分为一架不可逆式和一架可逆式或两架可逆式机座两种形式，通常前一架为二辊机座，后一架为四辊机座。以前用一架可逆式机座的形式生产成卷带钢；两架可逆式机座的形式则既用于生产带钢，又用于生产中厚板，在后面设有中厚板精整线，称为复合半连续式热带钢轧机。现在，由于复合半连续式热带钢轧机的设备作业率低而不再建造。

半连续式热带钢轧机的特点是：

(1) 由于粗轧机组设有1~2架可逆式机座，因此可以灵活的改变轧制道次和压下量，能适应多品种规格、小批量的产品定货；

(2) 粗轧机组的轧制周期一般比精轧机组长，因此产量比其他形式的热带钢连轧机低，一般在150~300万t/a；

(3) 生产线短，设备少，投资小。

半连续式热带钢轧机设备布置如图3-38所示。

3.3.1.2　全连续式热带钢轧机

全连续式热带钢轧机的粗轧机组是由若干架机座按串列式布置而成的。机组第一架为二辊

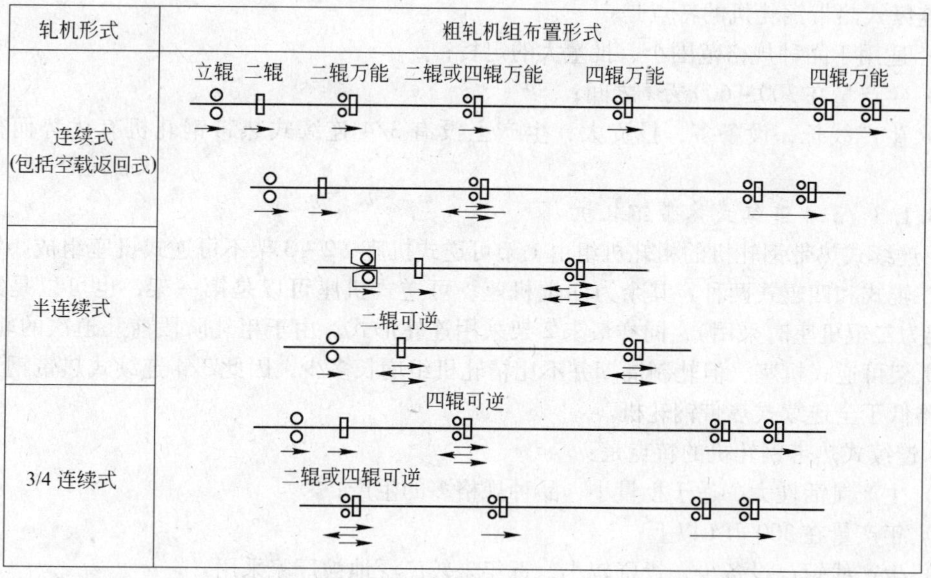

图 3-37 传统热带钢连轧机粗轧机组布置形式

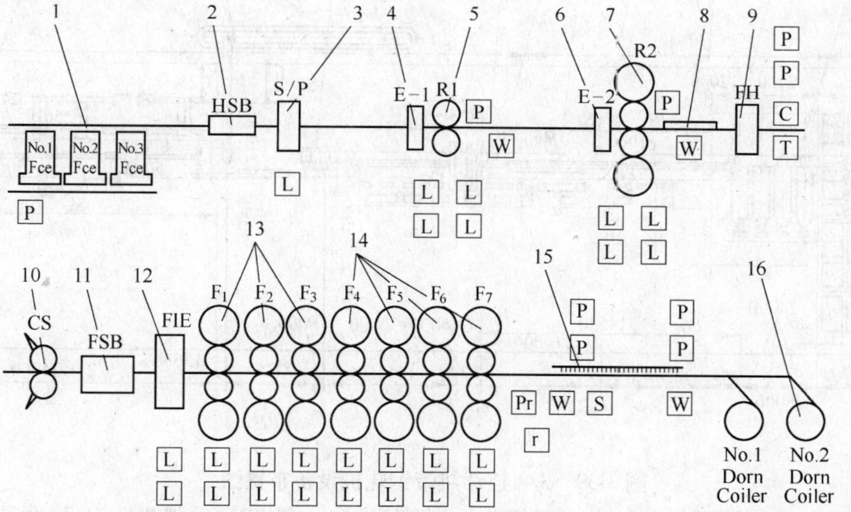

W — 测宽仪；Pr — 凸度仪；S — 平直度仪；C — 切头形状检测仪；
L — 轧制力；P — 高温计；T — 扫描温度计；r — γ 厚度仪

图 3-38 1580mm 半连续式热带钢轧机设备布置图

1—步进式加热炉；2—除鳞箱；3—定宽压力机；4，12—立辊；5—二辊机座；6—立辊；7，13—四辊机座；8—保温罩；9—边部加热器；10—异周速辊筒式切头飞剪；11—二次除鳞箱；14—PC 轧机；15—层流冷却；16—热卷取机

式机座，其余为四辊式机座，全部机座均为不可逆式，在每个机座上只轧 1 个道次。有的轧机在第一架或第二架机座设计成空载返回式，在粗轧机组其他机座发生故障时使用，满足轧制道次的需要。在粗轧机组的最后 2~3 架机座，采用近距离布置实现连轧，不仅缩短了轧线长度，而且可以减少轧件的温度降。

全连续式热带钢轧机的特点是：

(1) 适用于品种规格范围小、批量大的定货；

(2) 年产量在 300 ~ 600 万 t 之间；

(3) 生产线长，设备多，投资大，生产上没有 3/4 连续式热带钢轧机有优势而很少建造。

3.3.1.3　3/4 连续式热带钢轧机

3/4 连续式热带钢轧机的粗轧机组由 1 架可逆式机座、2 ~ 3 架不可逆式机座组成，第一架机座有二辊式和四辊式两种，其余为四辊机座。可逆式机座可以是第一架，也可以是第二架（第一架为二辊机座时采用），同样最末 2 架采用连轧形式。由于粗轧阶段前几道次的轧件短，虽然有 1 架可逆式机座，但轧制周期并不比精轧机组增长多少，因此 3/4 连续式热带钢连轧机的产量略低于全连续式热带钢轧机。

3/4 连续式热带钢轧机的特点是：

(1) 生产灵活性大，适于批量小、品种规格多的生产；

(2) 年产量在 300 万 t 以上；

(3) 生产线短，设备少，投资较小，近年来较广泛地被厂家采用。

2050mm 3/4 连续热带钢轧机设备布置图如图 3-39 所示。

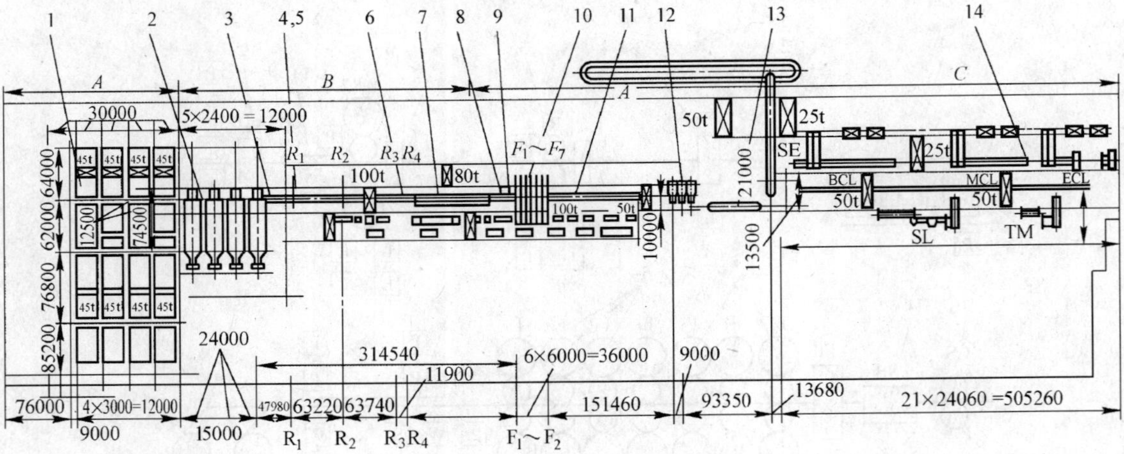

图 3-39　3/4 连续热带钢轧机设备布置图

1—保温坑；2—步进式加热炉；3—除鳞箱；4—立辊机座；5—二辊机座；6—四辊机座；7—保温罩；8—切头飞剪；9—二次除鳞箱；10—CVC 轧机；11—层流冷却；12—热卷取机；13—链式输送机；14—横切机组

传统热带钢轧机，半连续式粗轧机组的生产能力低于精轧机组的生产能力，全连续式粗轧机组的生产能力高于精轧机组的生产能力。由文献［34］可以看出，3/4 连续式热带钢轧机粗轧机组的生产能力随板坯的单位重量增加而增大，如图 3-40 所示。当板坯单重小于 10t/m 时，3/4 连续式热带钢轧机的粗轧机组生产能力低于精轧机组的生产能力；板坯单重超过15t/m时，则粗轧机组生产能力高于精轧机组。从粗轧阶段的温度降看，3/4 连续式热带钢轧机粗轧机组比全连续式的生产周期长 18s，温降多 5℃，即全连续式的粗轧机组供给精轧坯温度为 1055℃，3/4 连续式为 1050℃，供坯温度基本相同。因此，当板坯单重在 10t/m 以下时，采用全连续式热带钢轧机；板坯单重大于 15t/m 时，则采用 3/4 连续式热带钢轧机。

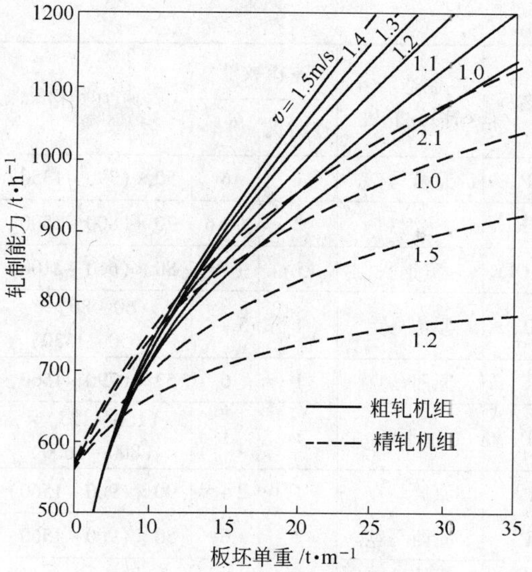

图 3-40　3/4 连续式热带钢轧机粗、精轧机组生产能力与板坯单重关系

3.3.2　薄板坯连铸连轧技术

随着 1989 年 7 月美国纽柯公司克拉福茨维莱钢厂建成世界上第一套 CSP 薄板坯连铸连轧生产线投产以来，薄板坯连铸连轧技术迅猛发展，到 20 世纪末在全世界已有 26 套薄板坯连铸连轧机生产线（见表 3-7）。目前，这项新技术尚在研究开发中，需要不断改进。

表 3-7　20 世纪末薄板连铸连轧机情况表

序号	国家	厂名	工艺名称	制造厂 连铸/轧机	主机数量		板坯规格	年产量 /万 t·a⁻¹	产品最小厚度 /mm	投产时间	备注
					连铸机	机架					
1	美国	纽柯·克劳福兹维尔	CSP	原西马克	2	5	50×(900~1350)	180	1.6	1989	
2		纽柯·希克曼	CSP	原西马克	2	6	50×(1220~1560)	200	1.5	1995	
3		加拉廷	CSP	原西马克	1	5	50×(1000~1560)	100	2.1	1995	
4		第那米克	CSP	原西马克	1	6	(40~70)×(990~1560)	120	1.2	1996	
5		阿克密	CSP	原西马克	1	7	50×(900~1560)	100	1.25	1996	
6		纽柯·伯克利	CSP	原西马克	1	6	50×(1220~1680)	150	1.45	1997	轧机是原有轧机
7		阿姆柯	CONROLL	奥钢联	1	(6)	(76~127)×(635~1270)	70 (110)	1.78	1995	
8		吹　柯		住友/三菱	2	2+5	(70~90)×(914~1650)	200	1.0	1996	
9		北极星		住友/达涅利	1	2+6	(80~100)×(900~1500)	135	1.0	1996	
10		依斯柯		原德马克	1	4	152×(1220~3050)	90	2.3	1996	
11		华特克拉斯	TSP	梯平斯	1	2	125×(800~1600)	100	1.0	1996	

续表 3-7

序号	国家	厂名	工艺名称	制造厂 连铸/轧机	主机数量		板坯规格	年产量 /万t·a⁻¹	产品最小厚度 /mm	投产时间	备注
					连铸机	机架					
12	墨西哥	希尔萨	CSP	原西马克	1	6	50×(790~1350)	90	1.2	1994	原有炉卷轧机
13	加拿大	阿尔戈马	FTSR	达涅利	2	1+6	70×(800~1500)	220	1.0	1997	
14	瑞典	阿维斯塔	CONROLL	奥钢联	(1)	(1)	80×(660~2100)	25	2.0	1988	
15	意大利	阿尔维迪	ISP	原德马克	1	3+4	(60~80)×(650~1330)	50	1.7	1991	
16	西班牙	毕尔巴鄂	CSP	原西马克	1	6	53×(790~1560)	91	1.3	1996	
17	捷克	新哥特瓦尔德	TSP	梯平斯	1	1	(100~125)×(800~1600)	100	1.5	1998	
18	南非	萨塔尼亚	ISP	原德马克	1	2+5	90×(900~1560)	125	1.0	1990	
19	韩国	韩宝、牙山湾	CSP	原西马克	2	6	50×(900~1560)	200	1.5	1995	
20	韩国	浦项、光阳	ISP	原德马克/三菱	2	2+5	60×(900~1350)	180	1.0	1996	
21	印度	日-德罗伊斯帕特	CSP	原西马克	1	6	50×(900~1560)	120	1.2	1996	
22	泰国	纳柯恩泰	CSP	原西马克	1	6	(45~70)×(1220~1600)	120	1.0	1997	
23	中国	珠江	CSP	原西马克	1	6	50×(1000~1300)	80	1.0	1998	
24	中国	邯郸	CSP	原西马克	1	1+5(6)	70×(980~1680)	100	1.2 (1.0)	1998	
25	中国	包头	CSP	原西马克	2	6	(50~70)×(900~1560)	200	1.2	1998	
26	马来西亚	联合轧辊公司克兰厂	CSP	原西马克	2	6	50×(90~1560)	200	1.2	1998	

3.3.2.1 *薄板坯连铸连轧技术形式*

在诸多的薄板坯连铸连轧技术形式中，主要介绍几种比较典型的：

（1）CSP 技术。CSP 技术也称为紧凑式热带钢生产工艺，是由德国原施罗曼·西马克公司开发的。其设备组成如图 3-41*a* 所示，主要包括薄板坯连铸机、加热炉、热连轧机、层流冷却和地下卷取机等，这种工艺具有流程短，生产简便稳定，产品质量好，成本低等特点。在此基础上又开发出带有粗轧机的 CSP 生产线，如图 3-41*b* 所示；半无头轧制的 CSP 生产设备方案，如图 3-41*c* 所示，可以生产更薄的带材，并可以实现奥氏体轧制和铁素体轧制。在美国纽柯公司的第一条生产线投产以来，到 1996 年底，有 16 套定单。

（2）ISP 技术。ISP 技术即在线热带生产技术，其设备组成如图 3-42 所示。主要设备包括薄板坯连轧机、大压下量粗轧机、剪切机、感应加热炉、克日莫纳炉、精轧机组、层流冷却、地下卷取机等。其最大特点是双线供坯，靠克日莫纳炉实现生产缓冲。克日莫纳炉内有 2 台卷取机，在用气体加热的同时将长坯卷成坯卷，送给精轧机组。炉内可提供 9min 的时间缓冲生产节奏。该生产线不设均热炉，设备布置紧凑，总长只有 180m，投资小。但克日莫纳炉维修困难。

（3）FTSRQ 技术。FTSRQ 技术称为高质量产品灵活性生产的薄板坯轧制技术，其生产设备布置如图 3-43 所示。主要包括薄板坯连铸机、旋转式除鳞机、隧道式加热炉、二次除鳞机、

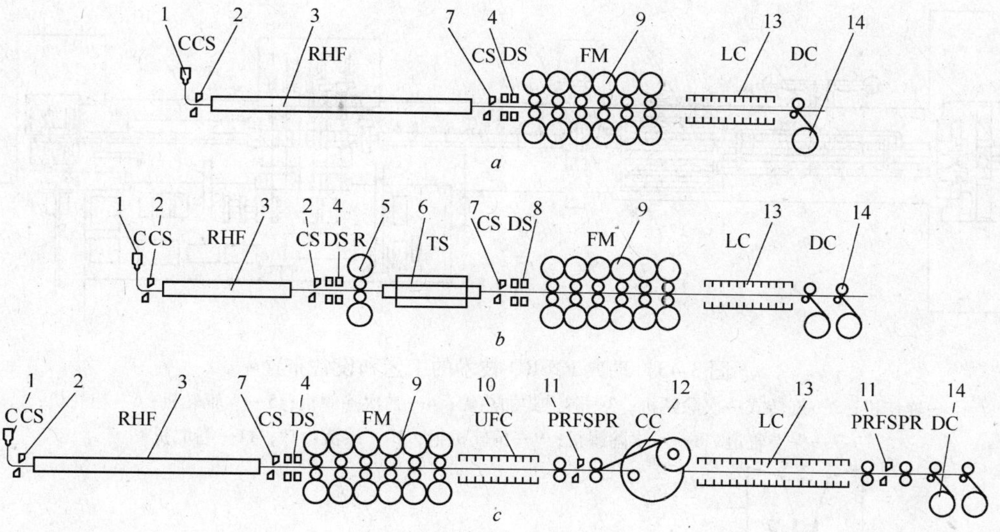

图 3-41 几种薄板坯连铸连轧技术方案

1—薄板坯连铸机；2—铸坯剪；3—辊底式加热炉；4—除鳞箱；5—不可逆式粗轧机；6—保温罩；7—切头飞剪；8—二次除鳞箱；9—精轧机；10—快速冷却；11—分切飞剪；12—近距离双卷筒卷取机；13—层流冷却；14—地下卷取机

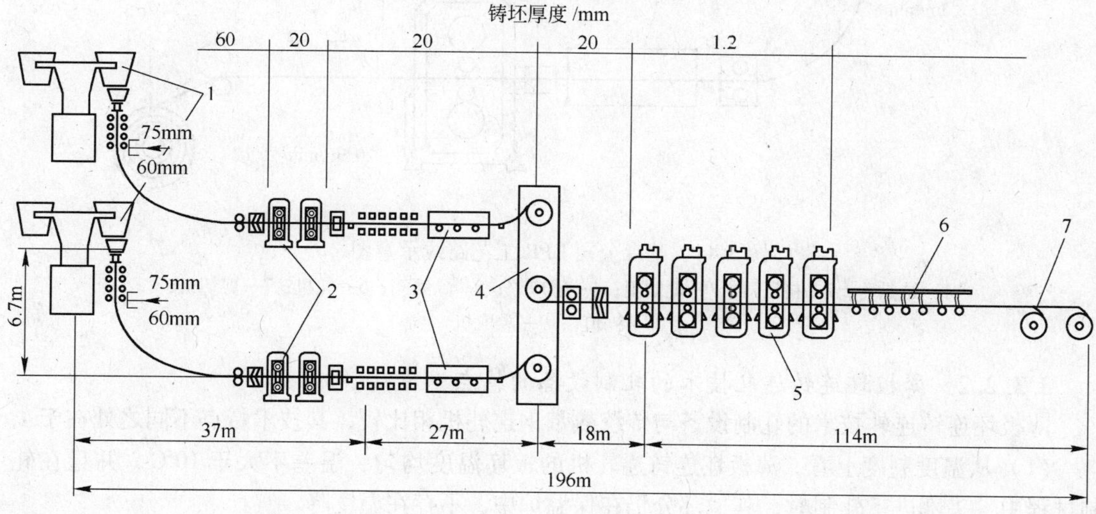

图 3-42 ISP 短流程生产线

1—ISP 连铸机；2—大压下量粗轧机；3—感应加热炉；4—克日莫纳炉；5—精轧机组；6—层流冷却；7—地下卷取机

立辊轧机、粗轧机、保温辊道、三次除鳞机、精轧机组、输出辊道和冷却、地下卷取机等。其最大特点是生产线上有 3 套旋转式除鳞机，可进行三次除鳞，从而保证表面质量。这种薄板坯连铸连轧机是由意大利达涅利公司开发的。

（4）CPR 工艺。CPR 工艺即铸轧工艺，由德国原施罗曼 · 西马克公司、蒂森公司和法国尤西诺尔、沙西洛尔公司共同开发，其工艺原理如图 3-44 所示。其特点是把铸、压、轧三种工艺紧密有效地结合起来，实现了真正的短流程，用于生产厚度小于 25mm 的低合金钢和普碳钢热轧带钢。

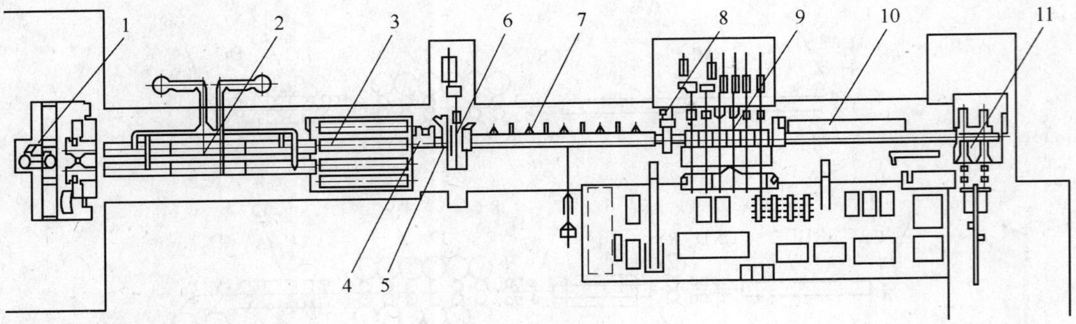

图 3-43　瑞典 FTSRQ 技术的工艺和设备布置

1—连铸机；2—旋转式一次除鳞机；3—隧道式加热炉；4—二次除鳞机；5—立辊轧机；6—粗轧机；7—保温辊道；8—三次除鳞机；9—精轧机组；10—层流冷却；11—卷取机

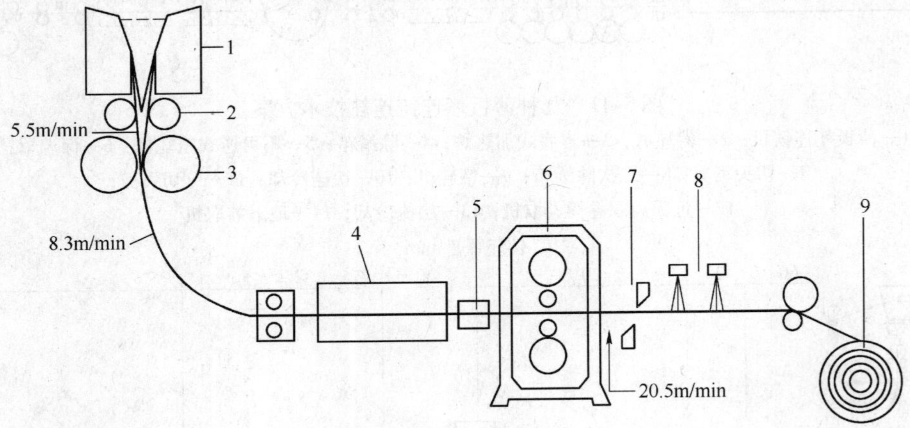

图 3-44　蒂森公司 CPR 工艺路线示意图

1—结晶器；2—挤压器；3—轧制辊；4—感应炉；5—除鳞箱；6—轧机；7—剪切机；8—冷却区；9—卷取机

3.3.2.2　薄板坯连铸连轧技术的轧制设备的特点

薄板坯连铸连轧技术的轧制设备与传统热带钢连轧机相比较，其技术特点不同之处在于：

（1）从温度制度上看，薄板坯连铸连轧机的板坯温度均匀，温差不大于 10℃，并且在轧制过程中，头部进行轧制时，其他部分仍在保温炉中，不存在温度降。

（2）从速度制度看，传统热带钢连轧机都需要升速轧制，薄板坯连铸连轧机，由于轧机能力远大于连铸机的生产能力，即使是用 2 台连铸机供坯，轧机的生产能力也是有富裕的，因此没有必要升速轧制。

（3）从变形制度看，薄板坯连铸连轧机中连轧机每架机座的压下率比传统热带钢连轧机高，轧机负荷大，虽然不采用升速轧制使轧机的负荷有所减少，但设计时还需要注意在连轧机的后几架机座上采用较小的轧辊直径。

（4）由于薄板坯连铸连轧机的板坯表面的氧化铁皮薄而黏，很难除掉，因此高压水除鳞系统水压高达 35MPa，远大于传统热带钢连轧机高压水除鳞系统的压力。为了提高除鳞效果，又出现了旋转式除鳞机，其原理如图 3-45 所示。系统主要由 2 对转臂组成，1 对用于薄板坯的上表面，1 对用于下表面。在转臂的端头装有 1 个扁喷嘴，喷淋水的宽度与转臂的旋转速度配合，形成环行除鳞路径，覆盖板坯表面。

薄板坯连铸连轧机与传统热带钢连轧机在技术装备上的相同之处是：

（1）在板厚控制上同样采用液压 AGC 厚度控制系统，用短行程液压缸压下，提高响应速度；

（2）在板形控制方面，将传统热带钢连轧机的板形控制技术完全移植运用到薄板坯连铸连轧机组上；

（3）在宽度控制上也与传统热带钢连轧机相同，运用短行程控制技术、AWC 技术进行宽度自动控制；

（4）同样采用大立辊或定宽压力机进行在线调宽。

3.3.2.3 薄板坯连铸连轧技术的发展动向

薄板坯连铸连轧技术仍在不断完善过程中，它的新的发展动向是：

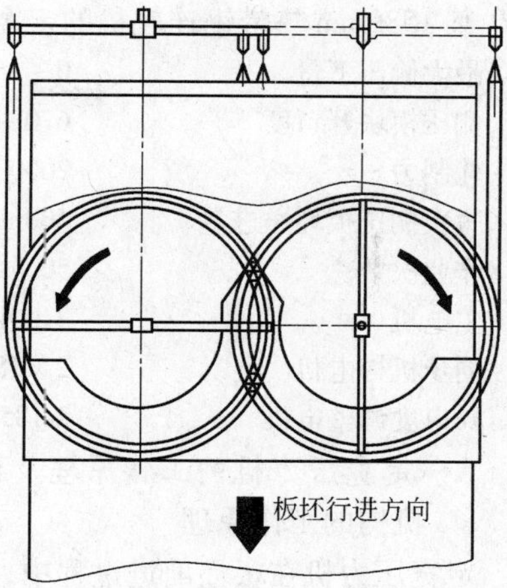

图 3-45 旋转式除鳞机喷淋水的轨迹

（1）增大连铸坯的厚度。CSP 技术已经由 50mm 增至 70mm，ISP 技术已由 60mm 增至 90～100mm，CONROLL 技术（有 1 台可逆式粗轧机）的连铸坯厚度已经达 75～125mm。连铸坯厚度增加，有利于夹杂物在结晶器中上浮和采用平行直面结晶器；热轧增大压缩比，可提高产品质量，使连铸连轧机的产品进入高档产品；同时，可以加大水口直径，延长水口使用寿命和提高连浇炉次数，提高连铸机的生产能力。

（2）提高拉坯速度。为提高薄板坯连铸连轧机的生产能力，增加连铸流数由于受到与连轧机匹配连接所限，最多只能 2 流，而 2 流的产量只能是单流产量的 1.8 倍，连铸坯宽度是由市场需求和产品大纲决定的，因此，提高连铸机的生产能力只能通过增大坯厚和拉坯速度来实现。目前，拉坯设计速度达到 7.5～8m/min，能保证拉坯速度达到 6～6.5m/min。

（3）铸轧。连铸机实行液芯状态下的铸轧或软压下，压下量一般为 10～20mm。压下量越大，连铸机的产量下降越多，但对破碎柱状晶粒及减少轧机压下量很有好处。

（4）增加轧机的机座数量。连铸坯的厚度增加，要求生产的带钢厚度减薄，必然要增加连轧机的机座数量。CSP 已将连轧机组机座数量由 4 架增至 6 架（个别有 7 架，如美国阿克密厂）；ISP 的精轧机组机座数量由 4 架增至 5 架（前面还有 2 架粗轧机）。可见所有新建的薄板坯连铸连轧生产线，轧机的机座数量均已达到 7 架，接近同类型的传统热带钢连轧机的机座数量。

（5）轧机电机容量增大。由于追求高产量和轧制更薄带钢，薄板坯连铸连轧机末架机座的最高速度已由原来 6～8m/s 增至 10.8～12m/s；铸坯的平均宽度，CSP 达到 1500mm，ISP 达到 1310mm；而且由恒速轧制改为小升速轧制，电机容量 ISP 由原来阿维迪的 21500kW 增至萨尔达尼亚的 62000kW。

目前，薄板坯连铸连轧机单流最高产量：CSP 达到 135 万 t/a，ISP 达到 125 万 t/a；生产线最长达到 363m（ISP）；有的为轧制薄热带钢还设置 1 台近距离卷取机（半无头轧制 CSP）。

3.4 热带钢连轧机的工作机座

无论是传统热带钢连轧机，还是薄板坯连铸连轧机，其轧制线上的粗轧机组和精轧机组的各个工作机座的机型和结构基本是相同的。本节对各个工作机座的典型机型分别作介绍。

3.4.1 粗轧机组的工作机座

粗轧机组的轧制设备主要有定宽压力机、立辊机座、二辊机座和四辊机座。

3.4.1.1　定宽压力机

某 1580mm 热带钢连轧机的定宽压力机的主要参数如下：

最大侧压下量	0 ~ 350mm
侧压模块开口度	670 ~ 1580mm
轧制力	20000kN
每次侧压板坯送进量	400mm
作业次数	50 次/min
主电机	3400kW，0/550r/m
同步机构电机	2 × 185kW，0/435r/m
开口度调整电机	2-185/375kW，435/870r/m

A　定宽压力机的工作原理及结构

a　机构的工作原理

定宽压力机在板坯前进过程中，用侧压模块连续地进行大侧压量的调宽，其运动由三个主要机构完成。机构的工作原理如图 3-46 所示。

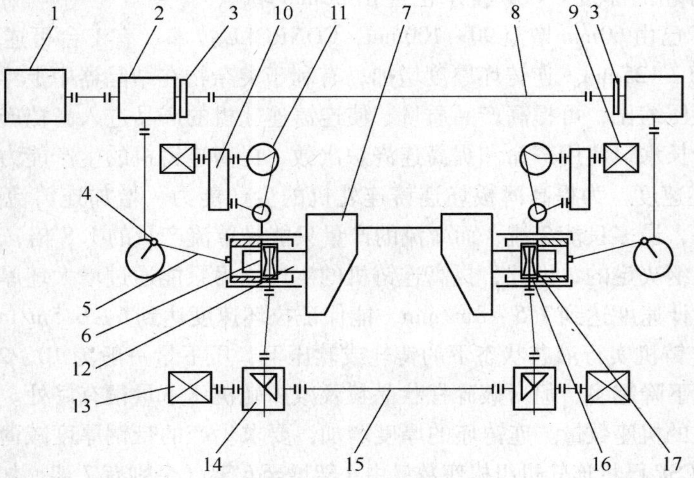

图 3-46　定宽压力机机构组成的传动原理

1—主传动交流电动机；2—主传动减速器；3—飞轮；4—主偏心轴；5—臼头连杆；6—侧压框架；7—侧压模块；8—主传动同步轴；9—同步机构电机；10—增速机；11—大、小同步偏心轴及连杆；12—同步框架；13—调宽机构电机；14—伞齿轮箱；15—调宽机构同步轴；16—调宽蜗杆；17—带螺母的蜗轮和螺杆

(1) 侧压机构。侧压机构是由 2 个曲柄滑块机构组成的。1 个侧压主传动交流电动机通过 2 个主减速器分别传动主偏心轴、臼头连杆、推动侧压框架和侧压模块，对板坯进行侧压。

(2) 同步机构。侧压模块的侧压是在板坯前进中进行的。因此要求侧压时，侧压模块与板坯同步。同步运动由同步电机、增速机带动大小同步偏心轴，由大小同步偏心轴的复合运动推动同步框架，使侧压模块在侧压时与板坯同步，并在侧压结束时将侧压模块拉回复位。左、右侧的同步机构靠电器连锁做同步运动。

(3) 宽度调整机构。改变板坯宽度时，侧压模块的开口度需要调整。调整电机采用 2 台，经伞齿轮箱、传动蜗杆、带螺母的蜗轮和螺杆机构，通过螺杆推动侧压框架的外层框架，调整侧压模块的开口度。调整侧压模块的开口度时，主偏心轴处于前死点位置，要按板坯要求的宽度尺寸调节侧压模块的最小开口度。

此外，还有板坯上下压紧辊，以防止板坯在侧压时产生起拱弯曲；入、出口测量辊，测量板坯入、出口速度以及实现对板坯的夹送。

b 主要部件的结构

下面对上述三个机构最主要的部件作介绍。

（1）侧压主传动。侧压主传动系统有三级齿轮减速，如图 3-47 所示，第一级为螺旋伞齿轮，第二、三级为斜齿轮，目的是在冲击性重载下传动平稳。为减小电动机在冲击性侧压轧制力作用下电流冲击，在连接减速器同步高速轴上装有左、右 2 个飞轮。由于用 1 台电机传动，要使靠近电机侧的飞轮厚度较小，以使两侧各自的总飞轮矩（GD^2）相等。末级减速的输出轴与主偏心轴之间设有液压安全接手，实现过载保护。

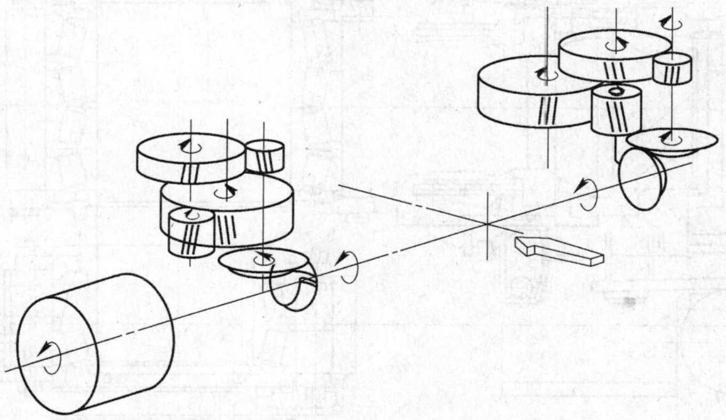

图 3-47 侧压主传动简图

（2）主偏心轴部件。主偏心轴是定宽压力机最关键的部件，如图 3-48 所示，由主偏心轴、轴承、上下轴承座、臼头连杆和臼垫等组成。主偏心轴的偏心量为 100mm，其传动由上部传动机构经液压安全接手驱动；上下轴承座固定在机架上，由圆锥滚子轴承支撑主偏心轴；臼头连杆则由 4 列圆锥滚子轴承固定在偏心轴上；臼头前的臼垫为剖分式，承受全部侧压轧制力；平衡框架由圆弧形支撑块和支撑板支撑，圆弧形支撑块和支撑板均为剖分式，圆弧支撑板由销子固定在臼头顶部，臼头上有 4 只蝶形弹簧平衡。

（3）侧压框架。侧压框架分为两层，如图 3-49 所示。其中侧压外层框架前端通过螺杆固定侧压模块。侧压外层框架内有一个小的侧压内层框架，侧压内层框架一端为半球形，由臼头垫与臼头连成铰链；侧压内层框架上安装有带内螺纹（螺母）的蜗轮，螺杆与外层框架固定，转动蜗轮可以推动侧压外层框架前进或后退，调整侧压模块的开口度。侧压内外层框架之间设有衬板集中润滑。调整好侧压模块开口度后，侧压内、外层框架、螺母和螺杆靠液压平衡无间隙地连接在一起，随臼头一起动作，组成侧压框架。侧压框架由 4 个安装在同步框架上的轮子作垂直方向上的支撑，由 4 个安装在同步框架上的导向轮作水平方向上定位。侧压框架上有导板。螺杆的前端为球面，与侧压模块连接以改善压力传递。

（4）同步框架和同步机构。同步框架靠 4 个轮子挂在定宽压力机的机架上部，在板坯前进方向上的运动靠 4 个导向轮导向，导向滑板固定在机架上，如图 3-49 所示。侧压框架的 4 个支撑轮和 4 个导向轮也都固定在同步框架上。这样单侧的同步框架上就有 16 个轮子装在上面，所以同步框架的作用是非常突出的。同步机构的作用是驱动同步框架，使侧压框架产生与板坯同步的运动，并且在侧压完成后退回原位。同步机构由电动机、增速机、大小同步偏心轴

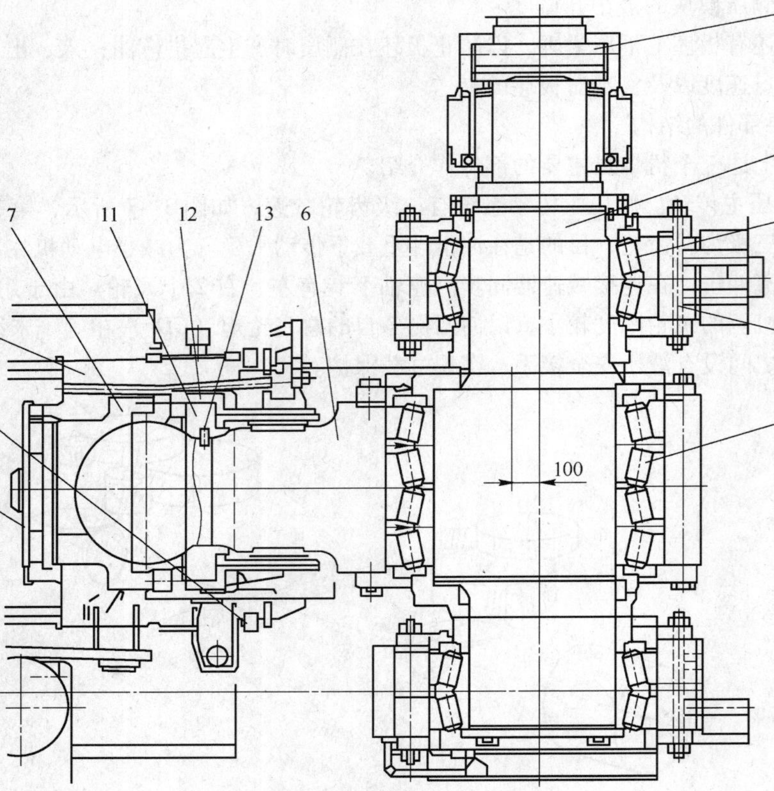

图 3-48　主偏心轴部件结构图

1—液压安全接手；2—主偏心轴；3—双列圆锥滚子轴承；4—轴承座；5—4 列圆锥滚子轴承；
6—臼头连杆；7—臼头垫；8—平衡框架；9—蝶形弹簧；10—侧压内层框架；11—圆弧形支撑块；
12—支撑板；13—销子

和摆动连杆组成。小同步偏心轴的轴承座用于紧螺栓与同步框架联结，如图 3-49 所示。大小偏心轴由连杆联结。大同步轴两端有固定支撑，用齿形联轴器与传动轴相连；大小同步偏心轴为浮动式，故用十字万向接轴传动。小同步偏心轴的转速是大同步偏心轴转速的 2 倍，由大小同步偏心轴的复合运动合成速度，满足侧压模块与板坯接触侧压时的同步要求。左右两侧的同步机构由电气连锁同步，正常情况下偏差标准范围在 ± 10mm 内。

（5）宽度调整装置。主偏心轴的偏心量为 100mm，由主偏心轴决定的侧压模块开口度变化的范围为 400mm。这只能用于板坯侧向压下，对于不同宽度板坯则必须调整宽度调整装置，其传动机构由调宽机构电动机、伞齿轮、同步轴组成，执行机构为侧压框架的内外层框架间的蜗杆、带内螺纹的蜗轮和螺杆，蜗杆与万向接轴由滑键连接。

B　定宽轧制原理

a　侧向轧制

侧压模块对板坯的侧压是斜面和平面的组合，如图 3-50 所示。在前一个侧压动作结束后，新的侧压阶段首先是侧压模块上的斜面与板坯斜面接触，继而斜面和平行面同时侧压。图中实线部分表示前一个侧压结束位置，达到要求宽度时，侧压模块和板坯位置的关系。点划线表示本次侧压开始时侧压模块位置，在这两个位置的时间间隔内，板坯上的①点移到②点，③点移到④点，即辊道对板坯的搬送量为 S_2，本次侧压开始到侧压结束，这段时间内侧模块与板坯同步前进量为 S_1，则：

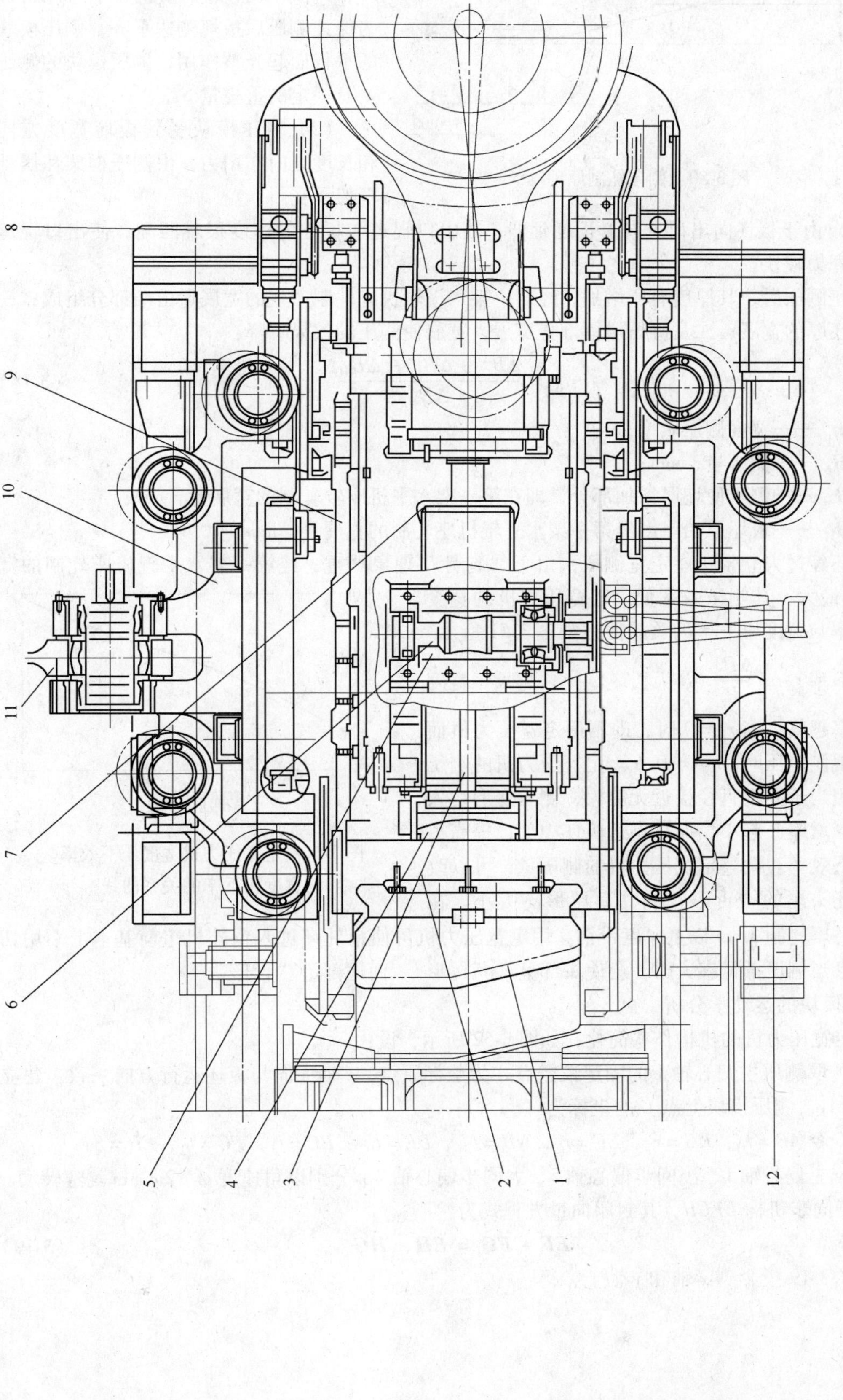

图 3-49　同步框架、侧压框架和宽度调整装置

1—侧压模块;2—侧压外层框架;3—螺杆;4—球面垫;5—带螺母蜗轮;6—蜗杆;7—侧压内层框架;
8—臼头连杆;9—滑板;10—同步框架;11—同步连杆;12—导向轮

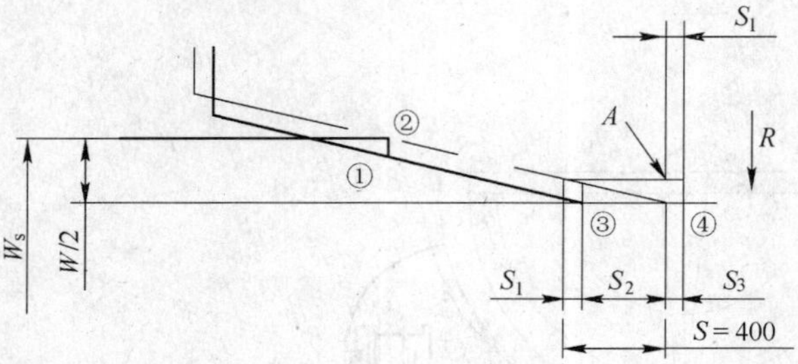

图 3-50　侧向轧制原理

（1）每个侧压周期内板坯的总搬运量 $S = S_1 + S_2$ 为定值（400mm），但 S_1、S_2 却随着侧压量的不同而变化。为保证侧压后板坯侧边平齐，侧压模块的平行面起光整作用，侧压模块的侧压要有一定的重叠量 S_3。

（2）侧压模块受到板坯宽度方向和长度方向作用力，由侧压框架和摆动框架承受。

（3）由于板坯向出口方向上长度延伸，故出口辊道与板坯的速度很难匹配，使出口辊道的辊面磨损较快。

板坯侧压后，其厚度有所增加，经第一架水平辊机座轧制产生的宽展量由两部分组成：一是原有坯厚的宽展；二是侧压增厚部分宽展，宽展使侧压的效果下降：

$$\eta_{\mathrm{p}} = \frac{\Delta B_{\mathrm{p}} - \Delta B_{\mathrm{m}} - \Delta B_{\mathrm{H}}}{\Delta B_{\mathrm{p}}} \tag{3-18}$$

式中　η_{p} ——宽度侧压效率；

ΔB_{p} ——侧压量，mm；

ΔB_{m} ——侧压使坯厚增加部分，即在第一架水平机座辊轧制的宽展量，mm；

ΔB_{H} ——板坯原始厚度经第一架水平辊机座轧制的宽展量，mm。

板坯经过大立辊机座定宽侧压，由于“狗骨”现象严重，经第一架水平辊机座轧制的宽展 ΔB_{m} 最大，其侧压效率低。定宽压力机的宽度压下效率与宽度压下率的关系曲线如图 3-51 所示。宽度压下率 $r_{\mathrm{p}} = \dfrac{\Delta B_{\mathrm{p}}}{B}$（$B$ 为板坯宽度）越大，宽度压下效率越高。当 $r_{\mathrm{p}} = 0$ 时，即不用定宽压力机而是用立辊侧侧压时，$\eta_{\mathrm{p}} = 0.6$。定宽压力机的侧压模块，相当于立辊直径接近无穷大，侧压变形切入深度大，增厚凸起小，而且靠近板坯中部，提高了宽度压下效率。调整定宽压力机的侧压量，可以改变精轧坯头尾的“舌形”和“鱼尾形”大小。在日本鹿岛厂轧制 3mm 以上厚度带钢，用定宽压力机可使精轧坯进入精轧机组前基本上不用切尾，而且当侧压量足够大时，会使头部呈“鱼尾形”，而尾部呈“舌形”。

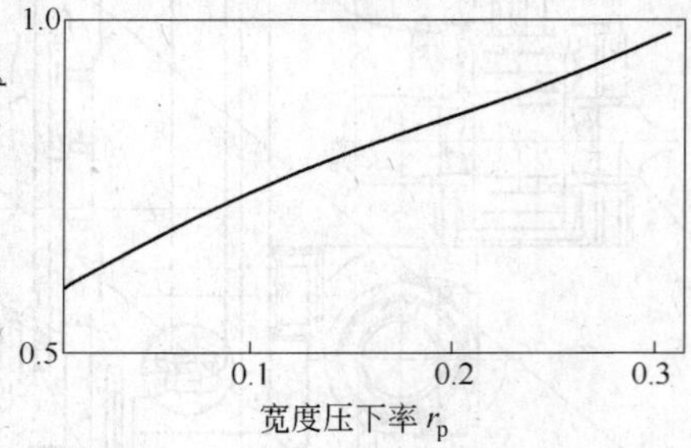

图 3-51　定宽压力机宽度压下效率与宽度压下率的关系曲线

b　模块的运动学分析

将定宽压力机的机构作些简化，如图 3-52 所示，设：

（1）取侧压主偏心轴 1 的固定铰链点 A 为坐标原点，x 轴方向与板坯运行方向一致，建立坐标系 xAy，侧压模块上点 C 的坐标为（x，y）；

（2）令 $AB = r_0$，$HG = r_1$，$EF = r_2$，$NH = l_{01}$，$DE = l_{02}$，$BC = l_1$，$FG = l_2$，$EH = S$；

（3）主偏心轴 1、小同步偏心轴 5、大同步偏心轴 7、分别以角速度 ω、2ω、ω 均速转动。

对于同步机构 $EFGH$，其封闭向量方程式为：

$$\boldsymbol{EF} + \boldsymbol{FG} = \boldsymbol{EH} + \boldsymbol{HG} \tag{3-19}$$

将式 3-19 投影到 x 轴和 y 轴上，得：

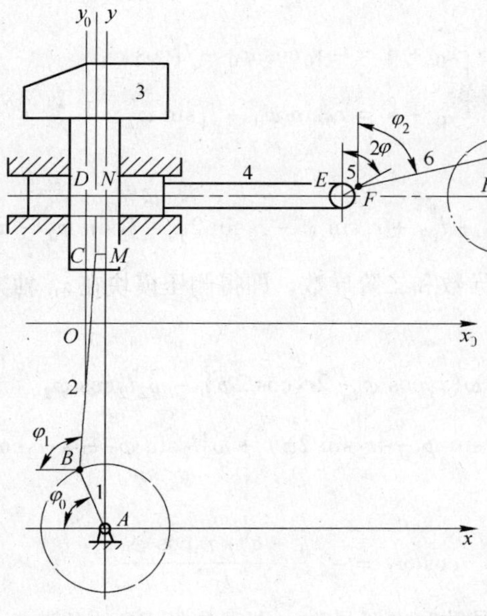

图 3-52 定宽压力机机构示意图

1—侧压主偏心轴；2—侧压连杆；3—侧压模块；4—同步框架；5—小同步偏心轴；
6—同步连杆；7—大同步偏心轴；8—机架

$$\begin{cases} r_2\sin 2\varphi + l_2\sin \varphi_2 = S + r_1\sin \varphi \\ r_2\cos 2\varphi + l_2\cos \varphi_2 = r_1\cos \varphi \end{cases} \tag{3-20}$$

由式 3-20 得：

$$\cos \varphi_2 = \frac{r_1\cos \varphi - r_2\cos 2\varphi}{l_2} \tag{3-21}$$

将式 3-21 对时间 t 求一阶导数和二阶导数，即得连杆 FG 的角速度 ω_2 和角加速度 ε_2 分别为：

$$\omega_2 = \frac{\omega(r_1\sin \varphi - 2r_2\sin 2\varphi)}{l_2\sin \varphi_2} \tag{3-22}$$

$$\varepsilon_2 = \frac{\omega^2(r_1\cos\varphi - 4r_2\cos2\varphi) - \omega_2^2 l_2\cos\varphi_2}{l_2\sin\varphi_2} \tag{3-23}$$

由式 3-20 的第一式得：

$$S = - r_1\sin \varphi + r_2\sin 2\varphi + l_2\sin \varphi_2 \tag{3-24}$$

则：

$$x = l_{01} - l_{02} - S$$

$$x = l_{01} - l_{02} + r_1\sin \varphi - r_2\sin 2\varphi - l_2\sin \varphi_2 \tag{3-25}$$

对于侧压机构 $ABCM$，其封闭向量方程式为：

$$\boldsymbol{AM} + \boldsymbol{MC} = \boldsymbol{AB} + \boldsymbol{BC} \tag{3-26}$$

将式 3-26 投影到 x 轴和 y 轴上，得：

$$\begin{cases} x = - r_0\cos \varphi_0 - l_1\cos \varphi_1 \\ y = r_0\sin \varphi_0 + l_1\sin \varphi_1 \end{cases} \tag{3-27}$$

设 $\varphi = 0°$ 时，$x = a$ ；y 的最小值为 b。

将坐标原点平移到 O（a，b），建立新的坐标系 x_0Oy_0，则 $x = x_0 + a$，$y = y_0 + b$ 。因此，

式 3-27 变为：

$$\begin{cases} x_0 + a = -r_0\cos\varphi_0 - l_1\cos\varphi_1 \\ y_0 + b = r_0\sin\varphi_0 + l_1\sin\varphi_1 \end{cases} \tag{3-28}$$

式 3-25 变为：

$$x_0 = l_{01} - l_{02} + r_1\sin\varphi - r_2\sin 2\varphi - l_2\sin\varphi_2 - a \tag{3-29}$$

将式 3-29 对时间 t 求一阶导数和二阶导数，即得侧压模块在 x_0 轴方向运动的速度 $\dot{x}_0$ 和加速度 $\ddot{x}$ 分别为：

$$\dot{x} = \omega(r_1\cos\varphi - 2r_2\cos 2\varphi) - \omega_2 l_2\cos\varphi_2 \tag{3-30}$$

$$\ddot{x} = -\omega^2(r_1\sin\varphi - 4r_2\sin 2\varphi) + \omega_2^2 l_2\sin\varphi_2 - \varepsilon_2 l_2\cos\varphi_2 \tag{3-31}$$

由式 3-28 的第一式得：

$$\cos\varphi_1 = -\frac{x_0 + a + r_0\cos\varphi_0}{l_1} \tag{3-32}$$

将式 3-32 对时间 t 求一阶导数和二阶导数，即得连杆 BC 的角速度 ω_1 和角加速度 ε_1，分别为：

$$\omega_1 = \frac{\dot{x}_0 - \omega r_0\sin\varphi_0}{l_1\sin\varphi_1} \tag{3-33}$$

$$\varepsilon_1 = \frac{\ddot{x}_0 - \omega^2 r_0\cos\varphi_0 - \omega_1^2 l_1\cos\varphi_1}{l_1\sin\varphi_1} \tag{3-34}$$

由式 3-28 的第二式得：

$$y_0 = r_0\sin\varphi_0 + l_1\sin\varphi_1 - b \tag{3-35}$$

将式 3-35 对时间 t 求一阶导数和二阶导数，即得侧压模块在 y_0 轴方向运动的速度 $\dot{y}_0$ 和加速度 $\ddot{y}_0$，分别为：

$$\dot{y}_0 = \omega r_0\cos\varphi_0 + \omega_1 l_1\cos\varphi_1 \tag{3-36}$$

$$\ddot{y}_0 = -\omega^2 r_0\sin\varphi_0 - \omega_1^2 l_1\sin\varphi + \varepsilon_1 l_1\cos\varphi_1 \tag{3-37}$$

由 x_0 和 y_0、$\dot{x}_0$ 和 $\dot{y}_0$、$\ddot{x}_0$ 和 $\ddot{y}_0$ 分别做出 C 点（即侧压模块）的位置曲线（见图 3-53）、运动轨迹（见图 3-54）、速度曲线（见图 3-55）和加速度曲线（见图 3-56）。

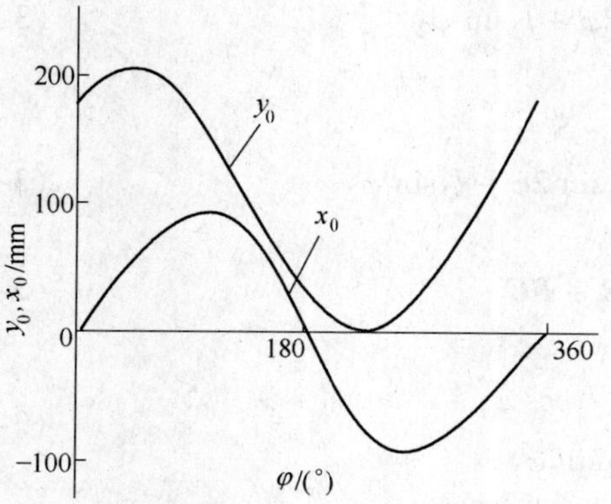

图 3-53　位移曲线

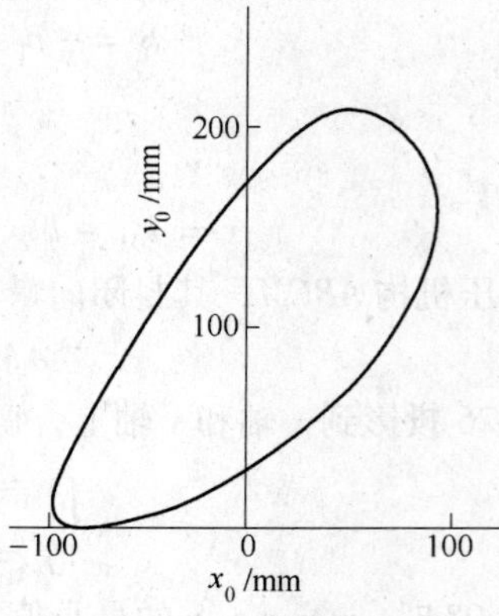

图 3-54　运动轨迹

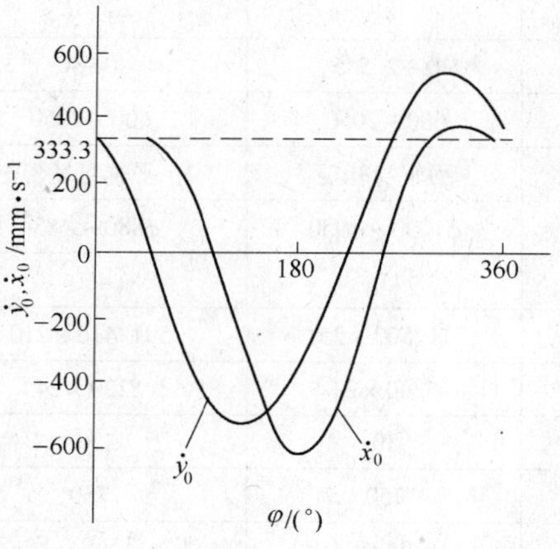

图 3-55　速度曲线

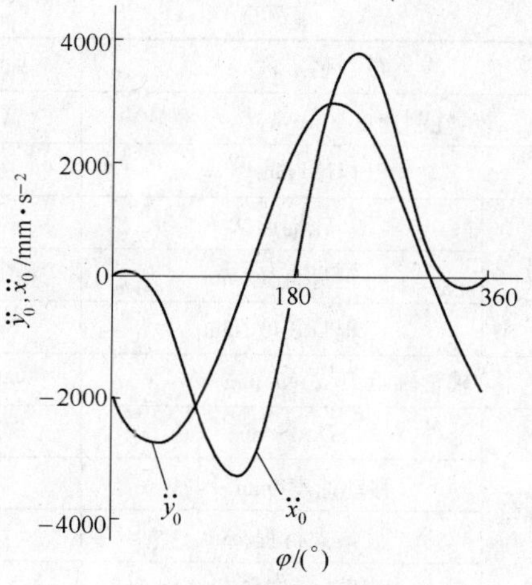

图 3-56　加速度曲线

从计算结果的运动曲线可以看出：

（1）当 $\varphi = 45°$ 时，侧压模块在 y_0 轴方向上运动的位移量最大（为 203.9mm），即为上极限位置；当 $\varphi = 225°$ 时，侧压模块在 y_0 轴方向上运动的位移为零，即为下极限位置。可见侧压模块在某一板坯宽度时开口度变化为 $2 \times 203.9 = 407.8$mm，因此，定宽压力机的最大减宽量定为 350mm 是合适的。

（2）当 $0° \leqslant \varphi \leqslant 45°$ 和 $303.5° \leqslant \varphi \leqslant 360°$ 时，侧压模块在 x_0 轴方向（板坯前进方向）上运动的速度为 333.3 ~ 350.3mm/s（最大速度 350.3mm/s 发生在 $\varphi = 321.5°$），这说明 φ 角在 303.5° ~ 360°和 0° ~ 45°形成 101.5°的范围内侧压模块在板坯前进方向上近似做等速运动，满足同步要求。

（3）侧压模块在 y_0 轴方向的运动速度在 $45° \leqslant \varphi \leqslant 255°$ 时为负值；在 x_0 轴方向上的运动速度在 $106° \leqslant \varphi \leqslant 255°$ 时为负值，说明模块运动到上极限位置立即与板坯脱开返回。

（4）当 $0° \leqslant \varphi \leqslant 45°$ 和 $314° \leqslant \varphi \leqslant 360°$ 时，侧压模块在 y_0 轴方向上的运动速度是比较大的负值，这表明模块运动产生的惯性可以有效地帮助定宽压力机克服负载，可以减小驱动电机的容量，缩小机构尺寸。

（5）模块的加速度变化很大，机构的动态特性较差。

3.4.1.2　立辊机座

立辊机座用于板坯宽度方向的轧制，控制中间坯的宽度，以保证最终宽度合格的成品带钢。立辊机座安装在水平辊机座前，与其后的水平辊机座组成近距离布置，2 个机座的机架在上部和中部用楔铁牢固地连成一体，实现立辊和水平辊机座的连轧。但可逆轧制的反方向轧制立辊不投入轧制。立辊机座的功能随在粗轧机组中的位置不同而不同：一是对板坯进行调宽轧制；二是宽度控制功能，有短行程控制、AWC 控制。以改善板坯的头尾形状和提高宽度精度。

2050mm 热带钢连轧机各立辊机座的技术参数见表 3-8。

表 3-8　2050mm 热带钢连轧机各立辊机座的技术参数

参 数 名 称	E_1	E_2	E_3、E_4
最大轧制压力/kN	7854	3727	1765
最大轧制力矩/kN·m	2697	549	147

续表 3-8

参数名称		E_1	E_2	E_3、E_4
轧制速度 /m·s^{-1}		0～1.37/2	0～2.5/5	0～4
轧辊开口度/mm		600～2100	600～2050	600～2050
轧辊	轧辊形状	带槽轧辊	平辊身轧辊	平辊身轧辊
	辊身直径/mm	槽 1100/环 1400	ϕ1000～ϕ950	ϕ880～ϕ830
	辊身长度/mm	650	455	450
轴辊轴承 $D/d \times b$/mm		940/635×305	711/502×251	591/416×210
侧压螺丝	$D \times S$/mm	S280×24	S240×24	S220×24
	移动速度/mm·s^{-1}	80	30	30
	最大行程/mm	775	750	750
	侧压头额定负荷/kN		2425	E_3：1569；E_4：-
侧压缸	活塞直径/mm	ϕ720	ϕ620	ϕ520
	工作腔活塞杆直径/mm	ϕ520	ϕ520	ϕ460
	背压腔活塞杆直径/mm	ϕ620	ϕ520	ϕ460
	活塞杆行程/mm	40+10×2	30+10×2	30+10×2
	活塞最大速度/mm·s^{-1}	40	20	20
	系统压力/MPa	28	24	24
	背压腔压力/MPa	7	1	1
平衡缸	活塞直径/mm	ϕ220	ϕ140	ϕ140
	活塞杆直径/mm	ϕ125	ϕ80	ϕ80
	活塞杆行程/mm	1650	1600	1500
	系统压力/MPa	13	13	13
万向接轴	法兰盘直径/mm	ϕ1000	ϕ680	ϕ550
	收缩状态下的节距/mm	2969	2115	2350
	最大工作位置倾角	12°15′	8°	8°
	提升缸 形式	内藏式	内藏式	内藏式
	提升缸 直径 D/d/mm	ϕ180/ϕ80	ϕ125/ϕ70	ϕ90/ϕ50
	提升缸 行程/mm	720	620	620
	提升缸 系统压力/MPa	13	13	13
机架辊	安装位置/辊子数量	入口侧/1 个		
	辊身 $D \times L$/mm×mm	ϕ500×2050		
	速度/mm·s^{-1}	0～1.37/2		
高压水	安装位置	入口侧/出口	入口侧	
	压力/MPa	16	16	
	耗水量/m^3·h^{-1}	225	109	
主电机	形式	卧式直流电机	立式直流电机	立式直流电机
	额定功率/kW	3000	600	380
	转速/r·min^{-1}	0～100/145	0～200/400	0～420
	数量/台	1	2	2

续表 3-8

参数名称		E_1	E_2	E_3、E_4
主减速机	形　式	圆锥＋圆柱齿轮减速机	圆柱齿轮减速机	圆柱齿轮减速机
	中心距/mm	圆柱齿轮：1670	1430	1270
	总速比	4.18	4.2	4.814
侧压电机	形　式	卧式直流电机	立式直流电机	立式直流电机
	额定功率/kW	200	70	40
	转速/$r \cdot min^{-1}$	0～920	0～1020	0～1020
	数量/台	4.5	2	2
侧压减速机	形　式	圆柱齿轮减速机	蜗轮减速机	蜗轮减速机
	中心距/mm	330/620/750	440	400
	总速比	4.5	11.67	11.67
机架辊电机	形　式	卧式直流电机		
	额定功率/kW	13		
	转速/$r \cdot min^{-1}$	0～76		

A　立辊机座的形式

按其传动方式，立辊机座的形式分为下传动的立辊机座和上传动的立辊机座。下传动的立辊机座由于整个传动装置在轧制标高下方，受到水和氧化铁皮的侵害，故障率高，而且维修也不方便，已不被采用；上传动的立辊机座，其主传动装置在轧制线标高上方，因此工作环境好，排除了水和氧化铁皮的影响，大大减少了故障产生频率，也给维修带来很大方便，被热带钢连轧机广泛采用。

上传动的立辊机座有两种传动形式。

a 1台电机传动

如图 3-57 所示，主传动箱由左右 2 个独立的传动箱组成，各驱动 1 个立辊，2 个传动箱由 1 根水平轴同步连接传动，传动箱由一级伞齿轮和一级圆柱齿轮减速。这种形式的立辊机座通常用于所谓大立辊，进行大侧压量的立辊轧制，进行连铸板坯的调宽。每道侧压量达到 100～120mm，最大轧制力可达 7845kN，最大轧制力矩达 2697kN · m，使立辊传动箱非常庞大，主电机功率达到 3000kW。因此，主电机采用卧式，安装在主轧线传动侧的混凝土台上，通过齿型连接轴带动传动箱。

b　2台电机传动

2 台电机传动的立辊机座如图 3-58 所示，有立式电机和卧式电机两种传动形式。如图 3-58*a* 所示为 2 台立式电动机传动的立辊机座，2 台立式电机左、右对称布置，经一级圆柱齿轮减速各驱动 1 个轧辊，用 2 个大齿轮啮合实现 2 个立辊同步。如图 3-58*b* 所示为卧式电动机传动的立辊机座，经一级圆柱齿轮和一级伞齿轮减速各驱动 1 个轧辊，2 台电机之间有 1 个齿形联轴器使 2 个立辊同步。2 台电机传动的立辊机座主要用于小立辊机座，进行限制宽展和宽度控制，道次压下量一般在 4～30mm，因此主传动电机的功率和力矩都比较小。

B　立辊机座的设备组成

立辊机座的设备组成主要包括：主传动装置、万向接轴、立辊、滑架、电动侧压装置、侧压液压缸、牌坊、导板和平台等。下面介绍这些结构的特点。

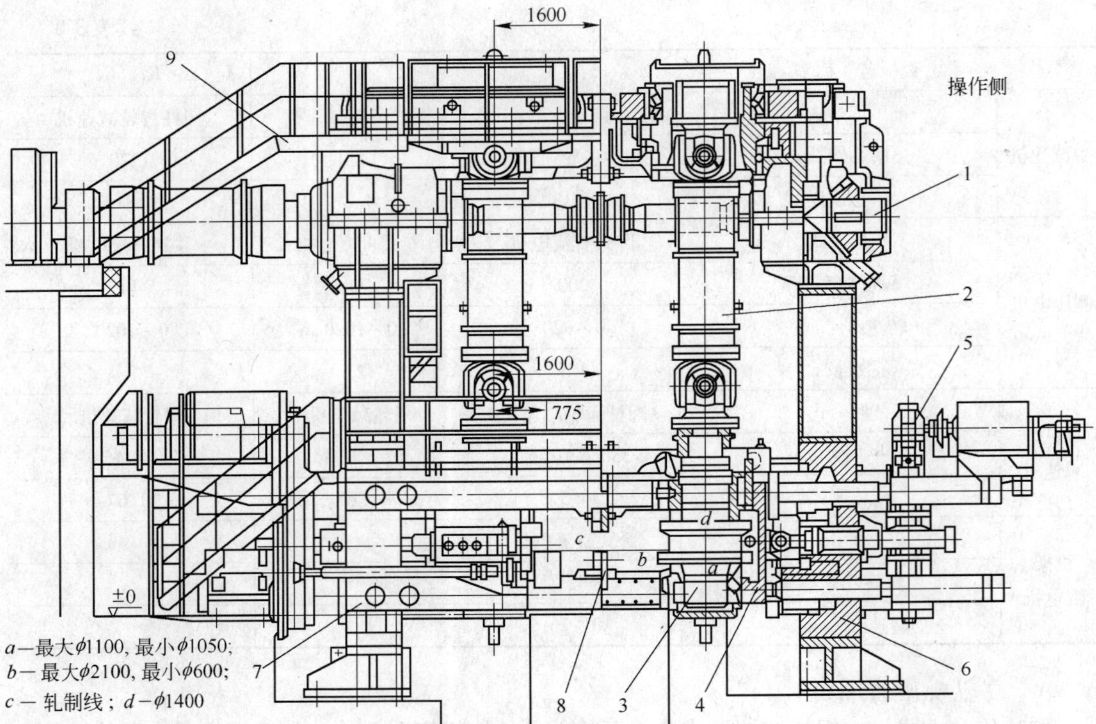

图 3-57　1 台电机传动的立辊机座

1—主传动装置；2—万向接轴；3—轧辊；4—滑架；5—电动侧压装置；6—侧压液压缸；7—牌坊；8—导板；9—平台

a　主转动箱

立辊机座的主传动箱如图 3-59 所示。为改善齿轮啮合的接触情况和调整侧隙，大齿轮的轴承装在偏心套上，偏心套 1 的内孔和外圆之间有 0.25mm 的偏心距。偏心套在与压盖 2 相临的结合面上加工有径向沟槽 *K*。装配时调整偏心套使各齿轮啮合都达到最佳状态后，在压盖上与沟槽相对应的位置钻孔并打上涨紧销卡在沟槽里，将偏心套固定，并在箱体上打上偏心套正确位置标记，以便维修装配时方便。

另外，主传动箱的输出大齿轮有的做成中空的，万向接轴上端的法兰盘和十字头整个缩入齿轮的内部，降低了整个立辊机座的高度。

b　万向接轴

立辊机座的轧辊传动采用万向接轴，由于立辊的换辊需要，万向接轴必须采用可伸缩式，因此设有万向接轴提升装置。如图 3-58*b* 所示为外设提升装置，由设在机架上部的液压缸推动杠杆将万向接轴下部托起，接轴的上下部靠花键连接伸缩。如图 3-60 所示为内藏式提升装置。内藏式提升装置结构采用带有内藏提升液压缸的万向接轴，接轴的轴体做成空的，在内孔中装有提升液压缸上下两段轴，用花键连接，这种结构对接轴的强度削弱不大，却使接轴的提升机构大为简化，克服了在接轴外部设提升机构所带来的机构复杂和占用空间大的缺点。

万向接轴提升液压缸的上下腔面积相等，在万向接轴的外圆上装有手动四位四通换向阀将上下腔连通。当换辊时，通过软管将换向阀与压力油源连通，操纵换向阀，完成万向接轴的提升、位置锁定或下降。

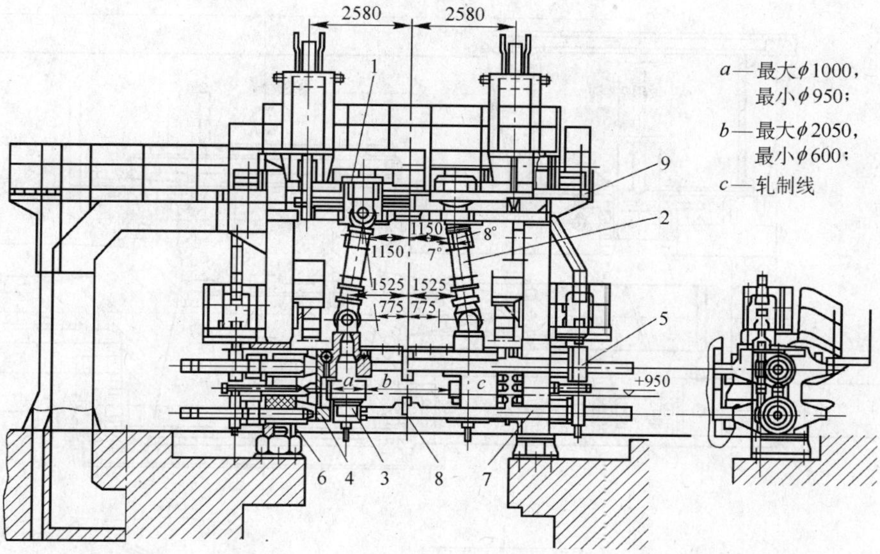

a

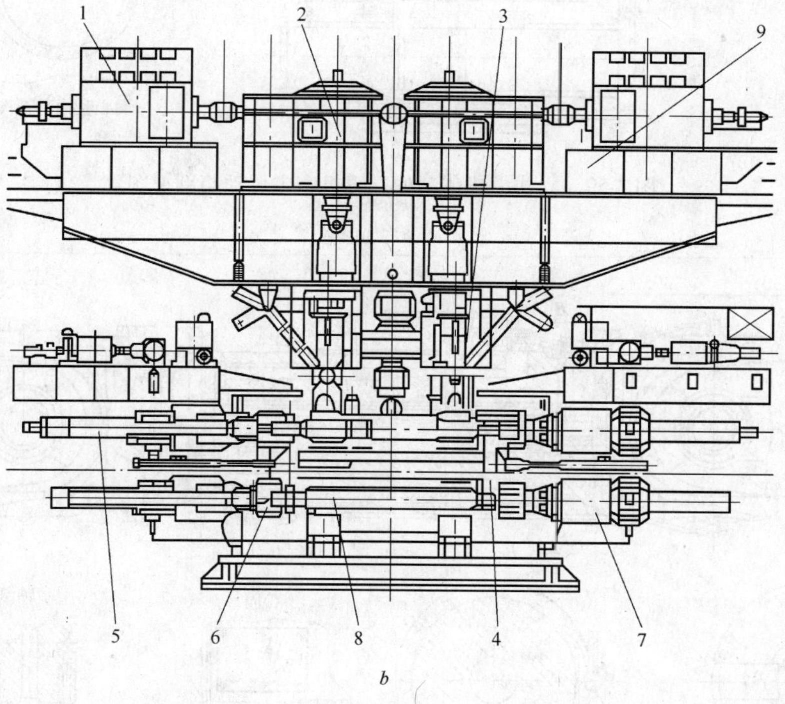

b

图 3-58 2 台电机传动的立辊机座

a—2 个立式电机传动的立辊机座；b—2 个卧式电机传动的立辊机座；
1—主传动装置；2—万向接轴；3—轧辊；4—滑架；5—电动侧压装置；
6—侧压液压缸；7—牌坊；8—导板；9—平台

万向接轴上端与齿轮连接，下端与轧辊带有椭圆孔的叉头连接，均采用法兰盘加预紧螺栓的方式，为提高传递轧制力矩能力，在法兰盘端面用三角形端面或加端键来提高联结强度。

c 轧辊及轴承

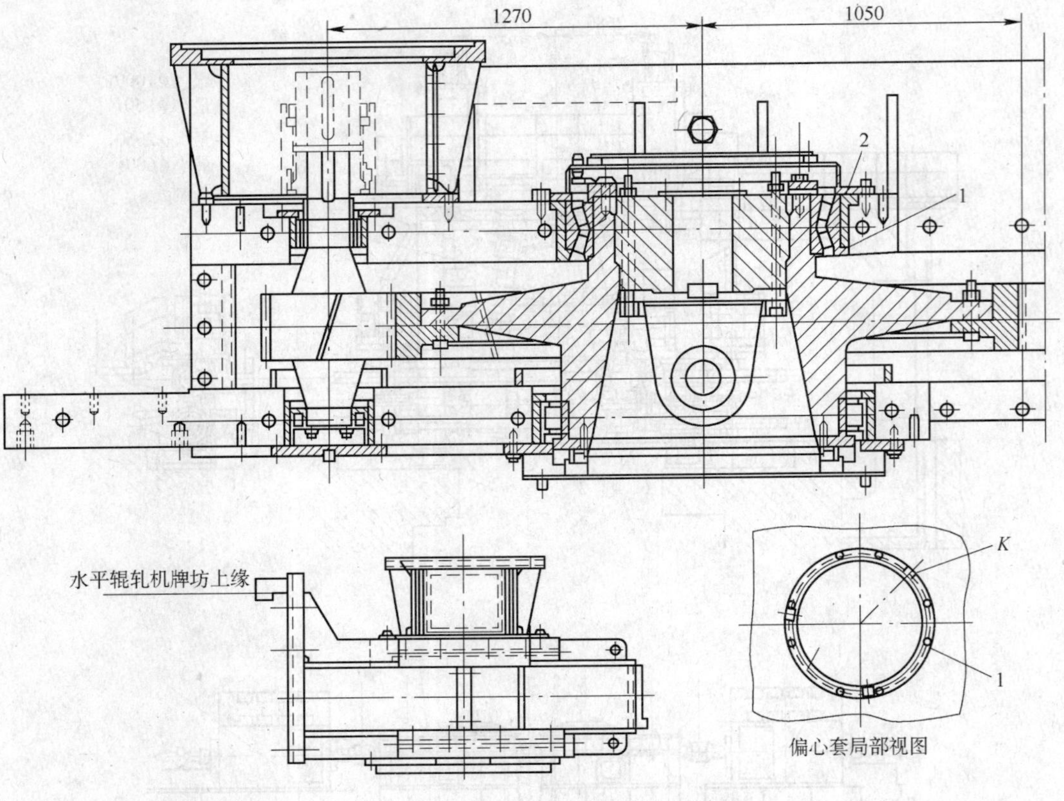

图 3-59　立式电机传动的立辊机座主传动箱剖视图

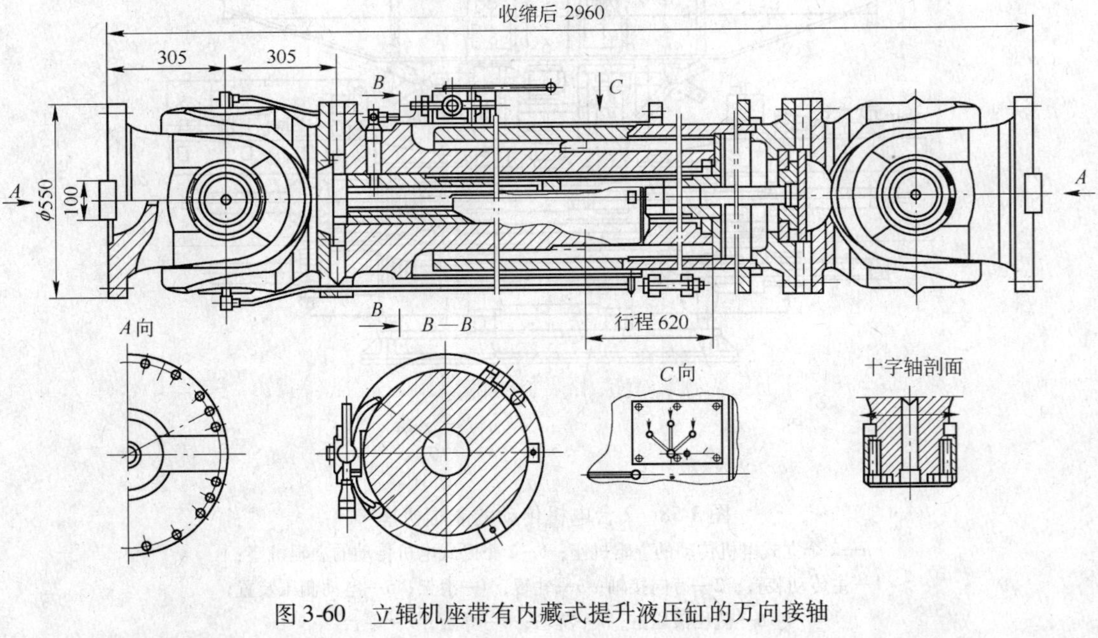

图 3-60　立辊机座带有内藏式提升液压缸的万向接轴

立辊机座的轧辊根据用途不同形式不同，调宽机座（大立辊）用于大侧压量轧制，采用槽形轧辊，槽的侧面斜度为12°，借助于侧面的夹持作用，将板坯两侧部位产生的“狗骨”凸起挤向板坯中间，以减少随后水平辊轧制的宽展，提高立辊侧压效率；用于控制宽度的机座

（小立辊），由于侧压量不大，有的采用平辊身。

立辊的轧辊轴承都采用双列圆锥滚子轴承，用筒支梁支撑结构，轧辊、轴承及轴承座组装后，成套装入滑架中，如图 3-61 所示。

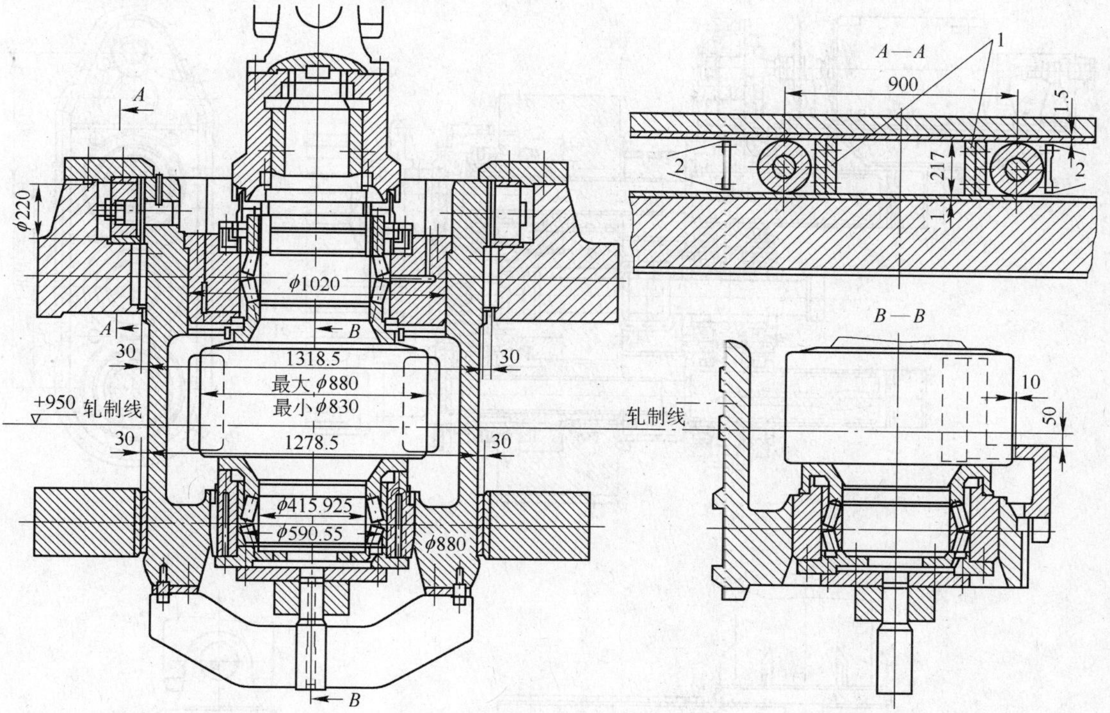

图 3-61　立辊轧机的滑架、轧辊和轴承
1—挡块；2—上、下刮板

轧辊轴承采用自动干油润滑系统润滑，由于下轴承座安装润滑油管困难，所以在下轴承座的下压盖中心开一进油孔，从下方插入进油孔的油管固定在滑架上。

d　侧压机构

（1）滑架。

立辊机座的滑架如图 3-61 所示，其侧面与牌坊间有钢滑板承受水平载荷。承受垂直方向载荷有两种形式：对于大立辊机座，一般用钢滑板承受；小立辊机座靠 4 个托辊承受，托辊为外环特别厚的特制滚动轴承，摩擦力很小，对于提高宽度自动控制的精度有重要作用，并且可减小侧压电机的功率。为防止托辊损坏造成滑架下落的危险，在托辊旁边装有挡块，作为事故支撑用，在托辊前装有上、下刮板，或用水冲洗，以清除轨道上的氧化铁皮。

（2）电动侧压装置。

电动侧压装置由 2 个侧压螺丝组成，如图 3-62 所示，有卧式侧压电机和立式侧压电机两种形式。卧式侧压电机传动用于大立辊机座，有一级圆柱齿轮减速和 2 个惰轮，除传递力矩外，还可使上下侧压螺丝同步作用。立式侧压电机传动用于小立辊机座。立式电机通过串联的 2 台蜗轮减速机分别带动 2 个侧压螺丝，这种传动方式结构紧凑，使上下侧压螺丝单独调整灵活方便；也使立辊机座减少占地宽度。

侧压螺丝的限位是靠安装在上面侧压螺丝端部的开关盘和安装在侧压螺丝保护罩上的接近开关来控制。侧压螺丝的位置检测靠插在下面侧压螺丝中心长孔中的位置传感器来测量。这种

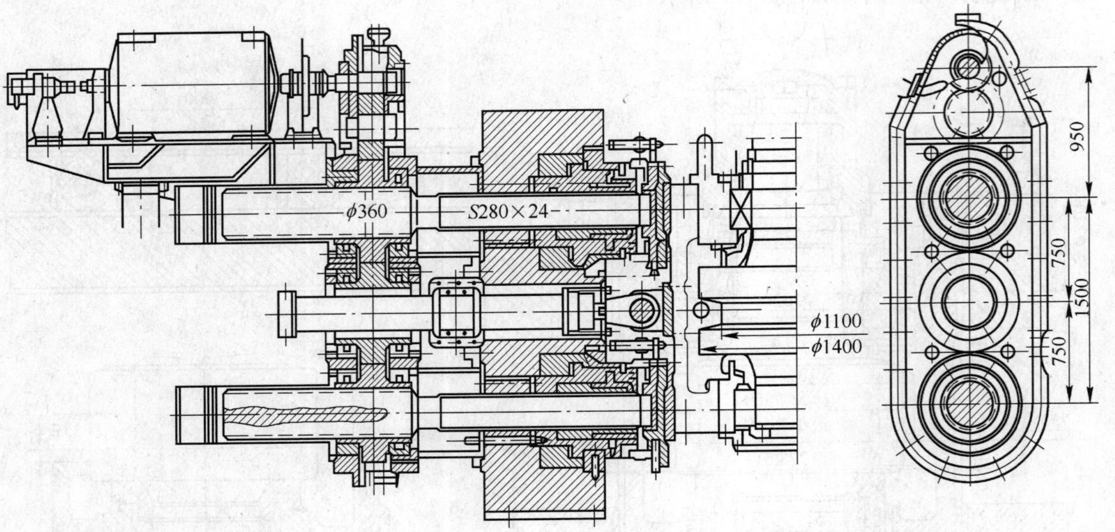

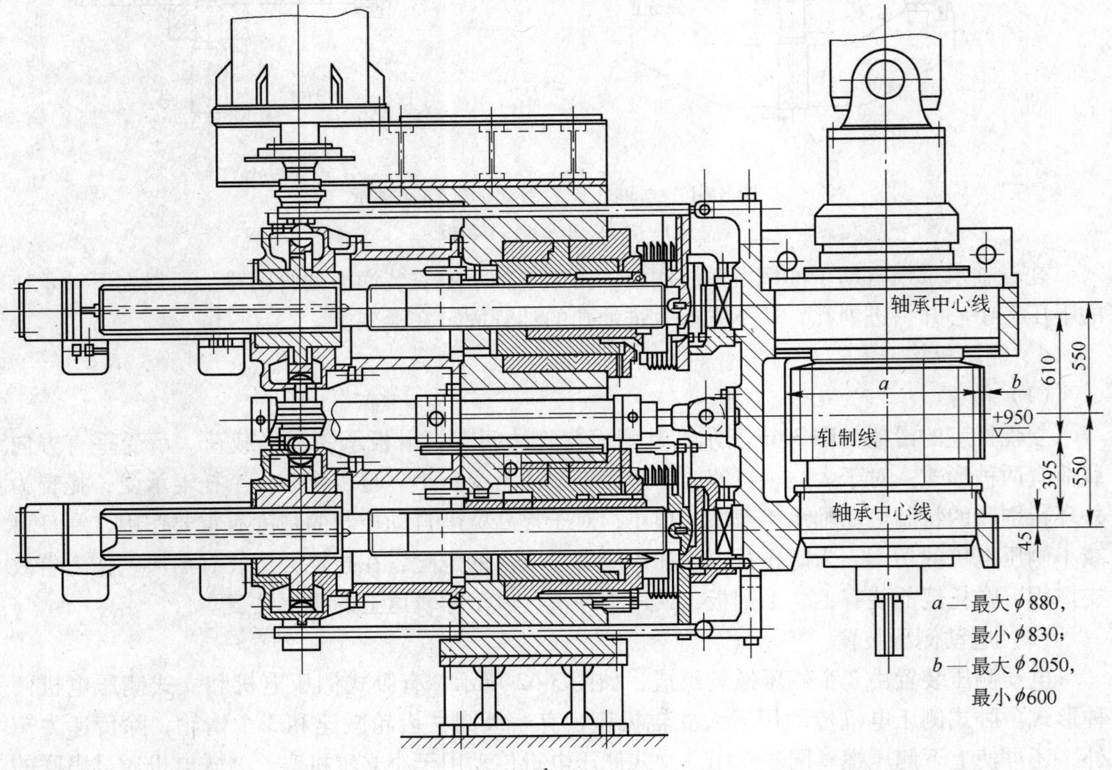

图 3-62　立辊机座的侧压装置

a—卧式电机传动；*b*—立式电机传动

位置传感器的最大测量长度可达10m，测量精度小于0.1mm。有的立辊机座在侧压螺丝前端装有测压头。

侧压机构设有液压平衡装置，将滑座始终拉靠在侧压螺丝上，消除承压件之间的间隙。平衡液压缸的行程远大于侧压螺丝行程。在换辊时，侧压螺丝将轧辊推到万向接轴处于垂直位置上，万向接轴提升后，再用平衡液压缸把轧辊推到轧机中心线处换辊。

电动侧压只能用于空载情况下预调轧辊开口度，轧制时电动侧压装置不动作。这主要是因为电动侧压装置进行带钢压下，侧压传动效率很低，η 仅为8%。以大立辊机座为例，当轧制力 $P=7845\text{kN}$，短行程侧压速度每侧为 $v=40\text{mm/s}$ 时，侧压电机的功率 $N=Pv/\eta=7845\times0.04/0.08\approx4000\text{kW}$，两侧的侧压电机总功率可达8000kW，远远超过立辊主传动电机功率3000kW，而这样大的电机其惯性很大，不可能在短时间内加速到要求速度，所以采用电动侧压装置无法实现带钢压下的要求。如果采用侧压液压缸带钢压下，液压站的电机功率只需要为 $2\times110\text{kW}$，将蓄能器安装在侧压缸附近，伺服系统就可以保证在0.04s的时间内达到40mm/s的侧压速度。

因此，立辊机座的侧压机构均由两个部分组成，电动侧压机构只用作空载辊缝预设定；增设1组液压缸用于辊缝控制的带钢压下。

（3）液压缸侧压。

采用液压缸侧压主要是用于轧制过程中改变立辊开口度，进行带钢压下，以满足短行程控制、AWC控制带钢宽度精度需要。

每台立辊机座上设有4个侧压液压缸，侧压液压缸的缸体固定在牌坊上，如图3-62*a*所示，侧压螺丝穿过侧压缸的活塞和装在活塞上的侧压螺母，侧压螺母上装有导向键使螺母和活塞只能对缸体作轴向移动而不能转动。侧压螺丝与电动侧压装置的蜗轮是花键连接，因此在活塞不动时，电动侧压装置可以转动侧压螺丝预调立辊的开口度。而在电动侧压装置不动时，侧压液压缸的活塞则可以通过侧压螺母带动侧压螺丝作轴向往复运动，来改变立辊的开口度。侧压液压缸除在轧制过程中发挥系统惯性小、反应速度快、传动效率高的优越性，实行带钢压下、进行宽度控制外，还可以在电动侧压装置预设定轧辊的开口度时进行精度调整，提高立辊开口度的设定精度。

侧压液压缸活塞位置用插在活塞后部的位置传感器检测，在每个侧压缸上以轴线为中心对称地布置2个位置传感器。在正常情况下，活塞位置取2个检测值的平均值。当其中一个失灵时，也可取另一个检测值暂时使用。采用侧压液压缸压下时，必须随时对上、下活塞位置进行比较，纠正偏差，以保证上、下同步。

如图3-62*a*所示的立辊机座上安装了一种结构比较简单的侧压液压缸形式，其缸体安装在侧压螺丝的前端回拉框架上，活塞顶在立辊的滑架上。另一种侧压液压缸的结构如图3-63所示，活塞的底面与缸底间有2mm的间隙，此时AWC不投入工作状态；在液压缸内装有位置传感器检测油柱高度，轧制中AWC系统投入工作时液压缸在油柱控制高度的1/2位置上。这种形式液压缸侧压时，不与侧压螺丝发生关系，结构简单，维护方便。

3.4.1.3　二辊机座

在传统热带钢连轧机的粗轧机组中，通常第一架水平机座为二辊机座，其原因是二辊机座可以采用大直径轧辊，改善咬入条件，用比较大的压下量抢温轧制。

二辊机座的结构组成如图3-64所示，由轧辊、压下装置、液压平衡装置、回松装置、机架辊、机架等组成。2050mm热带钢连轧机的二辊可逆式机座的主要技术参数见表3-9。其主要结构组成介绍如下。

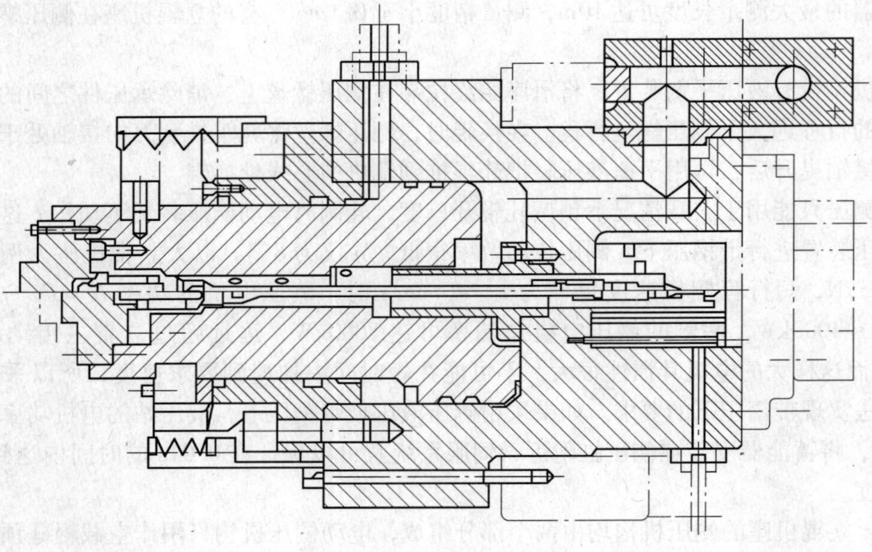

图 3-63　AWC 液压缸结构

表 3-9　2050mm 热带钢连轧机二辊可逆式机座的主要技术参数

轧辊直径 / mm		1350/1200	棘轮直径/mm			400
辊身长度/mm		2050	杠杆比			2. 15
轧制速度/m · s^{-1}		0 ~ 1. 40/2. 12	最大回松力矩/kN · m			1500
主电机功率/ kW		2 × 2850	冷却水压力/MPa			1
主电机转速/ r · min^{-1}		0 ~ 20/30	除鳞喷嘴水压/MPa			16
最大轧制压力/kN		30000	轧辊轴承			48″-67 摩根油膜轴承
最大轧制力矩/kN · m		6250	轧机接轴		形式	滑块式万向接轴
牌坊立柱断面/cm^2		5550	轧机接轴		直径/ mm	600
轧辊平衡	液压缸柱塞直径/mm	300	轧机接轴		切断力矩/ kN · m	3850
轧辊平衡	工作压力/ MPa	15	接轴平衡		上平衡缸直径/ mm	240
压下装置	压下电机功率/kW	2 × 1105	接轴平衡		行程/ mm	280
压下装置	压下电机转速/ r · min^{-1}	0 ~ 1020	接轴平衡		下平衡缸直径/ mm	160
压下装置	压下速度/mm · s^{-1}	21. 33	接轴平衡		行程/ mm	450
压下装置	压下螺丝直径/mm	550	工作压力/ MPa			30
压下装置	压下螺丝螺距/mm	32	试验压力/ MPa			30
压下蜗轮副	形式	CAVEX 圆柱蜗轮副	机架辊		直径/ mm	500
压下蜗轮副	模数/ mm	32	机架辊		长度/ mm	2000
压下蜗轮副	蜗轮齿数	51	机架辊	电机功率	机前/ kW	13
压下蜗轮副	蜗杆头数	2	机架辊	电机功率	机后/ kW	33
压下蜗轮副	传动比	25. 5	机架辊	电机转速	机前/ r · min^{-1}	0 ~ 76
压下蜗轮副	中心距/ mm	990	机架辊	电机转速	机后/ r · min^{-1}	0 ~ 192
轧辊最大开口度/mm		350	机架辊		速度/ m · s^{-1}	0 ~ 2
压力测量传感器形式		QGPC101	轧机外形尺寸(长 × 宽 × 高)/ mm × mm × mm			8860 × 4600 × 10680
传感器公称压力/ kN		2 × 2240				
回松装置	液压缸直径/mm	140/80				
回松装置	行程/mm	380				
回松装置	工作压力/MPa	16				

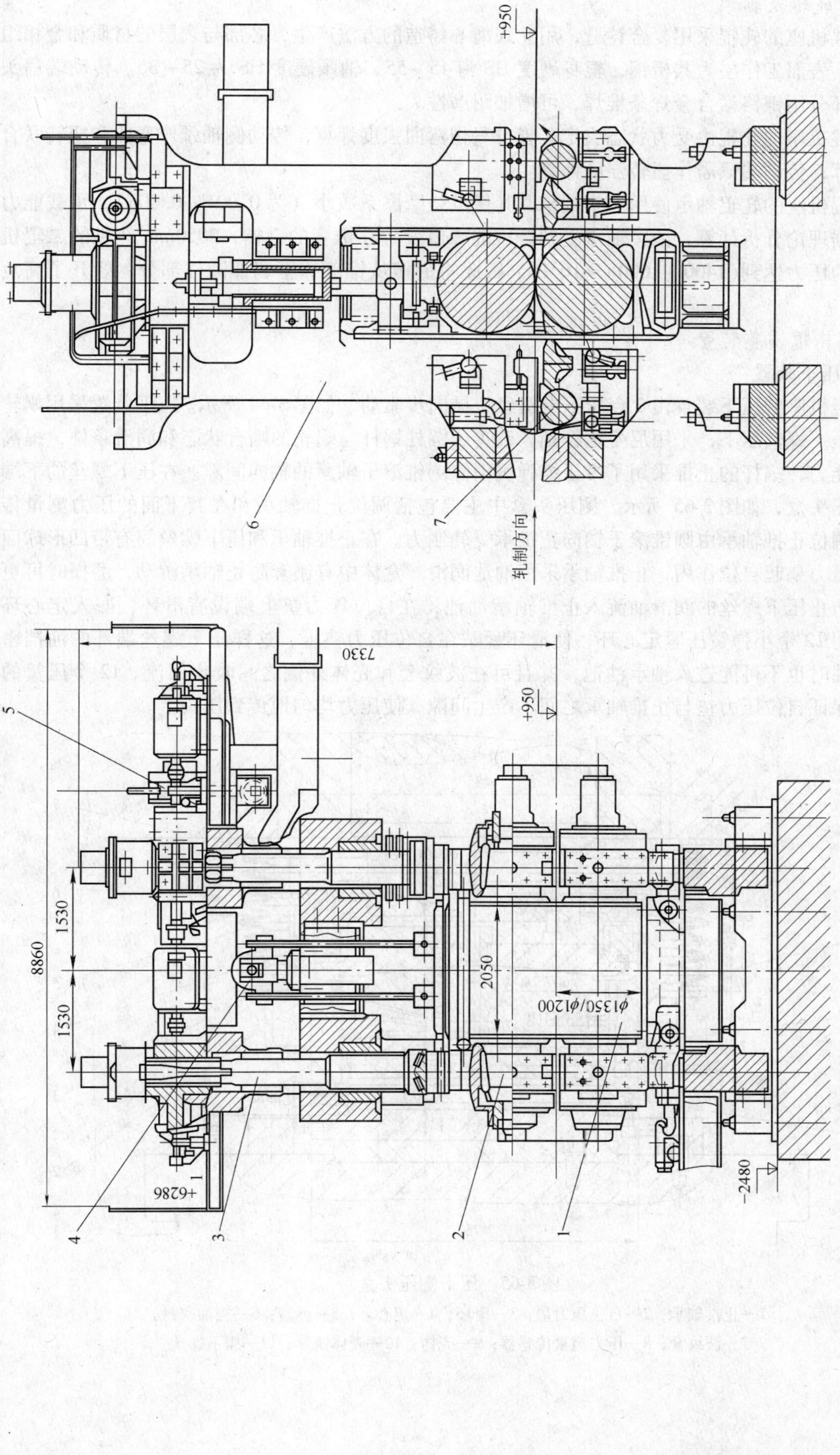

图 3-64　二辊机座结构总装图

1—轧辊；2—轧辊轴承座；3—压下装置；4—液压平衡装置；5—回松装置；6—牌坊；7—机架辊

A　轧辊及轴承

二辊机座的轧辊采用复合铸造，用立式离心铸造的方法产生，芯部与表层的材质和金相组织不同。表面工作层为共析钢，辊身硬度 HS 为 45 ~ 55，轴颈硬度 HS 为 25 ~ 35。传动端扁头的四角部分用镍铬锰合金焊条堆焊，可增加耐磨性。

二辊机座的轧辊由受力状态决定，辊身只作弯曲强度计算，传动侧轴颈作弯曲和扭转联合强度计算，传动端只需作扭转强度计算。

二辊机座的轧辊轴承使用油膜轴承，其优点是摩擦系数小（为 0.001 ~ 0.003），承载能力高。根据理论分析计算，油膜轴承受到挤压的峰值发生在锥套的键槽，2050mm 轧机的二辊机座该处的压力达到 $(1400 \sim 1600) \times 10^5 \mathrm{Pa}$，因此将键槽从锥部移至端部圆柱部分，躲开了高负荷区。

B　轧辊调整装置

a　压下装置

二辊机座的压下装置由 2 台压下电机经机械同步驱动，如图 3-64 所示。压下装置采用蜗轮减速和压下螺丝压下，采用尼曼蜗杆副，改善了圆柱蜗杆与蜗轮的啮合状态和润滑条件，提高了承载能力，蜗杆的止推采用了带压缩弹簧消除圆锥滚子轴承的轴向间隙。在压下螺丝的下端装有侧压头盒，如图 3-65 所示。测压头盒中主要包括调位止推轴承和在其下面的压力测量传感器。调位止推轴承由圆锥滚子轴向止推承受轧制力。在止推轴承和压下螺丝间有带凹形球面的自位压力垫起自位作用，止推轴承采用油池润滑。盒体中有镶套防止轴承游动，磨损时可更换。为防止压下螺丝的润滑油流入止推轴承油池，在自位压力垫上端设有滑环，嵌入定心环中，并用 12 个小弹簧压紧定心环，使滑环紧贴在自位压力垫上，这样压下螺丝端部的油挡密封渗漏油时也不可能进入轴承油池，并且可在波纹套和壳体外侧之间收集回流。12 个压簧的压力还保证自位压力垫与止推轴承之间不产生间隙，使压力均匀地传到压头上。

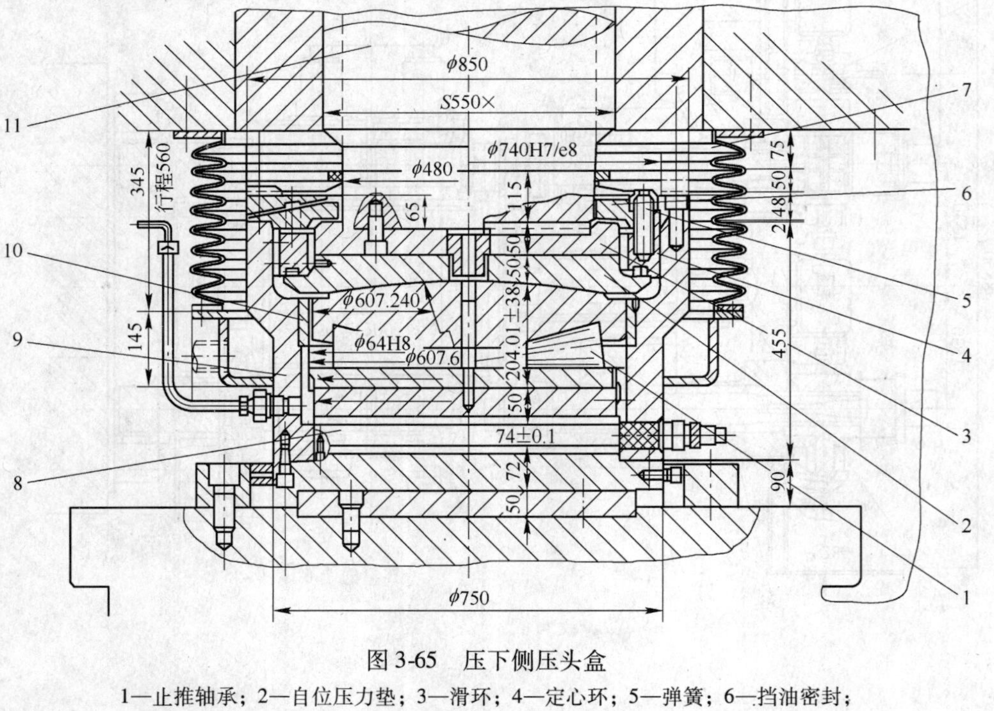

图 3-65　压下侧压头盒

1—止推轴承；2—自位压力垫；3—滑环；4—定心环；5—弹簧；6—挡油密封；7—波纹套；8—压力测量传感器；9—壳体；10—壳体镶套；11—压下螺丝

b　轧辊平衡装置

轧辊采用液压平衡，液压平衡缸固定在机架的上横梁上，液压缸柱塞支撑在扁担梁的中部，扁担梁的两端挂着吊环，吊环的下端连接吊挂轧辊的横梁。

c　回松装置

由于粗轧机组水平辊机座没有短行程压下液压缸，在卡钢或坐辊时，压下螺丝没有卸载能力，因此在压下系统中必须设置回松装置。如图3-64所示，回松装置装在蜗杆轴上，其结构如图3-66所示，在蜗杆轴上装有棘轮，固定在机架平台上的液压缸通过杠杆和驱动杆转动棘轮，驱动杆在弹簧作用下始终靠在支座上的凸轮曲线上。在液压缸的驱动下，上滚轮沿凸轮落入最低点时，驱动杆顶部销轴落入棘轮爪中，拨动棘轮转动达到回松的目的；当驱动杆使滚轮至凸轮最高点时，驱动杆抬起，回松装置不影响蜗杆正常的压下工作。

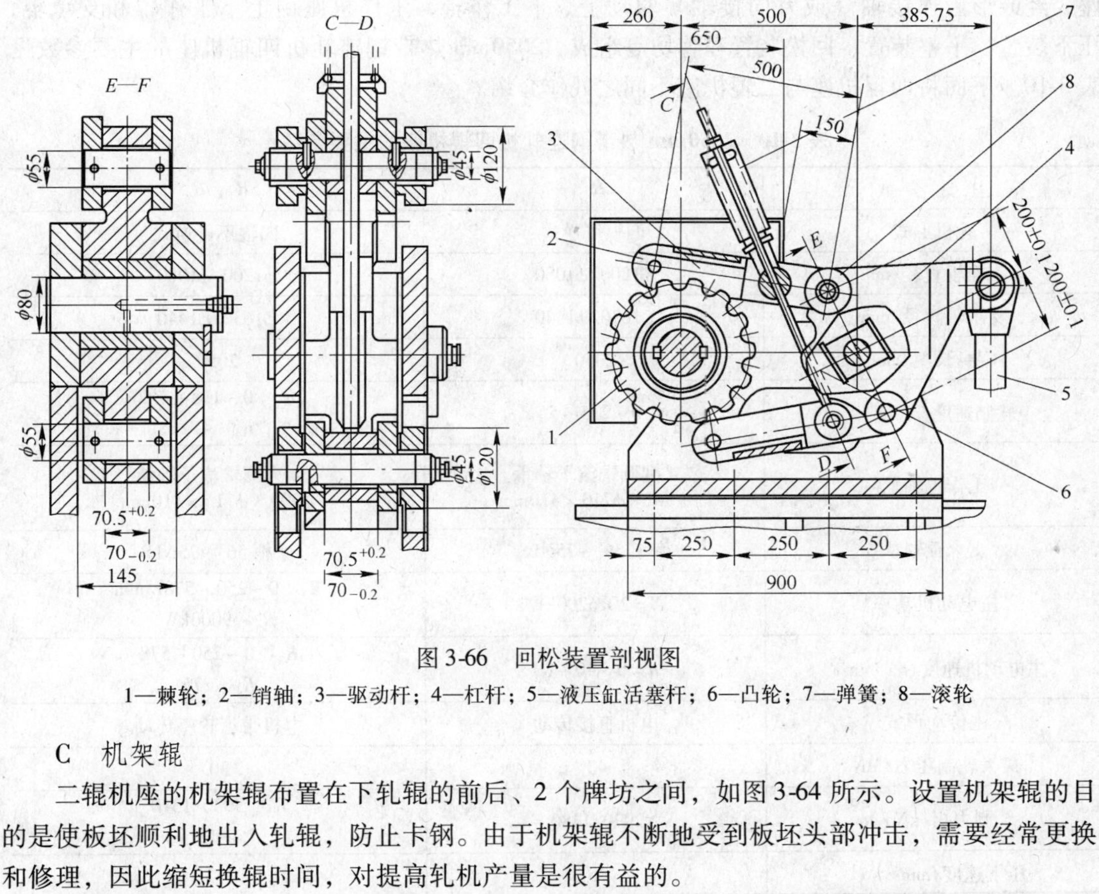

图3-66　回松装置剖视图

1—棘轮；2—销轴；3—驱动杆；4—杠杆；5—液压缸活塞杆；6—凸轮；7—弹簧；8—滚轮

C　机架辊

二辊机座的机架辊布置在下轧辊的前后、2个牌坊之间，如图3-64所示。设置机架辊的目的是使板坯顺利地出入轧辊，防止卡钢。由于机架辊不断地受到板坯头部冲击，需要经常更换和修理，因此缩短换辊时间，对提高轧机产量是很有益的。

解决机架辊的快速更换，一是使机架辊与传动轴快速脱开；二是使机架辊的轴承座从牌坊上快速拆卸。为此：

（1）机架辊、传动轴和电机布置在一条直线上，辊子与传动轴之间用可滑动的内外鼓形齿接手联结，借助于导向销定位导向。传动轴与电机之间靠带有拨叉的滑动齿形离合器连接。更换机架辊时，只要拨出导向销，搬动拨叉，外齿套即从机架辊端脱开。

（2）在机架辊轴承座下面通过键与牌坊固连；轴承座的端面置于牌坊内侧的止口中，止口上端处装1个固定块，用钩头斜键固定在牌坊内侧的挡块上，取出钩头斜键，便可以迅速地用装在下面的油压千斤顶将轴承座举起，然后用换辊托架将机架辊滚至牌坊窗口，由轧辊托板拖出。

D　机架

二辊机座的机架由 2 片牌坊组成，牌坊为 ZG25Ⅱ铸钢的整体结构；为换辊方便，操作侧牌坊的窗口比传动侧牌坊的窗口大 10mm。窗口内侧镶有复合钢板制成的滑板。如果仅据二辊机座轧辊要求的窗口高度来确定牌坊高度，其牌坊应比较矮；但考虑前面立辊机座与其近距离布置，立辊的机架比二辊的牌坊要高许多。考虑两者的联结，将二辊机座的牌坊升高，出现了两层横梁的结构，如图 3-64 所示，上层横梁与立辊机架挂接，下层横梁装二辊机座的压下螺母。

3.4.1.4　四辊机座

粗轧机组的四辊机座有可逆式和不可逆式，如图 3-67 所示，主电机经连接轴传动齿轮机座，经鼓形齿连接轴（或万向接轴）驱动上、下工作辊，工作机座由上下工作辊和支承辊、压下装置、平整装置、回松装置和牌坊等组成。2050mm 热带钢连轧机四辊机座的主要参数见表 3-10。下面将四辊机座与二辊机座不同之处作介绍。

表 3-10　2050mm 热带钢连轧机四辊机座的主要参数

主要参数	R_2	R_3，R_4
轧机形式	四辊可逆式	四辊不可逆式
工作辊直径/mm	$\phi1200/\phi1080$	$\phi1200/\phi1080$
支承辊直径/mm	$\phi1630/\phi1440$	$\phi1630/\phi1440$
辊身长度/mm	2050	2050
轧制速度/$m \cdot s^{-1}$	0 ~ 2.5 ~ 5	R_3：0 ~ 1.8 ~ 4.2 R_4：4.2
工作辊轴承	4 列圆锥滚子轴承 $\phi900 \times \phi710 \times 410$mm	4 列圆锥滚子轴承 $\phi900 \times \phi710 \times 410$mm
支承辊轴承	摩根 56″ - 75NLS	摩根 56″ - 75NLS
主电动机功率	$N = 2 \times 6200$kW	R_3：0 ~ 250 ~ 578r/min R_4：9000kW
主电动机速度/$r \cdot min^{-1}$	$n = 0 \sim 40 \sim 80$	R_3：0 ~ 250 ~ 578 R_4：375
主传动形式	电机直接传动	电机带齿轮座传动
最大轧制压力/MN	40	30
轧制力矩/kN · m	2970/1480	R_3：3030/1310 R_4：1310
压下速度/$mm \cdot s^{-1}$	35	3.3
压下速比	18.33	
轧机形式	四辊可逆式	四辊不可逆式
压下电机（直流机）	$N = 2 \times 220$kW $n = 0 \sim 100$r/min	$N = 2 \times 70$kW $n = 1700$r/min
压下螺丝/mm	$S560 \times 40$	$S560 \times 24$
轧辊最大开口度/mm	350	350
回松力	25MN/每侧	25MN/每侧
牌坊立柱端面积/cm^2	7298	7298

续表 3-10

主要参数	R_2	R_3，R_4
机架辊直径/mm	ϕ500	
机架辊电机	$N=33\text{kW}$， $n=0\sim192\text{r/min}$	
轧辊平衡方式	液压平衡	液压平衡
接轴平衡方式	液压平衡	液压平衡
液压系统压力/MPa	15	15
工作辊冷却水压力/MPa	1	1
支承辊冷却水压力/MPa	0.4	0.4
高压水除鳞压力/MPa	16	16

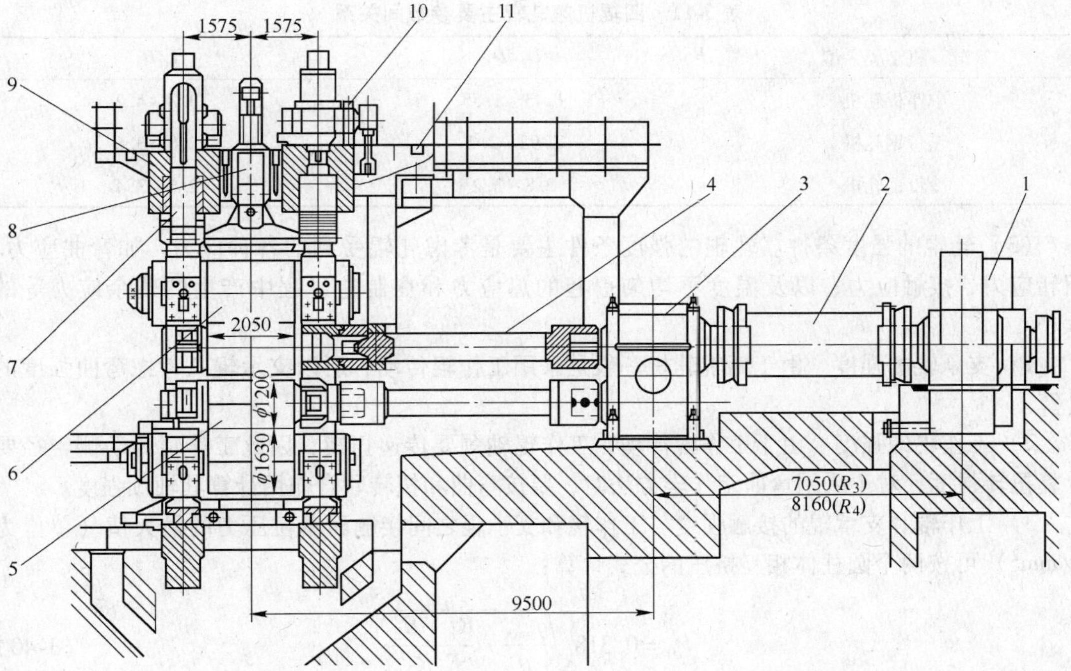

图 3-67 四辊机座及主传动系统

1—减速器；2—中间轴；3—人字齿轮机座；4—齿形接轴；5—工作辊；6—支承辊；7—压下装置；8—支承辊平衡装置；9—牌坊；10—回松装置；11—平台

A 轧辊

a 轧辊参数

板轧机轧辊的主要参数有辊身长度和辊径。

辊身长度 L（单位为 mm）取决于最大成品板材宽度：

$$L = a + b \tag{3-38}$$

式中 b——板材的最大成品宽度，mm；

a——与板材宽度有关，当 $b=1000\sim2500\text{mm}$ 时，$a=100\sim200\text{mm}$，一般取$a=150\text{mm}$。

轧辊直径要考虑咬入条件、轧辊刚度和强度，对于四辊机座的工作辊和支承辊要分别考虑。

（1）轧辊咬入条件。粗轧机组的四辊机座，选择工作辊直径 D_1 要满足咬入条件：

$$D_1 \geqslant \frac{\Delta h}{2\sin^2\frac{\alpha}{2}} \tag{3-39}$$

式中　Δh——压下量，mm；

α——允许咬入角，（°）。

（2）轧辊的刚度条件。由于强化轧制工艺和扩大合金钢品种带卷生产，轧辊承受的轧制力达到15000～17000kN/m，为提高机座的刚度，四辊机座支承辊的辊身长度与轧辊直径之比 L/D 逐渐减小，约为1.1～1.4，支承辊的直径 D_2 = 1525～1625mm，工作辊直径 D_1 = 1120～1270mm；精轧机组支承辊直径与粗轧机组基本相同，工作辊直径 D_1 = 725～825mm。四辊机座的工作辊直径 D_1、支承辊直径 D_2 和辊身长 L 之间的关系见表3-11。

表3-11　四辊机座轧辊主要参数间关系

轧 机 类 型	D_2/D_1	L/D_1
中厚板轧机	1.45～1.55	3.3～4.2
热带钢轧机	1.92～2.2	2.0～3.6
冷带钢轧机	2.8～3.2	2.5～3.4

（3）轧辊的强度条件。轧辊的强度条件主要是考虑轧辊受到的各种应力，如弯曲应力、扭转应力、接触应力、以及温度不均匀引起的热应力和在制造过程中产生的残余应力等的大小。

1）支承辊的强度。由于四辊轧机一般是采用工作辊传动，所以支承辊只考虑弯曲强度的计算。

2）工作辊的强度。由于工作辊传动，工作辊轴颈要传递扭矩，因此工作辊传动侧辊径要计算扭转强度；对于采用弯曲工作辊方法时，要按弯曲和扭转联合作用计算其轴颈强度。

3）工作辊和支承辊的接触强度。工作辊和支承辊之间接触面单位压力的最大值（单位为 N/mm^2）可按两个圆柱体相互挤压的公式计算：

$$P_0 = 0.318\sqrt{\frac{q_{max}}{\theta}\cdot\frac{R_1+R_2}{R_1R_2}} \tag{3-40}$$

$$\theta = \frac{1-\nu_1^2}{\pi E_1} + \frac{1-\nu_2^2}{\pi E_2} \tag{3-41}$$

式中　R_1，R_2——工作辊和支承辊半径，mm；

q_{max}——工作辊和支承辊接触面单位长度上最大压力，近似计算可取 $q_{max} = 1.5q_0$（q_0 为单位长度平均压力），N/mm；

θ——与轧辊材料弹性模数和波桑系数有关的常数；

ν_1，ν_2——工作辊和支承辊波桑系数；

E_1，E_2——工作辊和支承辊弹性模数。

由于工作辊和支承辊接触区材料处于三向压应力状态，故虽然 P_0 很大，但不至于产生危险的后果。但当切应力值超过允许值时，会使轧辊产生裂纹或剥落，根据计算，切应力值在距离辊面深度 $z = 0.78b$（$2b$ 为工作辊和支承辊弹性压扁接触宽度）处时达到最大值，即：

$$\tau_{max} = 0.304P_0 \qquad (3\text{-}42)$$

在接触压力作用下，接触应力与深度的关系如图3-68所示。由于工作辊的表面硬度高于支承辊，因此接触强度中，支承辊的接触强度比工作辊危险。根据支承辊表面硬度来确定许用接触压应力和许用切应力可由表3-12查得。

表3-12 支承辊许用接触应力与表面硬度的关系

支承辊硬度			$[P_0]$ /MPa	$[\tau]$ /MPa
布氏HB	肖氏HS	洛氏HRC		
170	30	17	1610	490
250	40	28	2010	610
350	60	39	2210	670
550	85	57	2410	730

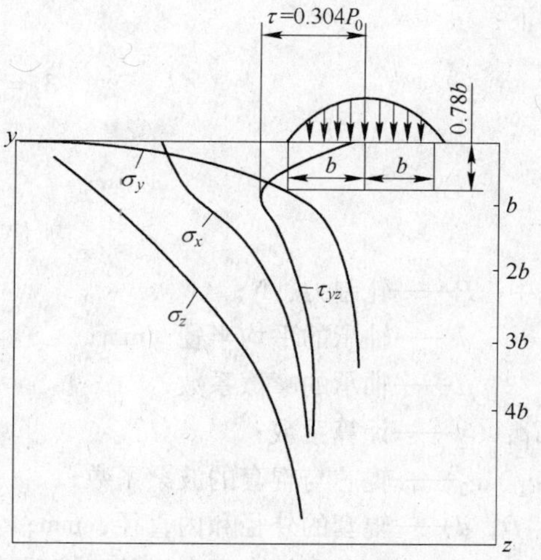

图3-68 轧辊接触应力与深度的关系

b 轧辊的制造

（1）工作辊的制造。工作辊的制造主要着眼于提高辊身的耐磨性能，因此要求热轧工作辊在轧辊表面的金相组织中形成比较硬的碳化物，一般采用高铬铸铁复合轧辊。近年来高速钢复合轧辊被迅速推广。高速钢复合轧辊在高温下有较高的硬度，它在改善表面质量、降低轧辊消耗，减少换辊次数方面有明显效果，高速钢复合辊的寿命比高铬复合铸铁辊寿命高2倍以上。冷轧工作辊的制造，大量使用锻钢轧辊。这是因为铸铁工作辊中石墨会造成带钢表面的“污染”，而锻钢轧辊轧制带钢表面清洁。

（2）支承辊的制造。支承辊制造的着眼点是既要有较高的强度，又要有良好的表面耐磨性能。在制造方法上有铸造支承辊、锻钢支承辊和镶套支承辊。

1）铸造支承辊。目前使用最多的是离心浇注复合法，它是把熔炼好的耐磨金属浇注到旋转的铸型中，在离心力的作用下成形，然后浇注芯部金属充满芯腔，使芯部和表面有不同的力学性能。

2）锻钢支承辊。锻钢支承辊采用锻造的方法来细化铸造金相组织，改善轧辊的力学性能，以适应大的轧制力和高速轧制的需要。锻钢轧辊都是采用合金钢，为发挥其性能都必须进行热处理。

3）镶套支承辊。随着轧机的大型化，给大型支承辊的锻造和热处理带来困难，尤其支承辊大都是合金钢制造的，成本很高，因此出现了镶套支承辊。

镶套支承辊由辊芯和辊套组成，用热装的方法套在一起。辊芯采用高韧性的低合金钢或优质碳素钢制成，辊套则用高硬度材料，把轧制对支承辊要求的耐磨性和高强度这两个相互矛盾的性能通过镶套结合起来，而且辊芯可通过更换辊套重复使用。因此镶套支承辊提高了使用性能，同时还降低了成本。

镶套辊的设计是要满足辊套与辊芯的配合强度，轧制时既不能在辊芯和辊套间出现打滑，又不能使镶套出现断裂。因此，要按辊芯和辊套间不打滑为原则来选择过盈量，按辊套的断裂强度校核辊套的强度。一般设计镶套轧辊时，镶套的内径与外径之比通常取0.6～0.75，平均过盈量为辊芯直径的0.1%～0.13%。过盈量的选择必须满足传递扭矩不打滑的要求，其计算方法如下。

在轧制力的作用下，克服支承辊轴承摩擦力矩所需要的过盈量（单位为μm）可计算如下：

$$\delta_1 = \frac{Pr\,\mu(C_1 + C_2)}{10.5f\pi dL} \tag{3-43}$$

$$C_1 = 1 - \nu_1$$

$$C_2 = \frac{D_2 + d_2}{D_2 - d_2} + \nu_2 \tag{3-44}$$

式中　P——轧制力，N；

r——轴承的平均半径，mm；

μ——轴承的摩擦系数；

C_1，C_2——计算系数；

ν_1，ν_2——辊芯与辊套的波桑系数；

D，d——辊套的外径和内直径，mm；

f——辊芯和辊套配合面的摩擦系数；

L——辊身长度，mm。

防止轧辊受热不均松动的过盈量(单位为 μm)计算如下：

$$\delta_2 = \alpha(T - T_1)d \times 10^3 \tag{3-45}$$

$$T = T_2 - \frac{T_2 - T_1}{\ln\dfrac{D}{d}}\ln\frac{d + D}{2D} \tag{3-46}$$

式中　α——辊套的线膨胀系数；

T_1——辊套的初始温度(一般取 20℃)；

T——辊套的平均温度，℃；

T_2——支承辊的表面温度，℃。

考虑加工表面不平度所需要的过盈量(单位为 μm)计算如下：

$$\delta_3 = 6(R_{a1} + R_{a2}) \tag{3-47}$$

式中　R_{a1}，R_{a2}——辊套与辊芯配合面的粗糙度。

支承辊传动时，传递扭矩所需要的过盈量(单位为 μm)计算如下：

$$\delta_4 = \frac{M(C_1 + C_2)}{33fdL} \tag{3-48}$$

式中　M——各支承辊所受的扭矩。

保证支承辊在轧制时配合面不松动的最小过盈量取值如下：

工作辊传动时，$\delta_{min} = 1.2\delta_1 + \delta_2 + \delta_3$；

支承辊传动时，$\delta_{min} = \delta_2 + \delta_3 + 1.2\delta_4$。

c　四辊机座轧辊的稳定性

一般四辊机座工作辊中心相对支承辊中心偏移一小段距离，称为偏移值。目的是保证工作辊在轧制时稳定。所谓工作辊的稳定性，是指工作辊的侧向在任何瞬时都不失去约束，即保证有作用力使轧辊始终紧靠向一侧。如果工作辊有微小的窜动或歪斜，都会影响压下量和沿宽度方向上厚度的均匀性。因此，保证工作辊稳定对减小轧辊轴承冲击和保证产品的几何精度方面有重要意义。

如图 3-69 所示为工作辊传动的四辊机座在正向轧制工作辊偏向轧件出口侧时工作辊的受力情况。忽略工作辊的平衡力，则作用在工作辊上的力有轧制力 P、支承辊的支反力 Q 和工作

辊轴承座的支反力 F，当前张力 T_1 大于后张力 T_0 时，据静力平衡条件可得：

$$F = P\sin\alpha + Q\sin(\beta+\gamma) \tag{3-49}$$

$$P\cos\alpha = Q\cos(\beta+\gamma)$$

即：

$$Q = \frac{P\cos\alpha}{\cos(\beta+\gamma)} \tag{3-50}$$

将式 3-50 的 Q 代入式 3-49 得：

$$F = P\sin\alpha + P\cos\alpha\tan(\beta+\gamma) = P\cos\alpha\left[\tan\alpha + \tan(\beta+\gamma)\right] \tag{3-51}$$

因为α、β、γ 角都很小，则 $\tan\alpha \approx \alpha$，$\tan(\beta+\gamma) \approx (\beta+\gamma)$，根据工作辊的稳定条件，必须使 $F>0$，即：

$$F = P\cos\alpha\left[\tan\alpha + \tan(\beta+\gamma)\right] > 0$$

则：

$$\tan\alpha + \tan(\beta+\gamma) > 0$$

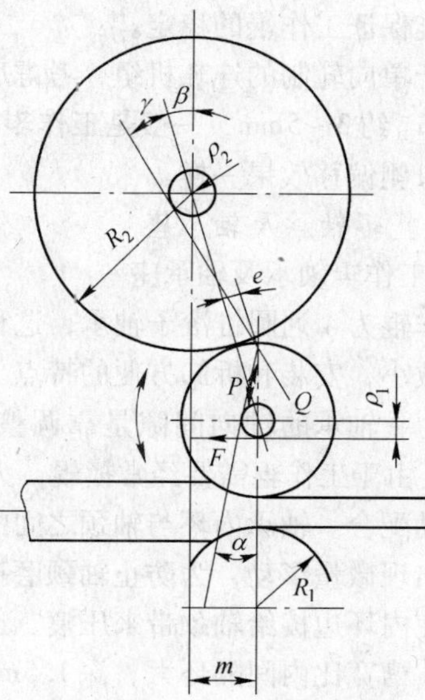

图 3-69 四辊机座工作辊受力分析

则有：

$$\alpha + \beta + \gamma > 0 \tag{3-52}$$

同理，反向轧制时，工作的稳定条件：

$$-\alpha + \beta - \gamma > 0 \tag{3-53}$$

轧机空转时，$P=0$，工作辊的稳定条件为：

$$\alpha \pm \gamma > 0$$

综合式 3-52 和式 3-53，可得各种轧制情况下工作辊的稳定条件如下。

（1）单向正向轧制：

无张力时，$\beta+\gamma>0$；

带张力时，$\alpha+\beta+\gamma>0$。

（2）可逆轧制（考虑反向轧制的稳定性）：

无张力时，$\beta>\gamma$；

带张力时，$\beta>\alpha+\gamma$。

轧制力与垂直面的夹角 α 由式 3-54 决定：

$$\sin\alpha = \frac{T_1 - T_2}{2P} \tag{3-54}$$

工作辊与支承辊中心连线与垂直面的夹角 β 取决于偏移值 m 的大小：

$$\sin\beta = \frac{m}{R_1 + R_2} \tag{3-55}$$

由于传动工作辊，故支承辊的作用力切于摩擦圆，其方向决定于转动方向；

$$\sin\gamma = \frac{e + \rho_2}{R_2} \tag{3-56}$$

把 α、β、γ 代入式 3-52 和式 3-53，并令 $F=0$ 时，可以求出工作辊临界偏移值 m_0，即：

$$m_0 = \pm(R_1 + R_2)\left(\frac{T_1 - T_0}{2P} + \frac{e + \rho_2}{R_2}\right) \tag{3-57}$$

式中 + 用于可逆轧制，− 用于单向正向轧制。实际选用的偏移值 m 应大于临界偏移值 m_0，这样才能保证工作辊的稳定。

对于单向轧制的连轧机组，考虑后张力有可能大于前张力（特别是精轧机末架），通常取 m 大于 m_0 约 3～5mm，一般是工作辊向出口侧偏移 5～10mm。对于可逆轧机，工作辊向入口侧或出口侧偏移效果一样。

B　轧辊轴承及轴承座

a　工作辊轴承及轴承座

工作辊为 4 列圆锥滚子轴承，这种轴承径向尺寸小，宽度尺寸大，额定静负荷大。它具有摩擦系数小，安装和拆卸方便的特点。4 列圆锥滚子轴承既可以承受径向力，又可以承受一定的轴向力，轴承的轴向间隙是靠调整间隔环的厚度的办法来保证，轴向间隙一般取 0.25～0.5mm。由于工作辊需要经常换辊，为便于安装和拆卸轴承，轴承内环与轴颈、外环与轴承座孔均用动配合。轴承内环与轴颈之间的最大间隙可达 0.411mm。由于配合较松，轧制时内环与轴颈间出现微量窜动，为防止轴颈磨损，轴颈的硬度 HS 为 30～40。为防止因轴承对轴颈的挤压作用使内环边棱给轴颈带来压痕，造成拆卸轴承困难，在与内间隔环对应的轴颈处，加工有环形槽，槽宽比内间隔环大、深 1.5mm，槽边有 R20mm 的圆角，使拆卸轴承时内间隔环不会因落入而卡在槽中。

工作辊轴承座部件如图 3-70 所示。轴承内环在轴颈上的固定是在工作辊轴端的环形槽里放有 2 个半环，起止推作用。当拧动带槽螺母时，螺纹套沿导向键前进，螺母紧压在半环上，螺纹套顶紧内环，导向键防止螺纹套转动，轴承内环紧固后，用防松挡块与半环固定在一起，半环的内孔有键与轧辊轴头相连，防止螺母松动。

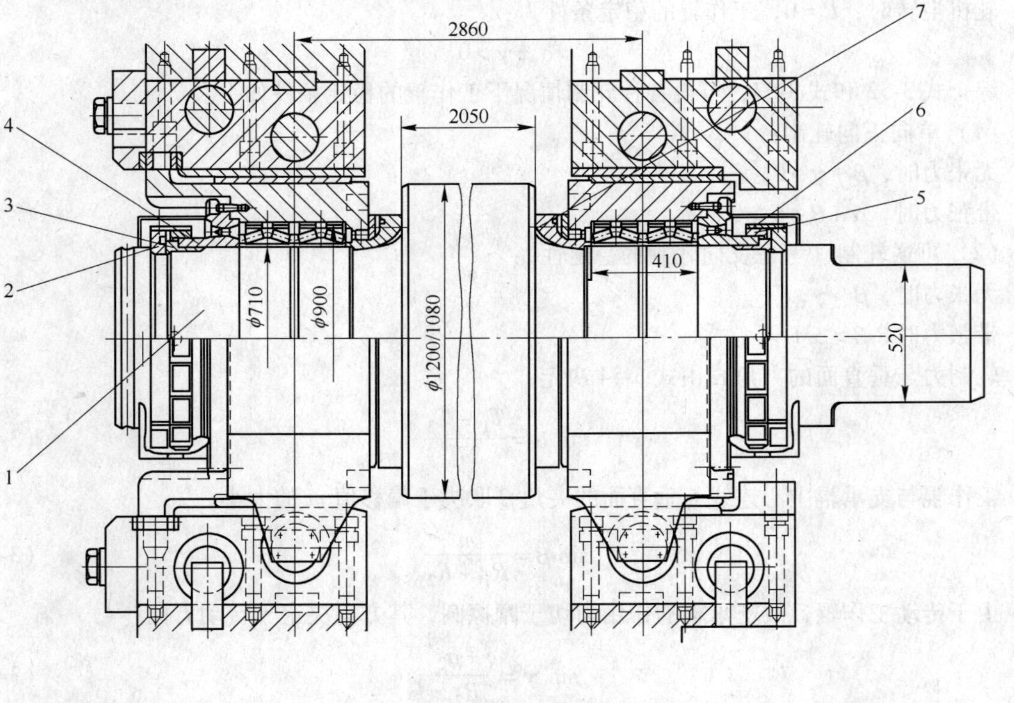

图 3-70　工作辊轴承座部件

1—工作辊；2—半环；3—导向键；4—螺纹套；5—带槽螺母；6—防松挡块；7—密封圈

b　支承辊轴承及轴承座

支承辊采用液体摩擦轴承，主要是因为滚动轴承的外形尺寸大，减小了轴颈的尺寸，降低了轧辊轴颈的强度；轴承的寿命随速度和负荷增加而下降，因此在现代高速热带钢连轧机上被液体摩擦轴承取代。

液体摩擦轴承的优点是：

（1）摩擦系数小。在稳定的工作状态下，其摩擦系数 f 为 0.001～0.005。

（2）承载能力高。对冲击载荷的敏感小，其单位承载能力为：

$$q_{\max} = \frac{P}{dl} = 2200 \sim 2500\mathrm{N/cm^2}$$

式中 P——轴承的载荷；

d——轴承工作直径；

l——轴承工作长度。

（3）适于高速工作。当液体摩擦轴承的线速度在 $v = 20 \sim 30\mathrm{m/s}$ 的情况下，仍能保持很高的轧制精度（≤0.02mm）；

（4）使用寿命长。在正常的使用条件下，使用寿命可达 15～20 年；

（5）结构紧凑，体积小。

支承辊轴承座部件的结构如图 3-71 所示。在轧辊的操作侧装有双向止推滚动轴承来承受双向轴向力，两端轴承座之间加拉杆，以限制自由端轴承座窜动量过大。为防止灰尘、水和氧化铁皮进入轴承和润滑油流出，轧辊的辊身端部装有多支点密封结构。具有弹性的轻金属密封环通过橡胶缓冲垫固定在辊身上，多支点密封圈由聚四氟乙烯料制成被密封环和辊套夹紧，密封圈内有紧固弹簧，防止轧辊旋转时产生离心力使密封圈松开。锥套在辊颈上的切向固定键，由锥面移至圆柱段上，避开负载区；而轴向固定则通过止推轴承、螺纹套、半环、螺母固定在轴颈上，螺母上设有防松挡块。另一种结构形式是两端轴承座都带有双向止推滚动轴承，2 个轴承座自成体系。

应该指出的是支承辊轴承座必须有自位的性能。上支承辊轴承座靠压下螺丝端部的球面压力垫自位；下支承辊轴承座靠其下面的圆柱形的垫块自位。

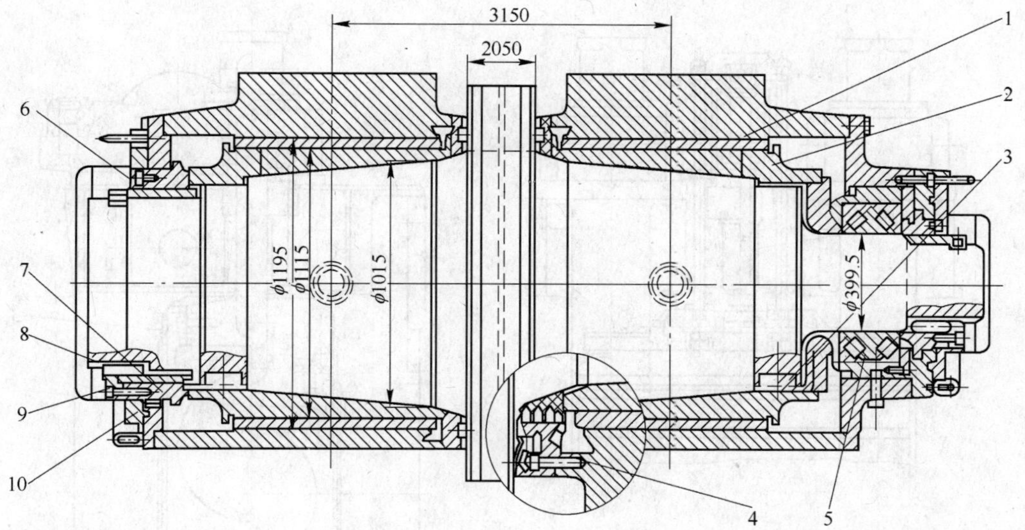

图 3-71 支承辊轴承座部件

1—衬套；2—锥套；3—键；4—密封件；5—止推轴承；6—螺纹套；7—螺母；8—导向键；9—半环；10—防松挡块

C 轧辊的调整

a 压下装置

粗轧机四辊机座的压下系统与二辊机座类似，是电动压下系统，由球面蜗轮副带动压下螺丝实现。有的粗轧四辊机座的压下系统由高速压下和精调压下构成双压下系统，如图3-72所示为双压下系统的传动示意图。其高速压下系统由2台电机通过伞齿轮箱驱动球面蜗杆，完成高速压下调整，2台电机由电磁离合器同步。精调压下系统为低速压下，由1台电机驱动2个蜗杆，与此蜗杆啮合的蜗轮空套在蜗轮轴上，靠电器离合器连接。当低速压下时，压下电机经过两级蜗轮减速。高速压下在辊缝快速调节时使用，而低速压下在辊缝调零时使用，为了防止坐辊。

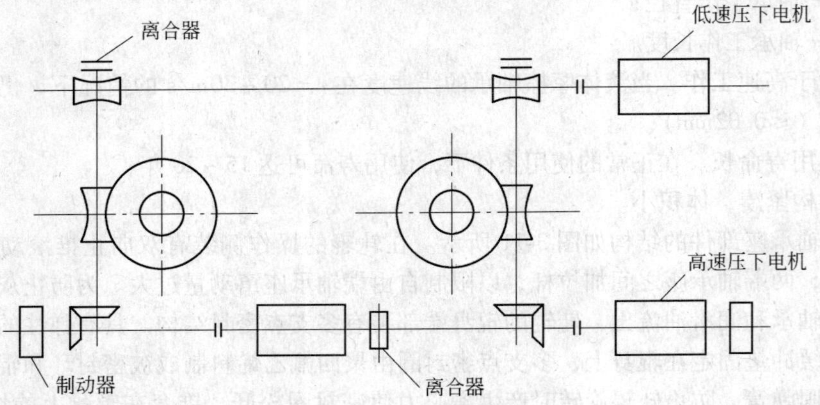

图3-72 双压下系统传动示意图

b 平衡装置

四辊机座上支承辊的平衡与二辊机座类似，由设在轧机顶部的支承辊平衡液压缸支撑一扁担梁，扁担梁通过上横梁、平衡拉杆、下横梁，吊挂上支承辊轴承座，如图3-73所示。上支承辊平衡缸是用来平衡上支承辊轴承座、压下螺丝及平衡装置本身的重量。换工作辊时，为抬

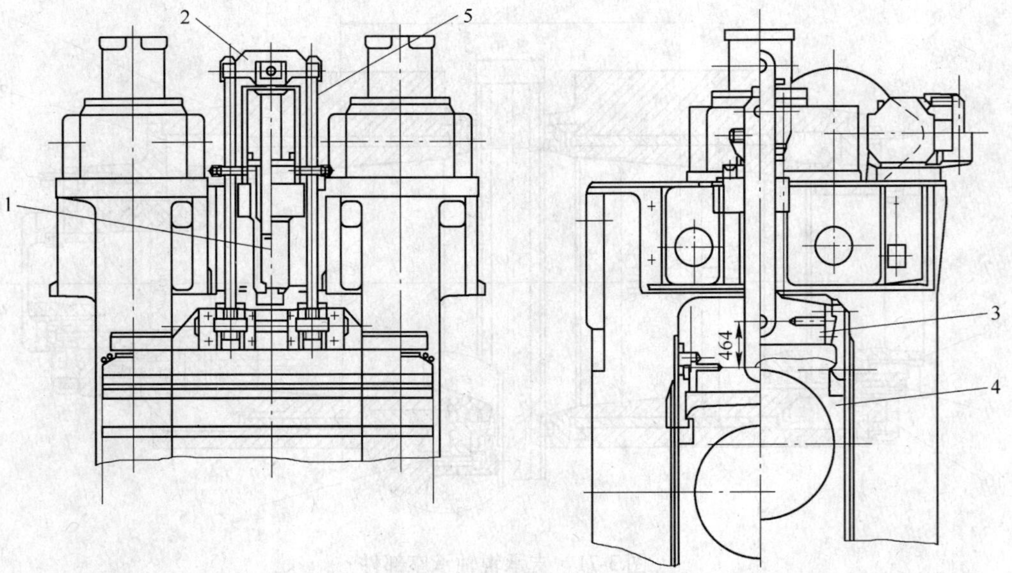

图3-73 四辊机座上支承辊的平衡装置

1—平衡缸；2—上横梁；3—下横梁；4—支承辊轴承座；5—平衡拉杆

起上支承辊，上支承辊平衡缸压力应该增大。

上工作辊的平衡设有4个平衡液压缸（操作侧2个，传动侧2个），平衡缸设置在安装于牌坊窗口内侧中部的凸块上。这种结构的特点是单独的凸块便于加工，可确保液压缸的质量，简化牌坊窗口的结构，而且换辊时不用卸油管，可实现快速换辊。为防止上下工作辊和下支承辊之间空载打滑擦伤辊面，在凸块的下面设有4个工作辊压紧缸，在牌坊凸块上面还设立了4个提升缸，在换辊时将工作辊换辊轨道提升，托起下工作辊轴承座下面的滚轮。工作辊平衡缸与压紧缸都采用活塞缸，保证在无载荷时活塞杆能够退回缸内，以免发生事故。活塞杆设有球面自位结构，如图3-74所示。

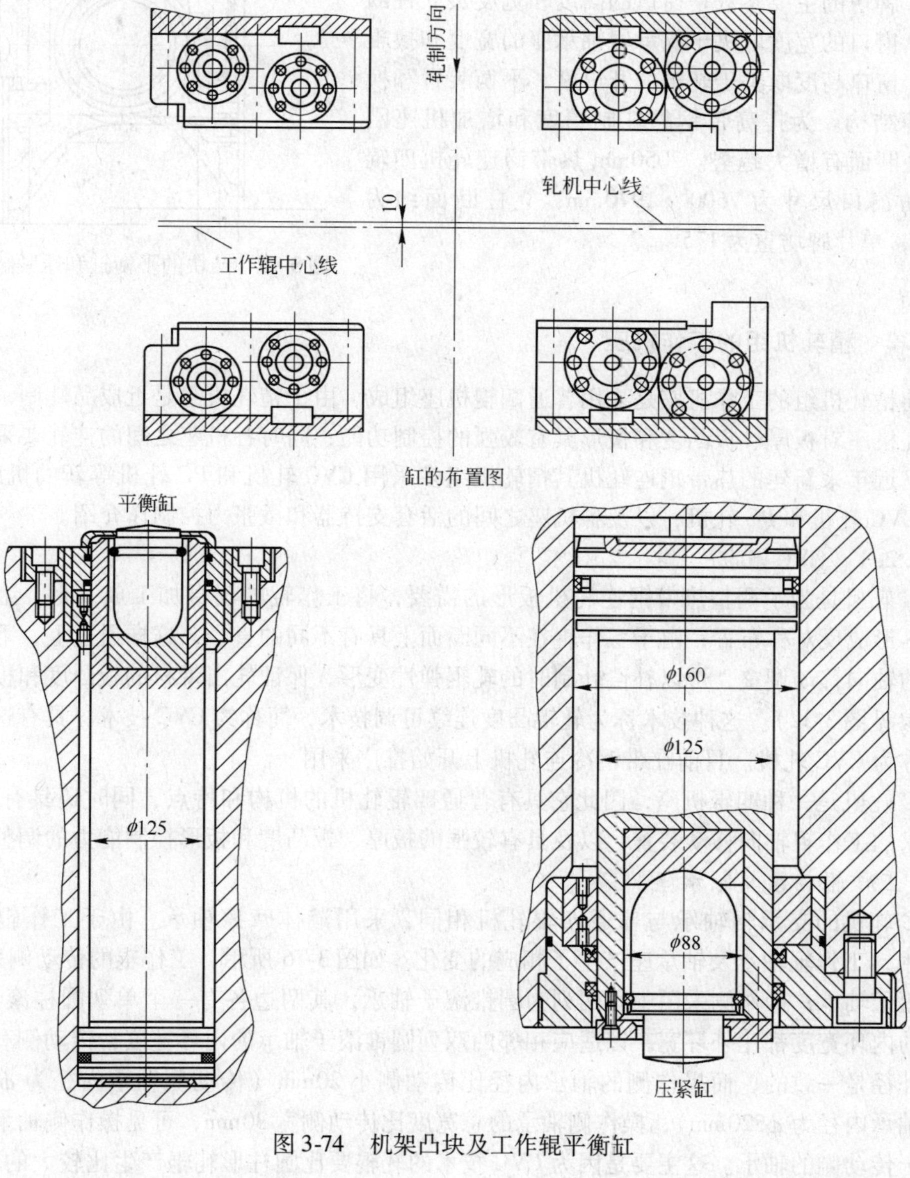

图3-74 机架凸块及工作辊平衡缸

设有弯曲工作辊的四辊机座，工作辊弯辊缸与上工作辊平衡缸和下工作辊压紧缸做成一体。如图3-75所示为一种凸块上的上、下液压缸无杆腔相通，上、下缸可同时伸缩，使结构简单。

上工作辊平衡缸平衡的重量包括工作辊、轴承座和上支承辊的重量。

D　机架

四辊机座的机架主要是由2片牌坊、上横梁、下横梁（有的机座不设下横梁）、凸块、换辊梁和底座组成。牌坊采用ZG25、ZG35Ⅱ整体铸造，ZG25比ZG35Ⅱ更能保证铸造质量。

牌坊结构应尽可能用比较简单的形状，以提高加工工艺性。牌坊的主要参数是窗口的高度和宽度及立柱断面尺寸。窗口的宽度取决于支承辊轴承座的宽度和换辊时进出；窗口高度取决于轧辊的开口度、平衡装置和换辊装置等结构。为提高带钢的轧制精度和增加机座刚度，立柱断面有增大趋势。2050mm热带钢连轧机四辊机座牌坊窗口尺寸为7600×1970mm，立柱断面约为7298cm^2，单片牌坊重为175t。

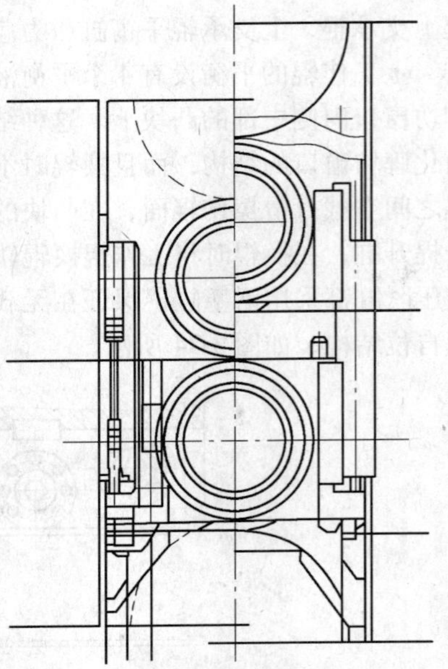

图3-75　凸块的平衡缸和压紧缸布置

3.4.2　精轧机组的工作机座

以前精轧机组的工作机座是采用普通四辊机座组成。由于精轧机组是近成品轧制，因此要求各精轧机座对板厚、板凸度和板形具有较强的控制功能；同时各机座之间的连轧要采用微张力控制。近年来新建的热带钢连轧机其精轧机组多采用CVC轧机和PC轧机等新的机座形式。下面对CVC轧机和PC轧机，以及各机座之间的活套支持器和微张力控制作介绍。

3.4.2.1　CVC轧机

CVC轧机是为了调整热带钢连轧机板形的需要，将工作辊的辊身加工成S形，上、下工作辊的S形成反对称布置；由于工作辊在不同断面上具有不同的直径，这样通过上、下工作辊做对称的轴向移动调整，可以补偿轧制时的轧辊弹性变形，保证轧出带材的板凸度和板形满足要求（参见图3-32）。这种技术称为轧辊凸度连续可调技术，简称为CVC技术，具有这种技术的轧机称为CVC轧机。目前在带钢冷连轧机上开始推广采用。

CVC轧机是一种四辊机座，因此它具有普通四辊轧机的机构和特点，同时还具有CVC技术所要求的工作辊轴向移动装置，以及具有较强的板厚、板凸度和板形控制能力的调整机构。

A　工作辊轴承及轴承座

CVC轧机的支承辊轴承与普通四辊轧机相同，采用液体摩擦轴承。由于工作辊采用了CVC技术，工作辊轴承及轴承座产生了相应的变化。如图3-76所示，工作辊的传动侧采用了4列圆锥滚子轴承；操作侧采用中间两列为圆锥滚子轴承，其两边各有一个单列圆柱滚子轴承，而且它的内环宽度都比外环宽，以适应相邻的双列圆锥滚子轴承的内环宽度；传动侧和操作侧的轴承外径是一致的，而操作侧的轴承内径比传动侧小20mm（传动侧轴承内径为ϕ540mm，操作侧轴承内径为ϕ520mm），操作侧轴承的总宽度比传动侧宽30mm，可见操作侧轴承的承载能力高于传动侧的轴承。这主要是因为CVC技术的轧辊要比圆柱形轧辊产生比较大的轴向力，靠操作侧的双列圆锥滚子轴承承受。

B　工作辊轴向移动装置

为了轴向移动轧辊，在操作侧的工作辊轴承座上向外伸出2个悬臂，上面装有滚轮，移动

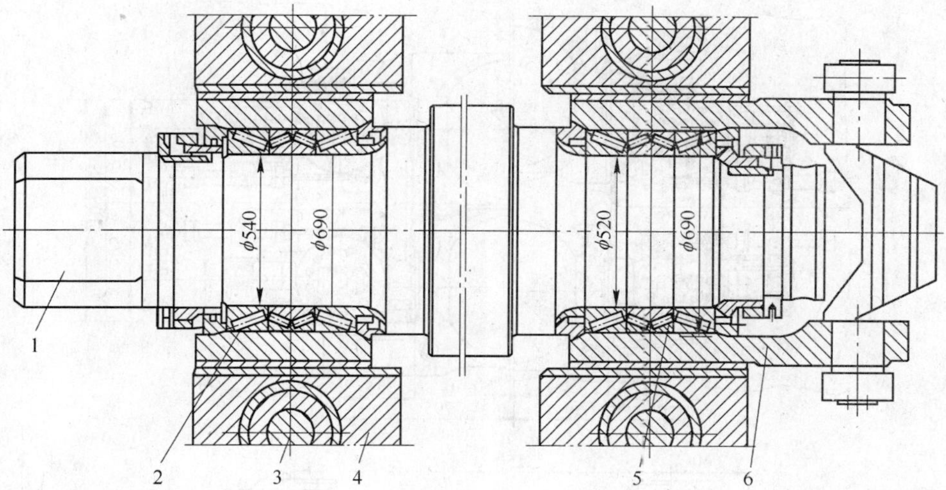

图 3-76 CVC 轧机工作辊及其轴承

1—工作辊；2—传动侧轴承；3—平衡弯辊缸；4—支承座；5—操作侧轴承；6—轴承座

机构通过滚轮推动工作辊做轴向移动。

工作辊轴向移动装置如图 3-77 所示，每个工作辊的轴向移动由 2 个横移液压缸完成，液压缸的缸体与牌坊中部的支承块做成一体。为加工和更换缸体方便，应将缸体与支承块分开制造。活塞杆通过导套拖动工作辊操作侧轴承座伸出端上的滚轮，使工作辊产生轴向移动，工作辊轴承座与支承块之间有滑板，工作辊的位置由位移传感器检测。当不采用 CVC 技术时，可将导套用销子固定，就相当于普通四辊机座工作辊轴承座的轴向挡板固定工作辊。换辊时为了使工作辊从机架中抽出，设置 1 个翻转液压缸将滚轮外侧的夹板旋开，使工作辊移出不受阻挡。2050mm 热带钢连轧机的 CVC 轧机工作辊轴向移动装置的技术参数为：横移液压缸活塞直径 ϕ170mm，活塞杆直径 ϕ95mm，工作行程 ±100mm；系统压力 26MPa；最大横移力 380kN；翻转液压缸的大小为 ϕ50/28 ×280mm，压力 13MPa。

C 压下装置

CVC 轧机的压下装置有电动压下和液压压下两部分组成。电动压下系统与普通四辊轧机基本相同。液压压下缸为短行程液压缸，设置在压下螺丝的下端，如图 3-78 所示。液压缸的活塞内装有压下螺丝的止推自位滚动轴承；在液压缸的两侧装有 2 个位置检测器测量辊缝变化，控制活塞行程，调整辊缝；为防止压下螺丝转动时缸体发生转动，在缸体的两侧用螺丝固定 2 个侧耳，侧耳的外侧平面与机架窗口的衬板相接触（接触间隙为 3mm），以限制缸体转动。

液压压下缸作为液压 AGC 厚度控制系统的执行机构，在卡钢时可以快速移动轧辊卸载。

2050mm 热带钢连轧机 CVC 轧机的液压压下缸的主要参数为：活塞直径 ϕ1050mm，活塞杆的直径 ϕ950mm，活塞行程为 30mm；油压 $F_1 \sim F_3$ 为 30MPa，$F_4 \sim F_7$ 为 25MPa；活塞最大移动速度为 15mm/s。

D 轧辊平衡与弯辊装置

上支承辊平衡与普通四辊轧机类似，用安装在机架上横梁上的平衡液压缸实现；工作辊则采用平衡弯辊缸组成平衡弯辊装置。

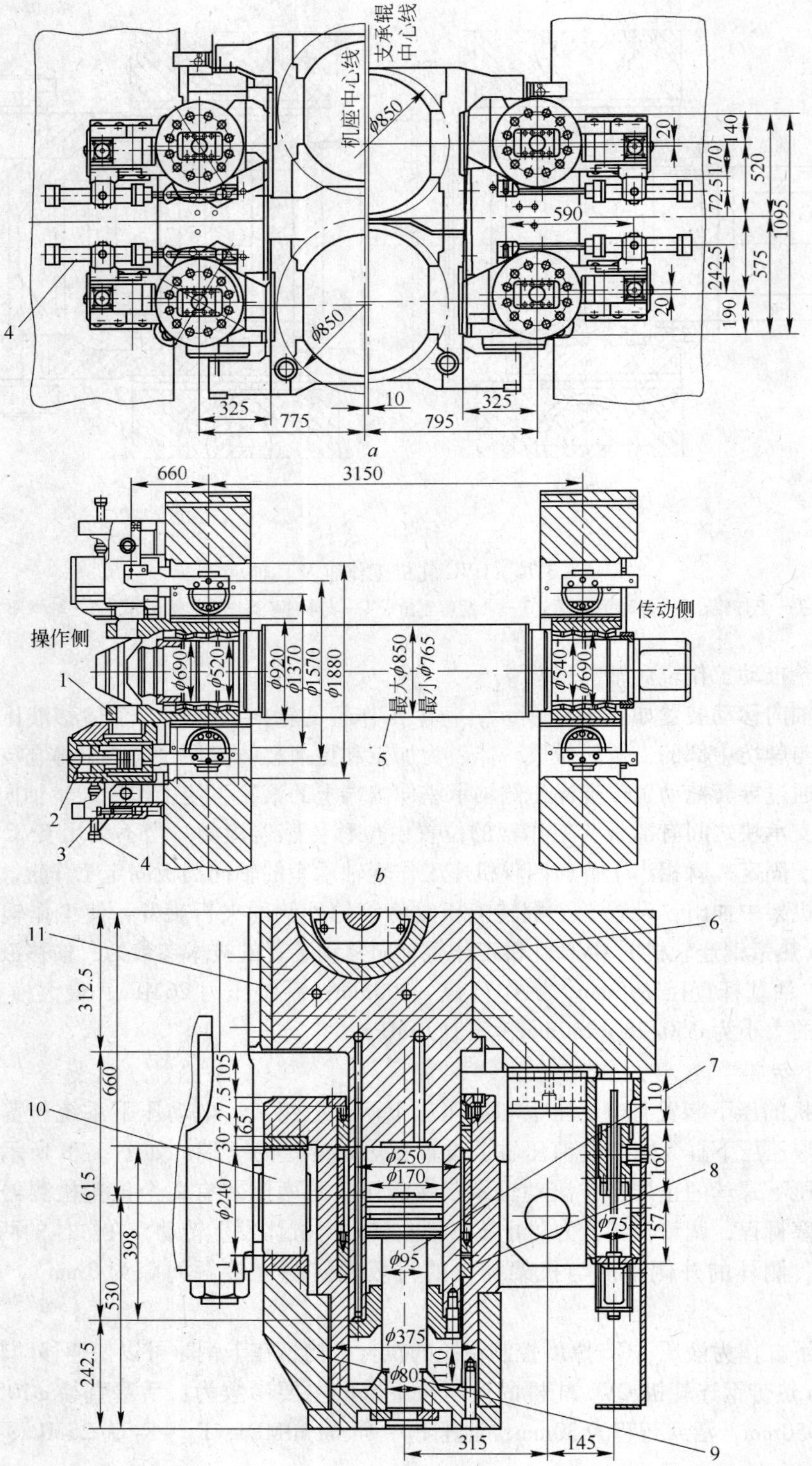

图 3-77　工作辊轴向移动装置

a—轴向移动装置正视图；*b*—轴向移动装置剖视图；*c*—横移液压缸；

1—工作辊轴承座；2—横移液压缸；3—位移传感器；4—翻转液压缸；5—工作辊；

6—缸体（支承块）；7—活塞杆；8—导套；9—夹板；10—滚轮；11—滑板

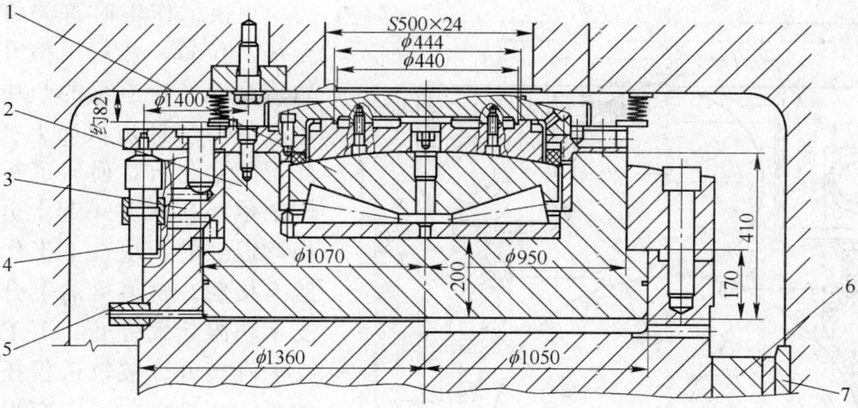

图 3-78　液压压下缸

1—止推轴承；2—活塞杆；3—缸盖；4—位置传感器；5—缸体；6—侧耳；7—侧板

工作辊的平衡弯辊装置如图 3-79 所示。工作辊平衡弯辊缸安装在牌坊窗口中部支承块内，支承块用螺栓固定在牌坊上，液压缸体在支承块的导套内移动，对上下工作辊轴承座的外伸侧耳施加压力，用以平衡上工作辊和施加弯辊压力，活塞杆则通过装在其内的顶杆和顶块对下工作辊施加空载压紧力和弯辊力。顶块在导套内移动，顶杆的两端作成球面形状，起一定的自位作用。圆头的球面垫块磨损后可以更换。顶块上开有槽，用销子插入其中防止顶块自由转动和防止顶块与缸体自由脱落。缸体收缩的最小尺寸用缸体侧面与导套之间的斜面和活塞杆与缸体之间斜面来限制，保证不影响更换工作辊。

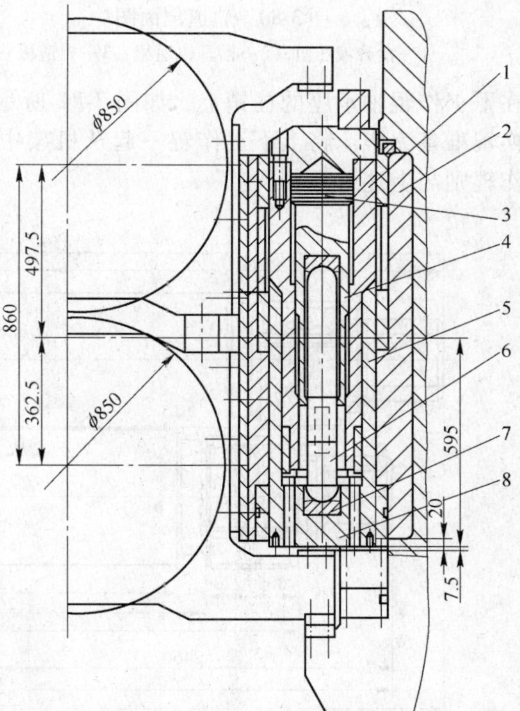

图 3-79　工作辊平衡弯辊液压缸

1—缸体；2—支承块；3—活塞；4—活塞杆；5—导套；6—顶杆；7—球面垫；8—顶块

2050mm 热带钢连轧机平衡弯辊缸的主要参数为：活塞直径 ϕ170mm，活塞杆直径 ϕ150mm；平衡压力，活塞侧 12MPa，活塞杆侧 2MPa；过平衡系数 1.25；弯辊时压力，活塞侧最大压力 25MPa，活塞杆侧 2MPa；每个轴颈最大弯辊力约 1000kN。

E　换辊

a　工作辊换辊

（1）工作辊的换辊准备。CVC 轧机工作辊换辊与普通四辊轧机更换工作辊类似，是通过机架 2 个牌坊窗口内 2 条换辊轨道梁进行的。如图 3-80 所示，轨道梁在窗口内侧布置，轨道梁上面有轨道板，为使工作辊出入机架有准确的导向，一侧导板做成倒 V 形，另一侧为平面的。轨道的升降是靠窗口内侧的抬升液压缸来实现的。

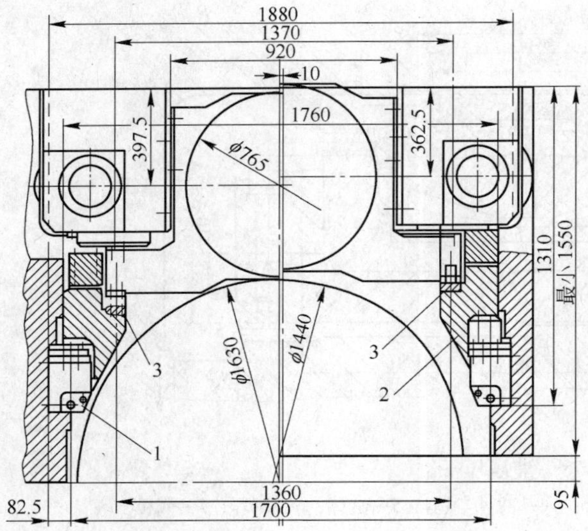

图 3-80　轨道剖面图
1—抬升液压缸；2—抬升轨道梁；3—轨道板

更换工作辊时首先将工作辊升至最高位置，然后用抬升液压缸将轨道升起，轨道梁的凸块把平衡弯辊缸的活塞杆顶块向上托起，上工作辊随之上升，而轨道板与下工作辊轴承座接触并一起上升，此时平衡弯辊缸的顶块与下工作辊轴承座脱离接触，轨道梁的上升被凸台和支承块限定而停止，下工作辊与下支承辊离开，被轨道板托起到换辊位置。这时再向平衡弯辊缸通油上工作辊被托至最高位置，打开下工作辊轴承座的锁定挡板，由换辊平台车的换辊小车将下工作辊向操作侧拉出 315mm，然后收回平衡弯辊缸，使上工作辊轴承座底下的沉坑落在下工作辊轴承座的柱销上，如图 3-81 所示，打开上工作辊轴承座的锁定挡板，工作辊的换辊准备完毕。将上下工作辊一起从机架中拉出，经中间轨道移至换辊装置上。装入新工作辊则与上述过程相反。

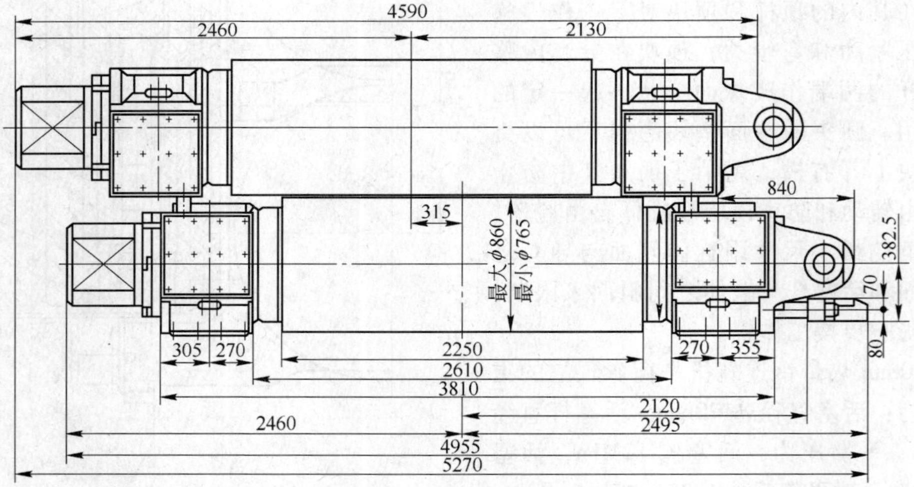

图 3-81　换辊时上下工作辊相对位置

(2) 工作辊换辊装置。精轧机组各架机座前都设有 1 台工作辊换辊装置，各架机座换辊同时进行。工作辊换辊装置可分为转盘式和横移式两种。

1) 转盘式换辊装置。转盘式换辊装置传动示意图如图 3-82 所示。转盘式换辊装置置于每架机座的操作侧，电机经过一级圆柱斜齿轮和一级蜗轮减速后，由蜗轮内的花键轴上小齿轮传动转盘上的大齿轮，驱动转盘转动。在蜗轮减速器的下部设有离合器，由离合器液压缸将其合上或脱开，控制转盘旋转或停止。在转盘顶面设有 2 组轨道，1 组轨道上放置 1 对新工作辊；

另1组轨道对牌坊窗口，准备放由机架中推出的旧辊。定位器液压缸用带V形叉口的滑块固定转盘圆周方向位置。在更换支承辊时，转盘式换辊装置需要移开，这由转盘拉出液压缸完成，待支承辊换辊完成复位后，用定位插销将整个转盘换辊装置固定。

换辊时，由设置在机架传动侧的推拉机构将做好换辊准备的工作辊由机架内推上转盘；转盘旋转180°，将新辊旋转到对正机架窗口位置，由推拉机构把新辊拉入机架。牵引小车将旧辊运往磨辊车间重磨。

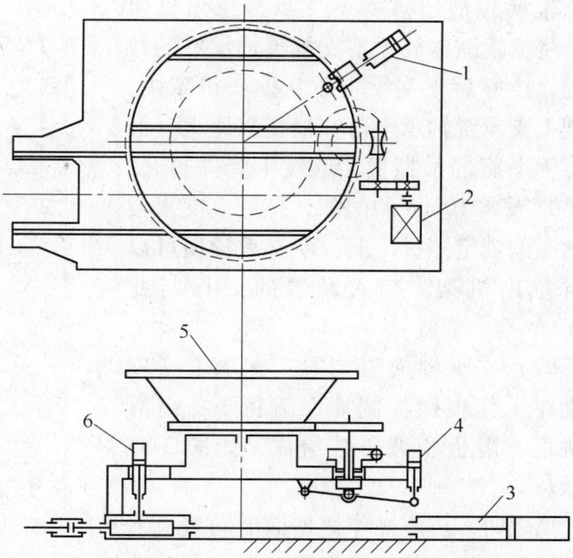

图3-82 转盘式换辊装置传动示意图
1—定位器液压缸；2—电动机；3—转盘拉出液压缸；4—离合器液压缸；5—转盘；6—定位销液压缸

2）横移式换辊装置。如图3-83所示，横移式换辊装置由换辊平台车和横移车组成，分别由电动机驱动。平台车置于机架操作侧与轧制线垂直的轨道上。横移小车设有两组轨道。换辊时将新辊置于一组轨道上，另一组轨道对准牌坊窗口，并锁定位置，平台车开近机架，由推拉机构将处于换辊状态的旧辊从机架内推上横移小车的空轨道上，横移小车横移，旧辊移开，新辊对准牌坊窗口，推拉机构将新辊拉入机架，a～f表示各换辊位置动作顺序，平台车后退将旧辊送磨辊车间重磨。这种形式多用于冷连轧机组。

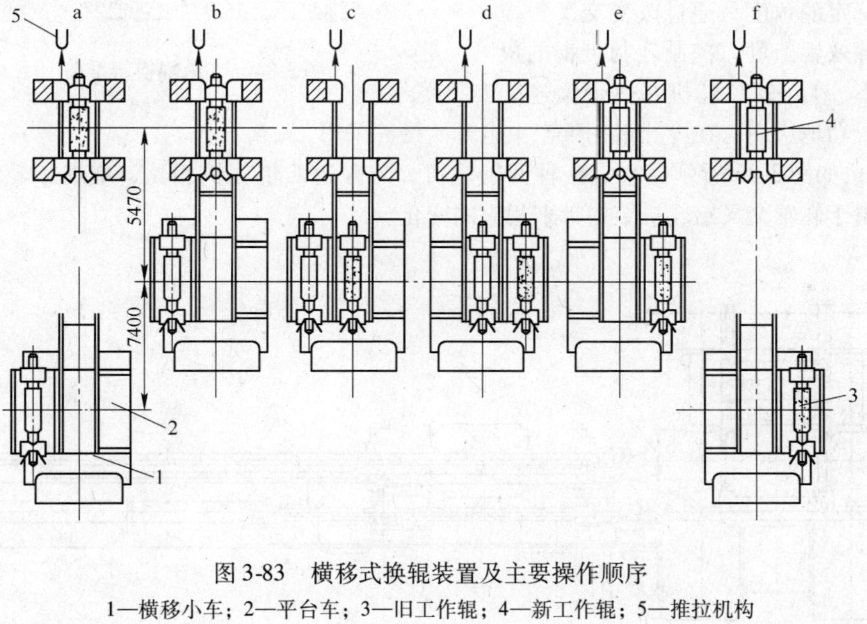

图3-83 横移式换辊装置及主要操作顺序
1—横移小车；2—平台车；3—旧工作辊；4—新工作辊；5—推拉机构

b 支承辊换辊

（1）支承辊的换辊准备。如图3-84所示，支承辊换辊时，首先要卸掉液体摩擦轴承的软管接头，然后将上支承辊升至最高位置，取出工作辊之后，打开下支撑轴承座的锁定挡板，用支承辊换辊液压缸将下支承辊拉出机架外，将换辊鞍座放于下支承辊轴承座的台肩上，放好后下支承辊重新推入机架中，再把上支承辊轴承坐落在换辊鞍座上，上支承辊平衡的吊挂横梁继续下降并打开，与吊耳脱离10mm的间隙，打开上支承辊轴承座的锁定挡板，上、下支承辊便可以同时拉出机架。装入新辊的过程与此相反。

(2) 支承辊换辊装置。支承辊换辊装置在工作辊操作侧地面盖板下，由滑板轨道、滑板和液压缸组成，如图3-85所示。

换辊时，机座操作侧地面活动盖板下降，然后收缩在其他盖板下，将支承辊换辊装置露出，使换辊液压缸活塞杆头部与滑板连接，将滑板上的支承辊拉出后，由吊车运走。

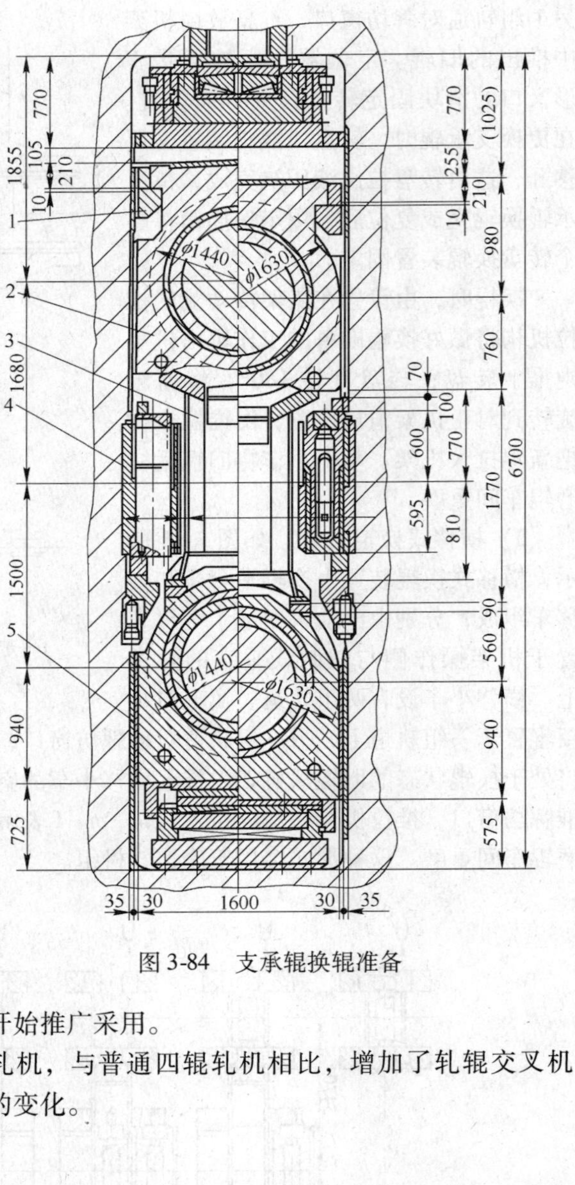

图3-84　支承辊换辊准备

3.4.2.2　PC轧机

PC轧机（Pair Cross Rolling Mill）是一种轧辊成对交叉轧制的轧机，其工作辊和支承辊的轴线平行，上、下2对轧辊成对交叉成一定的角度，通过改变交叉角控制轧辊的等效辊凸度，控制轧制带钢的板凸度和板形。目前PC轧机在热带钢连轧机上已被成功地应用，在冷轧带钢生产中也开始推广采用。

PC轧机如图3-86所示，它是一种四辊轧机，与普通四辊轧机相比，增加了轧辊交叉机构，以及由于轧辊交叉给轧机结构带来相应的变化。

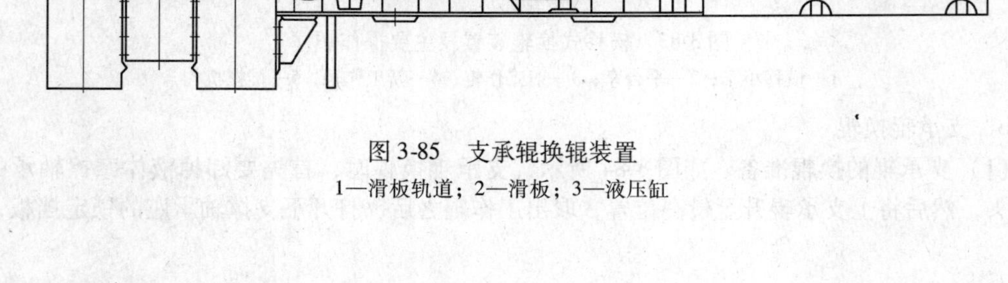

图3-85　支承辊换辊装置
1—滑板轨道；2—滑板；3—液压缸

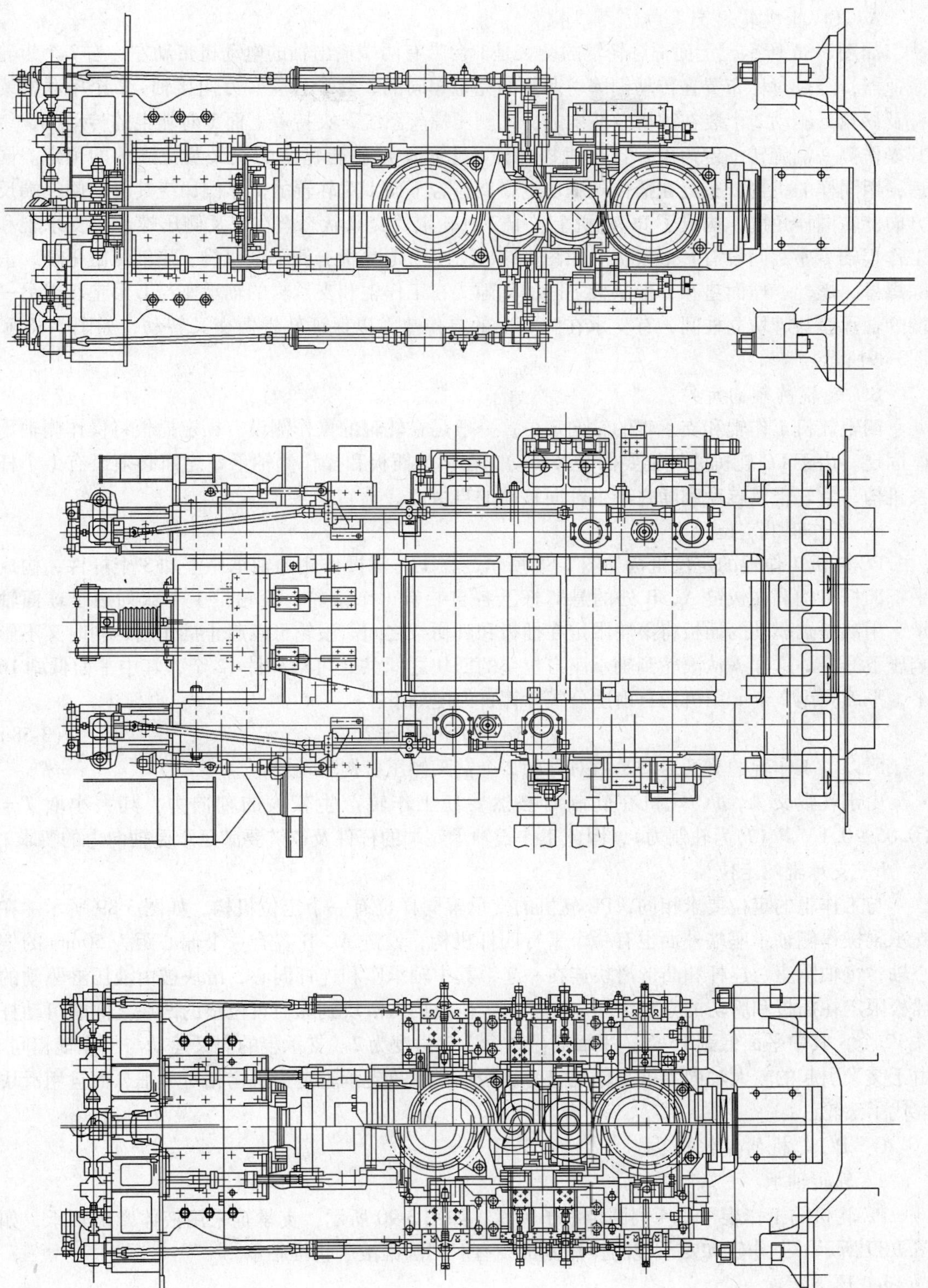

图 3-86 PC 轧机结构总图

A　PC 轧机轧辊交叉的传动机构

如图 3-86 所示，上面 1 对轧辊的交叉是 1 台带有两端输出轴的电动机带动左、右 2 个齿轮减速器，经过对称布置在传动侧牌坊两侧的完全相同的 2 套伞齿轮、万向接轴、2 个串联的蜗杆及蜗轮，驱动 2 个装在牌坊立柱内的交叉侧压螺丝系统，夹持着上面 1 对轧辊的传动侧，绕其操作侧一端旋转一定角度，这个机构保证了上面 1 对轧辊稳定的交叉及交叉角的锁定。同理，用同样的机构，布置在操作侧牌坊上，夹持着下面 1 对轧辊的操作侧，绕其传动侧一端反方向旋转同样角度，构成了 PC 轧机上、下 2 对轧辊的交叉状态。在交叉侧压螺丝与支承辊和工作辊轴承座之间设有 L 形垫板。如图 3-87 所示，L 形垫板有侧平衡机构，用液压缸平衡，消除螺母、螺丝、球面垫和 L 形垫板之间的间隙。在工作辊和支承辊的轴承座与 L 形垫板或另一端的轴承座与牌坊立柱间，有支承在弹簧上的自位垫，以保证轧辊做交叉转动，如图 3-88 和图3-89所示。

B　轧辊的轴向定位

四辊轧机工作辊和支承辊的轴向定位，一般是在轧辊的操作侧设有锁定插板将操作侧轴承座固定。由于 PC 轧机的轧辊要做交叉转动，在锁定插板和操作侧轴承座之间必须设有 1 个杆系机构，给轧辊以转动和随之产生轴向移动的自由度。

a　工作辊的定位

PC 轧机工作辊的定位机构如图 3-88 所示，在工作辊操作侧的轴承座上加 3 个杆件，构成平行四杆机构。在铰链 A、B 处的悬臂杆上各自装有 1 个滚轮，滚轮是 1 个双列滚子球面轴承，用液压缸驱动的插板将滚轮限定在插板和牌坊架之间。滚轮可以起止推作用，同时又不影响压下升降。这样，从滚轮到轴承座自位垫的凹块之间共有可动杆件 12 个，其中平面低副 16 个，平面高副 2 个。用机构自由度公式计算自由度如下：

$$W = 3n - 2P_{\mathrm{d}} - P_{\mathrm{g}} = 2 \tag{3-58}$$

所以，工作辊的交叉运动是由对称的 2 个交叉侧压机构驱动。

由于轧辊交叉，PC 轧机在轧制时必然要使工作辊产生较大的轴向力，其大小取 $T = (0.05 \sim 0.1)P$（P 为轧制力），因此工作辊轴承座端的杆件及铰链要满足承受轴向力的要求。

b　支承辊的定位

与工作辊的定位要求相同，PC 轧机的支承辊同样也有一个定位机构，如图 3-89 所示。在支承辊操作侧轴承座端外面也有一个平行四杆机构，铰链 A、B 各有一个偏心距为 50mm 的偏心轴，将轴承座、连杆和凸形滑块连在一起，其中轴承座和连杆同心，滑块被由液压缸驱动的插板限定在插板和牌坊的立柱之间。支承辊定位机构从滑块到球面自位垫的凹块之间有可动杆件 12 个，其中平面低副 16 个，平面高副 2 个。自由度为 2。支承辊的交叉运动与工作辊相同。由于交叉引起的较大轴向力被工作辊定为机构承受，故支承辊定为机构相对单细，而且用滑块取代了滚轮。

C　PC 轧机的其他机构

a　轧辊轴承

PC 轧机的工作辊采用 4 列圆锥滚子轴承，如图 3-90 所示。支承辊采用液体摩擦轴承，如图 3-89 所示。工作辊和支承辊的操作侧都设有双列圆锥滚子止推轴承。

b　压下装置

PC 轧机采用全液压压下装置，如图 3-91 所示。设在支承辊轴承座上部的压下液压缸的结构如图 3-92 所示。压下液压缸为活塞式，在活塞杆内设有位置传感器，实行 APC 控制，压下液压缸有吊挂横梁，在换支承辊时将压下液压缸吊挂在牌坊窗口上部。由于工作辊和支承辊的

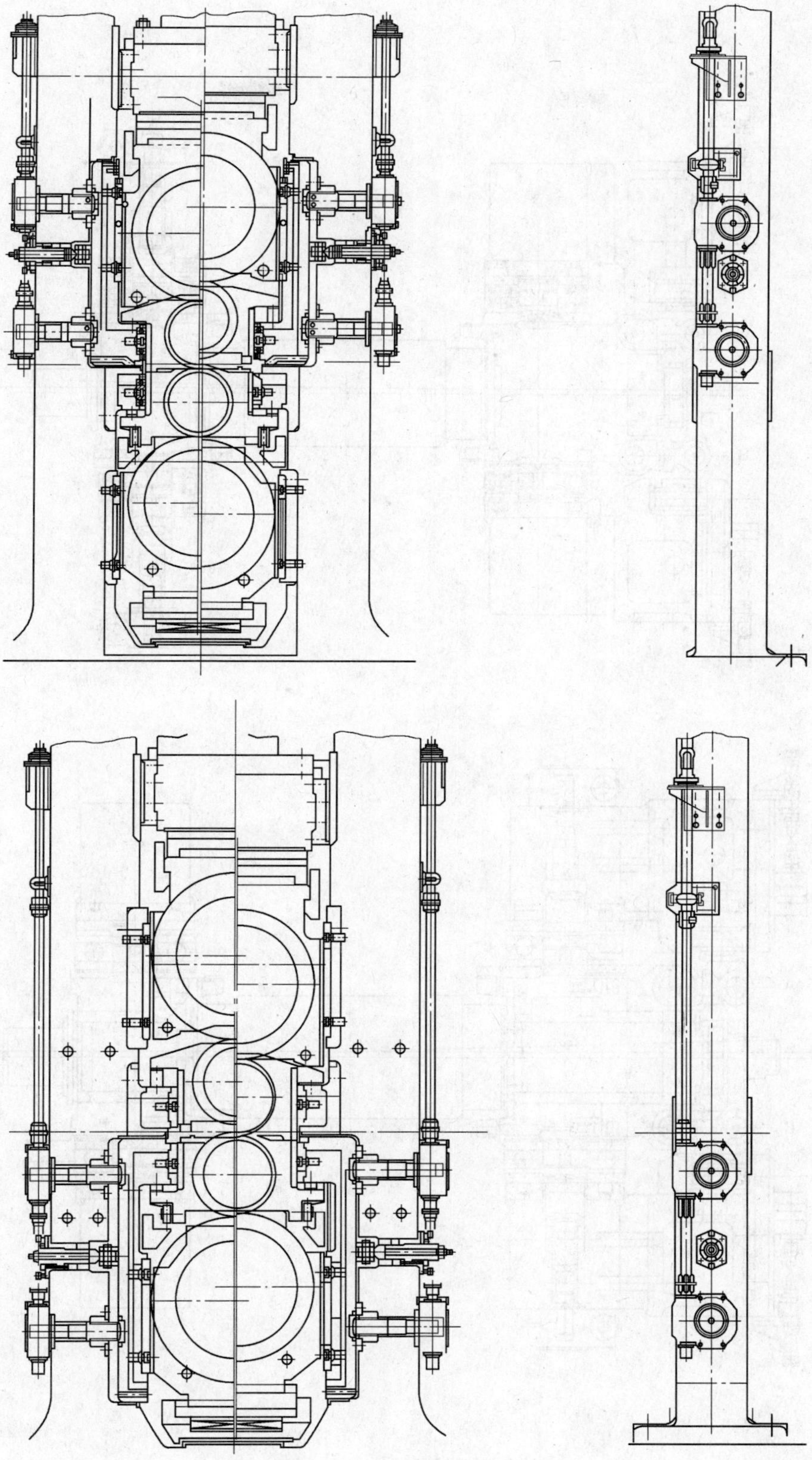

图 3-87 轧辊交叉及侧平衡机构

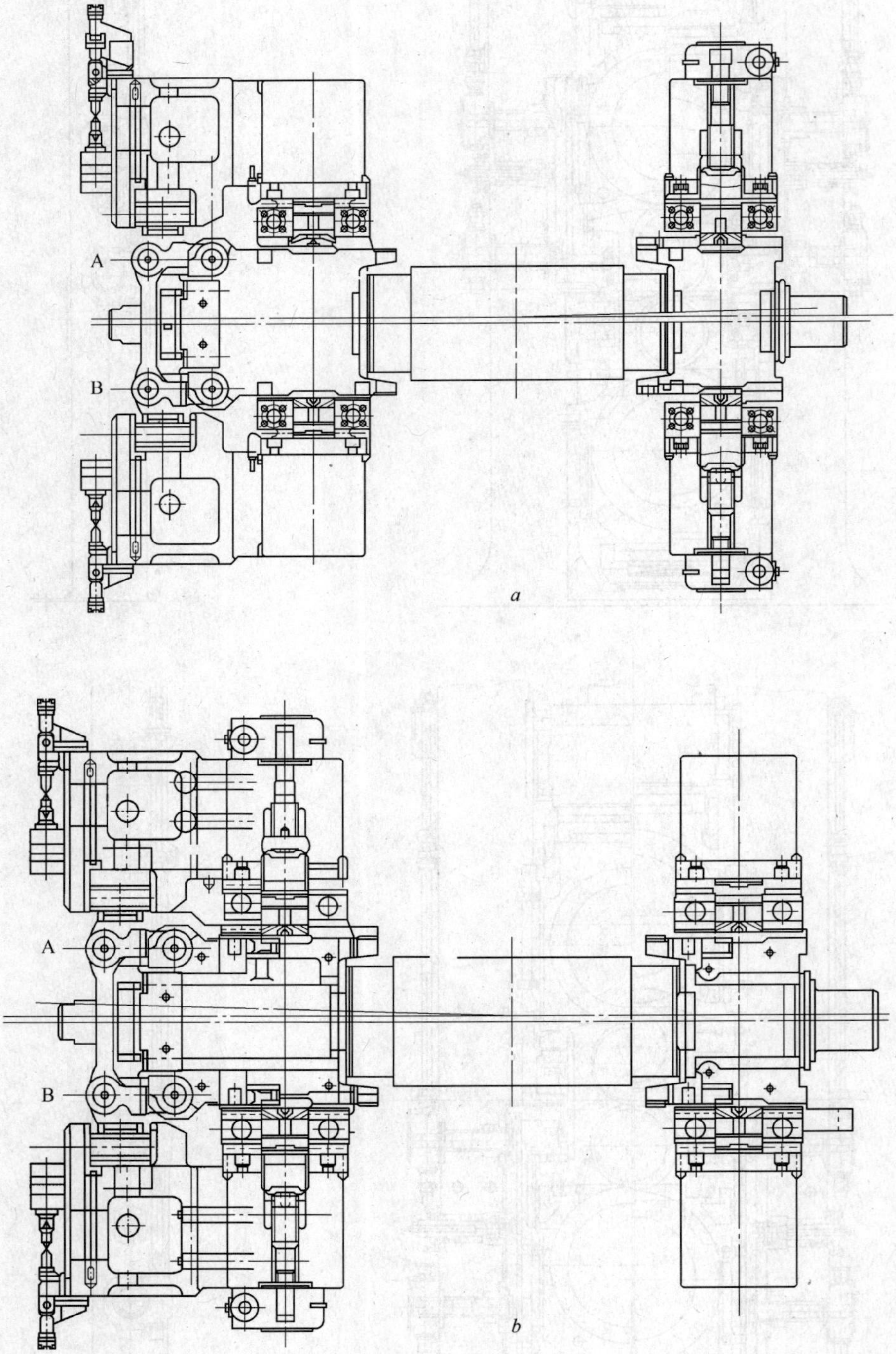

图 3-88　工作辊定位机构

a—上工作辊；*b*—下工作辊

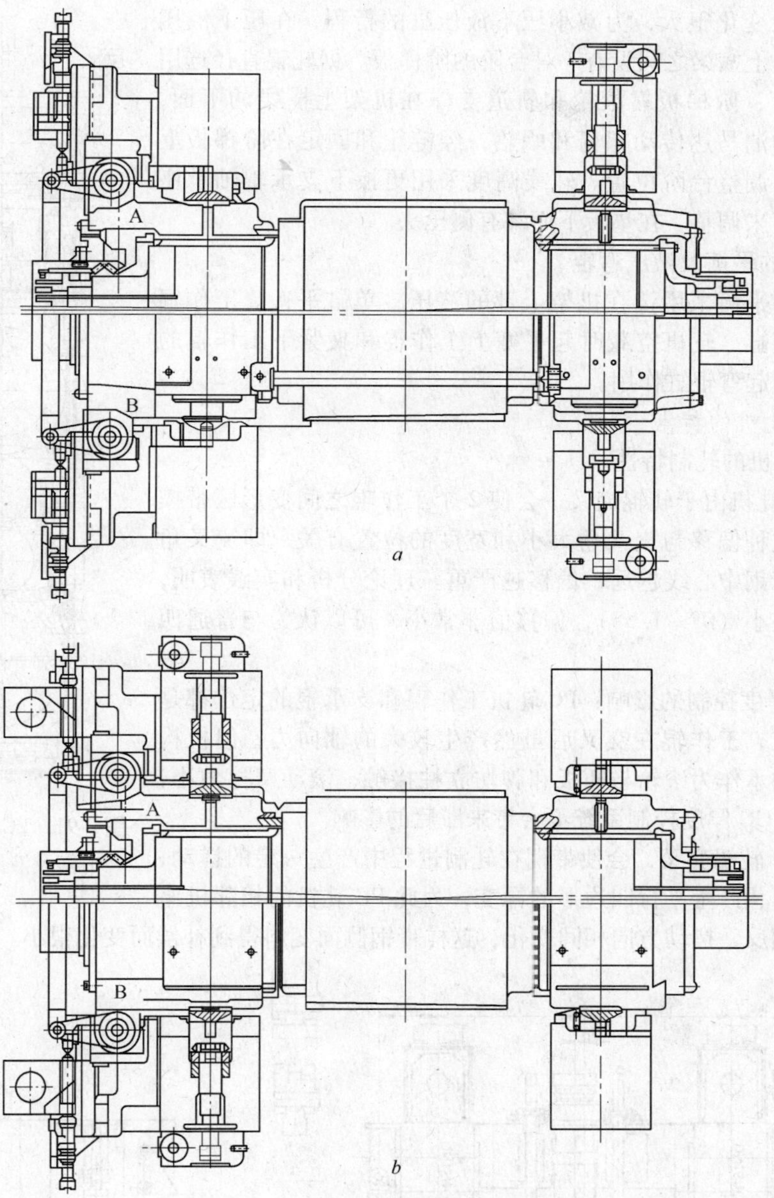

图 3-89　支承辊定位机构

a—上支承辊；*b*—下支承辊

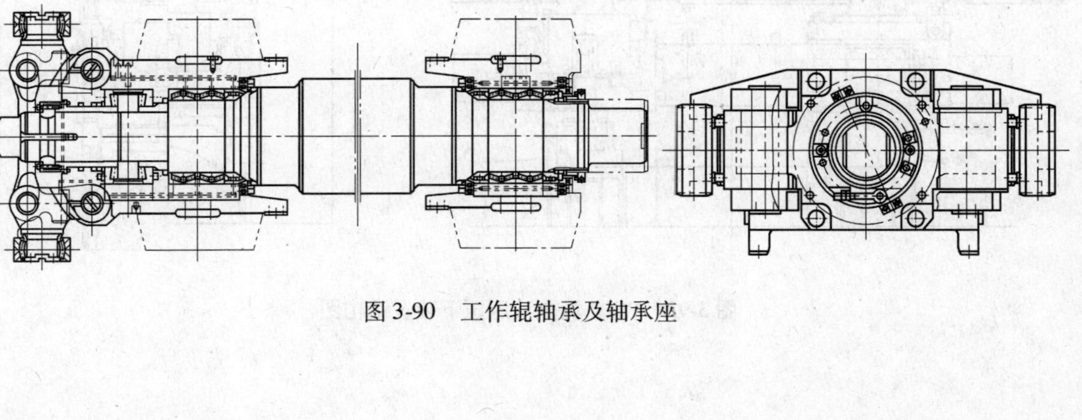

图 3-90　工作辊轴承及轴承座

新、旧辊直径变化很大，为减小压下液压缸的行程，在压下液压缸活塞与牌坊上横梁之间设有3对台阶的阶梯板。据轧辊直径选用不同台阶厚度，阶梯板靠滚轮和轨道支撑在机架上横梁的下面，由机架上部的油马达传动蜗杆和蜗轮，经链轮和固定在阶梯板上的链条带动，调整台阶位置。轧线高度采用更换下支承辊轴承座下面垫板厚度来调整。在垫板下面装有侧压头。

c　轧辊的平衡及液压弯辊

支承辊的平衡采用设在机架上部的液压缸单缸平衡。工作辊设有平衡弯辊缸，轧机空载时起平衡上工作辊和夹紧下工作辊的作用，轧制时起弯辊缸作用。

D　PC 轧机的特点

a　PC 轧机的轧制特性

(1) PC 轧机由于轧辊交叉，会使2个工作辊之间变形区带楔发生偏移。这种偏移与交叉角大小和宽度的位置有关，即交叉角越大，距离带钢中心线越远，偏移越严重。理论分析和实践表明，由于交叉角很小（0°～1.5°），偏移值非常小，可以认为与普通四辊轧机相当。

(2) 对厚度控制的影响：PC 轧机工作辊和支承辊的定位都是采用插板固定，工作辊在交叉后虽然产生较大的轴向力，但机构中采用滚动轴承作为滚轮与插板和牌坊立柱接触，滚动摩擦力小，因此对液压 AGC 厚度控制系统不会带来滞后的影响。

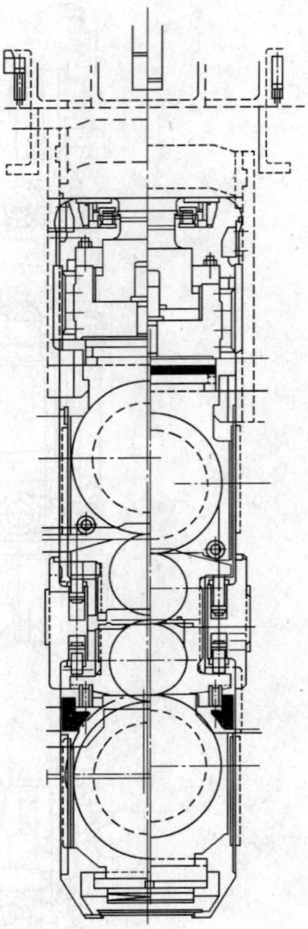

图 3-91　PC 轧机的压下、平衡及液压弯辊装置

(3) 由于轧辊交叉，会使带钢在轧制过程中产生一定的搓动，使带钢断面形状产生平行四边形的异变，为此 PC 轧机的相邻机座交叉角方向相反，搓动方向相间变化，这样带钢侧面变斜得到补偿而变化很小。

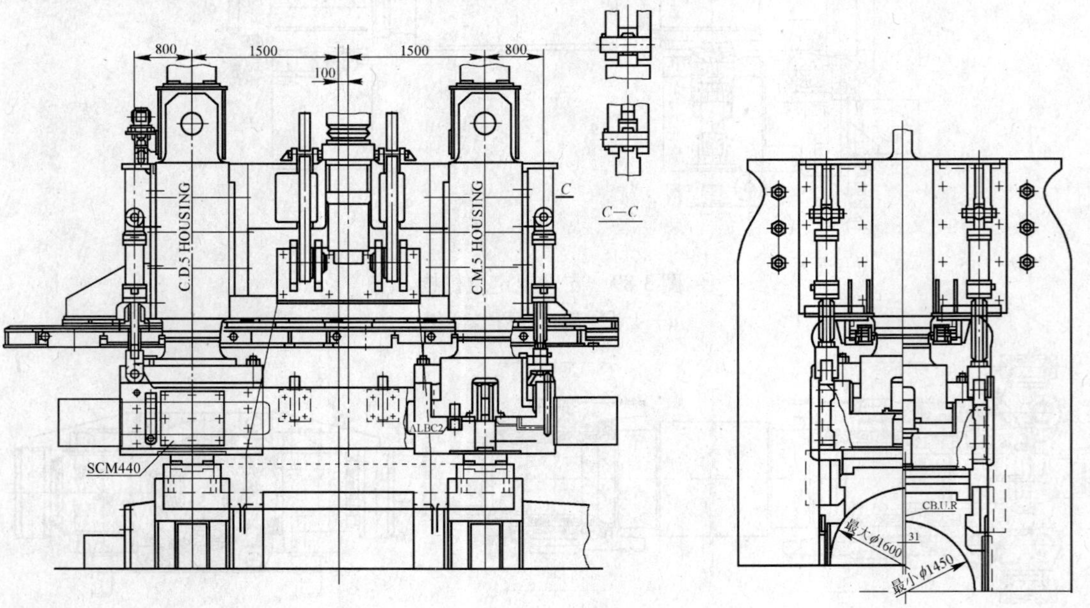

图 3-92　PC 轧机全液压压下装置结构图

b 工作辊的磨损

虽然轧辊交叉会增加工作辊与带钢之间的滑动量，但这种滑动量增加值与轧制过程中的前后滑值相比很小，而且断面形状变成平行四边形，会使滑动量增加值变得更小，可以忽略不计。

c 其他特点

在设计PC轧机时，除需要考虑轧辊交叉的机构及相应的参数外，与普通四辊轧机相同。

轧机增加了轧辊交叉和定向机构，使轧机变得复杂，而且使轧机增设工作辊横移机构十分困难，几乎成为不可能，因此，无法实现改变产品宽度规格的自由轧制，需要采用限制同宽带轧制公里数或在下游轧机最后的1~2架上用HCW轧机来解决。

3.4.2.3 活套支持器和微张力控制

A 活套支持器

活套支持器在热带钢连轧机精轧机组中占有重要的位置。因为连轧过程中重要的原则是保持各机座的金属秒量相等，否则机座间会产生拉钢或堆钢。由于带坯的厚度、温度等工艺因素的波动，机座间出现速度偏差是不可避免的。因此，在精轧机组的各架机座之间，在恒定的微张力状态下保持有微量的活套，可形成缓冲环节。当机座间出现速度偏差时，活套支持器能及时调节活套量，保持带材受到恒定的微张力控制；同时发出信号，调节机座主传动的速度，纠正出现的速度偏差，从而保证精轧机组在恒定微张力状态下进行轧制。

a 对活套支持器的要求

良好的活套支持器应具有下列性能：

(1) 具有高的响应性，动作反应要快。即带钢头部在相邻2个机座间通过的时间内，活套辊能迅速升起形成活套，并建立一定的张力以防止带钢折叠；而带钢尾部离开1架机座时，活套辊迅速落下，防止带尾抛起造成机座导板被打坏。

(2) 活套支持器的位置变化量通过自动控制系统能立即向主传动系统发出纠偏信号。

(3) 带钢受到的张力应该保持恒定，把张力对板厚的影响控制在最小限度内，张力的波动在允许的范围内。

(4) 活套支持器应能保证在2个精轧机机座之间储存一定长度的活套量，以吸收轧制过程中，尤其是带钢头尾部的速度偏差。

(5) 活套支持器能在较大范围内变换张力，以适应不同断面带钢轧制要求。

(6) 活套支持器的内摩擦要小，以保证活套辊在升降时对带钢施加均匀的张力。

(7) 活套支持器的传动系统间隙应最小，以免造成信号混乱。

b 活套支持器的种类

活套支持器有电动式、气动式和液压式三种形式。

电动活套支持器又分为电动恒转矩活套支持器和电动恒张力活套支持器两种。电动恒转矩活套支持器的缺点是张力波动大，动作反应慢，控制系统复杂，因此电动活套支持器几乎都被气动式和液压式所取代。近年来随着电机制造技术的进步以及实行可控硅供电及控制系统的改善，使恒张力电动活套支持器投入使用。这种活套支持器以其反应灵敏，张力低而稳定，便于自动控制，工作可靠，维护检修方便而在热带钢连轧机上被广泛应用。

气动恒张力活套支持器的优点是动作反应快，结构简单，容易自动控制，张力也基本恒定；缺点是气动系统维修困难，对工作环境要求严格，压力调节精度低，范围小，活塞与缸体摩擦力对张力影响大。液压活套支持器的优点是工作平稳，动作反应快，张力基本稳定，压力调节范围大；缺点是密封困难，易漏油，维护检修不方便。目前这两种活套支持器没有电动恒张力活套支持器应用广泛。

c　电动恒张力活套支持器

电动恒张力活套支持器如图 3-93 所示，由活套辊、活套臂、支承传动轴、轴承座和止挡组成。由直流电机经过减速器或是由力矩电机直接带动。

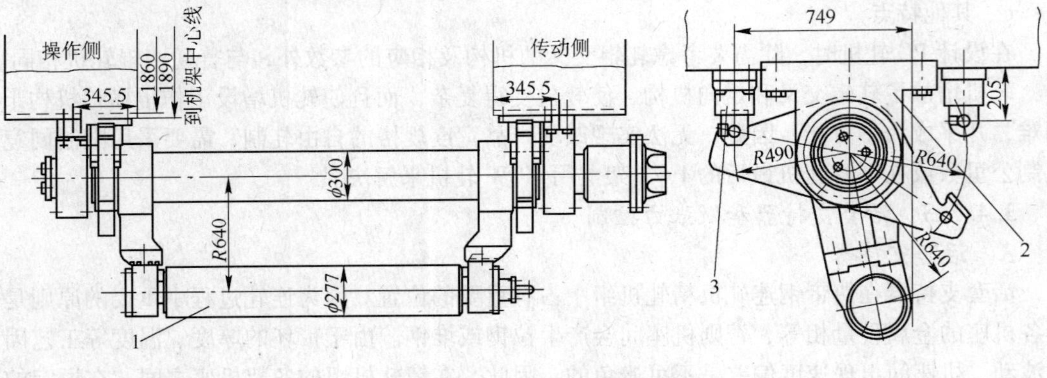

图 3-93　电动活套支持器

1—活套辊；2—支承座；3—止挡

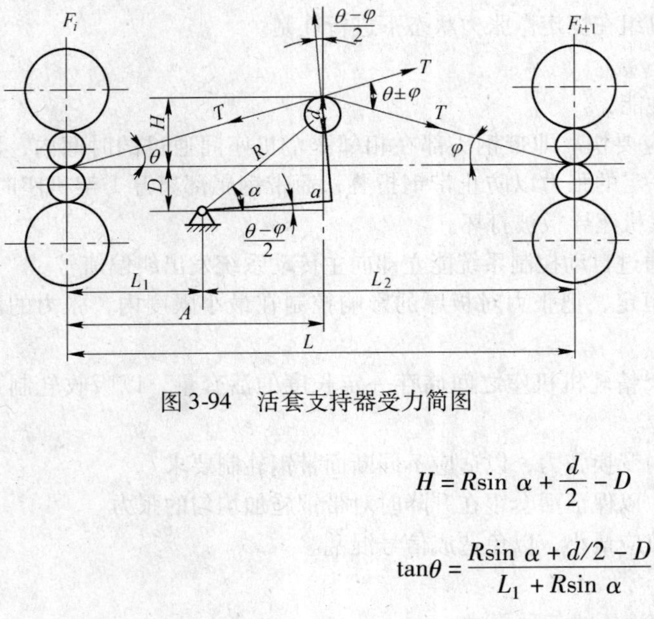

图 3-94　活套支持器受力简图

电动恒张力活套支持器工作时，在不同转角情况下要保持带材的张力恒定，必须使转动电机转矩随活套摆动角度而变化。在设计时要给出保持带材张力恒定的电机转矩随活套辊摆角变化的力矩曲线，以便按曲线进行控制。

（1）带钢张力产生的力矩 M_T。

活套支持器承受带材作用的受力状态如图 3-94 所示，则：

$$A = L_1 + R\cos\alpha$$

$$H = R\sin\alpha + \frac{d}{2} - D$$

$$\tan\theta = \frac{R\sin\alpha + d/2 - D}{L_1 + R\sin\alpha} \tag{3-59}$$

$$\tan\varphi = \frac{H}{L - A} = \frac{R\sin\alpha + d/2 - D}{L_2 - R\cos\alpha} \tag{3-60}$$

$$F = 2T\sin\frac{\theta + \varphi}{2} \tag{3-61}$$

$$a = R\cos\left(\alpha - \frac{\theta - \varphi}{2}\right) \tag{3-62}$$

由张力 T 产生的张力矩 M_T 为：

$$M_T = 2TR\sin\frac{\theta + \varphi}{2}\cos\left(\alpha - \frac{\theta - \varphi}{2}\right) \tag{3-63}$$

从式3-63可以看出，张力产生的力矩$M_T = f(T, \alpha)$是张力T和摆角α的函数。若保持带材张力恒定，在不同摆角α时其电机必须给出相应的不同张力力矩M_T。其关系曲线如图3-95所示。

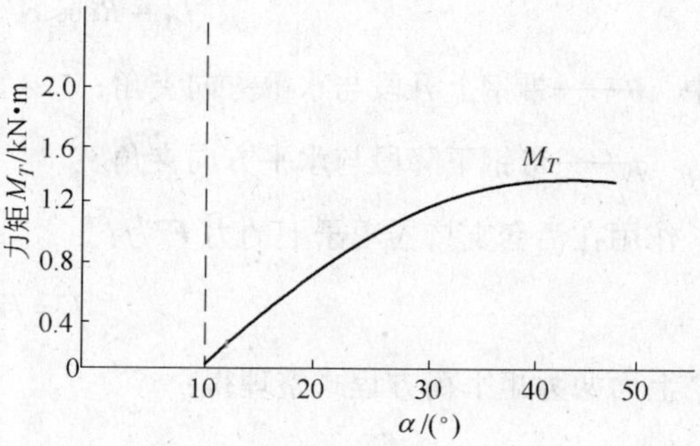

图3-95　活套臂摆角α与力矩M_T的关系曲线

工艺上要求张力T低且恒定，因而带钢张应力不能过大。一般成品带材断面尺寸大时，带钢张应力取小些；轧制薄的产品时，带钢张应力取大些。通常带钢的张应力为2～5MPa。2050mm热带钢连轧机从精轧机组第二架机座到第七架各机座间活套张应力值维持在表3-13中数值效果满意。

表3-13　推荐活套张应力

活套顺序	1	2	3	4	5
单位张应力/MPa	2.11	2.60	3.23	4.01	4.92

（2）活套臂的总力矩。

活套支持器顶起带钢时，要承受带钢张力产生的力矩、带钢的弯曲力矩、两机座间带钢段自重产生的力矩、活套臂及活套辊不平衡力矩、摩擦力矩等。由于受力复杂，故简化成活套上升段和下降段带钢所受力和力矩分解图，如图3-96所示。

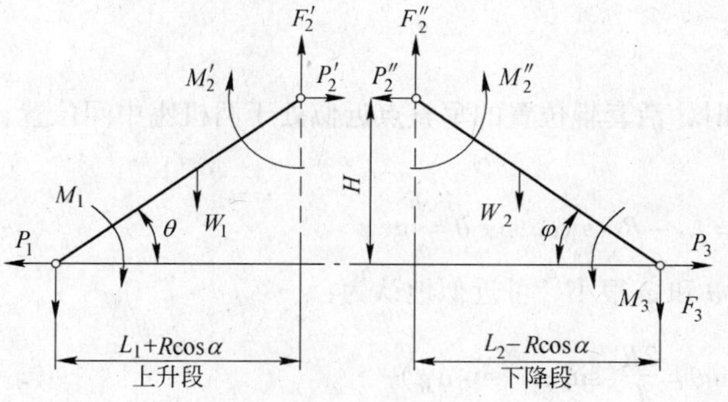

图3-96　活套上升段和下降段带钢受力和力矩分解图

带钢上升段的力矩平衡方程式为：

$$-M_1 - M'_2 - W_1\frac{L_1 + R\cos\alpha}{2} + F'_2(L_1 + R\cos\alpha) - P'_2H = 0 \tag{3-64}$$

带钢下降段的力矩平衡方程式为：

$$M''_2 + M'_3 + W_1\frac{L_2 - R\cos\alpha}{2} - F''_2(L_2 - R\cos\alpha) - P''_2H = 0 \tag{3-65}$$

$$P'_2 = T\cos\alpha = P_1 \tag{3-66}$$

$$P''_2 = T\cos\alpha = P_3 \tag{3-67}$$

式中　W_1——上升段带钢重量；

W_2——下降段带钢重量；

P'_2——上升段带钢所受张力水平分力；

P''_2——下降段带钢所受张力水平分力；

由几何条件可得：

$$\sin\theta = \frac{H\cos\theta}{L_1 + R\cos\alpha};\ \sin\varphi = \frac{H\cos\varphi}{L_2 - R\cos\alpha} \tag{3-68}$$

式中 θ——带钢上升段与水平方向夹角；

φ——带钢下降段与水平方向夹角。

作用在活套支持器辊子上的力 F 为：

$$F = F_1 + F_2 \tag{3-69}$$

上面两力矩平衡方程式整理得：

$$F = T(\sin\theta + \sin\varphi) + \frac{W}{2} + \frac{M_1 + M'_2}{L_1 + R\cos\alpha} + \frac{M''_2 + M_3}{L_2 - R\cos\alpha} \tag{3-70}$$

式中 W——两机架之间带钢重量，$W = W_1 + W_2$。

活套带钢在前后机座工作辊处的弯曲和活套辊处的弯曲均认为达到塑性状态，则：

$$M_1 = M'_2 = M''_2 = M_3 = M_S = \frac{bh^2}{2}\sigma_s \tag{3-71}$$

式中 σ_s——带钢在轧制温度下的屈服强度；

b——带钢的宽度；

h——带钢的厚度。

当活套的活套臂上升到某一角度 α 时，活套辊位置的垂直点近似处于两机座中间位置，则可得到：

$$L_1 + R\cos\alpha = L_2 - R\cos\alpha;\ \sin\theta = \sin\varphi \tag{3-72}$$

由于活套臂上升角 α 比较小，所以 θ 和 φ 很小，可近似地认为：

$$\sin\theta \approx \tan\theta = \frac{2R}{L}(\sin\alpha - \sin\alpha_K) \tag{3-73}$$

故活套支持器活套辊的压力可简化成下式：

$$F = \frac{4TR}{L}(\sin\alpha - \sin\alpha_K) + \frac{W}{2} + \frac{8M_S}{L} \tag{3-74}$$

式中 α_K——活套臂与水平线夹角，即活套的初始相位；

α——活套臂工作位置转角；

R——活套臂半径；

L——两机座之间的中心距。

当带钢厚度大于 20mm 时，活套辊弯曲带钢所受到的压力比张力作用的压力大 20% 以上，所以带钢厚度小于 10mm 时，上述两者压力差可忽略不计。

活套支持器的活套臂轴的总力矩 M_B 为：

$$M_B = FR\cos\alpha + M_P\cos\alpha \pm M_m \tag{3-75}$$

式中 M_P——活套臂处于水平位置时不平衡力矩；

M_m——摩擦力矩，活套支持器上升时为正，下降时为负。

将式 3-74 代入式 3-75 中可得到：

$$M_B = \frac{4TR^2}{L}(\sin\alpha - \sin\alpha_K)\cos\alpha + \frac{WR}{2}\cos\alpha + \frac{8M_S R}{L}\cos\alpha + M_P\cos\alpha \pm M_m \tag{3-76}$$

（3）活套支持器的电机扭矩。

恒张力活套支持器电动机的扭矩应包括活套臂轴所受总力矩和活套臂在加速时的动力矩。动力矩只有在活套支持器处于过渡工作状态时，如带钢张力与给定值有差值时，才用动力矩来补偿这一差值。为保证带钢张力恒定，应尽可能减小活套支持器的动力矩。活套支持器电机扭矩为：

$$M_D = M_B + J\frac{d^2\alpha}{dt^2} \tag{3-77}$$

式中 J——活套摆轴的转动惯量；

$\frac{d^2\alpha}{dt^2}$——活套摆轴的角加速度。

B 无活套微张力控制

无活套微张力控制在热带钢连轧机上的应用，过去仅限于粗轧机组中末 2 ~ 3 架机座的连轧使用。由于精轧机组的轧制速度高，变化大，工况复杂，实现无活套微张力控制难度较高。因此，传统的做法是机座间设置活套支持器。

20 世纪 80 年代初，日本、德国等一些国家开始在现代热带钢连轧机精轧机组上采用无活套微张力控制部分取代活套张力支持器。其目的是：

（1）提高带钢张力控制精度和响应速度。活套支持器具有机械动作，因此不能高精度、高响应速度地控制张力。热轧带钢在精轧机组中轧制时，由于温度和厚度 AGC 等因素的影响，张力经常变化，采用无活套微张力控制，可根据带钢张力变化直接控制主传动速度，控制精度高，响应速度快。

（2）可以满足热带钢连轧机多品种规格的要求。在现代热带钢连轧机上，由于增加精轧坯厚度和实行低温轧制，既生产普碳钢，又生产高强度管线钢和不锈钢，厚带钢和硬带钢在机座间形成活套时不易弯曲，导致带钢不能贴紧活套辊面，这种“桥式”现象使活套支持器很难准确地测出带钢的张力。而无活套微张力控制则可避免上述现象，适应厚带钢和硬带钢轧制。

（3）减少维修工作量，降低成本。活套支持器由活套装置、低惯量力矩电机及控制设备等组成，较为复杂。若轧制厚规格和硬钢种带钢时，要设置重型活套支持器，增加了设备投资和维修工作量。而无活套微张力控制只根据轧制力变化计算张力变化，向主传动发出修正速度信号的控制系统。维护工作量小，故障率低，可提高轧机作业率，降低生产成本。

无活套微张力控制是通过测定主电机传动力矩，把其中的轧制力矩、负荷摩擦力矩、空载力矩和加、减速力矩分离出来，基于轧制理论计算来检测张力的一种直接控制张力的方法：

$$M_{Di} = M_i + M_{Ui} \pm M_{ai} \tag{3-78}$$

$$M_{Di} = C_1\frac{IV}{n} \tag{3-79}$$

$$M_i = M_{Zi} + M_{Ti} \tag{3-80}$$

式中 M_{Di}——主电机传动转矩；

I——主电机电流，A；

V——主电机电压，V；

n——主电机转速，r/min；

C_1——单位换算系数；

M_i——带钢变形力矩，包括轧制力矩 M_{Zi} 和张力力矩 M_{Ti}；

M_{Ui}——主电机损失力矩，包括控制空载力矩和摩擦力矩，N · m；

M_{ai}——加减速力矩，N · m。

（1）轧制力矩 M_{Zi}。

1）轧制力 P_I。用安装在机座内的压力传感器直接测定轧制力，其作用点取在工作辊与带钢接触面分布负荷的合力作用点，其方向取决于前后张力。

2）轧制力矩 M_{Zi}。据轧制原理中的公式计算：

$$M_{Zi} = 2P_i a_i = 2P_i \psi_i \sqrt{R_i \Delta h_i} \tag{3-81}$$

式中　a_i——力臂，m；

ψ_i——力臂系数，由实验确定，热连轧机精轧机组取 $\psi_i = 0.4$ 左右；

R_i——工作辊直径，m。

采用微张力控制的轧制力臂长度可用下述方法计算：首先用无张力下的轧制力矩 M_{ZOi} 和轧制力 P_{Oi} 的比值求得的力臂长度为基准值 a_{Oi}，即带钢没咬入下一架机座之前测得的力臂长度：

$$a_{Oi} = \frac{M_{ZOi}}{P_{Oi}} \tag{3-82}$$

当带钢进入下一机座后，由于张力作用力臂长度将会变化，则：

$$a_i = a_{Oi} + \Delta a_i \tag{3-83}$$

$$\Delta a_i = \frac{\partial f}{\partial H_i}\Delta H_i + \frac{\partial f}{\partial P_i}\Delta P_i + \frac{\partial f}{\partial S_i}\Delta S_i \tag{3-84}$$

$$f = f\,(H,\ P,\ S) \tag{3-85}$$

式中　H——机座入口厚度；

S——辊缝。

式 3-83 求出的力臂长度可适应时刻变化着的轧制状态。

（2）张力力矩 M_{Ti} 和张力 T_I。

$$M_{Ti} = R_i(T_i - T_{i-1}) \tag{3-86}$$

式中　R_i——工作辊半径，m；

T_i——前张力，N；

T_{i-1}——后张力，N；

由机座的变形力矩和轧制力矩，张力就可以确定：

$$T_{ei} = \frac{M_i - M_{Zi}}{R_i} \quad (\mathrm{N}) \tag{3-87}$$

取一个计算周期，把周期中 K 次测量的平均值作为输出的计算结果：

$$P_i = \frac{1}{K}\sum_{j=1}^{K} P_{ij} \tag{3-88}$$

$$M_{Ti} = \frac{1}{K}\sum_{j=1}^{K} M_{Tij} \tag{3-89}$$

$$T_{ei} = \frac{1}{K}\sum_{j=1}^{K} T_{eij} \tag{3-90}$$

式中 T_{ei}——机座前后张力差，$i=1$ 时，$T_{ei} = T_i$。

目前，无活套微张力控制系统在热带钢连轧机精轧机组中应用还存在一定的问题：

（1）在张力检测计算中，有时因机械系统不稳定、电源和驱动系统的脉冲、轧件的温度和厚度不均等，使主电机的电流、电压和转速及轧制力的检测过程中出现噪声干扰，导致检测误差和张力波动，损害系统的稳定性。因此，系统的抗干扰性能要好。

（2）微张力控制系统对第 i 架机座的张力计算是从轧件尚未咬入第 $i+1$ 架的无张力条件下开始，控制的架数越多，叠加的张力偏差值越大，使张力波动越大。也就是说第一架机座完全符合式 3-87 的检测条件，以后的各机座轧制不存在无张力轧制状态。

在热带钢连轧机精轧机组中，活套支持器可以对各机座速度波动缓冲，对跑偏、折叠有一定调节作用，这对于薄带钢轧制是有利的。就当前的技术水平来说，无活套微张力控制很难全面适应精轧机组各架机座，2050mm 热带钢连轧机精轧机组第一、第二架机座间已采用。

3.5 切头飞剪

切头飞剪装在精轧机组二次除鳞箱前，用于切掉精轧坯前端的舌形和尾端的鱼尾形。由于切头飞剪只用于切头和切尾，因此采用启动工作制，生产工艺对切头飞剪的要求如下：

（1）剪刃的启动制动要准确，可以保证在剪切时的剪刃速度；

（2）剪刃的水平分速度要与精轧坯的速度同步，即切头时剪刃的水平分速度略高于精轧坯速度（约高 3%～10%），切尾时略低于精轧坯速度（3%～10%）；

（3）剪刃停止位置要准确；

（4）切头飞剪能够在选定的位置剪切，实行切头和切尾最佳化。

目前使用的切头飞剪有曲柄式和转鼓（滚筒式）两种形式。

3.5.1 曲柄式切头飞剪

如图 3-97 所示为曲柄式切头飞剪的主要结构。主要由传动装置、机架、剪切机构、剪刃间隙调整机构、辊道、切头箱和更换剪刃的小车等组成。

（1）传动装置。由 2 台直流电动机、圆柱齿轮减速器组成。减速机的 2 个低速轴分别传动上、下曲柄，由减速机保证上、下剪刃的同步。在减速机的高速轴上设有飞轮，在低速剪切时由多片式气动摩擦离合器把飞轮和减速机高速轴连接上，以使剪切时切头飞剪速度降低减少，保证要求的剪刃速度。

（2）机架体。由左、右 2 片机架、底座和上梁组成。2 片机架实际上是上、下曲柄的轴承座，孔内压装有轴套，曲柄轴承装于轴套内，上、下摆杆则分别固定在机架和底座上。

（3）剪切机构。由上、下曲柄、剪股、摆杆组成。上曲柄、剪股、摆杆和机架组成上四连杆剪切机构。下面有同样的下四连杆剪切机构。剪刃装在上、下剪股上，为减小剪切力，上剪刃为人字形，下剪刃为直线形。

（4）剪刃间隙调整机构。由于制造误差和剪刃的磨损，必须对剪刃间隙进行调整。为此将下摆杆的支承轴做成偏心轴，用液压马达通过两级蜗轮减速驱动。当调整偏心轴的转角时，

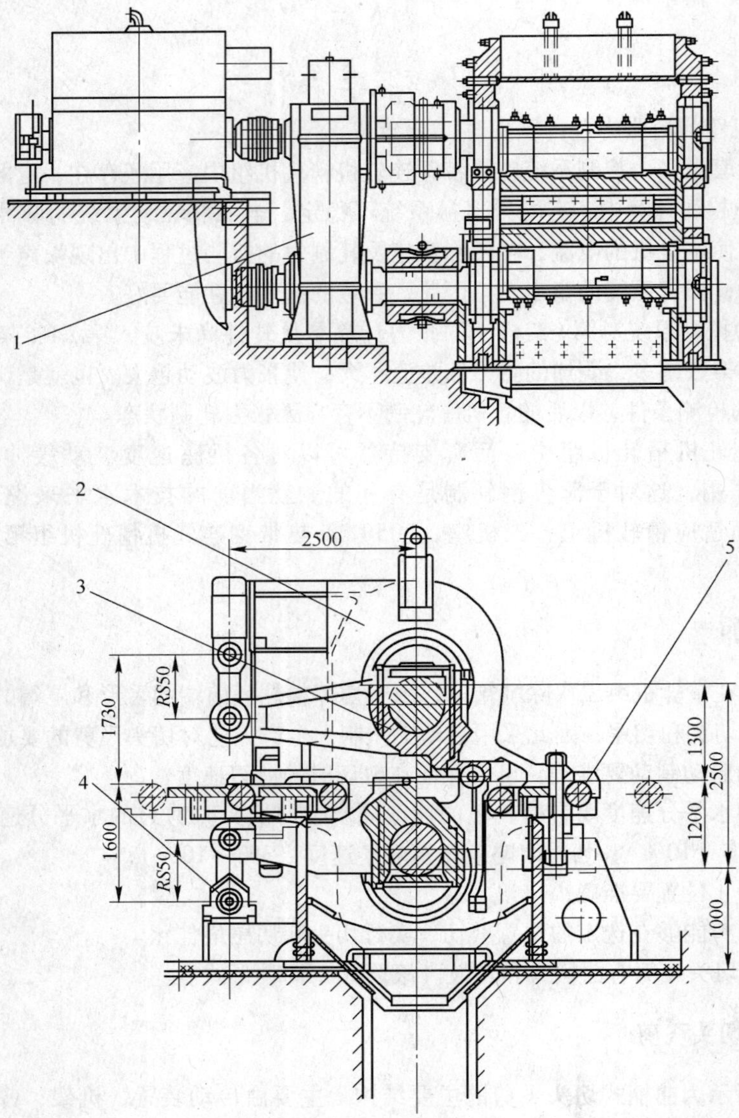

图 3-97　曲柄式切头飞剪的结构图
1—传动装置；2—机架；3—剪切机构；4—剪刃间隙调整机构；5—辊道

使下摆杆的实际长度发生变化，则剪刃的间隙发生变化。

（5）剪刃固定装置。由图 3-98 可以看出，剪刃通过沉头螺栓固定在刀座上，刀座通过一T形槽与活塞上带蝶形弹簧的液压缸相连，液压缸固定在剪股上。工作时液压缸不充压，靠蝶形弹簧的压力将刀座紧紧地压在剪股上；更换剪刃时，液压缸充压，将蝶形弹簧压缩，松开T形槽，刀座同剪刃一起卸掉。

曲柄式切头飞剪的剪切机构属于四连杆机构，能够保证剪切过程中上、下剪刃接近做平行运动，同时在剪切区剪刃基本上垂直轧件，剪切断面的质量好，但这种机构的剪股和摆杆会摆动，动负荷冲击大，影响剪切速度提高。另外切头和切尾用一把刀剪切，切口只能切成直线。

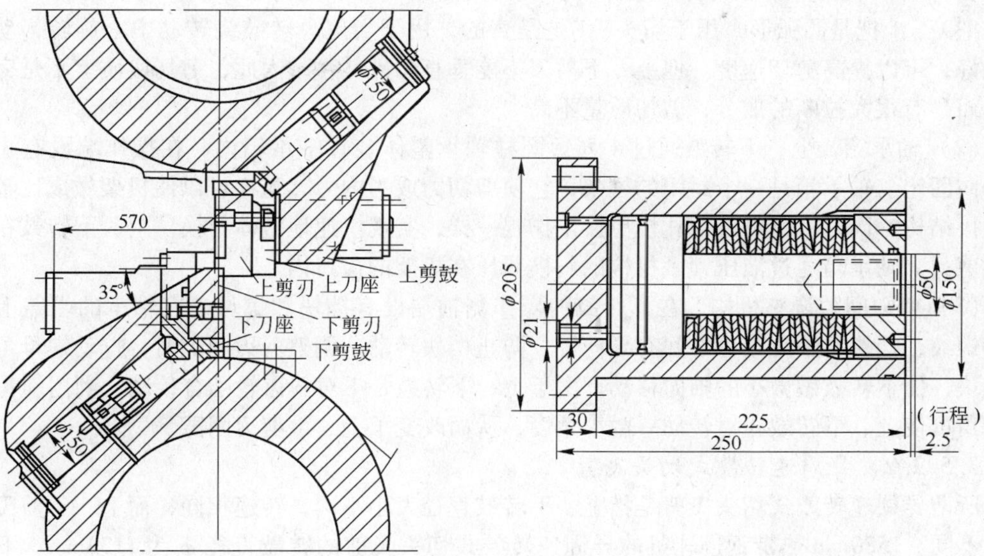

图 3-98 剪刃固定装置

3.5.2 转鼓式切头飞剪

转鼓式切头飞剪有同周速和异周速两种形式。

3.5.2.1 同周速转鼓式切头飞剪

同周速转鼓式切头飞剪是指上、下转鼓的直径相同，转速相等，上、下剪刃的圆周速度相等。其结构如图 3-99 所示，飞剪的本体由上、下转鼓，轴承箱，机架，锁紧装置，传动齿轮和剪刃间隙调整机构等组成。

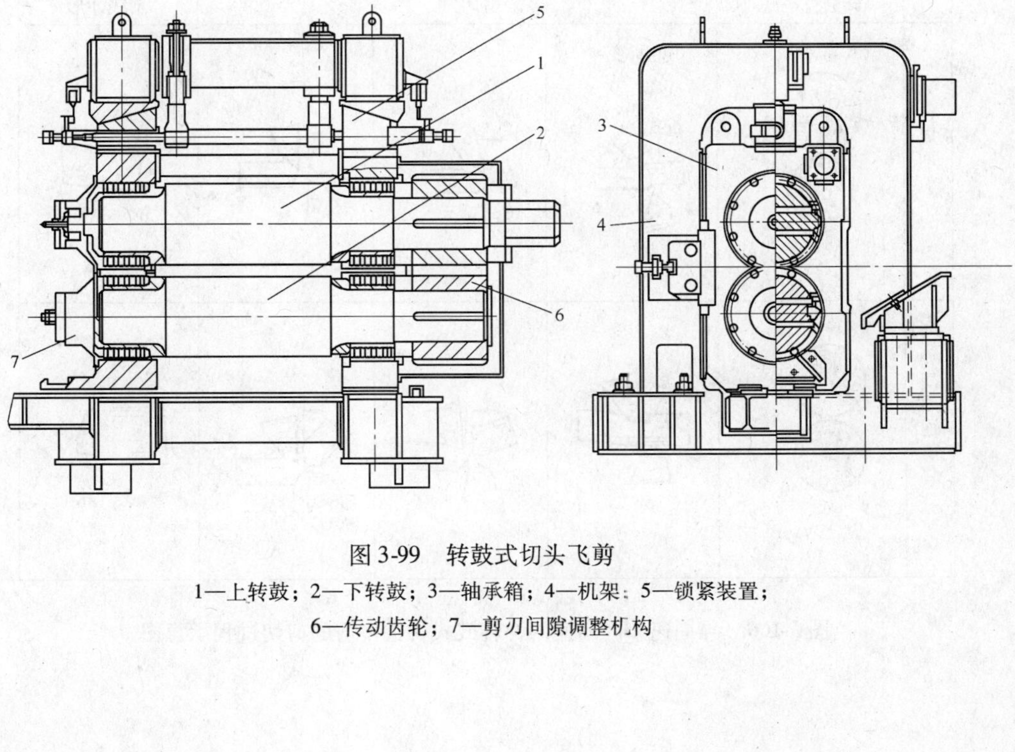

图 3-99 转鼓式切头飞剪

1—上转鼓；2—下转鼓；3—轴承箱；4—机架；5—锁紧装置；6—传动齿轮；7—剪刃间隙调整机构

（1）剪切机构。转鼓式切头飞剪的剪切机构由上、下1对转鼓组成，转鼓上相隔180°固定2把刀，1把是圆弧形，用于切头；1把是直的，用于切尾。转鼓绕转动中心旋转，动平衡性能好，可以提高剪切速度。但上、下剪刃不能垂直切入轧件，因此，剪切实质上不是完全切断，而是有很大拉断的成分，剪切质量不高。

（2）轴承箱。上、下转鼓通过4列短圆柱轴承整体装在轴承箱内，在操作端设有止推轴承轴向固定。轴承箱是一个封闭的框架，它使剪切力成为内力，这样可以使机架做成比较轻便的焊接结构。同时，也可以像轧机更换工作辊一样，实现快速地整体更换，上、下转鼓在线外更换剪刃。轴承箱通过液压锁紧机构的斜楔紧压在机架的窗口内。

（3）剪刃间隙调整机构。在下转鼓的操作侧轴端设有挡块和螺母，在轴承的端盖上加工有外螺纹，挡块与轴承端盖之间有导向键，防止挡块转动。调整剪刃间隙时，拧动螺母可以带动挡块，使下转鼓做微小的轴向移动，由于上、下转鼓是1对斜齿轮啮合传动，利用斜齿轮的螺旋角可使上、下转鼓相对转动一微小角度，从而改变了上、下剪刃间隙。

3.5.2.2　异周速转鼓式切头飞剪

所谓异周速转鼓式切头飞剪是指上、下转鼓直径大小不同，转速相同，而上、下剪刃圆周速度不同。1580mm热带钢连轧机的异周速转鼓式切头飞剪的转鼓直径ϕ为1133mm、下转鼓直径ϕ为1073mm，圆周线速度上转鼓为3558mm/周，下转鼓为3369mm/周，其周速差为189mm。

异周速转鼓式切头飞剪的特点如下：

（1）剪切特性。如图3-100所示为异周速和同周速两种转鼓式切头飞剪的剪切过程示意图。可以看出，异周速剪在剪切过程中，剪刃的间隙g是变化的：位置①剪刃间隙$g<0$，下剪刃开始剪切，上剪刃的后背压向带坯；位置②$g=0$，上、下剪刃都处在剪切过程中，带坯基本上被剪断，只有少部分断口待分离；位置③$g>0$，带坯被上、下剪刃的后背拉开。可以看出剪切断面上下均有一平滑的坡口，这种形状进入轧机时可以减少冲击。而同周速剪的剪切过程，剪刃的间隙g基本不变，上剪刃的刀背始终为压钢状态，下剪刃剪切开始刀背压向带坯，

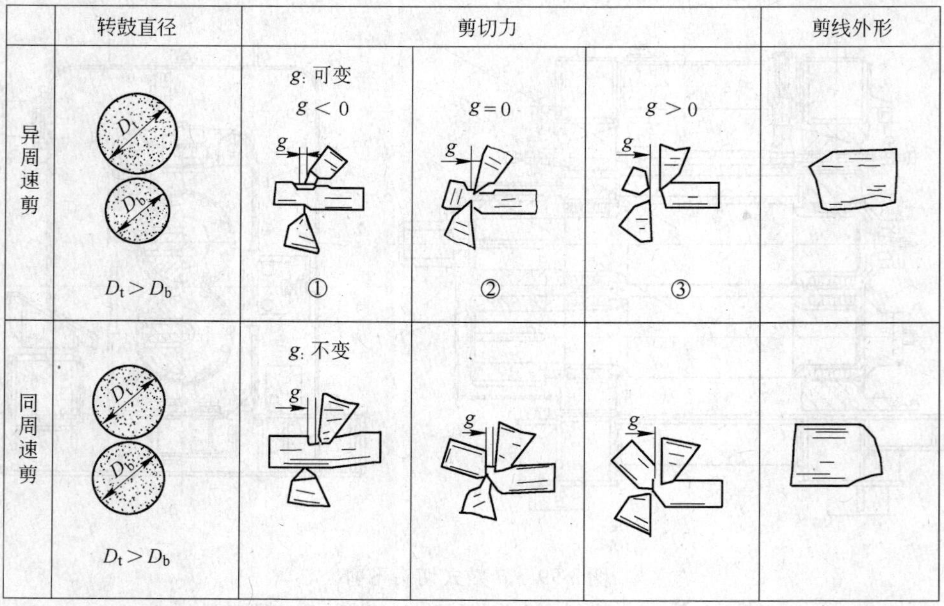

图3-100　异周速和同周速两种转鼓式切头飞剪的剪切过程示意图

以后为剪钢状态，剪切过程是在下剪刃和上剪刃对带坯的剪和拉状态下切断的，而且剪后带坯有翘头（如位置③）。

通过上述分析可知：异周速剪由于剪刃间隙在剪切过程中是不断变化的，带坯多半是在剪切状态下被切断，剪切的断面形状好，其剪切性能优于同周速剪。

（2）剪刃的使用周期延长。异周速剪切和同周速剪切在相同条件下剪刃的磨损速度是相同的，但是异周速剪由于剪刃间隙在剪切过程中不断变化，上下剪刃的重叠量会随之增大。如图 3-101 所示，异周速剪的剪刃重叠量为 $3.2^{+0.2}_{-0.4}$mm，同周速剪的剪刃重叠量为 1.8 ± 0.2mm。一般当上、下剪刃的重叠量小于 1mm 时，切断性能变坏，必须更换剪刃。所以，当异周速转鼓式切头飞剪的上、下剪刃各磨去 1.1mm 时（3.2 − 1.1 × 2 = 1mm），要更换剪刃；当同周速转鼓式切头飞剪的上、下剪刃各磨去 0.5mm 时（2 − 0.5 × 2 = 1mm），要更换剪刃。因此，异周速转鼓式切头飞剪的剪刃更换周期为同周速转鼓式切头飞剪的 1.5 ~ 2 倍，可减少更换剪刃频率。

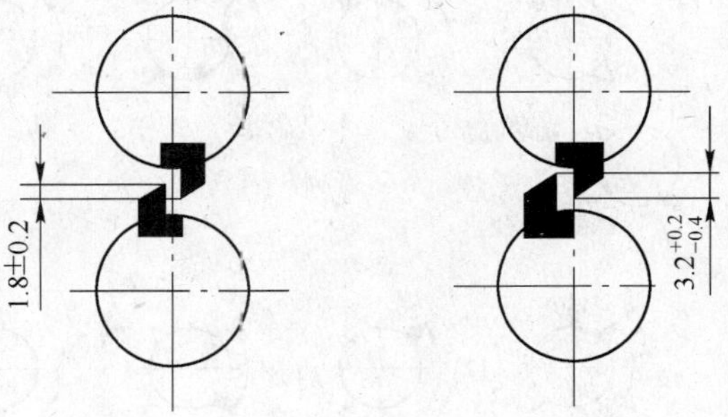

图 3-101　异周速剪和同周速剪的剪刃重叠量

（3）转鼓的传动在操作侧增加了 1 对平衡齿轮。以前的转鼓式切头飞剪只由装在转鼓传动侧的 1 对分配齿轮传动，如图 3-102 所示，转鼓在剪切力的冲击下，会产生较大的扭转变形，刚性差。异周速转鼓式切头飞剪在转鼓的非传动侧增设了 1 对平衡齿轮，均衡了转鼓受力，增加了转鼓刚性，提高了切头飞剪的剪切性能，提高了转鼓的疲劳寿命。1580mm 热带钢连轧机的异周速转鼓式切头飞剪的传动示意如图 3-102 所示。

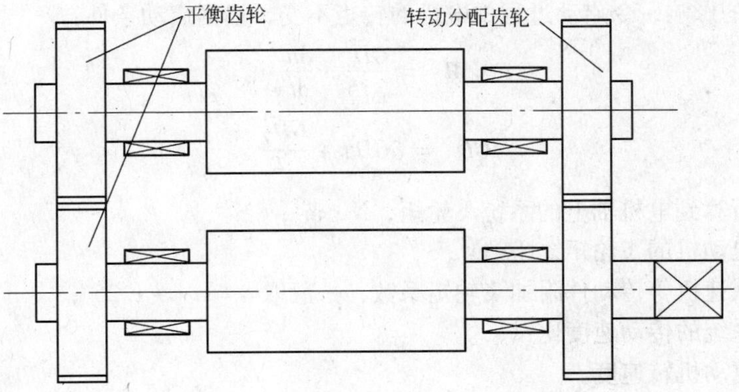

图 3-102　异周速转鼓式切头飞剪示意图

3.5.2.3　转鼓式切头飞剪的剪刃运动轨迹

如图 3-103 所示，剪刃在切头过程中的位置：①为待机位置，距离剪切结束位置 125°；②为开始启动加速位置；③为加速结束位置，加速角为 105°，之后转入均速开始剪切；④为剪切结束位置；⑤为开始减速位置；⑥为减速结束位置，停在 115°位置；⑦为反转 60°切尾待机位置。切尾过程中的位置与切头相同。

具有分切功能的转鼓式飞剪，如需要对精轧坯在中间部分切时，用切尾剪刃分切。分切的后段带钢要后退一定的距离，使飞剪再调整到切尾待机位置，仍用切尾的 1 对直剪刃切尾。

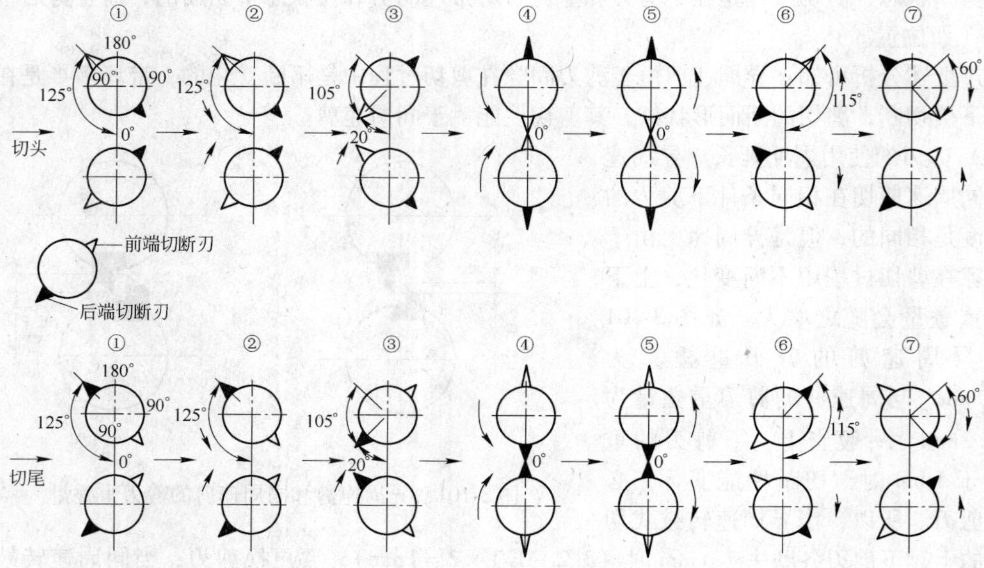

图 3-103　转鼓式切头飞剪的剪刃运动轨迹

3.5.3　切头飞剪的传动速度比选择和校验电机的启动条件

3.5.3.1　传动速度比的选择

由于切头飞剪采用启动工作制，要求在很短时间内将剪切机构从静止状态加速到稳定的剪切速度。加速过程的实现不仅与电机功率有关，而且与传动系统的速度比有关。为便于计算，忽略静摩擦力矩的影响，令启动过程中电机的转矩不变，根据启动条件：

$$M_{\mathrm{d}} = \frac{GD^2}{375} \cdot \frac{\mathrm{d}n}{\mathrm{d}t} \tag{3-91}$$

$$GD^2 = \delta GD_{\mathrm{d}}^2 + \frac{GD_{\mathrm{Z}}^2}{i^2} \tag{3-92}$$

式中　GD^2——折算到电机轴上的系统飞轮矩，N · m²；

GD_{d}^2——电动机的飞轮矩，N · m²；

δ——减速机等传动件附加飞轮矩系数，一般取 $\delta = 1.1 \sim 1.25$；

i——系统的传动速度比；

n——电动机转速度。

又知：

$$n = in_{\mathrm{z}} \tag{3-93}$$

式中　n_{z}——剪切机构速度。

把式 3-92 和式 3-93 代入式 3-91 中得：

$$M_{\mathrm{d}} = \frac{\delta GD_{\mathrm{d}}^2 + \dfrac{GD_{\mathrm{Z}}^2}{i^2}}{375} i \frac{\mathrm{d}n_{\mathrm{z}}}{\mathrm{d}t} = \frac{\delta i^2 GD_{\mathrm{d}}^2 + GD_{\mathrm{Z}}^2}{375 i} \cdot \frac{\mathrm{d}n_{\mathrm{z}}}{\mathrm{d}t} \tag{3-94}$$

$$\frac{\mathrm{d}n_{\mathrm{z}}}{\mathrm{d}t} = \frac{375 i M_{\mathrm{d}}}{\delta i^2 GD_{\mathrm{D}}^2 + GD_{\mathrm{Z}}^2} \tag{3-95}$$

式 3-95 对 i 取导数，并令其等于零：

$$\frac{\mathrm{d}\left(\frac{\mathrm{d}n_{z}}{\mathrm{d}t}\right)}{\mathrm{d}t}=\frac{375M_{\mathrm{d}}(GD_{\mathrm{Z}}^{2}-i^{2}\delta GD_{\mathrm{d}}^{2})}{\delta i^{2}GD_{\mathrm{d}}^{2}+GD_{\mathrm{z}}^{2}}=0 \tag{3-96}$$

则：

$$GD_{\mathrm{Z}}^{2}-i^{2}\delta GD_{\mathrm{d}}^{2}=0 \tag{3-97}$$

所以系统的传动速度比应为：

$$i=\sqrt{\frac{GD_{\mathrm{Z}}^{2}}{\delta GD_{\mathrm{d}}^{2}}} \tag{3-98}$$

式 3-91 在推导时，认为剪切机构的飞轮矩为常数，这对于转鼓式切头飞剪是适用的，但曲柄式切头飞剪的剪切机构的转动惯量是随曲柄的转角变化而变化的，因此用式 3-91 推导出的式 3-98 计算速度比误差较大。

3.5.3.2　校验电机的启动条件

切头飞剪的启动条件是指在限定的启动转角内飞剪要达到稳定的剪切速度。由于机构的加速度较大，因此确定切头飞剪的传动电机的容量主要是启动条件。

当轧件速度为 v_0 时，同步要求切头飞剪在剪切前应达到稳定的转速度 n，即：

$$n=\frac{30v_{0}}{\pi R\cos\varphi} \tag{3-99}$$

式中 R——切头飞剪剪切机构回转半径，mm；
φ——最大开始剪切角，(°)。

初选电机的启动时间为：

$$t=\frac{GD^{2}n_{\mathrm{H}}i}{375(M_{\mathrm{P}}-M_{0})} \tag{3-100}$$

$$M_{\mathrm{p}}=975K_{1}K_{2}\frac{N_{\mathrm{H}}}{n} \tag{3-101}$$

式中 GD^2——折算到电机轴上的系统飞轮矩，N·m²；
n_{H}——电动机额定转速，r/min；
i——传速比；
M_0——电动机空载力矩，N·m；
M_{P}——电动机平均启动力矩；
K_1——电动机过载系数；
K_2——电流充满系数，与控制系统有关，一般取 0.6～0.8。
N_{H}——电动机的额定功率，W。

切头飞剪的启动回转角（°）可用下式作近似计算：

$$\varphi_{0}=3nt \tag{3-102}$$

当切头飞剪的启动回转角 $\varphi_0<\varphi_{\mathrm{y}}$（$\varphi_{\mathrm{y}}$ 为允许的启动角）时，初选电机满足启动条件。

3.5.4　切头飞剪的切头最佳化系统

以前的切头飞剪的剪切位置选择，是由切头飞剪前面的热金属探测器检测精轧坯的头部和尾部位置，设定切头、切尾的长度，由切头飞剪的控制系统根据检测的位置和带坯运行速度发出指令，启动切头飞剪按指定的切头、切尾长度剪切。由于位置检测误差，设定的切头和切尾长度存在不合理性，有时过短或过长，有时甚至空切。切头、切尾的金属损耗约占产量的0.8%。所以，切头、切尾的长度最佳化控制对于降低金属消耗，提高效益十分重要。

所谓切头最佳化控制，是指对精轧坯运动中用行扫描摄像机摄下精轧坯头部和尾部的形状，存储在循环缓冲器中，根据各种头部和尾部形状的剪切标准，由计算机计算出本块精轧坯的头部和尾部的最佳剪切长度，输给切头飞剪控制系统，实现最优的切头、切尾长度控制。

某1580mm热带钢连轧机切头飞剪的控制系统设备布置如图3-104所示。其主要组成部分如下：

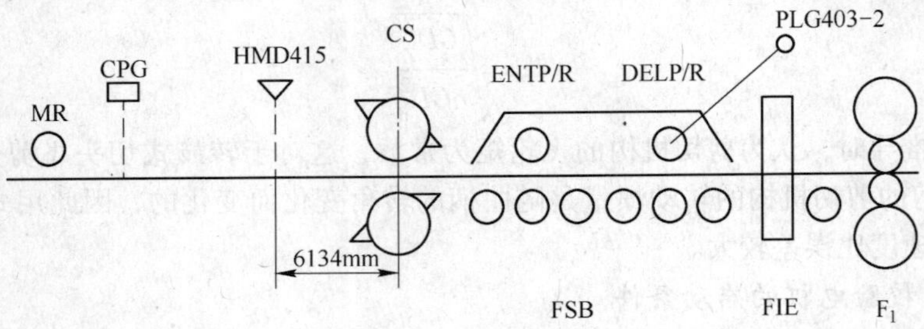

图3-104　切头飞剪切头、切尾控制设备布置

MR—测量辊；CPG—剪切形状仪；HMD415—热金属检测器；CS—转鼓式切头飞剪；FSB—二次除鳞箱；ENTP/R—入口侧夹送辊；DELP/R—出口侧夹送辊；PLG403-2—脉冲发生器；FIE—立辊机座

（1）测量辊（MR）。测量辊直径ϕ为760mm，气缸压下，装在距切头飞剪16.7m处。它是为测量精轧坯的移动长度而设的，必要时也可以测量移动速度。轴端的脉冲发生器（PLG403-2）每转一周发出100个脉冲，送给飞剪计算机CPU的脉冲计数板，作为剪切计算的重要数据。

（2）剪切形状仪（CPG）。装置位于切头飞剪的12.968m处，是切头、切尾最佳化剪切控制系统的核心设备。它通过摄像机（CCD）判断头、尾的不规则形状，并经过最佳化剪切原理等处理，计算出最佳切头切尾长度，送给基础自动化系统执行。

（3）热金属检测器（HMD415）。装在距切头飞剪6.134m处，是控制系统的核心传感器之一。它用于发出精轧坯头部到达或尾部离开信号，启动飞剪。

（4）二次除鳞箱（FSB）、出口侧夹送辊（DELP/R）及其脉冲发生器（PLG403-2）。作为切尾时测量精轧坯已移过轧件的长度，每转一周脉冲发生器（PLG403-2）发出100个脉冲。

3.5.4.1　切头、切尾控制

A　切头控制

切头控制原理如图3-105所示，当精轧坯被热金属检测器（HMD413）检测到后，延后一定的时间驱动测量辊（MR）自动放下压紧带坯，其轴端脉冲发生器（PLG）转动（此时发出的脉冲不予计算）。当带坯头部经过剪切形状仪（CPG）时，其内部的跟踪系统启动，依靠自身带的激光多普勒测速仪（LDV）来跟踪带坯经过剪切形状仪（CPG）的距离，一旦剪切形状仪（CPG）的摄像判断系统给出切头的最佳长度后，切头剪切线的位置就被确定。当切头剪切线经过剪切形状仪6m时，剪切形状仪立即发出跟踪启动信号给切头飞剪的计算机（DDC）系统，DDC将此信号看作是剪切形状仪的中断信号，从此带坯的跟踪将由切头飞剪DDC跟踪，直到切头完成为止。

当切头飞剪DDC接到剪切形状仪（CPG）的中断信号之后，测量辊（MR）轴端所带脉冲发生器（PLG）发出的脉冲开始计数。切头飞剪DDC将热金属检测器（HMD415）的位置定义

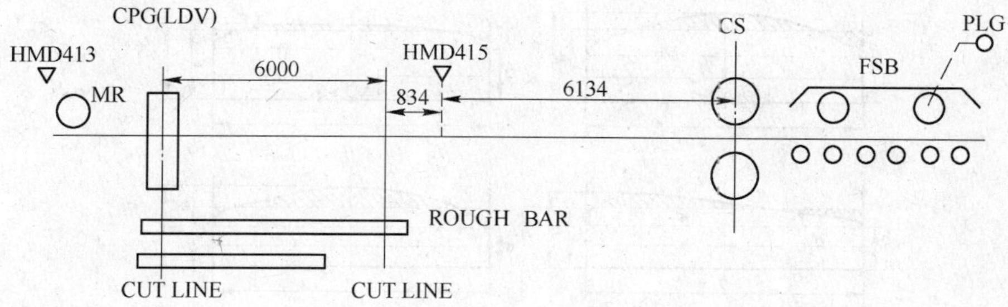

图3-105 剪切形状仪（CPG）控制原理图

HMD413—热金属检测器；MR—测量辊；CPG—剪切形状仪；HMD415—热金属检测器；
CS—切头飞剪；FSB—二次除鳞箱；PLG—脉冲发生器

为零脉冲位置，由于剪切形状仪（CPG）中断信号发出时切头飞剪剪切线离热金属检测器（HMD415）还有834mm的距离，在此时先给脉冲计数卡赋予一个脉冲负值，使其与测量辊（MR）的脉冲发生器（PLG）来的脉冲数正值相加，在切头飞剪剪切线到达热金属检测器（HMD415）时，总脉冲数之和正好为零。也就是脉冲数负值所代表的距离恰好等于834mm，而测量辊（MR）的脉冲发生器（PLG）每一个脉冲代表带坯被移动1mm，则预设定值为834。

当切头剪切线到达热金属检测器（HMD415）之后，切头飞剪的DDC系统继续跟踪其瞬时位置，同时计算切头飞剪剪刃从待机位置到加速结束位置达到给定速度时切头飞剪的转角折合成切头剪切线移动的距离，在这个距离时启动切头飞剪，完成切头剪切。

B 切尾控制

当切头飞剪完成带坯切头后，切尾剪刃停在待机位置上，整个系统转入切尾准备中。带坯尾部的不规则形状由剪切形状仪（CPG）综合判断，给出切尾剪切线的位置并跟踪，当切尾剪切线离开剪切形状仪（CPG）的瞬时发给切头飞剪的（DDC）一个切尾中断信号，启动切尾跟踪，由二次除鳞箱（FSB）出口夹紧辊上的脉冲发生器（PLG）来完成跟踪。与切头相似，当切头飞剪的DDC系统收到切尾中断信号的同时，也赋予脉冲计数卡一个脉冲负值，使其与二次除鳞箱（FSB）的出口侧夹送辊（DEL）轴端的脉冲发生器（PLG）发出的脉冲数正值相加，使切尾剪切线到达热金属检测器（HMD415）处时总脉冲数为零。与切头相同，切尾剪切线达到热金属检测器（HMD415）之后，切头飞剪的DDC系统继续跟踪切尾剪切线位移的瞬时位置，按照启动切头飞剪所需的切尾剪切线移动距离启动切头飞剪切尾。

3.5.4.2 切头、切尾最佳剪切标准

A 可能的切头切尾形状

如图3-106所示为可能的切头切尾形状，由于轧制过程中各种工艺因素的影响，造成精轧坯的头、尾形状非常复杂。分析各种各样的头尾形状，确定剪切标准，要考虑剪切的最小宽度、形状是否对称、是否标准鱼尾、最小剪切长度、最大剪切长度等条件来确定头、尾的剪切线。

B 切头、切尾剪切线的标准长度

切头切尾剪切线的标准长度 B_b 可计算如下：

$$B_b = AB_a \tag{3-103}$$

式中 B_a——带坯的基本宽度，mm；

A——切头切尾剪切线处所取的宽度系数，有的国家取0.8～0.9。

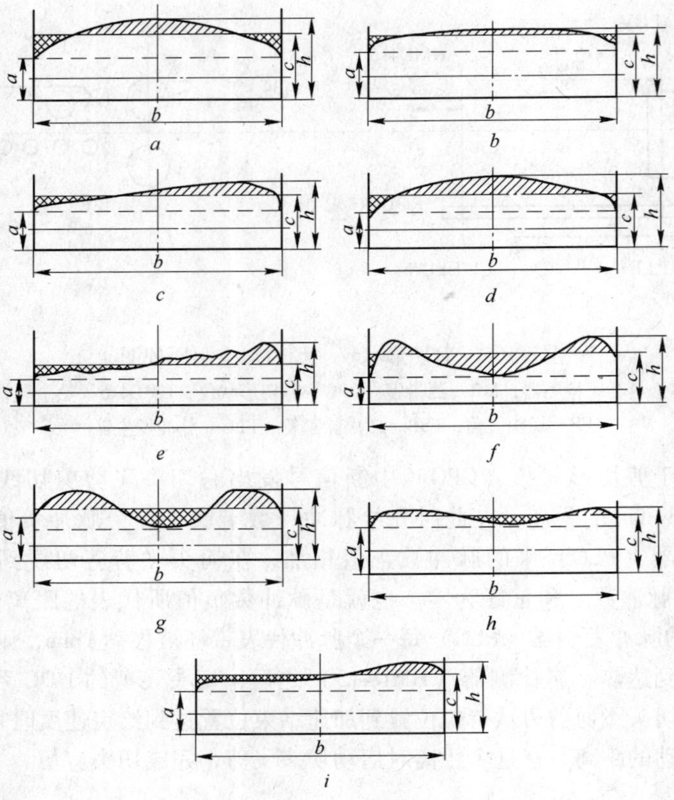

图 3-106　可能的切头切尾形状

带坯的基本宽度 B_a，是指扫描录像机检测的带坯头、尾形状根据稳定宽度的起点（尾部为稳定宽度的结束点）朝头部计算一定数量扫描宽度值的平均值。将此平均宽度与扫描段的每个宽度比较，其偏差（ΔB）小于某个系数时，此平均宽度则定为带坯的基本宽度：

$$\Delta B \leqslant 0.03 B_a \tag{3-104}$$

式中，0.03 为经验数据。

3.6　热轧带钢卷取机

热轧带钢卷取机（简称热卷取机）设置在热带钢连轧机轧线的尾部，它将高速运行的热轧带钢卷成带卷。热卷取机是轧制线上最重要的设备之一，由于在卷取过程中容易发生事故，通常设有 3 台，其中的 2 台交替工作，1 台备用。

热卷取机的主要设备组成有夹送辊、助卷辊、卷筒三大部分，如图 3-107 所示。热卷取机曾按助卷辊的数目分为八辊式、六辊式、四辊式、三辊式和二辊式。实践证明三辊式是一种结构简单且合理的热卷取机，它取代了其他各种形式而被广泛应用。

3.6.1　热轧带钢卷取机的结构

3.6.1.1　夹送辊

夹送辊的作用是在开始卷取时咬入并压弯带钢头部，送往卷筒和 1 号助卷辊之间的辊缝，并且在带钢头部和尾部卷取时建立张力，故也称张力辊。

夹送辊由上、下夹送辊，辊缝调节装置，摇臂架和气缸等组成。为改善咬入条件和向下压

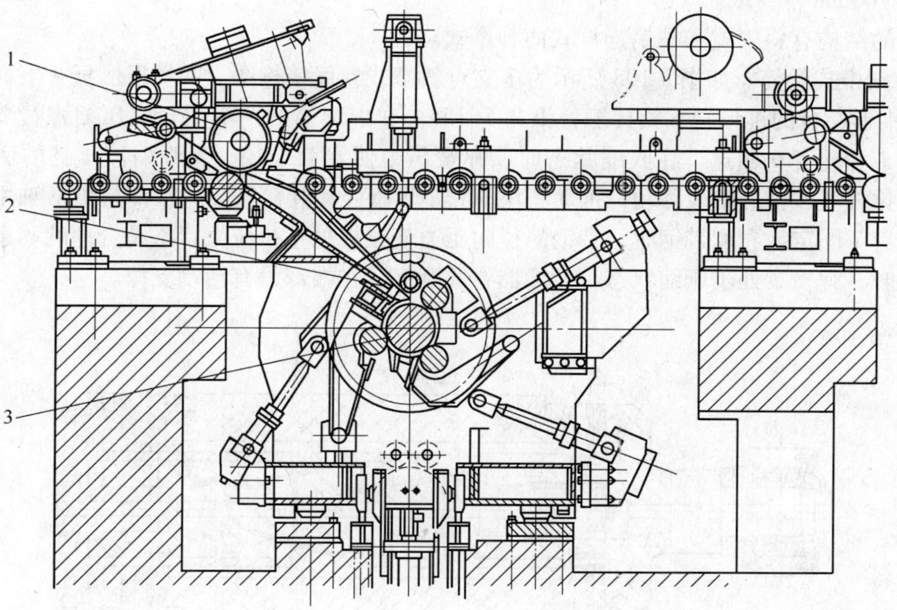

图 3-107　热轧带钢卷取机结构组戎
1—夹送辊；2—助卷辊；3—卷筒

弯带钢头部，上夹送辊直径比下夹送辊直径大（一般取上夹送辊直径为 ϕ900mm 左右、下夹送辊直径为 ϕ500mm 左右）；并且上夹送辊中心线相对下夹送辊中心线向前偏移 15° ~ 20°，其偏移值在 200mm 左右。上、下夹送辊的辊缝要根据被卷取带钢的厚度调整。通常辊缝略小于带钢厚度。辊缝过小咬入带钢时会产生很大的振动，或打滑不能咬入造成事故；辊缝过大则起不到送料作用而出事故。带钢头部在卷筒上卷取 3 ~ 5 圈之后，由气缸或液压缸驱动摇臂架迅速打开上夹送辊；当带钢尾部将要从精轧机组末架机座出来时，上夹送辊迅速压下，以建立带钢尾部卷取所需要张力。上、下夹送辊均做成空心。

3.6.1.2　助卷辊

3 个助卷辊为锻造实心辊，表面喷焊烧结 1.3mm 厚的硬质合金，以增强其耐磨性能。每个助卷辊由直流电机经过十字头万向接轴传动。为适应助卷辊打开和抱拢使万向接头长度变化，万向接轴的花键要有足够长度。助卷辊辊架的回转端通过轴承座固定在机架内侧，另一端由液压缸驱动，采用液压步进控制助卷辊动作。3 个助卷辊成 120°布置。

3.6.1.3　卷筒

卷筒是热卷取机最重要的部件。在卷取带钢前卷筒直径能张开，带钢卷成卷后，卷筒直径能够收缩，以便顺利卸卷。卷筒是一个结构很复杂的组件，从强度和刚度角度出发，卷筒直径不能过小；但卷筒直径过大将会导致卸卷后钢卷因自重而压扁。一般卷筒直径为 700 ~ 800mm，直径胀缩量为 30 ~ 40mm。

为使带卷卷得紧和便于事故处理，卷筒设计成四级胀缩的机构。以某 1580mm 热带钢连轧机斜楔式卷取机为例：当卷取较厚带钢时，由于带钢头部的弹性作用钢卷卷不紧，因此卷筒在第一级胀径为 ϕ760mm 的基础上扩大到直径为 ϕ770mm；卷取结束卷筒缩径卸卷，直径缩至常用直径 730mm；当出现常用直径不能卸卷的故障时，可将直径再缩小至 722mm 卸卷，然后将直径胀至 760mm 待卷取。

卷筒的结构有斜楔式和柱销连杆式两种形式。

（1）斜楔式卷筒。如图 3-108 所示为多支点斜楔式卷筒结构图。四块扇形板 4 下面的斜块 3 与四组锥形凸台的锥形轴 5 相接触，锥角为 15°。在扇形板的两端用径向压缩弹簧 2 与活动支撑轴端 1 和外套 6 相连。在收缩状态时，弹簧压力使卷筒缩径。当胀缩液压缸的活塞向右移，带动拉杆 8 和锥形轴 5 移动，推动斜块 3 和扇形板 4 使卷筒胀径。拉杆与锥形轴用螺纹连接，用销钉 7 固定。卷取带钢时，带钢的径向压力使拉杆处于拉应力状态是合理的。扇形板在张开位置时，弹簧 2 处于压缩状态。为增加卷筒刚度，在端部设有活动支撑。

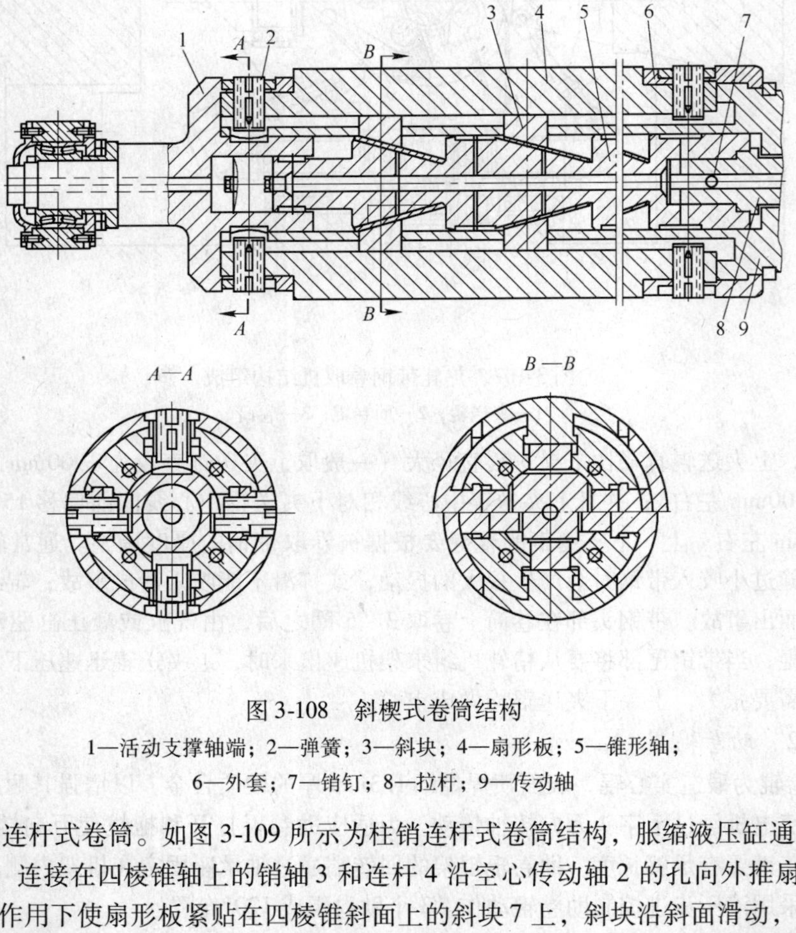

图 3-108　斜楔式卷筒结构

1—活动支撑轴端；2—弹簧；3—斜块；4—扇形板；5—锥形轴；6—外套；7—销钉；8—拉杆；9—传动轴

（2）柱销连杆式卷筒。如图 3-109 所示为柱销连杆式卷筒结构，胀缩液压缸通过拉杆 1 拉动四棱锥轴 6，连接在四棱锥轴上的销轴 3 和连杆 4 沿空心传动轴 2 的孔向外推扇形板 5，在柱销上的弹簧作用下使扇形板紧贴在四棱锥斜面上的斜块 7 上，斜块沿斜面滑动，实现卷筒胀径。拉杆 1 在胀缩液压缸驱动下向反方向运动，卷筒缩径。这种结构扇形板的胀缩是被拉杆拉动的，取消了容易疲劳失效的压缩弹簧，卷筒胀缩灵活可靠，但销轴的负荷大，易磨损。扇形板采用耐热不锈钢 X22CrMoVo12V，四棱锥轴、销轴、连杆用不锈钢制造，以防止锈蚀，保证卷筒使用寿命。

3.6.2　卷筒的主传动

卷筒由主传动电机经变速箱传动。

3.6.2.1　主传动电机的转速

根据计算瞬时卷入带卷的带钢长度来确定带卷的瞬时直径 D'：

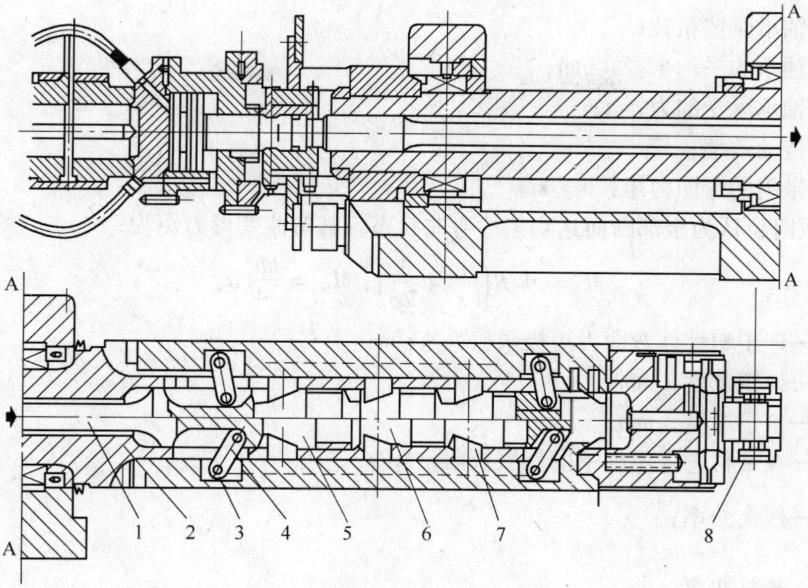

图 3-109 柱销连杆式卷筒

1—拉杆；2—传动轴；3—销轴；4—连杆；5—扇形板；6—四棱锥轴；7—斜块；8—支撑轴承

$$L = \sum_{i}^{n} [D + (2i - 1)h]\pi = \pi Dn + \pi hn^2 \tag{3-105}$$

解关于带卷圈数 n 的一元二次方程，得：

$$n = \sqrt{D^2 + \frac{4hL}{\pi}} - \frac{D}{2h} \tag{3-106}$$

$$D' = 2nh + D = \sqrt{D^2 + \frac{4hL}{\pi}} \tag{3-107}$$

式中 D——卷筒张开的直径，mm；

L——被卷取段带钢长度，mm；

h——带钢厚度，mm。

卷筒电机速度计算如下：

$$n_{\mathrm{d}} = \frac{30vi}{\pi D'} = \frac{30vi}{h\sqrt{\pi^2 D^2 + 4\pi hL}} \tag{3-108}$$

式中 v——所计算的带钢速度，m/s；

i——传动速度比。

可见，随着被卷取带钢的长度增加，带钢卷径增大，主电机转速在不断地下降。

3.6.2.2 卷筒的传动功率

卷筒卷取带钢所消耗的功由三部分组成：带钢弯曲变形功、带张力卷曲所消耗的功和卷筒轴承的摩擦功。卷筒消耗的功（单位为 kW）可计算如下：

$$N = \left(M + TR + \mu \sum \frac{d}{2} F\right) \frac{v}{102R\eta} \tag{3-109}$$

式中 T——卷取张力，N；

R——卷筒半径，mm；

μ——轴承摩擦系数；

d——轴承的平均半径，mm；

F——轴承承受的力，N；

η——传动效率；

M——带钢的弯曲力矩，N · m。

带钢卷取时，认为全部断面达到塑性弯曲状态，其弯曲变形力矩为：

$$M = M_S R\left(\frac{1}{r} + \frac{1}{2\rho}\right);\ M_S = \frac{bh^2}{4}\sigma_s \tag{3-110}$$

式中　M_S——理想塑性体弯曲力矩极限值，N · m；

b——带钢宽度，mm；

h——带钢厚度，mm；

σ_s——在带材卷取温度下的屈服极限，MPa；

$\frac{1}{r}$——残余曲率；

$\frac{1}{\rho}$——弹复曲率。

残余曲率 $\frac{1}{r}$ 与总弯曲曲率 $\frac{1}{R}$ 和弹复曲率 $\frac{1}{\rho}$ 之间的关系为：

$$\frac{1}{r} = \frac{1}{R} - \frac{1}{\rho} \tag{3-111}$$

弹复曲率可以近似地按照极限值计算：

$$\frac{1}{\rho} \approx \frac{M}{EJ} = \frac{3\sigma_s}{nE} \tag{3-112}$$

整理上述各式可得：

$$N = \left[\frac{bh^2}{4}\sigma_s\left(1 - \frac{3R\sigma_s}{2hE}\right) + TR + M\Sigma\ \frac{d}{2}F\right]\frac{v}{102R\eta} \tag{3-113}$$

由于生产中2台卷取机交替工作，所以选择电机的额定功率可按照式3-114确定：

$$N_H = N\sqrt{\frac{t_M}{t_M + t_0}} \approx N\sqrt{\frac{1}{2}} = 0.7N \tag{3-114}$$

式中　t_M——卷取时间；

t_0——间隙时间。

3.6.3　热轧带钢卷取机的张力控制

热轧带钢卷取机张力对带卷的质量是很重要的。张力可使带钢头、中、尾都卷得紧；可使带卷的侧边平齐、无塔形。张力的大小应避免带钢被拉窄。热轧带钢的卷取张力可按图3-110的曲线关系选取。

热轧带钢的卷取张力是依靠精轧机末架机座、输送辊道、夹送辊、助卷辊和卷筒之间的速度差产生。

（1）带钢头部卷取。带钢头部出精轧机组末架机座后，至夹送辊咬钢之前，为保证带钢头部的稳定运行，将中央输送辊道分成若干组，各组辊道的速度比末架机座分别逐步加快，总范围在5%～10%；夹送辊的转速与最后一组辊道速度相同或略高；卷筒速度比夹送辊速度高

5%；助卷辊比卷筒速度高5%，这样，在带钢头部卷取时可保持有一定的张力。

（2）当带钢头部被卷上3～5层后，上夹送辊和助卷辊抬起，卷筒直接与末架机座建立张力，卷筒速度比末架机座速度高约10%。

（3）当带钢尾部从末架机座将要抛钢时，上夹送辊压向带钢，夹送辊与卷筒间建立张力。带尾离开末架机座时，夹送辊和辊道的速度比卷筒低5%～10%。同时，助卷辊也重新压向带钢。

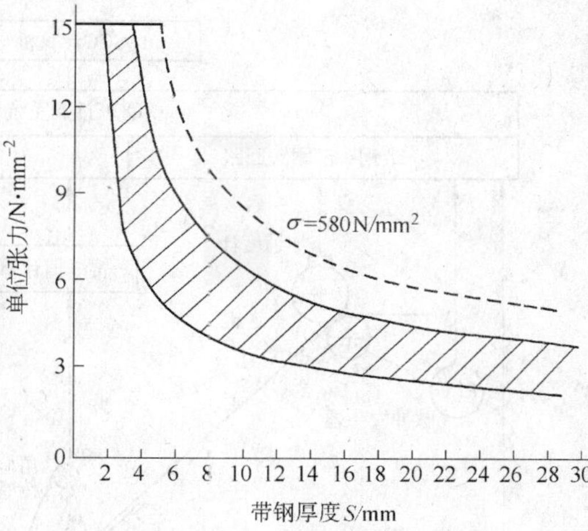

图3-110 带厚—单位张力曲线

3.6.4 助卷辊的步进控制

以前的热轧带钢卷曲机的助卷辊在带钢头部卷曲时都采用液压或气动，向带钢施加一定的压力，使头部卷在卷筒上。带钢头部每通过一个助卷辊时都突然增加一个带钢厚度，这不仅造成设备的冲击和振动，而且会使带钢在头部的一段长度内产生压痕；还可能造成头部与卷筒间的打滑和松卷。

为解决上述问题，对助卷辊实施位置控制和压力控制。当带钢头部在卷筒上绕一圈后，第二次到达助卷辊之前，助卷辊迅速退回一个板厚距离（位置控制），当带钢通过助卷辊之后，助卷辊重新迅速压向带钢，将带钢紧压在卷筒上（压力控制），以后带钢头部每次通过助卷辊时都采用上述控制方法，当带钢在卷筒上卷到设定的层数，助卷辊转为恒压力控制，直到“打开定时”后自动打开。这种方式有的称为助卷辊快速打开控制（QOC），有的称为助卷辊自动跳跃控制（ARJ）。

助卷辊的步进控制系统由带钢头部跟踪回路、步进控制回路、安全回路三部分组成，如图3-111所示。

3.6.4.1 带钢头部跟踪

带钢头部跟踪检测系统由分别装在上夹送辊上的加速度计和下夹送辊上的脉冲发生器，以及安装在2号助卷辊的辊架内的电磁式带钢头部检测器组成。

当带钢头部咬入夹送辊时，加速度计接通，脉冲发生器开始计数，带钢运行距离可计算如下：

$$L = \pi D \frac{N}{n} \tag{3-115}$$

式中 D——下夹送辊直径，mm；

N——下夹送辊旋转脉冲计数；

n——下夹送辊旋转一周，脉冲发生器的脉冲数。

当带钢头部达到2号助卷辊，带钢头部检测器接通时，如果上述L值与夹送辊到头部检测器距离之差小于某一值，脉冲发生器的计程有效；如果偏差大于某一个值时，脉冲发生器计程无效，计程数改为夹送辊至检测器间距离，然后继续跟踪。

当跟踪带钢头部离助卷辊E_1（mm）时，给出位置控制指令。

$$E_1 = av + b \tag{3-116}$$

式中 a，b——系数；

v——带钢速度，mm/s。

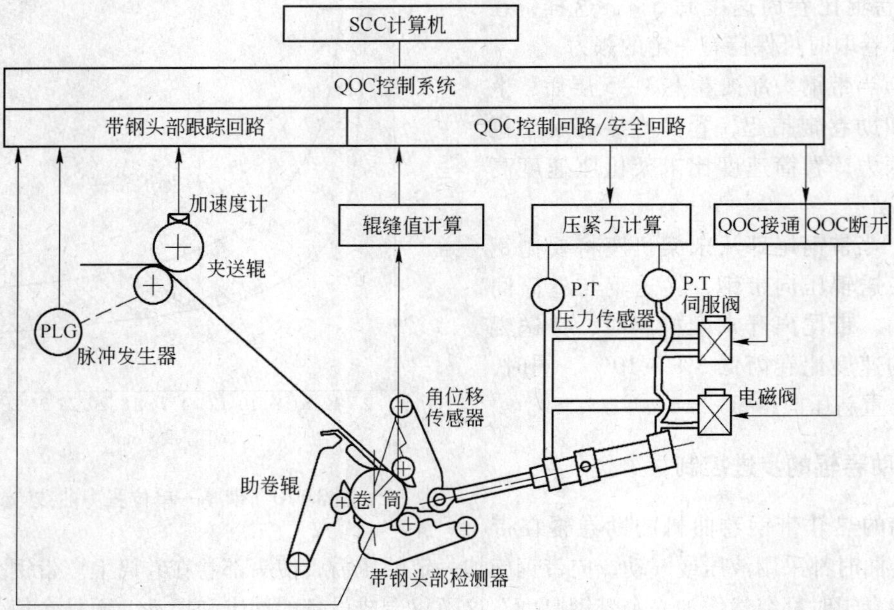

图 3-111　助卷辊步进控制系统组成框图

当带钢头部离开助卷辊距离 E_2（mm）时，发出压力控制指令。

$$E_2 = cv + d \tag{3-117}$$

式中　c，d——系数；

v——带钢速度，mm/s。

随着卷数增加，带钢直径和助卷辊压紧带钢时的位置将发生变化，控制回路对 E_1、E_2 进行修正。

3.6.4.2　助卷辊步进控制

步进控制包括助卷辊的位置控制和压力控制。

A　位置控制

助卷辊辊缝的位置检测由安装在辊架旋转支撑轴上的角度式位移传感器实现。由角度检测值通过几何关系计算出辊缝值 S，由余弦定理可得到：

$$S = \sqrt{L_1^2 + L_2^2 - 2L_1L_2\cos(\theta_0 + \theta_1)} - \frac{D_0 - d}{2} \tag{3-118}$$

式中　L_1——旋转支点与助卷辊轴心距离，mm；

L_2——旋转支点与卷筒轴心距离，mm；

D_0——卷筒直径，mm；

d——助卷辊直径，mm；

θ_0——助卷辊与卷筒压靠时 2 个中心与辊架的旋转中心连线的夹角，（°）；

θ_1——角度检测器检测的角度，（°）。

由角度检测的位置可实现任意辊缝的控制。

B　压力控制

助卷辊的压力控制是在其驱动液压缸的活塞侧和活塞杆侧各装有 1 个压力传感器，这 2 个压力传感器的信号可以计算出液压缸对助卷辊的压紧力，再考虑助卷辊辊架重量的影响，则可计算出卷筒对带卷的压紧力 F（单位为 N）为：

$$F = (P_1S_1 - P_2S_2)\frac{L_4}{L_5} \pm W\frac{L_3}{L_5} \tag{3-119}$$

式中 P_1——活塞侧的油压，MPa；

S_1——活塞面积，cm^2；

P_2——活塞杆侧的油压，MPa；

S_2——活塞杆侧的活塞面积，cm^2；

L_3——助卷辊架重心与辊架旋转支点间的水平距离，mm；

L_4——助卷辊液压缸中心线与辊架旋转支点间的垂直距离，mm；

L_5——助卷辊对带钢压力方向与辊架旋转支点间的垂直距离，mm；

W——助卷辊与辊架重量，N；

±——1，3 号助卷辊用“+”号，2 号助卷辊用“-”号。

C　控制过程

步进回路根据跟踪回路给出的指令对助卷辊进行位置和压力交替控制，带钢尺寸和油压由轧制过程控制计算机的卷取设定模型设定或人工设定。

（1）位置控制过程：在位置控制的时间内，按带钢厚度设定值输出位置控制基准值，位置控制分为两个阶段。

1）在 T（ms）时间内，控制基准值为带钢厚度的 B 倍（有的取 $B = n + 0.5$）；

2）在其余的时间内，输出与带钢厚度相同的基准值。

（2）压力控制过程：按照压力设定值分 2 次输出基准值，分别为设定值的 B 倍和设定值的 1 倍。

3.6.4.3　安全回路

当系统出现故障时，相关的助卷辊单元可切换成电磁阀定压控制回路，进行紧急状态卷取，以减少卷取废品。

4 冷轧带材生产工艺及设备

4.1 冷轧带钢的生产特点及发展状况

4.1.1 冷轧带钢的生产特点

所谓冷轧带钢，是指在再结晶温度以下轧制的带钢。一般冷轧带钢的轧制不需要预热，但对于塑性比较低的材料有时需要预热，其预热温度不能超过再结晶温度。在冷轧过程中，由变形功和摩擦功转化的热量，使被轧制的带钢温度升高，虽然可进行工艺冷却，但有时带钢的温升仍可达200℃以上，甚至更高，不过这一温度仍低于再结晶温度。

由于冷轧过程在再结晶温度以下进行，轧件必然要产生加工硬化。加工硬化使金属的变形抗力增加，塑性降低，产生轧制力增大和轧件脆裂的倾向。当加工硬化超过一定的限度后就不能继续轧制了。因此，经过一定轧制道次后，往往需要再结晶退火软化金属，之后再继续轧制。也正因为如此，冷轧带钢生产工艺方法能生产薄带钢。

与热轧方法生产带钢相比，冷轧方法生产带钢有以下优点：

（1）可以生产厚度更薄的带钢。热轧由于轧制过程温度降低和氧化铁皮生成，轧制1.0mm以下的带钢比较困难。冷轧方法则不存在上述问题，因此可以生产很薄的薄带，乃至超薄带产品。

（2）带钢的板厚和板形精度高。热轧带钢由于冷却不均匀造成带钢的纵向和横向厚度不均。冷轧方法生产带钢，温度对带钢厚度的影响则可以不必考虑；而且带钢冷轧机的板厚和板形控制技术比热轧带钢轧机水平更高、更完善。因此，冷轧带钢板厚和板形质量远高于热轧带钢。

（3）带钢的表面质量好。热轧带钢由于氧化铁皮的影响，表面质量比较差。而冷轧带钢生产，在轧制前经过酸洗工序除掉氧化铁皮，轧辊的硬度和精度高，并有良好的工艺润滑，因此冷轧带钢表面十分光洁。尤其是轧后进行气体保护的光亮退火，可以得到非常好的表面质量。同时，冷轧带钢还可以根据生产镀涂层薄板的要求进行轧辊打毛，控制轧制带钢表面的粗糙度。

（4）带钢的力学性能好。冷轧带钢比热轧带钢具有更细密的金相组织，加之进行不同的热处理方法，可以获得不同要求的力学性能。

冷轧带钢的生产成本比热轧带钢高10%左右，投资费用比热轧带钢高20%～25%。但是，冷轧带钢的质量好，在相同用途的情况下可节约金属30%左右。冷轧带钢比热轧带钢的用途更广泛，因此也就获得迅速的发展。

冷轧带钢产品广泛地用于汽车制造业、电工制造业、精密仪器制造业、食品包装、不锈钢制品、家电制造、金属制品及冷弯制品等。因此，冷轧带钢的品种和规格繁多，成品的物流去向宽广，用户要求的多样性又促使冷轧带钢的生产工艺非常复杂。

冷轧带钢生产是以热轧带钢为原料，其生产工艺有酸洗、轧制、退火、平整、镀层和涂层、剪切和包装等。

4.1.2　冷轧带钢的发展状况

4.1.2.1　冷轧带钢产品质量提出了更严格的要求

由于汽车制造、制罐业、精密仪器和精密焊管行业的发展，对冷轧带材产品的尺寸精度、板形、表面质量和性能都提出了更高要求。

（1）在尺寸精度方面：冷轧带钢的尺寸要求无论是纵向还是横向厚度精度的偏差均小于 ±10μm，并有向小于厚度的1%发展的趋势。这就要求现代化的冷轧机上配备完善的厚度自动控制系统，包括高精度的测量装置，测量精度误差要小于 ±2μm；高响应的液压压下装置，响应速度要高达3ms；合理的高精度控制模型以及计算机控制系统。

（2）在板形精度方面：如汽车板的板形要求达到小于10I，镀锡板的要求更高，达到小于5I。这就要求带钢冷轧机不仅是具有板形控制功能强的HC、CVC和ZR系列新型轧机；而且要求都配有倾辊调整、液压弯辊、轧辊分段冷却等快速调节辊型手段；同时还要求设置板形自动检测系统，实现对板形的自动控制。

（3）在表面质量方面：不仅要求冷轧带钢表面光洁，还要求具有一定的物理和化学性能。比如汽车覆盖件所需要的烘烤硬化高强度钢板；为防止金属被腐蚀、延长冷轧带钢制品的使用寿命而生产的镀层（镀锡和镀锌等）和涂层（涂塑和涂油漆等）钢板。

（4）在带钢性能方面：对冷轧带钢性能的要求越来越高。如冷轧带钢需要量最大的汽车制造业，既需要冲压性能特别高的超深冲“无间隙原子钢”钢板（IF钢板）作为覆盖件，又需要含磷高强度冷轧板制作车身。冷轧钢板的性能要求促使轧后退火工序的技术发展。冷轧生产还有双金属或多层金属板。

4.1.2.2　在生产规模和生产能力上向着大型化、连续化、高速化发展

冷轧带钢生产规模近年来不断扩大，其产量从几万吨、几十万吨，发展到上百万吨，甚至达到年产量200万t以上。而且产品品种包括冷轧带卷、冷轧板、镀锡板、镀锌板、涂层板、压型板等多品种规格，使冷轧带钢的生产规模异常庞大。为满足生产工艺和产品品种的要求，由酸洗、冷轧、热处理、平整、镀涂层、剪切线及包装等生产工序的机组组成数十条生产线，进行连续化作业；而且把多道生产工序连接起来，组成更加集中的连续化、自动化的生产线。如酸洗和轧制机组的组合，酸洗、轧制和连续退火机组的组合，镀、涂层机组和剪切机组的组合等。这些机组都采用了高度的自动化和计算机控制，摆脱了人员密集型生产，使各机组的速度达到高速化。目前，现代盐酸酸洗工艺段速度达到360m/min以上，连轧机出口速度最高达到45m/s，连续退火机组工艺段的速度最高达到880m/min。这些机组的诞生，无疑将提高机组作业率，提高生产率，稳定产品质量，提高金属的收得率，缩短生产周期，提高企业的生产效益。

4.1.2.3　冷轧带钢连轧机的形式和机座形式进展

A　冷轧带钢连轧机的形式

随着市场对冷轧带钢产量和质量要求不断提高，冷轧带钢轧机的机型发生了深刻的变化。从简单的单机座可逆式冷轧机发展到多机座的常规冷连轧机；又从常规冷连轧机发展到全连续式冷连轧机，实现了无头轧制，使连轧机的生产能力大幅度提高；在全连续式冷连轧机成功轧制的基础上，又出现了联合全连续式冷轧机组，其中：将酸洗机组和冷连轧机组联合组成的机组，称为酸洗—轧机联合全连续式轧机，简称酸轧全连续式轧机；将酸洗机组、冷连轧机组和连续退火机组联合组成的机组，称为酸洗—轧制—退火联合全连续式轧机。这些轧机的组成和

其优越性将在本书第 4.3 节中详细介绍。

B　冷轧带钢轧机工作机座的形式

冷轧带钢轧机工作机座的形式曾经是普通四辊轧机居于主导地位。普通四辊轧机上装有液压压下及其液压 AGC 厚度控制系统，很好地解决了冷轧带钢的厚度精度。为了控制板形，在普通四辊轧机上设置了液压弯辊和轧辊分段冷却。由于普通四辊轧机对板形控制能力的局限性，不能满足用户对板形的高精度要求。因此，近年来带钢冷轧机工作机座的机型发展主要围绕如何提高轧机的板形控制功能方面进行。相继出现以 HC 轧机为基础形式的 HC 轧机、UC 轧机、UCMW 轧机和以 CVC 轧机为基础形式的四辊 CVC 轧机、六辊 CVC 轧机、UPC 轧机，还有 PC 轧机和 VC 辊轧机等。这些轧机的技术特点和结构特征将在本书第 4.4 节中介绍。

四辊冷轧带钢轧机一般都采用工作辊传动，传动部分的尺寸比较小，轧制过程中辊系也容易稳定，在一段时间内曾广泛地应用于轧制厚度为 0.1mm 以上的薄带钢。对于轧制宽厚比很大的更薄带钢和难以变形的金属，四辊轧机就难以满足要求了。冷轧带钢的最小厚度计算如下：

$$h_{\min} = \frac{3.58D(K-\tau)}{E} \tag{4-1}$$

式中　D——工作辊直径，mm；

K——轧件变形抗力，$K=1.15\sigma_s$，MPa；

τ——平均张应力，$\tau=\frac{\tau_0+\tau_1}{2}$（其中，$\tau_0$ 为后张应力；τ_1 为前张应力），MPa；

E——工作辊弹性模量，MPa。

从式 4-1 可以看出：轧制的最小厚度与工作辊直径和弹性模量、变形抗力和平均张应力的大小有关。带钢的变形抗力取决于其力学性能；提高轧辊的弹性模量轧制更薄带钢受到轧辊材料限制；冷轧带钢时采用较大的轧制张力有利于减小带钢厚度，但过大的轧制张力容易引起断带。因此，减小轧辊直径轧制更薄的带材是一个很好的途径。

减小工作辊直径可以减小轧制力和轧制力矩，轧出更薄的带材来，但是工作辊的扭转强度和刚度都要受到限制，因此就出现了支承辊数量大于 2 的多辊轧机。除前面提到的六辊 HC 轧机和六辊 CVC 轧机外，还有十二辊轧机、二十辊轧机、复合八辊轧机、复合十二辊轧机、偏八辊轧机、三十六辊轧机等多辊轧机，如图 4-1 所示。

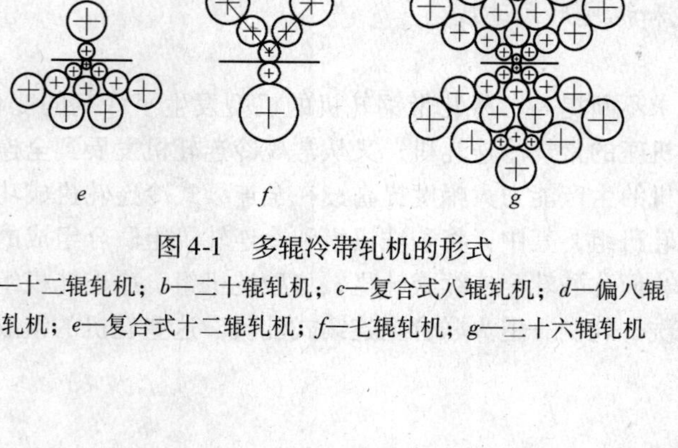

图 4-1　多辊冷带轧机的形式

a—十二辊轧机；*b*—二十辊轧机；*c*—复合式八辊轧机；*d*—偏八辊轧机；*e*—复合式十二辊轧机；*f*—七辊轧机；*g*—三十六辊轧机

多辊轧机具有如下特点：

(1) 工作辊直径小。多辊轧机的工作辊直径都在 100 多毫米以下，最小直径达 2mm，细而长，因此多辊轧机都有一个刚度很好的支承辊系，而且采用支承辊传动。

工作辊直径小，轧制力小，可以采用比较大的道次压下量和总压下量，道次压下量最大可达到 80%，总压下量可达到 90%；轧辊直径小换辊方便，而且形状简单，可以采用硬质合金作为轧辊材料，提高其弹性模量，轧出更薄的带材。

由于工作辊直径小，轧制更容易产生不均匀变形，对带钢的板形问题更加敏感，因此多辊轧机都设有比较完善的板形调节装置；采用比较大的前后张力来克服不均匀变形；加大前后张力不仅有利于改善板形，而且还可以减小轧制力和改善因轧辊直径小而恶化的咬入条件。

（2）多辊轧机的轧制精度高。多辊轧机的制造精度高，轧机的刚度大，又有良好的板厚和板形调节系统，因此多辊轧机轧制带材的板厚和板形精度高，有的多辊轧机的轧制被誉为精密轧制。

（3）多辊轧机特别适用于各种难以变形金属的轧制，如不锈钢、耐热合金钢和硅钢的轧制。

（4）多辊轧机的体积小，重量轻，占地面积小，投资少。

4.1.2.4 冷轧带钢生产中不断更新的生产技术

近年来，冷轧带钢的生产把当代许多高新技术引入到生产过程中，从设备和工艺上不断地更新生产技术。如生产过程中的带钢对接采用了激光焊机；酸洗过程中的盐酸紊流酸洗、废液回收及环境保护；高精度的厚度检测及厚度自动控制系统；双卷筒卡罗塞尔卷取机；交流同步电机及其交流调速系统；全氢罩式炉退火和深冲带钢的连续退火；电镀锌（锡）中不溶性阳极；带钢表面缺陷光学检查仪；先进的连续停剪技术等。并且，在整个生产过程中采用高度的基础自动化和计算机控制系统，以及数字化控制。这些新技术的采用，提高了带钢冷轧机的产品质量和生产率，降低了生产成本，提高了企业效益和产品竞争力。因此，可以认为冷轧带钢是集中当代许多高新技术而生产的产品。

4.2 冷轧带钢生产工艺过程及生产过程中的新技术

以冷轧碳素钢板为例说明冷轧带钢生产的主要生产工艺过程，主要由酸洗、轧制、退火、平整、镀（涂）层和精整工序组成。

4.2.1 酸洗

4.2.1.1 酸洗的目的

冷轧带钢的原料是热轧带卷。高温下轧出的带钢在轧后冷却和卷取过程中，不可避免的在带钢表面上生成氧化铁皮。氧化铁皮的存在会影响冷轧带钢的表面质量，影响到冷轧带钢后续加工的产品质量，必须在带钢冷轧前在专门的酸洗机组上采用物理和化学的方法将带钢表面上的氧化铁皮清除掉，这个过程称为酸洗。

氧化铁皮的结构一般分为三层，按氧化程度分别为 Fe_2O_3 、Fe_3O_4 和 FeO。

（1）最外层的 Fe_2O_3 是致密的柱状组织，呈脆性，易于破碎形成裂纹，但难溶于酸，其厚度约占氧化铁皮的10%左右。

（2）中间层的 Fe_3O_4 带有磁性，是致密的组织，较易溶于酸，对于宽带钢的表面，Fe_3O_4 厚度约占氧化铁皮的50%以上。

（3）与金属基体相接触的 FeO 是疏松多孔的细晶粒组织，易溶于酸，其厚度占氧化铁皮的40%以上。

氧化铁皮的产生和结构与带钢的终轧温度、冷却速度和卷取温度有关。终轧温度越高，冷却速度越慢，卷取温度越高，生成的氧化铁皮越厚，并且氧化铁皮中难溶于酸的 Fe_2O_3、Fe_3O_4 的成分越高；同时带钢头部、尾部和边部在冷却时与空气接触程度越大，氧化铁皮越厚，且 Fe_2O_3 和 Fe_3O_4 含量越高。每吨热带轧钢的氧化铁皮重量为 5 ~ 8kg，氧化铁皮的总厚度为 5 ~ 10μm。

4.2.1.2　酸洗的机理

老式酸洗采用硫酸酸洗，这种酸洗的速度慢，酸洗质量低，容易产生过酸洗，已经淘汰，被盐酸酸洗所取代。

盐酸酸洗除去带钢表面氧化铁皮是一个电化学过程。首先，准备酸洗的带钢由于热轧的冷却过程和机械破鳞，使氧化铁皮产生裂纹，铁基与盐酸接触被溶解，产生电子，铁原子变成 Fe^{2+} 进入酸液中，其电化学反应方程式为：

$$Fe^0 \longrightarrow Fe^{2+} + 2e$$

紧接着 Fe_2O_3 和 Fe_3O_4 中的三价铁被还原成二价铁，与 FeO 中二价铁一起成为铁离子（Fe^{2+}）进入酸溶液中：

$$2Fe^{3+}(\text{氧化物}) + 2e \longrightarrow 2Fe^{2+}(\text{氧化物})$$

$$2Fe^{2+}(\text{氧化物}) \longrightarrow 2Fe^{2+}(\text{酸洗溶液})$$

当氧化铁皮被溶解后，在铁基与氧化铁皮临界处的氢离子（H^+）被还原成氢气：

$$2H^+ + 2e \longrightarrow H_2 \uparrow$$

在上述电化学反应过程中，三层氧化铁皮的溶解速度远大于铁基与盐酸的反应速度，因此酸洗过程中对铁基的腐蚀很小。在上述酸洗的反应循环中，最基本的先决条件是带钢表面氧化铁皮具有裂纹和裂纹中要充满酸液，开始第一个化学反应方程式。

影响盐酸酸洗速度的因素如下：

（1）盐酸浓度对氧化铁皮溶解速度的影响如图 4-2 所示，提高盐酸的浓度可以提高氧化铁皮的溶解速度；但是提高浓度增大了盐酸的挥发。因此一般酸液质量分数取 17% ~ 19%。

（2）酸液温度对氧化铁皮溶解速度的影响如图 4-2 所示。由图 4-2 的曲线可以看出，提高酸液的温度可以提高氧化铁皮的溶解速度，而且效果明显；但过高的酸液温度会增加盐酸的挥发。因此一般酸液温度采用 70 ~ 80℃。

（3）铁离子（Fe^{2+}）含量对酸洗速度的影响如图 4-3 所示。在一定的温度条件下，Fe^{2+} 的浓度与盐酸的浓度有一个匹配值。在此匹配值时，酸洗时间最短。在酸洗工艺设计时，各酸槽的盐酸浓度就是根据图 4-3 的原理，使实际工作点靠近这些匹配点。

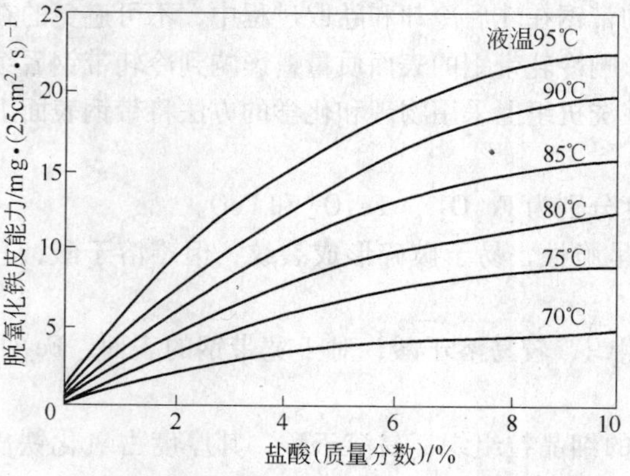

图 4-2　盐酸浓度和温度对酸洗速度的影响

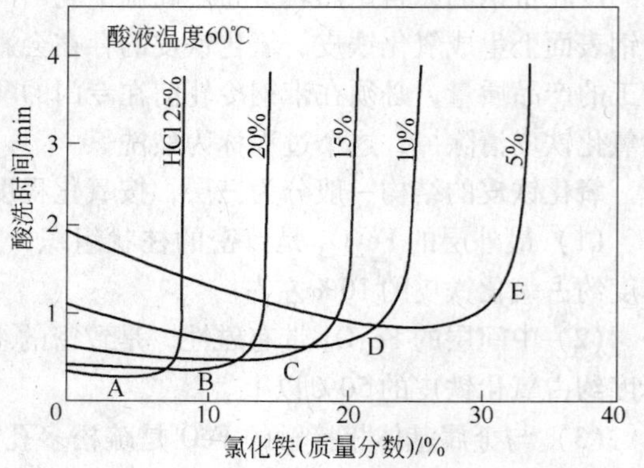

图 4-3　$FeCl_2$ 浓度对酸洗速度的影响

（4）带钢机械破鳞对酸洗速度的影响。经过机械破鳞，不仅可以使许多氧化铁皮从带钢表面剥落下来，而且更重要的是使氧化铁皮表面生成很多细微的裂纹。酸液进入裂纹内部，使三层氧化铁皮同时溶解，提高酸洗速度。机械破鳞通常在酸洗前让带钢经过拉弯矫直机，破鳞后可提高酸洗速度20%。

(5) 钢种对氧化铁皮溶解速度的影响。对于碳素带钢，其含碳量越高，酸洗时在酸液与带钢接触面上形成的微电池就越多，反应速度加快；反之含碳量越低，则反应速度减慢，这是在酸洗超低碳钢时酸洗机组要降速的原因。

4.2.1.3 酸洗的形式

酸洗的形式有深槽酸洗、浅槽酸洗和平槽紊流酸洗三种：

(1) 深槽酸洗。以前的酸洗是采用深槽酸洗的方式，由于酸洗槽深，带钢的弯曲垂度大，控制系统复杂，酸液多，酸洗速度慢而被浅槽酸洗所代替。

(2) 浅槽酸洗。浅槽酸洗的酸槽深度为300~500mm，带钢弯曲垂度小，但仍需要控制带钢张力，节省酸液，提高了带钢与酸液的热交换，提高了酸洗速度，当酸洗段因为事故停车超过15min时可自动排酸，这种形式被广泛地应用。

(3) 平槽紊流酸洗。在酸洗过程中，酸液浓度对酸洗速度的影响主要是指游离酸浓度。实际上与带钢表面相接触的盐酸浓度要低很多，这是因为氧化铁皮与盐酸反应有水产生而稀释酸液。这些酸被吸附在带钢表面上，形成一层薄薄的临界层。邻界层很稳定，基本不动，主体酸液中的H^+和Cl^-向临界层中扩散速度很低，造成临界层中盐酸浓度骤然下降，影响到氧化铁皮溶解速度。

平槽紊流酸洗是采用深度为150~200mm的平酸洗槽。在酸槽的入口及出口处的喷梁上装有高速喷嘴，向带钢的上表面喷射酸液。在酸槽入口侧壁上的2个喷嘴向带钢的下表面高速喷射酸洗，带钢上下表面高速喷射的酸液在带钢上下表面形成紊流，多余的酸液经溢流口流出。这样，高速流动的酸液减小了酸液与带钢接触临界层的厚度，也就增大了主体酸液中H^+和Cl^-向临界层的扩散速度。另外平槽酸洗的酸液少，有一定流速，增大了热交换，使平槽紊流酸洗提高酸洗速度。在酸洗过程中带钢几乎不弯曲，不需要垂直控制。平槽紊流酸洗节约了酸液和能量，因此，平槽紊流酸洗是现代最先进的酸洗方式。由于这种形式的酸洗速度高，从而与带钢冷连轧机组组成酸洗—连轧联合全连续式轧机。

深槽酸洗、浅槽酸洗和平槽紊流酸洗性能比较见表4-1。

表4-1 平槽紊流、浅槽、深槽酸洗性能比较

槽 型	平槽紊流	浅 槽	深 槽
酸洗时间/%	65	80	100
能量（热量和电能）/%	70	70	100
消耗/%	60	60	100
热交换/%	700	200	100
酸耗/$mg \cdot m^{-2}$	≤50	150	250

4.2.1.4 连续式酸洗机组

连续式酸洗机组可以是单独的酸洗机组，它将热轧带卷经过酸洗后清洗、烘干、切边、涂油、卷成重卷供冷连轧机使用；也可以与冷连轧机组近距离布置在同一条生产线上，组成酸洗—连轧联合全连续式轧机，连续式酸洗机组直接向连轧机供料。

连续式酸洗机组的设备组成简图如图4-4所示。按设备作用可以分为进料区、酸洗区和出料区三部分。

(1) 进料区主要包括交替工作的2台开卷机、直头矫直机、双切剪、焊接机、活套装置、拉弯矫直机等设备。

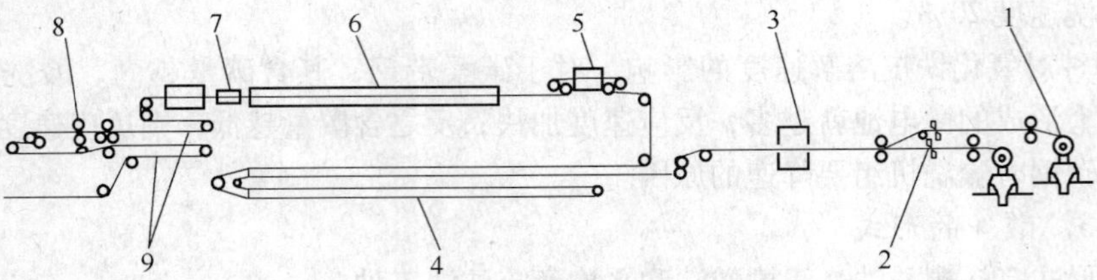

图 4-4　连续式酸洗机组的设备组成简图

1—开卷机；2—双切剪；3—激光焊接机；4—入口活套；5—拉伸弯曲矫直机；
6—酸洗及清洗槽；7—干燥机；8—圆盘剪；9—出口活套

（2）酸洗区主要包括酸洗槽、清洗槽和烘干设备等。

（3）出料区包括活套装置、圆盘剪等。独立的酸洗机组还设有涂油机、横剪机和卷取机等。

连续式酸洗机组的生产工艺过程简述如下：热轧带卷从热连轧厂用地下式运输链运至酸洗机组前的钢卷仓库，存放待酸洗；热轧带卷装到开卷机上进行开卷，2 台开卷机交替工作，以保证向机组连续供料；首先带头进入夹送辊和矫直机，对热轧带钢进行直头矫直，并进行粗破鳞；经过粗破鳞和直头后的热轧带钢进行切头、切尾；2 台横切剪可以单独设置在 2 台直头矫直机后面，也可以做成上下两层结构的双切剪，分别用于上下通道带钢头、尾剪切；经过切头、切尾后，带钢要进行将前一卷的尾与后一卷的头接起来的焊接工序。为了协调焊机与开卷机和直头矫直机的工作，设有活套。带钢头、尾焊接是酸洗过程中最重要的工序。

对焊缝的质量要求，一是减少断带，因为酸洗过程中出现断带会造成严重的事故；二是焊缝要窄，对周围金属影响小。目前最先进的焊接设备是米巴赫激光焊接机，满足了上述要求。带钢焊接后，经过活套进入拉伸弯曲矫直机，带钢在张力作用下反复弯曲，不仅除掉了一部分氧化铁皮，而且使带钢表面氧化铁皮产生裂纹，以提高酸洗速度；同时在一定程度上改善了板形。带钢经过拉弯矫直后直接进入酸洗槽进行酸洗。通常采用连续布置的 3 个酸洗槽，浅槽酸洗的每个酸洗槽的入口和出口都设有带钢垂度控制的张紧装置；而平槽紊流酸洗每个酸洗槽的入口和出口设有挤干辊。另外，酸液的加热是采用石墨加热器进行，水蒸气通过石墨导热块对循环的酸液进行加热，以保证要求的酸洗温度。带钢酸洗后进入清洗槽，对带钢表面残留的酸液及其他杂物进行冲洗，经过清洗后的带钢表面单侧 Cl^- 含量不超过 $5mg/m^2$。清洗后的带钢进入烘干设备，通 130℃热风将带钢表面上的水膜吹除烘干。烘干后的带钢被圆盘剪切边后可直接送入连轧机前的活套，进入轧制工序。独立的酸洗机组可在酸洗后经过涂油、卷取、分卷，送冷连轧机的坯料库待轧。

4.2.1.5　激光焊接机

焊接机是连续式酸洗机组中比较重要的设备之一，焊接质量的要求是酸洗和轧制过程中不能断带，要尽可能小地影响轧制速度和轧制质量。以前采用的是闪光焊接机，用电阻加热的方法使焊缝闪光熔融、顶锻焊接在一起。闪光焊接机只能用于碳素带钢的焊接。焊后形成的结疤需要进行光整加工，焊缝质量低，断带率达 0.8%。

米巴赫激光焊接机是采用高功率密度的激光束照射到被焊带钢表面上，在短时间内能量被充分吸收，导致局部熔化，形成局部焊接区，当激光束沿焊缝移动就会产生一条很窄的连续焊缝。激光焊接机可以焊接碳素钢、硅钢和不锈钢，而且热影响区小，焊缝窄，质量好，过轧机断带率不超过 0.2%。激光焊接机是酸洗机组、连续退火机组和镀涂层机组所使用的最新式焊接机。

A 激光焊接机的设备组成

激光焊接机的设备组成如图 4-5 所示，由设在焊机小车出、入口两侧的活套装置，对中装置（MCD，SCD），夹送辊，升降辊，压板台，冲边机等组成。焊机小车结构如图 4-6 所示，由上、下导向轮，激光输导装置及焊头，平整轮，双剪切，冲孔装置，C 形车体及其行走机构，激光发生器等组成。

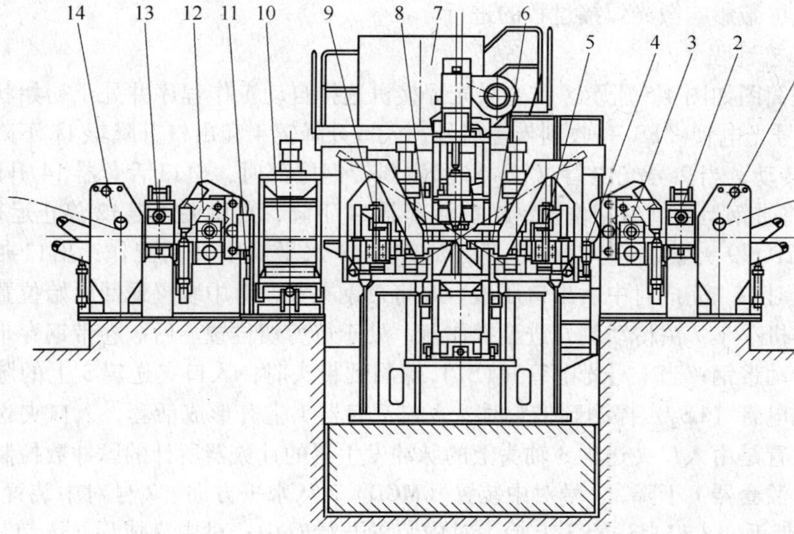

图 4-5 激光焊接机设备正视图及工艺过程简图

1—入口活套器；2—1 号对中装置（MCD）；3—入口夹送辊；4—入口升降辊；5—2 号对中装置（SCD）；6—入口压板台；7—焊机小车；8—出口压板台；9—3 号对中装置（SCD）；10—冲边机；11—出口升降辊；12—出口夹送辊；13—4 号对中装置（MCD）；14—出口活套器

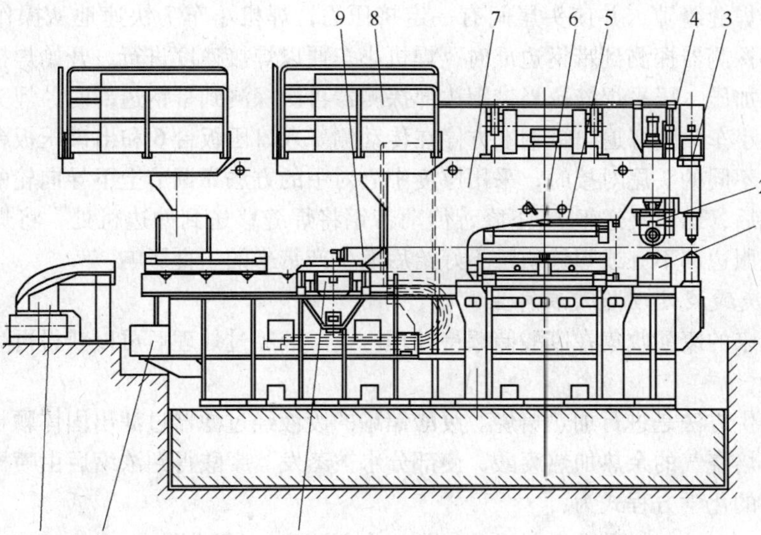

图 4-6 焊机小车

1—焊头上导向轮；2—焊头下导向轮；3—平整轮；4—激光输导装置及焊头；5—双切剪；6—冲孔装置；7—C 形车体；8—激光发生器；9—废边输出装置；10—剪刃更换装置；11—小车行走机构；12—废边输出槽

激光焊接机所用的是 CO_2 激光发生器，并在工作气体中加入氦气（He）和氮气（N_2），用以提高激光器功率效率。CO_2 激光发生器发出波长为 10.6mm 的激光束，经过激光输导装置的光路被送到激光焊头。激光焊头先将激光聚焦在被焊接带钢表面的下面 1～2mm，使焊缝获得最为理想的熔化深度。为了保护焊缝表面和去除在激光深熔过程中产生的等离子云，在焊接时使用氩气（Ar）作为保护气体。因为不把焊缝处金属等离子云驱走，会使激光束被吸附和散射，从而会形成屏蔽影响激光焊接过程的进行。

B 焊接的工艺过程

焊接工艺过程简图如图 4-5 所示。首先激光焊接机选择自动工作程序并处于初始状态，带钢开始甩尾时，1 号光电管（LS_1）收到带尾信号，入口升降辊 4 和出口升降辊 11 下降，出口夹送辊 12 下降并转动；当 2 号光电管（LS_2）探测到带钢尾部时，出口活套器 14 升起活套，由出口夹送辊 12 将带钢运送到剪切位置，出口活套器 14 下降，出口夹送辊 12 停止运行，3 号对中夹紧装置（SCD）9 夹紧，4 号对中装置（MCD）13 水平对中开始工作；出口夹送辊抬起，对中装置开始对中，完成对中后出口压板台 8 将带钢夹紧，对中装置退回原始位置，带尾对中定位完毕。焊机小车 7 由传动侧开进至操作侧，处于待剪切位置。后一卷带钢穿带，入口夹送辊 3 下降并传动带钢；当 1 号光电管（LS_1）探测到带头时，入口夹送辊 3 上的脉冲发生器开始计数；当光电管（LS_2）探测到带头时，入口活套器 1 上升形成活套，入口夹送辊 3 将带头运送到剪切位置是由入口夹送辊 3 轴头上的脉冲发生器的计数器所计的脉冲数控制，到位后停止动作；入口活套器 1 下降，1 号对中装置（MCD）2 从水平方向、2 号对中装置（SCD）5 从垂直方向夹紧带钢，入口夹送辊 3 上抬，对中装置开始对中；对中完成后，入口压板台 6 夹紧带钢，对中装置退回原始位置，带头对中定位完毕。此时，焊机小车 7 上的双切剪下剪刃上升，上剪刃下降，将带尾和带头同时剪切；当需要冲孔时，在剪切的同时，在距离焊缝 150mm 处冲出直径 ϕ 为 20mm 的小孔，作为焊缝位置跟踪标记。剪切和冲孔完成后，双剪切的剪刃退回。激光焊头和其后面的平整辊下降，入口压板台 6 和出口压板台 8 相对移动，将带头、带尾对成零焊缝缝隙，并使头尾间有一定挤压力，焊机小车 7 快速地从操作侧驶回传动侧。当带钢边部探测器探测到带钢边部时，焊机小车便以焊接速度进行，开始焊接，并打开保护气体；光整辊加压，压平焊缝。当带钢边部探测器再次探测到带钢边部时，焊头上抬，焊接完成。此时焊机小车 7 刚好退出带钢上方停在传动侧。入口压板台 6 和出口压板台 8 抬起，焊接结束。在厚度不同的头尾对接时，采用厚度中心对中的方法靠调节上下导向轮的左右轮高度实现。焊接完成后，出口夹送辊 12 下降，传动带钢将焊缝移送到冲边机处，将焊缝处板边冲成月牙弯，以克服边部不齐或焊缝质量不好给后面生产带来的不良影响。

4.2.1.6 废酸液处理与酸液再生

从酸洗线出来的废酸收集在废酸储罐待处理。废酸液经过处理后可以获得再生盐酸和高附加值的氧化铁粉。

废酸液的再生方法是进行加热焙烧。废酸储罐的废液经过滤器过滤出固体颗粒，进入浓缩器，用焙烧炉中焙烧气的余热加热废酸，使部分水被蒸发。废酸得到浓缩后由喷枪送入焙烧炉中，在焙烧炉中的化学方程式为：

$$4FeCl_2 + 4H_2O + O_2 = 2Fe_2O_3 + 8HCl\uparrow$$

经过焙烧产生盐酸气体和氧化铁固体粉末，氧化铁粉落入炉底排出；盐酸气体从炉顶排出送预浓缩器，与循环废酸直接接触被清洗、冷却，同时废酸被加热，气体从浓缩器中出来进入吸收塔，与喷淋的漂洗水相遇，HCl 被水吸收，在吸收塔底生成浓度约为 18% 的盐酸。经过漂洗后的废气从吸收塔顶部排出，进入烟道；在烟道中再经过 2 次洗涤，使废气中 HCl 含量少于

30mg/m³（标态），Cl_2 含量少于 5mg/m³（标态），Fe_2O_3 粉粒含量少于 50mg/m³（标态），达到排放标准。

上述工艺流程如图 4-7 所示。

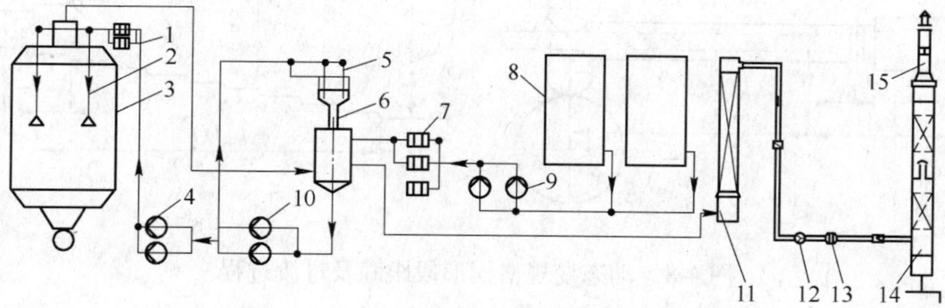

图 4-7　废酸再生流程图

1，2，5—酸枪；3—焙烧炉；4—焙烧炉供液泵；6—预浓缩器；7—废液过滤器；8—废酸储蓄；9—废酸泵；10—废酸循环泵；11—吸收塔；12—废气风机；13—滴水分离器；14—洗涤塔；15—烟囱

4.2.2　轧制

4.2.2.1　压下规程制定

冷轧带钢轧机压下规程制定原则与厚板轧制和热轧带钢轧制的基本出发点相同，即在保证质量的前提下尽可能地充分发挥轧机生产能力，达到优质高产。

轧机的能力，对于冷轧薄带钢，尽管轧辊是磨削的，又进行工艺润滑，允许咬入角很小，但轧件很薄，对于四辊轧机、六辊轧机咬入条件都可以满足；对于多辊冷轧机，虽然轧辊直径小，增加了咬入困难，但采用张力轧制可以帮助咬入。因此冷轧薄带钢的咬入条件几乎都可满足从而不用考虑。所以，限制最大道次压下量的主要因素是轧辊强度。

在分配各道次的具体压下量时，要考虑轧件的塑性条件和产品质量要求。如：第一道次轧制材料的塑性好，后面的轧制道次会出现加工硬化，因此第一道次用比较大的压下量，以后逐道次减少，使各轧制道次的负荷大致相同；对于可逆式轧制，由于开卷机与轧机间无法建立起稳定的大张力，带钢容易跑偏，因此第一道次不宜用比较大的压下量；为了提高板厚和板形精度，应适当减少精轧道次的压下量。

带钢冷连轧轧机是一次轧出成品，总压下量在 40% ~90%。对于单机座可逆式轧机，可以采用 2 个以上轧程，轧程间用中间退火软化金属，其总压下量可达到 90% 以上。

现代冷连轧机采用无头轧制，在改变产品规格时，轧制过程中的厚度和宽度要发生变化，称为动态变规格轧制。这种变规格使焊缝前后的轧制力、张力、速度和厚度出现一个变化过程。在这个变化过程中，厚度变化、压下量变化，使带钢出现一个楔形段，如图 4-8 所示。楔形段是分段给出的，因此给定楔的各个分段的厚度、长度、张力和速度分别按轧制的长度给予设定，并从楔形段的开始进行跟踪。焊缝探测器测到冲孔时，楔形段起点到第一架机座辊缝距离 L_1 为：

$$L_1 = L_0 + S - L_{K0}(1) \tag{4-2}$$

式中　L_0——焊缝探测器到轧机辊缝距离；

S——冲孔到焊缝距离，一般为 150mm；

$L_{K0}(1)$——第一架机座前楔形段给定长度 $L_K(1)$ 的前端到焊缝的距离。

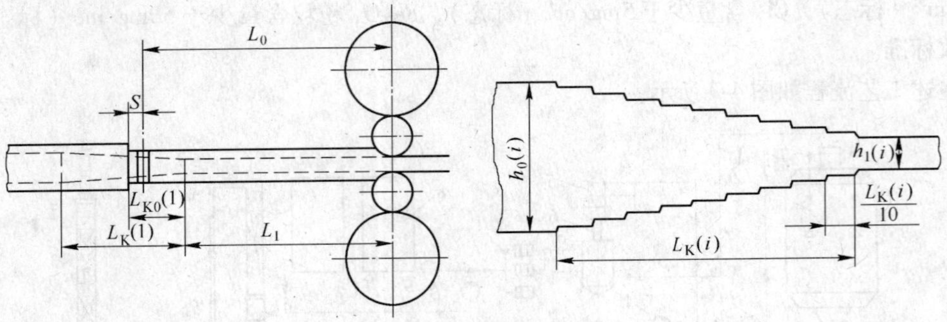

图 4-8　动态变规格楔形段跟踪及过渡过程

将 L_1 转换成脉冲器的脉冲数装入计数器，计数器内设定有脉冲计数负值与 L_1 对应，当计数器到零时，表明楔形开始点进入第一机座、按设定厚度张力和速度调节作为第二架机座的跟踪点，其余各架类推。

4.2.2.2　轧制张力

采用较大的轧制张力是冷轧带钢的特点之一。所谓张力轧制就是轧件在辊缝中产生塑性变形是在一定的前张力和后张力的作用之下进行的。通常张力作用方向与轧件前进方向相同的称为前张力；而与轧件前进方向相反的称为后张力。轧制张力的作用是：

(1) 张力的拉伸作用会改变轧制时金属的应力状态，有利于金属的塑性变形，降低变形抗力；

(2) 张力有利于减少轧件厚度，控制张力可以在一定范围内控制带钢厚度；

(3) 张力可以在一定程度上改善板形；

(4) 张力轧制可以防止带钢在轧制过程中跑偏；

(5) 张力下卷取可以使带卷卷得更紧密、整齐。

轧制张力产生于带材的拉伸变形，任一时刻张应力可表示如下：

$$\sigma_Z = \sigma_0 + \Delta\sigma_Z \quad (\text{MPa}) \tag{4-3}$$

式中　σ_0——初始张应力；

$\Delta\sigma_Z$——经过一段时间后张应力的变化值。

因为：

$$d\Delta\sigma_Z = \frac{E}{l_0}\Delta v\Delta t$$

所以：

$$\Delta\sigma_Z = \frac{E}{l_0}\int_{t_1}^{t_2}\Delta v\mathrm{d}t \tag{4-4}$$

把式 4-4 代入式 4-3，带钢的张应力和张力可表达为：

$$\sigma_Z = \sigma_0 + \frac{E}{l_0}\int_{t_1}^{t_2}\Delta v\mathrm{d}t \tag{4-5}$$

$$T = A\sigma_0 + \frac{AE}{l_0}\int_{t_1}^{t_2}\Delta v\mathrm{d}t \tag{4-6}$$

式中　E——带材的弹性模量，MPa；

l_0——轧制带材在任意两点间距离，mm；

Δv——长度 l_0 带材两端点的速度差，mm/s。

从式 4-5 可以看出：轧制过程中带钢任一时刻的初始张应力 σ_0 来源于这一时刻任意两点的速度差，而速度差产生一个变化量 Δv，则张应力就由 σ_0 变为另一张应力值；当 $\Delta v = 0$ 时，说明任意两点的速度差不再变化，其张应力变成一个新的平衡值 σ_Z。因此，由一个张应力变成另一个张应力必须经历由一个速度差变化到另一个新速度差的过程。

轧制张应力大小在不超过屈服极限的范围选择，一般取 $(0.1 \sim 0.6)\sigma_S$。轧制带材越薄，变形抗力越大，张应力应取较大值。但成品道次考虑到断带和罩式退火炉的粘卷问题，张应力不能取得太大，一般取 50MPa。

带钢轧制张力 T 可按式 4-7 确定：

$$T = K\sigma_S hb \quad (\text{N}) \tag{4-7}$$

式中 K——张力系数，可由经验公式确定，$K = 0.33 - 0.14h + 0.02h^2$；

h——轧件厚度，mm；

b——轧件宽度，mm。

轧制张力的调整是通过改变主传动电机的转速、调节压下量和改变卷取速度得到的。借助张力仪检测轧制张力，并且与自动控制系统组成闭环回落，调节上述 3 个参数，可以实现恒张力轧制。

4.2.2.3 厚度控制

带材的厚度控制比较普遍地采用 AGC 厚度控制系统。单机座可逆式轧机上的液压 AGC 系统一般都具有位置控制（APC）、压力 AGC 控制和测厚仪监控系统。带钢冷连轧机的厚度控制系统要比单机座可逆式冷轧机的 AGC 厚度控制系统复杂得多。下面以某厂五机架冷连轧机的 AGC 厚度控制系统为例加以说明，其控制系统范围如图 4-9 所示。

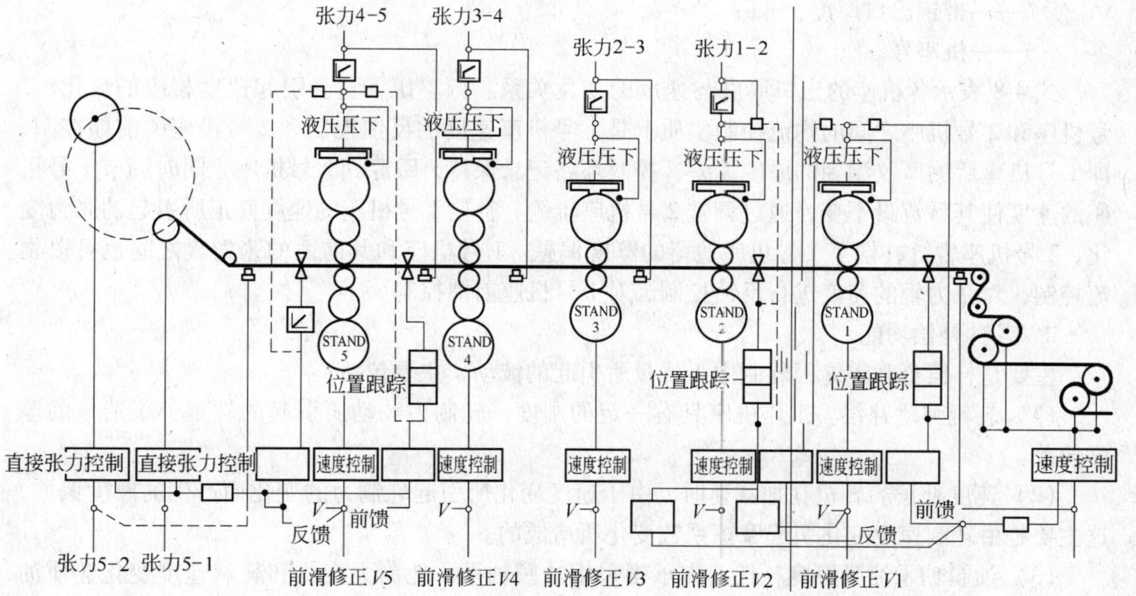

图 4-9 某厂五机架冷连轧机 AGC 厚度控制系统功能设置

A AGC 厚度控制系统的范围

（1）1、2、5 号机座的前馈控制：用于修正机座入口带钢厚度偏差。

（2）1、4、5 号机座的监控控制：用于修正辊缝设定所引起的偏差。

(3) 物流控制：用于修正机座之间的厚度偏差和机座速度调整。

(4) 各种补偿功能：用于补偿轧辊弹跳、速度补偿、油膜轴承油膜厚度补偿和支承辊偏心补偿等。

B　AGC 厚度控制系统主要参数检测装置

(1) 1 号机座前和 1 ~ 5 号机座后各设置张力测量辊 1 个。

(2) 1 号机座入口张力辊和 1 ~ 5 号机座测速。

(3) 1 号机座前后和 5 号机座前后的测厚。

(4) 1 ~ 5 号机座测压。

C　AGC 厚度控制系统的各种控制功能

a　前馈控制

机座入口处的测厚仪测出来料的厚度偏差，调整液压压下，对来料厚度偏差引起的带材厚度偏差进行修正。1、2、5 号机座前设有测厚仪，可以实行前馈预控。前馈控制对于带材达到好的厚度公差起主要作用。

b　监控控制

用机座出口的测厚仪测出机座出口带钢的厚度偏差，并取得规定长度上厚度偏差值的平均值，用于修正辊缝设定。监控控制目的在于控制带钢长期的偏差，如轧辊的热膨胀和磨损等引起的偏差，并给予补偿。据测厚仪安装位置，1、4、5 号机座可以实行监控控制。

c　物流控制

根据冷连轧机各机座的金属物流相等的原则，忽略宽度变化条件下的秒流量，则：

$$v_1 h_1 = v_2 h_2 = v_i h_i \tag{4-8}$$

式中　v——带钢出口速度，mm/s；

h——带钢出口厚度，mm；

i——机座号。

式 4-8 表示各机座的出口厚度与速度的变化关系。调整压下量会引起速度相应的变化。1 号机座和 2 号机座之间的物流控制实质上是 1 号机座速度的反馈控制和 2 号机座的前馈控制，即 1 号机座后测厚仪测到的厚度偏差，控制环路记录保持，跟踪到 2 号机座，同时调节 1 号机座的速度使其秒流量不变，通过调整 2 号机座辊缝，补偿 1 号机座的速度修正所引起的张力变化，2 号机座辊缝补偿了 1 号机座遗留的厚度偏差。1 号机座和其前面的张力辊之间也可以物流控制，对张力辊的速度进行反馈控制，对 1 号机座前馈控制。

d　各种补偿功能

主要是补偿负载辊缝因轧制力干扰量所引起的波动，主要包括：

(1) 轧辊弹跳补偿。工作机座具有一定的刚度，轧制力波动所引起的轧辊弹跳造成的厚度偏差。

(2) 速度补偿。轧机在加减速时，由于速度变化所引起轧制力的变化而产生的厚度偏差，这主要是由轧制速度变化引起摩擦系数变化所造成的。

(3) 油膜轴承油膜厚度补偿。支承辊采用油膜轴承，轧制力变化和轧制速度变化会使油膜厚度发生变化，产生厚度偏差。

(4) 支承辊偏心补偿。支承辊轴颈和辊身的制造偏心误差所引起的周期性厚度偏差。

这些干扰量带来的厚度偏差是通过液压 AGC 闭环控制进行轧制力补偿的。为了使绝大部分厚度偏差在 1 号机座上被消除，通常各种补偿功能都设在 1 号机座上。

e　极限张力控制、卷取机附加速度控制和带钢抛尾辊缝控制

（1）极限张力控制：有的轧机AGC厚度控制系统在4、5号机座间设置了恒张力控制，消除张力波动对成品厚度干扰。

（2）卷取机附加速度控制：厚度控制纠正厚度偏差，导致最终出口速度变化，为保持卷取机和5号机座间张力恒定而进行卷取机的速度补偿。

（3）带钢抛尾辊缝控制：对于经常进行抛尾轧制的连轧机，由于尾部失去张力而引起轧制力的波动，对1~5号机座均设有带钢抛尾辊缝修正。

D AGC厚度控制系统控制方式的选择

AGC厚度控制系统的上述各项功能根据轧制带钢的状态进行不同的组合投入工作，形成A、B、C三种控制方式：

（1）带钢硬度和轧制变形量都不是很大时，AGC厚度控制系统采用C控制方式进行。即利用前4架来完成变形过程，5号机架仅作为平整机使用。因此，用前4架的各种控制功能进行厚度控制，5号机架机座上变形很小，仅保持出口厚度控制。

（2）当带钢硬度不大但变形量很大，前4架机座完成全部变形有困难时，5号机座投入正常轧制，采用A控制方式轧制。

（3）当带钢比较硬时，通过极限张力控制投入工作，AGC厚度控制系统采用B方式控制。这时用4、5号机座间的实际张力与设定张力之差值调节5号机座的轧制力，进一步消除厚度偏差。

某厂2030mm五机架冷连轧机AGC厚度控制系统的A、B、C三种控制方式见表4-2。

表4-2 某厂2030mm五机架冷连轧机AGC控制回路组合表

序号	控制回路	AGC方式A	AGC方式B	AGC方式C
1	第一机架预控	投入	投入	投入
2	第一机架负载辊缝调节	投入	投入	投入
3	第一机架监控	投入	投入	投入
4	第二机架预控	投入	投入	投入
5	第四机架预控			投入
6	第四机架监控			投入
7	第五机架预控	投入	投入	
8	第五机架监控	投入	投入	
9	C方式出口厚度监控			投入
10	张力极限控制		投入	
11	用尾辊缝修正	投入	投入	投入

4.2.2.4 板形控制

A 板形的概念

所谓板形，是指带材的平直度。带材的板形不良表现为带材出现单边浪、双边浪、中浪、肋浪和局部瓢曲等，如图4-10所示。产生板形不良的原因是沿带钢宽度方向上各部位纵向延伸分布不均。当由于轧制工艺上的原因使这种延伸不均出现时，延伸大的部位必然要受到延伸小的部位限制而产生压应力，延伸小的部位产生拉应力，在轧后带材内部存在着残余应力。因

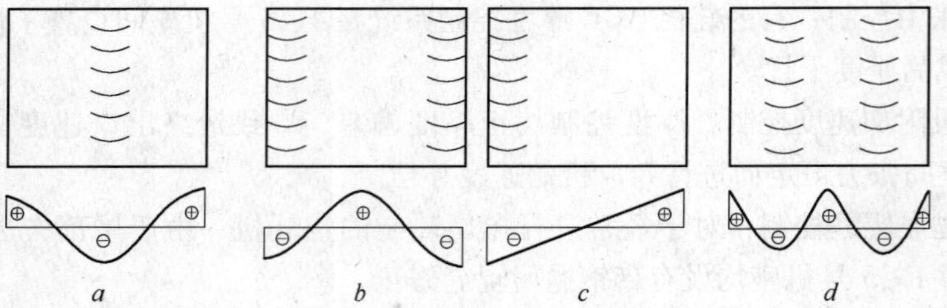

图 4-10　各种板形不良及残余应力示意图

a—中浪；*b*—双边浪；*c*—单边浪；*d*—肋浪

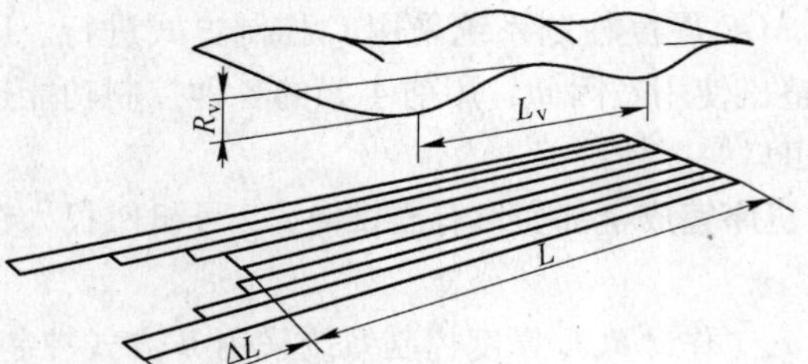

图 4-11　相对长度表示法

此，应该说只要带材内部存在着残余应力即存在板形问题，而残余应力中的压应力达到带材失稳的临界值时，则在该部位出现翘曲浪形。

常用的板形表示方法有相对长度差法和波形表示法。

a　相对长度差法

取一段标准长度带钢，沿宽度切成若干纵条，如图 4-11 所示，用最短和最长纵条之间相对长度差大小表示板形状态（板形单位为 I，$1\mathrm{I}=10^{-5}$）：

$$\Sigma st = 10^5\left(\frac{\Delta L}{L}\right) \tag{4-9}$$

式中　ΔL——纵向长度差，mm；

L——最短纵条长，mm。

b　波形表示法

波形表示法是一种直观方法，取一段翘曲带钢置于平台上，如图 4-12 所示，翘曲的波浪高为 R_v，翘曲波长为 L_v，带材翘曲度 λ 则为：

$$\lambda = \frac{R_v}{L_v} \times 100\% \tag{4-10}$$

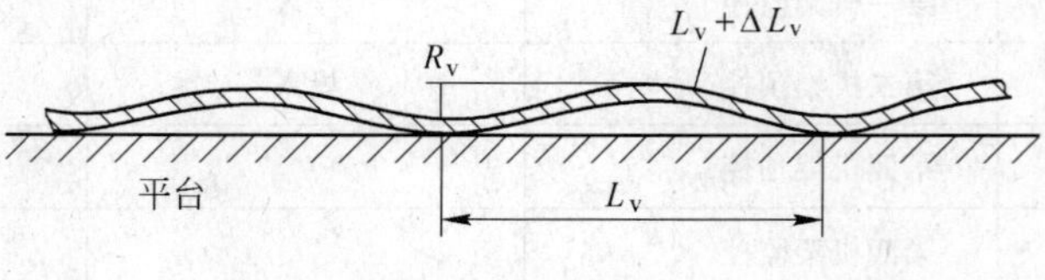

图 4-12　波形表示法

由于冷轧带材要求的板形精度比较高，因此通常用相对长度差法表示；热轧带材板形两种表示方法都可采用。

B　板形测量

冷轧带材的板形在线测量通常采用接触式板形仪，测量轧制过程中横向前张应力分布。这主要是因为带钢冷轧都采用张力轧制，张力将带钢拉平，板形不良无法用可视原理测量。当带钢在轧制过程中出现板形问题时，延伸大的部位分布张力较小，延伸小的部位分布张力较大，板形仪的检测部件将这种张力分布检测出来就可以给出前张应力分布。

$$\Sigma st = 10^5\frac{\Delta L}{L} = \frac{\Delta\sigma}{E} \tag{4-11}$$

式中　$\Delta\sigma$——前张应力差，MPa；

E——带钢弹性模量，MPa。

接触式冷轧带材板形仪的检测部件是板形检测辊，其结构如图4-13所示，压力传感器有压磁式和压电式两种，板形检测辊测得的板形信号，经信号处理及计算机，可直接做出板形显示和参与板形自动控制。

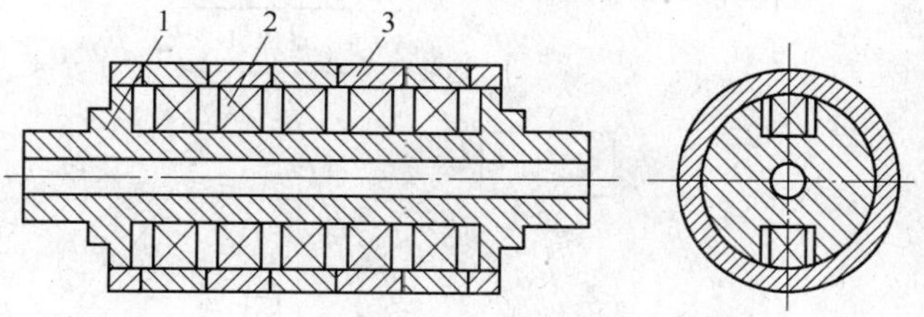

图4-13　板形检测辊结构

1—辊体；2—辊环；3—压力传感器

燕山大学轧机研究所自主研发了压磁式冷轧带材板形仪，已在国内多家单位使用。

C　冷轧带材的板形控制

冷轧带材进行板形控制的条件是：

（1）轧机具有板形快速调节功能，如轧辊的倾辊调整、液压弯辊、轧辊分段冷却、轧辊轴向移动等；

（2）设有板形仪，对轧制带钢进行在线自动检测；

（3）有基础自动化控制系统；

（4）有相应的板形控制软件。

完全具备上述4个条件即可组成板形闭环控制系统。只具有前2个条件的则可实行板形开环控制，操作工人根据板形仪显示的板形信息进行操作，调节相应的板形调整机构。

a　单机座可逆式带钢冷轧机的板形控制系统

如图4-14所示，将板形仪的板形检测辊设在轧机的转向辊位置上，只取可逆式轧制的前张力信号，一次信号经过滤波放大，送计算机按照位置板形控制软件的功能运算，给出板形快速调整装置的调节量，由自动控制装置做出相应的调节，消除板形偏差。

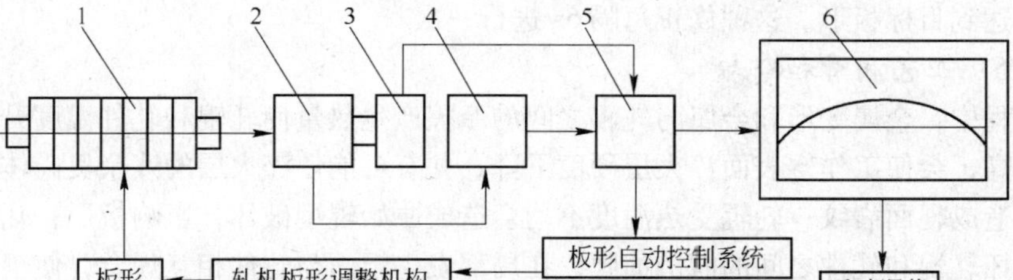

图4-14　单机座可逆式带钢冷轧机的板形控制系统示意图

1—板形检测辊；2—集流装置；3—同步信号器；4—滤波放大器；5—计算机；6—显示器

b　带钢冷连轧机的板形控制系统

带钢冷连轧机的板形控制系统，以前多数五机架冷连轧机都是在5号机座的出口安装有板形仪的板形检测辊，进行板形的反馈控制。调节5号机座的倾辊调整、液压弯辊、轧辊分段冷却和轧辊轴向移动机构（如CVC冷轧机和UCMW轧机等）使带钢板形符合目标板形；同时也修正4号机座的板形调整机构的设定。但人们发现，要想获得高精度的冷轧板形，仅仅在5号机座后面设置板形仪及其闭环控制系统是不够的，因为经过5号机座轧制后带钢已成为成品。冷轧过程中的加工硬化和带钢变薄，使板形调节变得困难，控制效率低。因此产生了除在5号机座出口设置板形仪及自动控制系统外，在1号机座后面也设置了板形仪及自动控制系统。如图4-15所示为某厂五机架CVC冷连轧机设置2台板形仪方案。其控制功能包括：

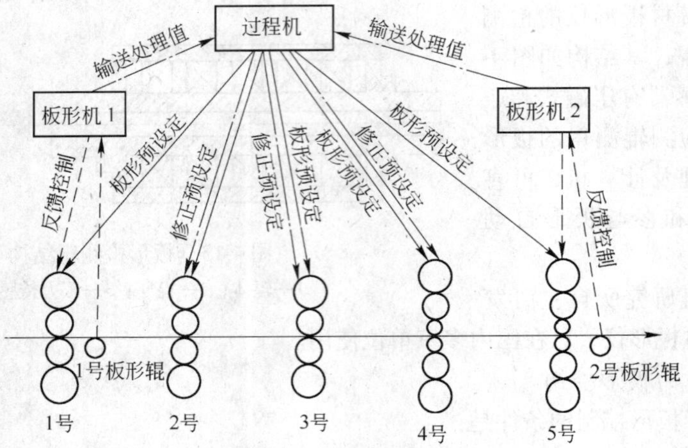

图 4-15　五机架冷连轧机板形控制

(1) 按照热轧带卷的板凸度和板形，在带钢到达 1 号机座前，由过程控制计算机按板形设定模型计算出设定值，通过基础自动化对 1～5 号机座的 CVC 辊轴向位置和液压弯辊的弯辊形式和弯辊力进行设定。

(2) 带钢通过 1 号机座后，1 号板形仪测出的板形值对 1 号机座实现闭环控制，反馈调节 CVC 辊轴向位置和弯辊力；同时，将板形信号送给过程控制计算机，按板形设定模型计算，修正 2 号和 3 号机座的 CVC 辊轴向位置和弯辊力设定值。每隔 6s 进行一次这种设定的修正。

(3) 5 号机座后的 2 号板形仪测量的实际板形反馈控制 5 号机座的板形调节机构，包括中间辊和工作辊的弯辊力、CVC 辊轴向位置、倾辊调整和分段冷却，使板形符合目标板形；同时，过程控制机根据板形仪提供的板形值，重新计算设定 4 号机座的 CVC 辊轴向位置和弯辊力，使板形达到目标板形。这种修正每隔 6s 进行一次。

4.2.2.5　工艺润滑和冷却

冷轧过程中，金属变形和金属与轧辊之间的摩擦产生热量使轧辊和轧件温度升高。如果轧辊面温度过高，会使工作辊表面淬火层硬度下降，并有可能使淬火层的残余奥氏体分解而产生附加应力，造成辊面裂纹；轧辊受热温度不均会造成原始辊型破坏，影响板形；轧辊局部温度过高还会破坏轧辊和轧件之间的润滑油膜，在局部发生辊面与轧件相互焊合，使辊面受损，带钢表面划伤，称为热划伤。因此必须对轧辊和轧件进行工艺冷却和润滑。另外，润滑降低了轧制力，也保证了带钢表面质量；减少了轧辊磨损，提高了轧辊寿命。

冷带钢轧机的工艺冷却和润滑是结合在一起的，所采用的介质为轧制油，分为两大类：一类为直接应用型，直接采用矿物油、动物油和植物油、合成脂进行润滑和冷却；另一类为乳化液型，将矿物油、动物油或合成脂与脱盐水按一定比例混合。

轧制油的综合性能十分重要，通常需要考虑的指标包括：

(1) 润滑性能。保证带钢和轧件间形成连续的油膜，用轧制力对比下降的情况来衡量。

(2) 挥发性能。以轧后带钢表面的附着量来表示。附着量大能有效地降低轧制力，但也造成轧机打滑、引起振动、污染板面等负面影响。

(3) 乳化性能。标志着乳化液的稳定性，表示方法是将乳化液静止一段时间后测量油水分离的油层厚度，并测量乳化液中油滴颗粒度。

(4) 清洁性能。以测量退火后带钢表面残余物多少来表示，还有脱脂性、防锈性和抗氧化性。

（5）流动性能。作为工艺冷却剂，流动性能好坏标志着冷却效果。

除上述性能外，对人体无害、低成本、易保存等要求也必须考虑。

对上述的多项性能要求，基油是很难同时满足的。因此，轧制油是在基油中加入一些化学添加剂而形成的：

（1）添加油性增强剂提高润滑性能；

（2）添加极性剂，在局部出现高温时，极性剂首先分解形成无机氧化膜，防止热划伤；

（3）添加乳化剂，促进油和水很好融合，提高乳化液的稳定性；

（4）添加抗氧化剂，防止轧制油因氧化而变劣，防止退火后形成斑迹；

（5）添加防锈剂，防止锈蚀带钢和辊面等。

现代带钢冷连轧机以高速化为一项重要指标，轧制油的工艺冷却作用就显得尤为重要。强化冷却要考虑冷轧过程中的热平衡。

冷轧单位时间内所产生的变形热量 q（单位为 kJ/h）计算如下：

$$q = \frac{4.814 \times (0.84 \sim 0.88) nb}{J} p \Delta h v \tag{4-12}$$

式中 n——修正系数，小于 1；

b——带钢宽度；

J——热功当量；

p——平均单位压力；

Δh——道次绝对压下量；

v——轧制速度。

工艺冷却轧制油在单位时间内吸收带走的热量（单位为 kJ/h）用式 4-13 表示：

$$g = 4.814 mrc (T_2 - T_1) \tag{4-13}$$

式中 m——单位时间内供给冷却液流量；

r——轧制油密度；

c——轧制油比热；

T_1，T_2——分别为轧制油冷却前、冷却后温度。

某五机架冷连轧机的乳化液系统喷嘴布置如图 4-16 所示，其组成是：

（1）在 1 号机架前设有 2 个喷射梁：各设 1 排喷嘴，布置在带钢的上下两侧，分为 3 段控制喷射含油量较高的乳化液，改善 1 号机座轧制辊缝润滑。

（2）1、2 号机座各设有 5 个喷射梁：入口侧布置 2 个喷射梁，各设 1 排喷嘴分为 3 段控

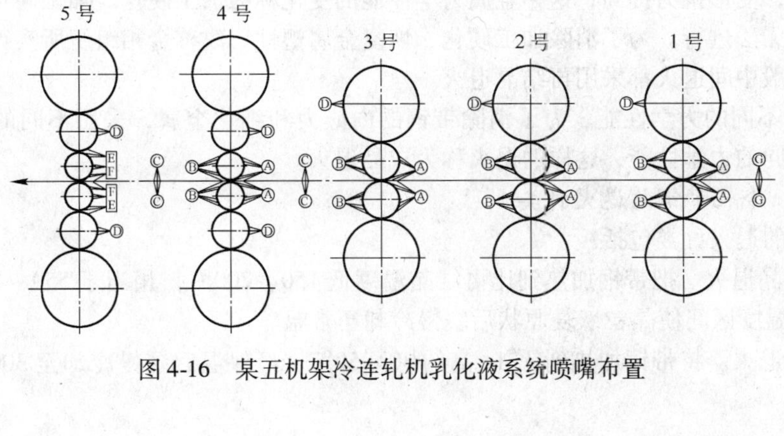

图 4-16 某五机架冷连轧机乳化液系统喷嘴布置

制，从上下两侧向带钢喷射乳化液；出口侧设有 3 个喷射梁，其中 2 个冷却工作辊，每个设 2 排喷嘴分 3 段控制；1 个冷却上支承辊，设 1 排喷嘴不分段。

（3）3 号机座设有 5 个喷射梁：布置与 1 号机座基本相同，入口侧 2 个喷向带钢，出口侧 3 个喷向工作辊和支承辊，全部分为 5 段控制。

（4）4 号机座设有 6 个喷射梁：入口侧布置 4 个喷射梁，2 个用于喷射带钢，各设 1 排喷射嘴分 5 段控制，2 个用于冷却上下中间辊，各设 1 排喷嘴不分段；出口侧布置 2 个，用于冷却上下工作辊，各设 2 排喷嘴分 5 段控制。

（5）5 号机座 4 个喷射梁都布置在入口侧：2 个冷却工作辊和辊缝，各设 3 排喷嘴分 25 段控制，为控制板形的分段冷却系统；2 个冷却上下中间辊，各设 1 排喷嘴不分段。

（6）在 3、4 号机座间和 4、5 号机座间各设 2 个喷射梁，各设 1 排喷嘴分 3 段控制。从上下两侧冷却机座间带钢。

镀锡板轧制和其他带钢需要乳化液含油量浓度不同，需要进行乳化液切换。另外，有的连轧机为保持机架内清洁，还设有轧机清洗系统。以热水或特定的清洁剂为介质，对机架定期进行清洗，以防止脏物聚集落在带钢上。

4.2.2.6　冷轧工作辊

冷轧工作辊材质一般用合金锻钢辊，小型冷轧机也有用冷硬铸铁（耐磨铸铁）辊的。对冷轧辊的要求是：表面硬度 HS 高，一般都在 90 以上；淬火层有足够深度，硬化层深度达 20 ~ 30mm；具有较高的抗断裂性和抗剥落能力；具有良好的抗热冲击性能等。

锻钢冷轧工作辊一般采用铬合金高碳钢轧辊，含碳量控制在 0.8% ~ 0.9%，热处理后奥氏体基体中可溶入 0.6% 左右的碳，其余 0.2% ~ 0.3% 的碳则与铬、铁合成碳化物，提高材料的耐磨性；铬元素的作用还提高工作辊的淬透性，含铬量为 3%，还加入 Mo、V 等元素以增加淬透性。国外大力发展铬铸钢冷轧工作辊和复合铸造高铬钢冷轧辊，它们可以不进行淬火处理，工作层硬度很小，其耐磨性、抗剥落性和抗黏结性高。

4.2.3　退火

冷轧碳素钢退火是将带钢加热到再结晶温度以上，保温一定时间后再以适当的冷却速度冷却的热处理方法。

4.2.3.1　带钢退火的目的

带钢退火的目的包括：

（1）消除带钢冷轧时的加工硬化。热轧带钢的晶粒在冷轧过程中被延伸和破碎，以及晶粒间不均匀变形，在带钢内出现残余应力，导致金属的强度极限、屈服极限和硬度增加，伸长率和塑性降低，变形抗力提高，这种金属力学性能的变化称为加工硬化。加工硬化达到一定程度后会使冷轧无法进行。为了消除加工硬化、恢复金属塑性、改善金相组织所实行的退火称为中间退火。一般中间退火都采用再结晶退火。

（2）获得不同的力学性能。为了消除带钢的内应力和细化金属，采用不同的退火工艺规范可以获得不同的力学性能，这样的退火称为成品退火。

4.2.3.2　冷轧带钢的退火种类

冷轧带钢的退火种类包括：

（1）再结晶退火。把带钢加热到比再结晶温度低 150 ~ 200℃，相当于 550 ~ 680℃（低于 A_{c_1}），并在此温度区间使晶粒恢复原状后缓慢冷却至常温。

（2）完全退火。将带钢加热到比 A_{c_3} 高约 30 ~ 50℃，经保温后缓慢冷却至 300℃ 出炉，然后在冷气中冷却，用于难轧金属的退火，细化金属，提高塑性。

（3）等温退火。与完全退火加热温度相同，保温后以任意冷却速度冷却至 A_{r_1} 以下 10～30℃，保温一段时间后空冷至常温，这种方法比完全退火节省时间。

（4）低温退火。将带钢加热至 600℃～A_{c_1} 之间，经短时间保温后缓慢冷却，这种退火方法不发生金相组织转变，可消除冷轧过程中形成的残余应力。

各种退火制度的温度范围如图 4-17 所示。

4.2.3.3　退火设备

退火设备有罩式退火炉和连续式退火机组。

A　罩式退火炉

罩式退火炉简图如图 4-18 所示，由炉台、内罩、外罩和气流发生器等组成。炉台上可叠放 3～5 个带卷，带卷之间有通气垫，用内罩与外界空气隔开．里面充有保护性气体，在内罩和外罩之间进行加热，依靠内罩的热辐射和保护性气体的对流加热带钢。

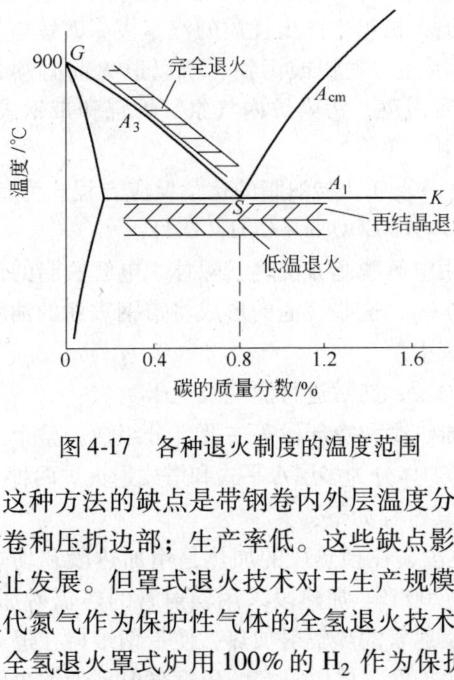

图 4-17　各种退火制度的温度范围

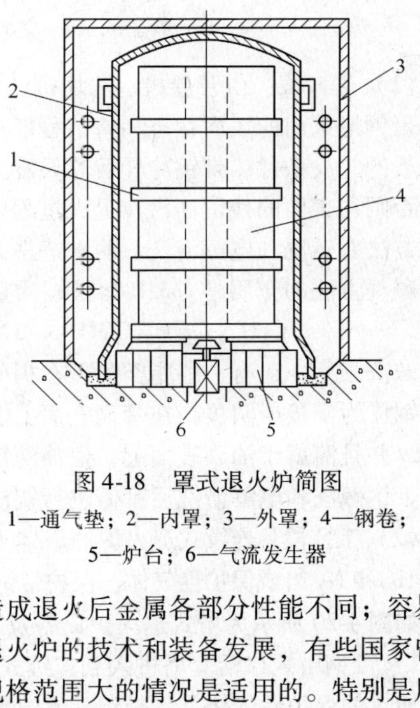

图 4-18　罩式退火炉简图

1—通气垫；2—内罩；3—外罩；4—钢卷；5—炉台；6—气流发生器

这种方法的缺点是带钢卷内外层温度分布不均，造成退火后金属各部分性能不同；容易产生粘卷和压折边部；生产率低。这些缺点影响了罩式退火炉的技术和装备发展，有些国家曾一度停止发展。但罩式退火技术对于生产规模小、品种规格范围大的情况是适用的。特别是用氢气取代氮气作为保护性气体的全氢退火技术的出现，使罩式退火炉又获得新生。

全氢退火罩式炉用 100% 的 H_2 作为保护性气体，采用改进的热风循环系统，改善了炉内传热条件，缩短了钢卷加热和冷却时间。这是因为 H_2 的导热性高，动力黏度系数低，对流热传导系数 800℃时是 N_2 的 2 倍；而且 N_2 保护主要是带卷轴传热，H_2 保护增大了径向传热的比例，提高了加热速度；另外还加大了气流发生器叶轮直径，加大了炉内气体的循环量。全氢罩式退火炉的产品向高强度和深冲两个方向多品种规格发展。

B　连续式退火机组

连续式退火机组是 20 世纪 70 年代发展起来的工艺设备。它的特点是把冷轧后的带卷要进行的脱脂、退火、平整、检查和重卷等多道工序合并成一个连续作业的机组。与罩式退火炉相比，其优点是：

（1）节省了厂房面积，减少了操作工人；

（2）生产连续化，使生产周期由原来的10天缩短到1天，物流运转加速，避免中间储存过程生锈；

（3）可以很方便地控制各种退火规范，生产出罩式退火炉难于生产或不可能生产的品种，如超深冲钢和各种高强度钢。

连续式退火机组工艺流程和设备布置如图4-19所示，总体可分为进口段、工艺段和出口段。

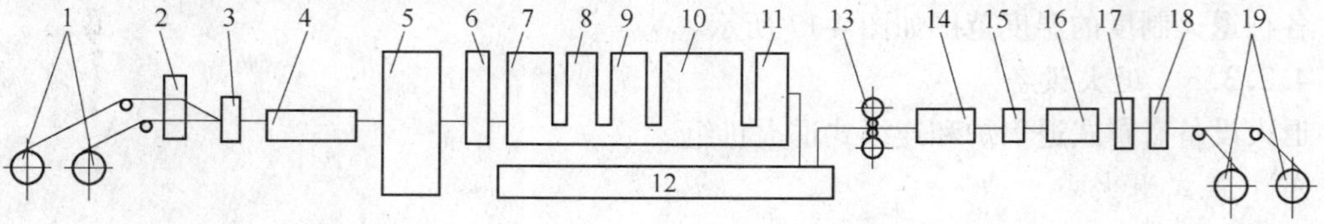

图4-19　连续式退火机组工艺流程和设备布置图

1—开卷机；2—双层剪；3—焊接机；4—脱脂；5—活套塔；6—预热段；7—加热段；8—均热段；9——次冷却段；10—过时效段；11—二次冷却段；12—活套车；13—平整机；14—拉伸矫直机；15—圆盘剪；16—检查台；17—涂油机；18—飞剪；19—卷取机

（1）进口段：由开卷机、剪切机、焊接机、清洗设备等组成。下面介绍清洗设备的用途。

带钢退火前的表面状态和清洁程度是确保连续退火机组生产出优质的汽车板、镀锌板等所用原板的先决条件。带钢冷轧后总要在表面残留轧制油、铁粉或污物，所以退火前必须预清理，否则在表面的残留油污在退火过程中会形成碳质污斑，污染炉内气氛、炉辊和带钢表面。清洗方法有碱洗和电解清洗，两种清洗方法配合使用。

碱洗方法的介质是NaOH溶液，质量浓度为20～30g/L，与油脂的化学反应方程式为：

$$C_3H_5(C_{17}H_{35}COO)_3+3NaOH\longrightarrow 3C_{17}H_{35}COONa+C_3H_5(OH)_3$$

碱洗之后，还有一些脂类附着在板面上，需采用电解脱脂方法将其除掉。电解脱脂的机理是带钢作为阳极或阴极，在带钢表面上电解出H_2和O_2，这些气泡的形成将带钢表面的油膜破坏掉，并且滞留于油滴表面上，使油滴被带入脱脂液中。

带钢碱洗和电解清洗后都需进行刷洗除去附着油污，然后进行漂洗及风干。

（2）工艺段：连续式退火炉的炉体由预热段、加热段和冷却段等主要部分组成。整个工艺段用H_2和N_2组成保护性气体，保护带钢不被氧化。炉体分为多层水平式和塔式退火炉两种。

如图4-20所示为塔式退火炉设备及工艺布置。其过程如下：

1）带钢由入口活套塔进入到连续式退火炉预热段，在预热段的加热是用加热段和均热段废气加热的保护性气体，将带钢从室温预热到150～200℃。加热段采用辐射管的热辐射加热，带钢被均匀地加热到预定退火温度。均热段同样用辐射管的热辐射加热，使带钢维持在退火温度。冷却段分气冷段和辊冷段，气冷段是用冷却的保护性气体以一定的角度喷射到带钢表面冷

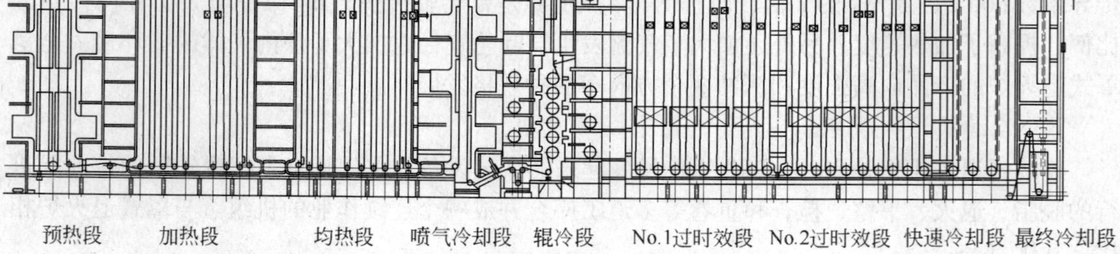

图4-20　塔式退火炉工艺及设备布置

却带钢；辊冷段是用内部通水冷却的辊子组成的辊组对带钢进行快速冷却。

2）冷却段的冷却速度决定了过时效时间和所获得的带钢性质。调整带钢通过辊冷组在每个冷辊上的包角可改变冷却速度。

3）冷却到过时效温度的带钢进入过时效阶段，在设定的过时效温度下保温一段时间。然后缓慢冷却，再进入快速冷却段至出炉温度。

连续退火工艺段的温度曲线如图4-21所示。一般均热时间在40s以上，过时效时间为140s。

（3）出口段：由平整机、拉伸矫直机、切边圆盘剪、检查台、涂油机、飞剪机、卷取机等组成。

入口段、工艺段和出口段之间都设有活套装置储存带钢，协调各段物流。

连续式退火机组的技术发展已达到不仅可生产各种高强度钢板，也可生产超深冲带钢。工艺段的速度最高达880m/min以上，入口和出口工艺段速度达1060m/min。

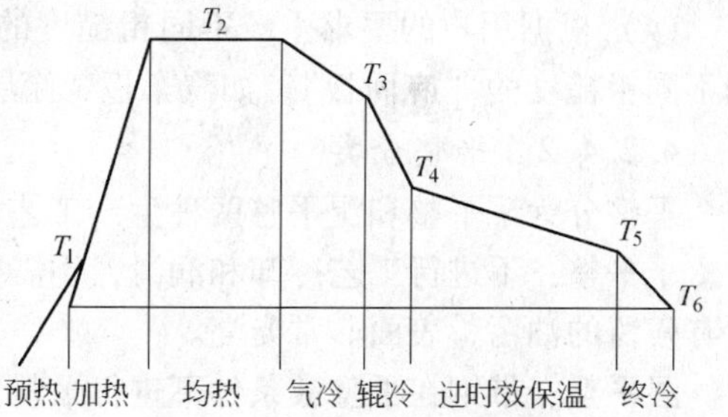

图4-21　连续退火工艺段温度曲线

T_1—150～200℃；T_2—700～870℃；T_3—575～700℃；T_4—400℃左右；T_5—200～300℃；T_6—150℃

4.2.4　平整

退火后的带钢以小压下量进行轧制的过程叫平整。对一般用途的深冲板平整的压下率为0.5%～2%，对薄铁皮压下率为2%～5%。

4.2.4.1　平整的目的

退火后的带钢平整目的包括：

（1）使退火带钢平整后达到一定的力学性能要求。平整的压下率对带钢的力学性能有很大的影响，必须根据成品的不同力学性能来确定压下量。从图4-22可以看出，当压下率取1%左右时，其屈服极限最低，深冲值最高，因此对深冲钢板采用1%～2%压下率较合适。

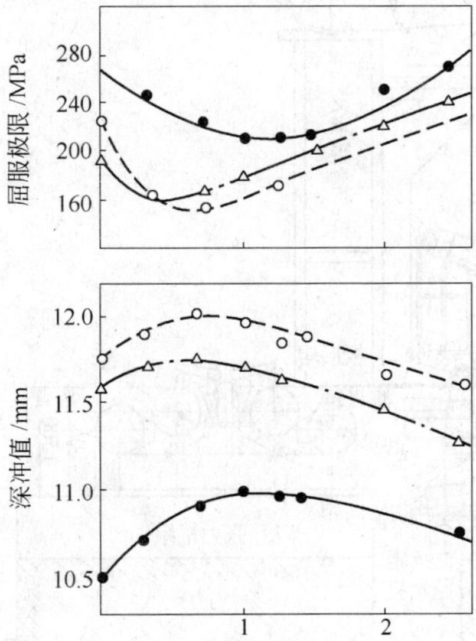

图4-22　平整压下率对带钢力学性能影响

（2）消除材料的屈服平台。带材退火后其应力—应变图会存在一个屈服平台，如图4-23所示，这是因为退火时固溶C、N等元素扩散到晶粒周围形成可切尔（Cottred）气氛所形成的应变时效现象。因此退火带钢直接进行冲压时，产生所谓吕德斯线的局部变形，在冲压件上出现皱纹等缺陷，影响产品质量。带钢经过

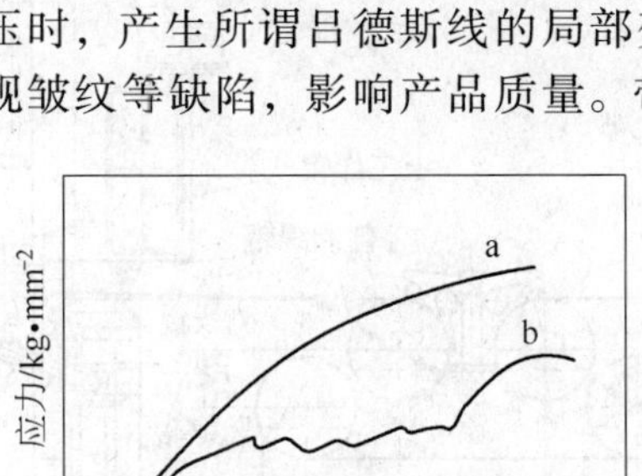

图4-23　带钢平整前后的应力—应变曲线

平整后取消这个屈服平台，提高了机械加工性能。

（3）改善带钢的板形。平整采用较大的稳定张力和较小的压下率，有利于克服轧制过程中产生的板形缺陷，改善带钢板形。

（4）根据用户的要求生产不同粗糙度的带钢。根据用户的要求对轧辊进行毛化处理，得到不同粗糙度的"麻面板"，如汽车板、涂层板等；要求光面的带钢则用磨光轧辊平整。

4.2.4.2　平整分类

平整分为干平整和湿平整两种生产工艺，要根据要求进行选择。

干平整：不进行工艺冷却和润滑，不需要乳化液和废水处理，可降低生产成本；带钢表面没有残留的油污，表面非常光亮。

湿平整：带钢在平整液条件下进行平整。这是因为退火后带钢表面多少会黏附 Fe 和 C 的脏物，这些脏物在干平整时会污染工作轧辊面，并以点状或凸斑附着在打毛的辊面上，会给带钢留下周期性压痕，采用湿平整可以消除这些污垢，保持良好板面；湿平整还可以使打毛轧辊辊面凹坑不断得到清洗和润滑，保护轧辊粗糙度；平整液的润滑作用可减少轧制力，提高轧辊寿命，而且提高带钢的防锈性能。

4.2.4.3　平整张力

带钢平整张力对带钢的平整质量有很大影响。平整张力的波动会影响厚度精度；采用比较大的张力可以纠正带钢跑偏，消除皱折，改善带钢板形。因此，平整张力是稳定带钢运行，提高轧制速度，保证平整质量所必需的。

平整张力值的选择与带钢的厚度有关。如平整 0.19 ~ 0.4mm 的带钢，其前张应力取 60 ~ 50MPa，后张应力取 40 ~ 35MPa；平整 0.9mm 带钢，前张应力取 25MPa，后张应力取 15MPa。

平整机与开卷机和卷取机之间不允许直接建立大的张力，这是为了防止开卷时带层之间打滑而擦伤表面。卷取时因带材的板凸度使带卷成为环形凸起，影响前张力分布。因此，在平整机工作机座与开卷机和卷取机之间设有 S 辊方式的张力辊，如图 4-24 所示。

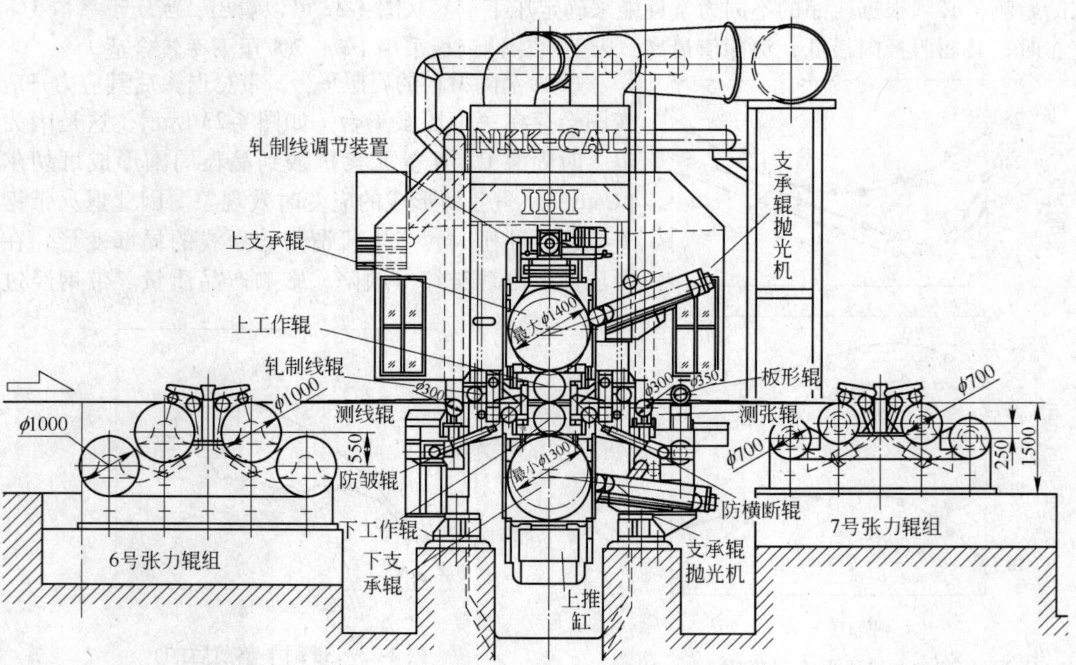

图 4-24　四辊平整机结构图

4.2.4.4 平整机结构

平整机的工作机座通常用普通四辊轧机，也有用HC六辊轧机的。四辊机座平整机结构如图4-24所示，工作机座上设有上推式液压缸及其伺服系统，控制机座刚度，实现恒轧制压力下的平整，消除支承辊偏心的影响；设有工作辊的正负弯辊和用液压力改变辊凸度的VC辊作支承辊，与板形仪一起组成板形自动控制系统，其中VC辊是由心轴、辊套、油腔组成，辊凸度在49MPa时为0.4mm（支承辊直径为ϕ1300～1400 mm）；为清除支承辊表面上附着的铁粉和污垢，设有支承辊抛光辊，以保证板面质量。另外平整机的工作机座与其他轧机一样，还设有支承辊平衡装置、轧制线高度调整装置等。平整机的工作辊直径比普通轧机工作辊直径大一些，加大了变形区长度，改善了平整效果。由于平整机的压下量很小，轧制力和轧制力矩很小，通常采用单辊传动，考虑结构紧凑，大都传动下支承辊。

平整机分单机座（见图4-24）和双机座（见图4-25）两种。双机座平整机兼有轧制和平整工序作用，故有时也称为“二次冷轧工艺”，可以生产0.076～0.152 mm的薄铁皮，力学性能也比较理想。

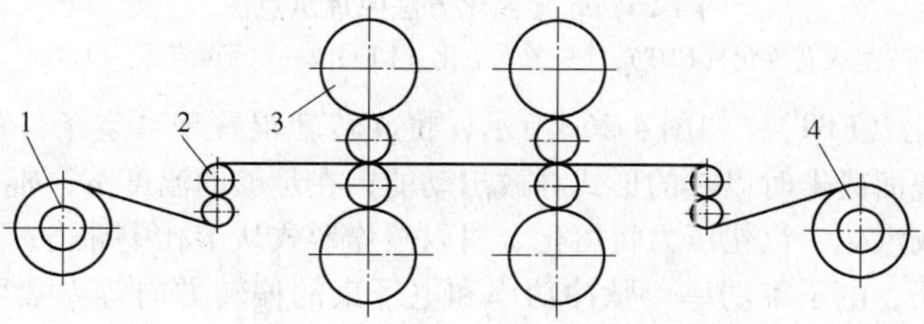

图4-25 双机座平整机示意图
1—开卷机；2—张力辊；3—平整机；4—卷取机

4.2.4.5 冷轧工作辊表面打毛[39]

为了能够轧制表面粗糙度不同的“麻面板”，平整机的工作辊必须进行辊面毛化处理。“麻面板”是汽车工业、家电行业等的重要原料。带钢表面毛化的形貌影响到后续工序的冲压、涂漆和搪瓷的质量。因为带钢表面毛化的凹坑在冲压过程中起储存润滑油的作用，有效地防止了钢板表面与深冲模之间的粘连和划伤；同时一定的粗糙度也提高了涂漆和搪瓷的附着力。轧辊表面毛化的方法分别介绍如下（见图4-26）。

（1）喷丸毛化法（SBT）：用钢砂以一定的喷射力度抛向轧辊表面，使辊面在钢砂的撞击下形成凹坑和凸起。这是轧辊毛化的传统方法，这种方法难以获得均匀的表面粗糙度，且当要求粗糙度$R_a>5\mu m$时，就只能对硬度HS小于90的冷轧辊打毛。

（2）电火花毛化（EDT）：如图4-26*a*所示，将轧辊浸在绝缘油中，一排电极也置于绝缘油中与轧辊辊面保持一定间距，轧辊旋转，电极和轧辊中间施加高压电脉冲，当二者间距小到一定值时形成放电通道，使轧辊表面金属被高温熔化或汽化，形成凹坑，如果轧辊在旋转的同时作轴向运动，则在辊面上形成具有一定粗糙度的毛化要求，调节电极与辊面间的距离、脉冲电压和电流强度，以及电蚀脉冲的开关时间等参数，可以控制辊面粗糙度的大小。

（3）激光毛化（LT）：如图4-26*b*所示，激光毛化是采用高频脉冲激光束作用在辊面上，使辊面金属被激光的高密度能量加热熔化或汽化，形成熔池，在熔池内汽化的等离子体的压力作用下，熔化的金属向四周堆起，中间形成凹坑，当激光脉冲停止时，凹坑周围堆起的金属熔化物迅速冷却凝固成凸台，在轧制过程中带钢表面翻印成坑。调节激光功率、脉冲波形、光源中辅助气的种类和流量，以及轧辊的旋转速度等参数，可以精确控制辊面毛化凸形和分布。

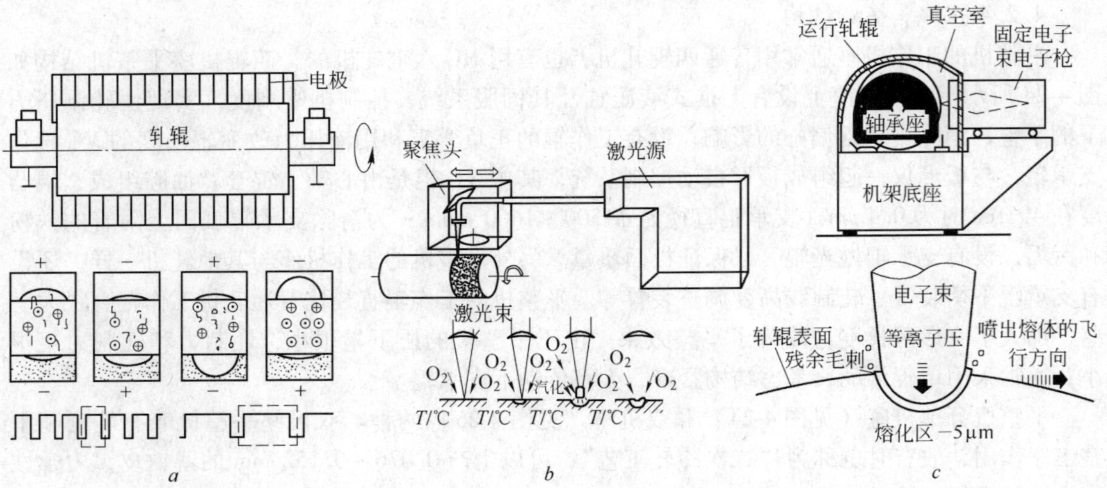

图 4-26 轧辊毛化方法原理示意图

a—电火花毛化（EDT）；*b*—激光毛化（LT）；*c*—电子束毛化（EBT）

（4）电子束毛化（EBT）：如图 4-26*c* 所示，将旋转轧辊置于真空条件下，沿轴向经过电子枪，高能电子与辊面碰击时以热的形式释放出动能，在足够的温度下，辊面与电子束相遇的那部分材料被熔化或汽化，汽化压力将熔化金属以爆炸形式从熔孔中冲击，形成显微凹坑。调节电子枪的加速电压、电子束功率、脉冲功率和电子束的偏转方向等参数可以获得预定的粗糙度。

上述四种轧辊毛化方法中，喷丸毛化虽然毛化的质量不高，但在一些没有条件的工厂还有应用；电火花毛化应用比较成熟，因而应用比较广泛；激光毛化的质量好，使辊面的粗糙度均匀，重现性好，最大粗糙度可以为 $R_a \leqslant 10\mu m$ 的辊面状态，这项技术在先进国家中开始采用；电子束毛化虽然毛化效果好，但轧辊置于真空系统中并作高速旋转和轴向移动，技术难度大，成本高，目前还在试验中。

4.2.5 带钢镀、涂层

由于金属腐蚀给人类带来了巨大的经济损失，为防止金属腐蚀、延长构件使用寿命，通常在金属的基体上镀上或涂上一层防护层。镀层板就是在带钢表面上镀有锌、锡、铝、铜、镍等金属保护层；而涂层板是指在带钢表面涂有一层塑料、耐腐蚀漆以及各种聚合物等非金属保护层。下面对比较典型的镀锌、镀锡和彩涂工艺与机组作介绍。

4.2.5.1 镀锌机组

镀锌机组有热镀锌法和电镀锌法两种。

A 热镀锌机组

如图 4-27 所示为某厂热镀锌机组设备布置图。机组可分为入口段、工艺段和出口段。

（1）入口段主要设备：主要有 2 台开卷机、切头剪、焊机、活套塔、张紧辊和跳动辊、连续退火炉等。

（2）工艺段主要设备：主要有锌锅、气刀、锌花控制器、冷却装置、钝化装置等设备。

（3）出口段主要设备：主要有活套塔、光整机、矫直机、涂油机、分卷飞剪、2 台卷取机。

工艺过程：冷轧带钢或酸洗热轧带钢经过入口段连续退火处理，消除加工硬化，改善金相

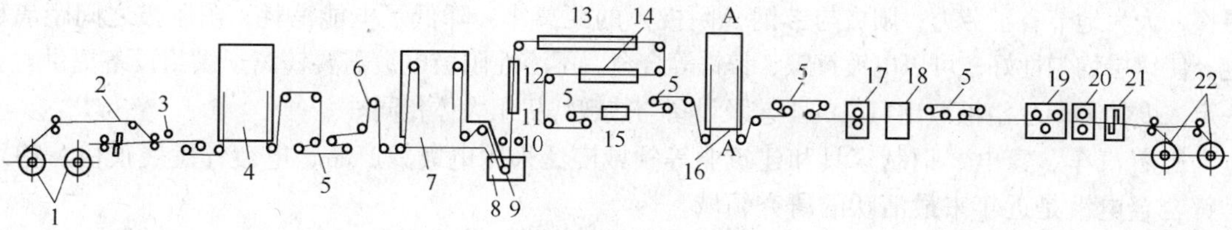

图 4-27 某厂热镀锌机组设备布置示意图

1—开卷机；2—切头剪；3—焊机；4—入口活套；5—张紧辊；6—跳动辊；7—连续退火炉；8—锌锅；9—沉没辊；10—气刀；11—锌花控制器；12—垂直冷却箱；13—水平冷却箱；14—淬火槽；15—钝化；16—出口活套；17—光整机；18—弯曲矫直；19—张力计；20—涂油机；21—分卷剪；22—卷取机

组织和性能，同时也去掉带钢表面上的油污和脏物。退火后带钢进入锌锅进行热浸镀锌。锌锅是电感应加热的陶瓷锅，带钢经过沉没辊后钻出锌液面，气刀从两侧面擦拭多余的锌液，采用过热蒸汽、燃烧煤气或冷气吹向带钢表面，控制镀层厚度，如图 4-28 所示，调整气刀参数，如气刀压力 P、气刀与带钢距离 L、气刀与锌液面距离 h 和气流与带钢夹角 α 以及带钢速度 v，可以调整带钢表面锌层厚度。在气刀上方设有锌花控制器，采用0.2% ~ 1%浓度的磷酸溶液雾化喷射到镀层表面，形成细的晶核，在最终冷却时在镀层表面产生细小的锌花。经过冷却后表面锌层还需要钝化处理，采用铬酸钝化，其目的是提高镀锌板的耐蚀性，防止表面氧化产生白锈。钝化后的镀锌板还需经过光整、矫直、涂油、分卷卷取。有特别力学性能要求的产品还需要低温退火处理。目前工艺段速度达 244m/min。

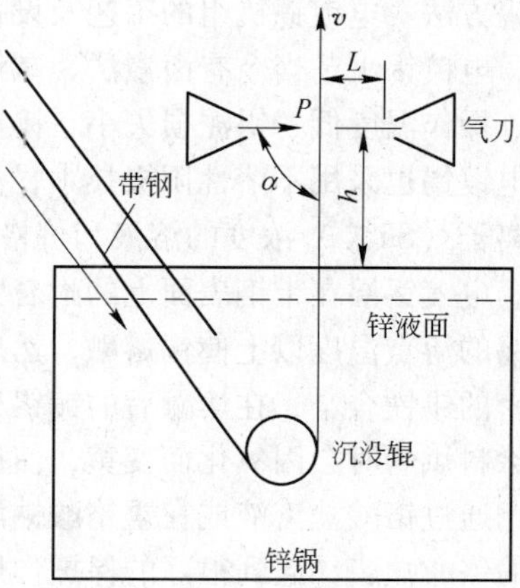

图 4-28 锌锅、气刀安装示意图

B 电镀锌机组

电镀锌机组的设备布置如图 4-29 所示，其设备也分为入口段、工艺段和出口段三部分。

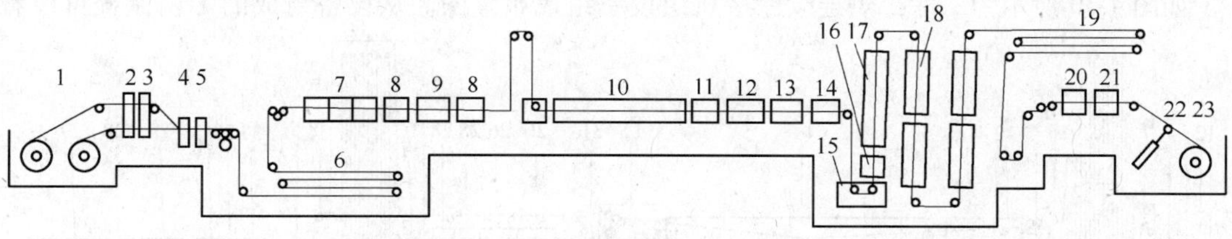

图 4-29 电镀锌机组设备布置示意图

1—开卷机；2—测厚仪；3—双层剪；4—焊机；5—月牙剪；6—活套；7—脱脂槽；8—水洗槽；9—预浸槽；10—电镀槽；11—喷水槽；12—表面调整槽；13—磷化槽；14—水洗槽；15—回流槽；16—钝化；17—干燥器；18—冷却器；19—活套；20—检查台；21—分卷剪；22—涂油机；23—卷取机

工艺过程：由于电镀锌机组是由连续退火机组供料，因此，在入口段增设了脱脂和酸洗工序，以除去带钢表面的氧化膜，达到活化表面的作用。工艺段主要设备是电镀槽，通常采用硫酸锌工艺，电镀槽为单端逆向喷流卧式电镀槽技术，与无喷流的卧式电镀槽相比，具有电镀电流密度允许范围更大、产品质量更好的特点。另外，以往电镀锌采用可溶性阳极，需要将锌铸成阳极锌锭的铸造设备；阳极与带钢距离会变化，溶液中锌离子浓度控制困难，因此镀锌质量不理想。目前，采用不溶性阳极取代了可溶性阳极。采用钛金属基板表面涂有氧化铱（IrO_2）为阳极，寿命在 1 年以上不用更换，大大地节省了劳力；阳极与带钢（阴极）的距离小，降低了电能消耗；阴阳极之间距离稳定，使锌层均匀性好；可以电镀锌镍、锌铁等合金。不溶性阳极电镀需要锌离子供给设备提供含有一定浓度的 $ZnSO_4$ 溶液。出口段的工艺及设备与热镀锌机组大体相同。

随着汽车、家电、钢制家具和建筑业等领域广泛采用电镀锌产品，电镀锌发展很快。特别是锌合金电镀是近年来最活跃的研究领域。

4.2.5.2 镀锡机组

带钢镀锡机组也有热镀锡和电镀锡两种。由于热镀锡的利用率低，机组的生产能力低，镀层的厚度不均，浸镀时间长，因此热镀锡方法已被淘汰。

自 20 世纪 70 年代以来，电镀锡机组由于生产率高、产品质量好、成本低，完全取代了热镀锡方法。电镀锡机组的工艺及设备与电镀锌机组基本相同，原料采用连续退火提供的冷轧带卷，电镀锡工艺当今有卤素法、碱性法和氟洛斯坦法三种，有资料认为氟洛斯坦法具有工艺稳定、操作温度低、锡泥损失小、锡槽及导电辊数量少、工艺线短、可一次两面镀锡等优点。目前电镀锡也采用不溶性阳极技术，可以使阳极与带钢之间距离保持不变，但需要配置带有一定锡离子（Sn^{2+}）浓度的溶液和价格比较贵的钛铂合金阳极。

电镀锡层在带钢表面上的附着力比较差，没有光泽。因此，必须通过软熔装置将带钢加热至锡的熔点温度以上使锡熔融，然后立即浸入水中冷却，使之变得有光泽并在锡铁界面上形成微密的锡铁合金，在熔融后的镀锡板表面自然产生锡的氧化物——氧化亚锡，它在长期存放或在涂料烘烤时会因氧化而变黄，使抗腐蚀性能变坏。为此，镀锡板也需要有钝化处理工序。将带钢通过铬酸盐溶液或在重铬酸钠溶液中电解处理，将锡氧化膜溶解掉，生成一层很薄但很微密的铬酸盐膜，起到很好的保护作用。

4.2.5.3 涂层机组

以冷轧带钢和镀锌带钢为基体，经过表面处理，用辊涂的方法涂上一层液态涂料（如聚酯、丙烯酸酯和环氧脂等），经过烘烤和冷却即可得到一涂一烘的有机涂层钢板；经一涂一烘后，再经过辊涂法涂上液态涂料，烘烤和冷却，即得到二涂二烘的有机涂层板。由于涂料可以配成不同的颜色，且可在板面上印成不同的花纹，因此习惯上把有机涂层板称为彩色涂层板。

如图 4-30 所示为二涂二烘连续涂层机组设备组成布置图。从设备组成的工艺流程可以看

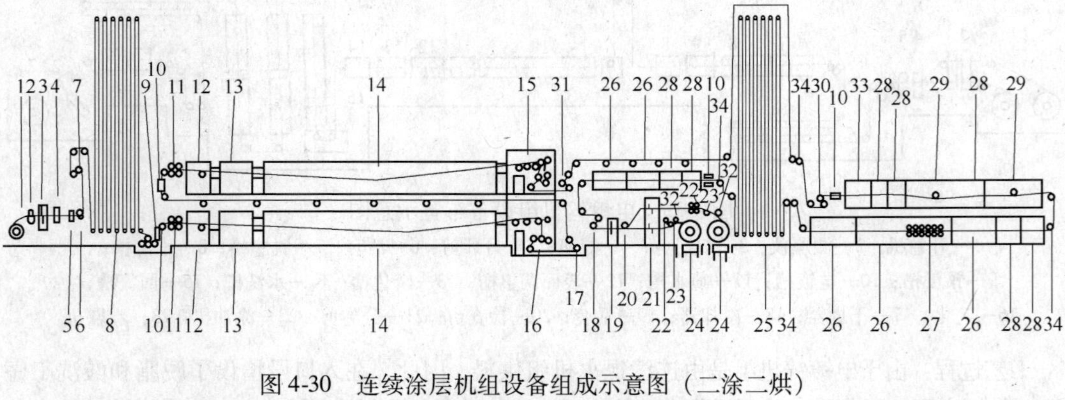

图 4-30 连续涂层机组设备组成示意图（二涂二烘）

1—卷取机；2—转向辊；3—剪切机；4—涂蜡机；5—打印机；6—出口转向辊；7—6 号张力辊；8—出口活套；9—5 号张力辊；10—干燥器；11—挤干辊；12—水冷却；13—空冷器；14—烘烤炉；15—初涂室；16—精涂室；17—4 号张力辊；18—1 号张力辊；19—缝合机；20—夹送辊；21—剪切机；22—矫直机；23—夹送辊；24—开卷机；25—入口活套；26—热碱冲洗；27—刷洗；28—热水冲洗；29—磷化处理；30—2 号张力辊；31—3 号张力辊；32—边缘导向装置；33—钝化冲洗；34—定心辊

出，在涂层的工艺过程中主要是表面处理和辊涂两个最主要的阶段。

（1）表面处理：为获得好的涂层质量，表面处理非常重要。在设备的设置中，要完成2次热碱冲洗和2次热水冲洗，中间还配有刷洗，目的是将表面的油污和脏物清洗干净；然后进行磷化处理，用磷酸盐溶液喷涂到带钢表面后转化成磷酸铁涂层，抑制腐蚀并增加涂漆的黏附性和耐久性。

（2）辊涂：涂料的辊涂法分为二辊同向涂和三辊逆向涂两种，如图4-31所示。同向涂法的涂敷辊转动方向与带钢移动方向相同，涂层比较薄；而逆向涂的涂敷辊转动方向与带钢移动方向相反，涂层的厚度比较厚。

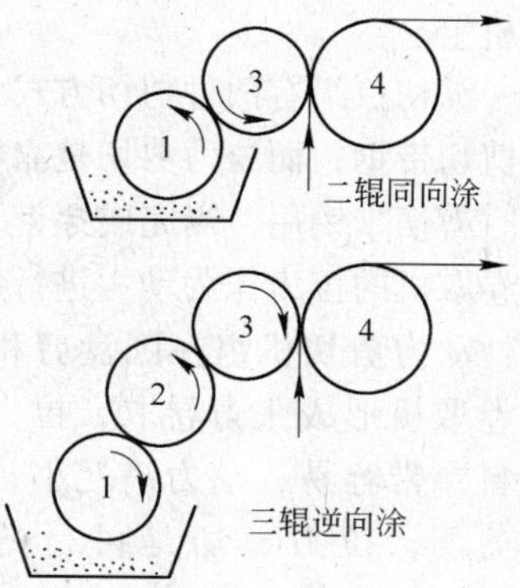

图4-31　辊涂法示意图

涂层板由于有机涂料消耗低，外观美观，而且磷化、涂漆和烘烤对环境污染小，广泛地用于建筑材料（如屋顶、墙面、门窗、库房）、家用器具（如洗衣机、冷柜、书柜等）和车、船的内墙以及集装箱，它必将得到快速发展。

4.2.6　精整

成卷的带钢需要按用户的要求进行矫直、剪切或分卷、包装等工序，分别在横切机组和纵切机组上完成。

4.2.6.1　横切机组

横切机组是以飞剪（或停剪机）为核心设备，按用户要求对带钢进行定尺长度剪切的机组。

横切机组由于受到飞剪的剪切速度、表面质量检查和分选速度的限制，一般横切机组的速度比轧机速度小得多。为满足高速轧机的产量要求和扩大剪切厚度范围的需要，都采用多条横切机组与轧机的能力匹配。每条横切机组剪切带钢的厚度范围受机组中矫直机的矫直质量限制，一般厚度的比值不大于4；同时，从剪切质量出发，不同类型的飞剪适用于一定的厚度范围。因此，各条横切机组的工作是按带钢厚度分工的。

横切机组的设备布置如图4-32所示，其工艺过程如下：带卷置于开卷机上，为防止开卷时带卷跑偏，开卷机做成浮动式，由边缘控制器控制其位置使带钢对中；经直头矫直机、圆盘剪切边后打印、检查，由送料矫直机送入飞剪剪切定尺；剪切定尺的钢板经矫直、涂油后送垛板台，分选垛板，包装。

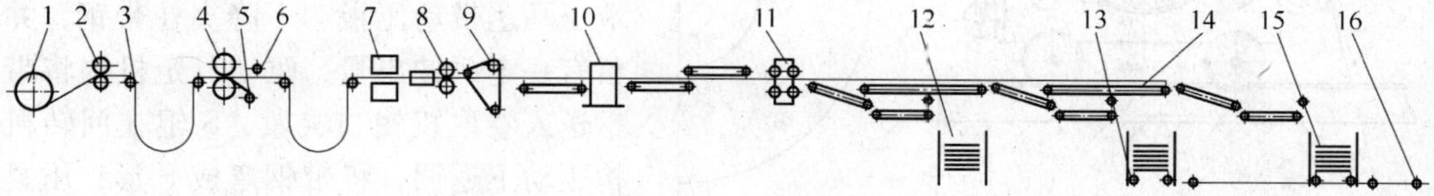

图4-32　横切机组设备组成示意图

1—开卷机；2—直头矫直机；3—活套装置；4—圆盘剪；5—卷边机；6—打印机；7—仪表检查台；8—送料矫直机；9—飞剪；10—矫直机；11—涂油机；12—垛板台（废品）；13—升降台；14—运输带；15—垛板台；16—运输辊道

4.2.6.2　纵切机组

纵切机组是以多对刀盘的圆盘剪为核心设备，将宽的带钢按用户要求纵向剪切成若干窄条的机组。

纵切机组有两种剪切方式：动力剪切和拉力剪切。所谓动力剪切是靠刀盘的传动装置为动力剪切带钢；而拉力剪切是靠卷取机的拉力完成剪切的。拉力剪切也设有传动装置，但只是喂料时剪切带钢用，当完成穿带，卷取机带上张力后，传动装置与圆盘剪本体间的离合器打开，靠卷取机的拉力作为动力进行剪切。

动力剪切机组在圆盘剪和卷取机之间必须设有活套装置，卷取机前还设有张力装置，使卷取机形成张力卷取，拉力剪切则不需要。因此拉力剪切机组设备比较简单，机组短，引料穿带容易，动力消耗小，维护简单，投资小，但剪切质量不如动力剪切。对于薄带钢的剪切，拉力剪切是可行的。拉力剪切速度达 600m/min，专用机组速度可达 900 ~ 1200m/min。

纵切机组的设备组成如图 4-33 所示，其生产工艺过程为：被切带钢置于开卷机上，开卷机采用浮动式，可进行对中控制；经过直头和切头后由送料辊送入圆盘剪，将带钢切成窄带条；分离盘将窄带条分开后，经涂油机、卷取机前送料辊进入卷取机，靠夹紧装置产生卷取张力进行卷取。被切成窄条的带钢一般由人工穿带送入卷取机的钳口。

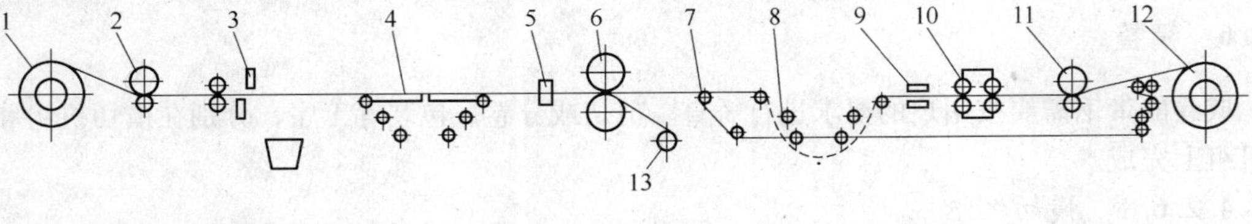

图 4-33　纵切机组设备组成示意图

1—开卷机；2—直头矫直机；3—剪切机；4—导向台；5—导向辊；6—圆盘剪；7—自动咬入装置；8—活套坑；9—分离盘；10—压紧装置；11—涂油机；12—卷取机；13—卷边机

本机组的圆盘剪传动装置中有电磁离合器，可以实行拉力剪切方式工作。这时圆盘剪后活套坑抬起，压紧装置、涂油机、送料辊打开，自动咬入装置直接送料咬入，将带材送到卷取机。

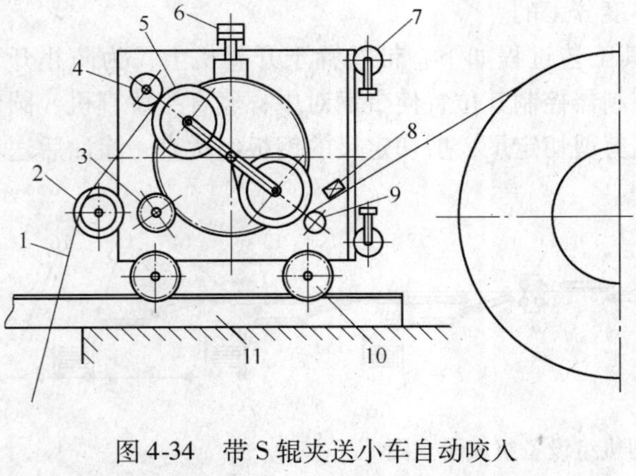

图 4-34　带 S 辊夹送小车自动咬入

1—带材；2—分离盘；3—S 辊回转机构；4—压紧辊；5—S 辊；6—锁紧装置；7—压板；8—距离传感器；9—测速辊；10—行走机构；11—齿条及导板

宽带钢切成窄条后，向卷取机钳口的自动喂料是一个很困难的问题。如图 4-34 所示为一个带 S 辊夹送小车的自动咬入方案。随着活套坑升起，小车靠近圆盘剪并打开 S 辊，带钢窄条穿入后，液压马达带动压板 7 下降夹住带钢，并留有一定的伸出量，驱动行走机构将带钢送入卷取机钳口夹紧，S 辊在回转机构驱动下返回，将带钢弯成 S 形，压紧辊 4 压紧带钢，分离盘 2 上升分离带钢条打开压板 7，活套摆动台放下形成活套，卷取机开始卷取，随着卷取带卷直径的增大，用电容式距离传感器 8 控制小车与带卷外径距离，小车与卷取机之间建立张力，出现各带条的张紧程度不同时，靠 S 辊上的多层塑料套环与心轴间的滑动自动调整。卷取机卷完后，夹送小车回到圆盘剪前，准备下卷的送料。

4.3 冷轧带钢轧机的基本形式

4.3.1 单机座可逆式轧机

单机座可逆式冷轧机的工作机座有四辊式、HC 六辊式和多辊式等。四辊式的设备组成如图 4-35 所示，由工作机座，前、后卷取机和开卷机组成。这种机型设备简单，重量轻，进行单卷生产灵活，更换产品的品种规格容易。特别适用于批量小，品种多，厚度在 0.2 ~ 3.5mm 范围的生产，年产量在 10 万 ~ 15 万 t。但这种形式的轧机轧制速度低（一般在 10 ~ 15m/s），而且生产过程不稳定，产品质量难于控制，金属成材率低，难于实现自动化。在我国有一大批中小型企业采用这种轧机形式。

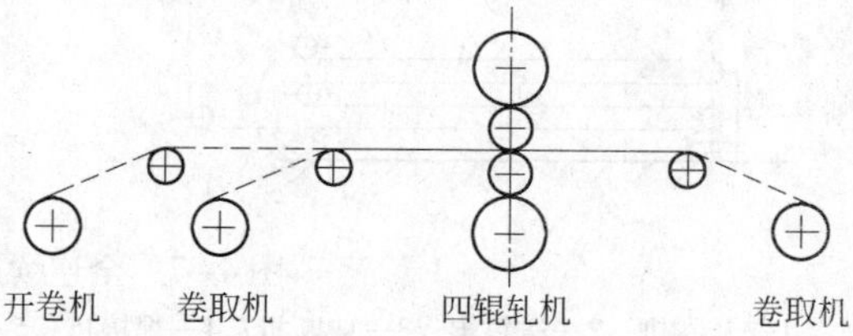

图 4-35 四辊式单机座可逆式冷轧机

4.3.2 常规冷连轧机

常规冷连轧机串列布置 2 ~ 6 架工作机座，采用四辊轧机、HC 轧机系列、CVC 轧机系列和多辊轧机系列，如图 4-36 所示为其布置形式。这种形式的轧机有较高的机械化和自动化，轧制速度可达30m/s以上。一般四机座连轧机用于生产汽车板，五机座连轧机用于生产汽车板和薄铁皮，生产规格宽，生产率高。六机座连轧机用于生产薄铁皮。多辊轧机的连轧机最多用双机座，这主要是由于多辊轧机工作辊直径小，产品厚度小，变形区的热传导差，容易引起轧制带材的厚度不均，采用连轧机也不可能增加轧制速度。

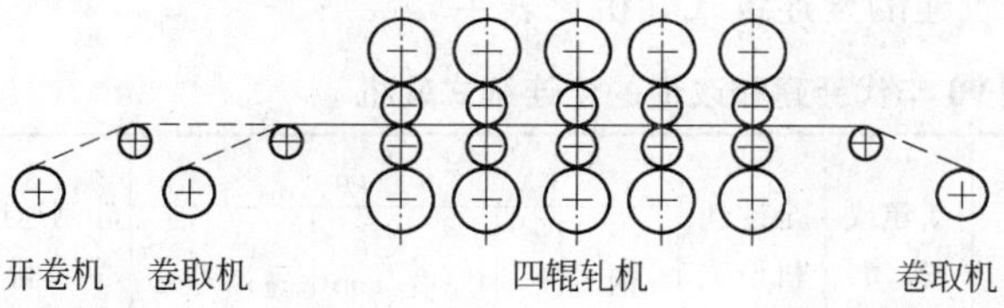

图 4-36 五机架常规冷连轧机

20 世纪 70 年代，常规冷连轧机得到迅速发展，成为当时冷轧带材生产的主要机型。但是，这种形式的冷连轧机仍是属于单卷生产，每一卷都要进行穿带、甩尾的轧制操作，影响了轧机速度，降低了生产率；影响了轧辊的磨损和使用寿命；由于生产过程不稳定，产品质量也不高，成材率也比较低。虽然人们在常规冷连轧机的设备和自动化方面进行了大量的研究工作，许多技术应用得也比较好，但始终不能消除单卷轧制的生产方式带来的不好影响。

4.3.3 全连续式冷轧机

为了解决常规冷连轧机单卷轧制的影响，出现了无头轧制的全连续式冷轧机，如图 4-37 所示。在常规冷连轧机的基础上，头部在开卷机后面设有剪断机、焊接和张力装置，在尾部设置了高速飞剪和增设 1 台卷取机。酸洗后的带钢经切头、切尾由焊接机接起来，连续不断地被送入连轧机组。为了协调开卷过程中的头部处理与连轧机的物流，设有可储存足够数量带钢的活套装置；张力装置可使 1 号机座有比较大的稳定后张力；带钢经过连轧机轧制之后，高速飞剪进行分卷剪切；2 台卷取机交替工作，保证连轧机高速连续工作。

全连续式冷轧机实行无头轧制，甩掉了单卷轧制的生产方式，其优点是：

（1）实行无头轧制不需要每个带卷的穿带和甩尾操作，大大缩短了生产间隙时间，提高

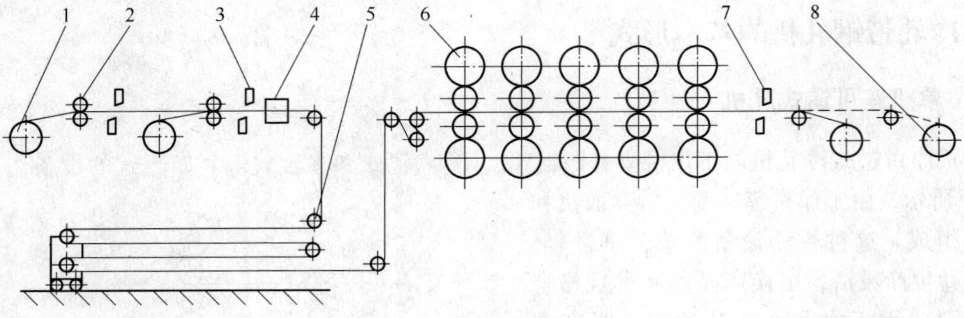

图4-37　全连续式冷轧机简图

1—开卷机；2—送料辊；3—剪断机；4—焊接机；5—活套装置；6—工作机座；7—飞剪；8—卷取机

了轧机生产率。

（2）轧机自动化程度高，生产过程稳定，产品质量稳定，金属成材率提高了1%。

（3）减少了带头、带尾对轧辊冲击的磨损，降低了轧辊消耗。

（4）虽然设备投资提高了10%～15%，但生产效益高，吨钢生产成本降低。

全连续式冷轧机的出现是冷轧带钢生产技术的重大突破，使轧机设备的利用率可达80%～86%，轧机生产能力提高了30%～50%，最高产量达200万～250万t/a。因此，在20世纪60年代问世以来发展非常快，新建和改建的全连续式轧机见表4-3。

表4-3　20世纪60年代到90年代新建和改造的全连续式轧机

序号	公司（国家）名称	钢厂名称	轧机名称	投产年月	生产能力/万t·a^{-1}	新建或改建	全连轧机形式	产品			轧制速度/m·min^{-1}
								钢种	厚度/mm	宽度/mm	
1	日本新日铁公司	周南钢铁厂	32M	1969		新建	单一全连轧机	普碳钢，特殊钢，不锈钢	0.20～3.2	600～1300	600
2	日本钢管公司	福山钢铁厂	No.2	1971	130	改建	单一全连轧机	普碳钢，镀锡板	0.15～1.6	610～1270	1830
3	美国	威尔顿厂	No.9	1975	80	改建	单一全连轧机	普碳钢	0.15～3.3	610～1230	1980
4	前苏联	新利佩茨克厂		1980	250	改建	单一全连轧机	普碳钢	0.35～3.5	900～1850	1700
5	日本新日铁公司	八幡钢铁厂	4CM	1982	132	改建	单一全连轧机	普碳钢	0.1～1.0	508～1280	2170
6	日本住友金属工业公司	鹿岛钢铁厂	4CM	1982	216	改建	单一全连轧机	低碳钢，高碳钢，高强钢	0.25～3.2	600～1653	1812
7	日本川崎钢铁公司	千叶钢铁厂	6T	1984	98	改建	单一全连轧机	镀锡锌原板	0.1～0.6	600～1295	2282
8	中国宝山钢铁公司	宝山冷轧厂		1988	226.6	新建	单一全连轧机	普碳钢，镀锡锌原板	0.3～2.0（全）0.3～3.5（常）	900～1870	1900

续表 4-3

序号	公司(国家)名称	钢厂名称	轧机名称	投产年月	生产能力/万 t·a^{-1}	新建或改建	全连轧机形式	产品			轧制速度/m·min^{-1}
								钢种	厚度/mm	宽度/mm	
9	日本川崎钢铁公司	千叶钢铁厂	3TCM	1988		改建	单一全连轧机	普碳钢，特殊钢，不锈钢	0.3~3.2	750~1672	1220
10	韩国浦项钢铁公司	浦项钢铁厂	PICM	1988	75	改建	单一全连轧机	普碳钢			
11	比利时科克里尔·桑布尔公司	菲尔布拉蒂尔厂		1988		改建	单一全连轧机	普碳钢	0.25~3.2	600~1524	1080
12	日本川崎钢铁公司	水岛钢铁厂	2TCM	1989 (1986)	90	新建	单一全连轧机	普碳钢，特殊钢	0.15~1.0	600~1300	2000
13	意大利马果纳公司	皮奥姆比诺厂		1990		改建	单一全连轧机	普碳钢，镀锡锌原板	0.18~2.0	460~1270	1200
14	日本住友金属工业公司	鹿岛钢铁厂		1994	126	新建	单一全连轧机	普碳钢及其他	0.35~2.4	600~1880	1300

4.3.4 联合全连续式冷轧机

在全连续式冷轧机的基础上，把连轧工序与其他生产工序结合起来组成联合全连续式冷轧机。

4.3.4.1 酸洗—轧机联合全连续式冷轧机

把酸洗机组与连续冷连轧机近距离布置在同一条生产线上，组成酸洗—轧机联合全连续式冷轧机，简称酸—轧连续式冷轧机，如图4-38所示。

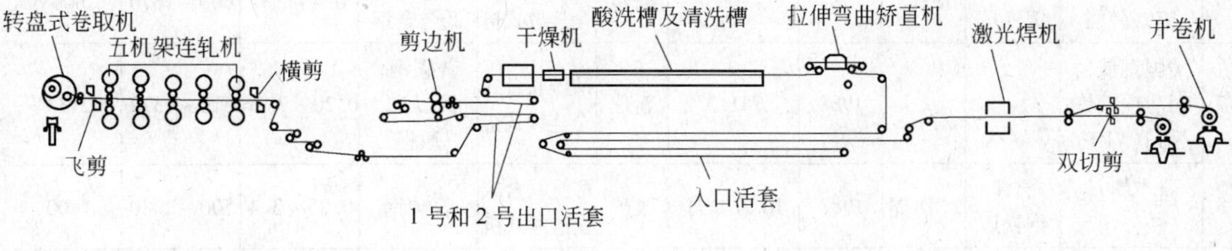

图4-38 酸洗—轧机联合全连续式冷轧机

这套轧机由平槽紊流酸洗工艺及设备的连续式酸洗机组和五机架冷连轧机组成。在2个机组之间设有活套装置储存一定数量的带钢，协调酸洗机组和冷连轧机之间的物流；在连轧机的入口侧设有张力装置和事故剪；在连轧机组的出口设有高速分卷飞剪和双卷筒转盘式卷取机。

酸—轧连续式冷轧机的优点是：

（1）与全连续式冷轧机一样，只需要一次穿带和甩尾的操作，提高了轧机的作业率和生产能力；提高了产品质量和金属成材率；降低了轧辊消耗，减少了换辊次数；并且酸—轧联合全连续式冷轧机进一步减少了酸洗后的一次剪切、一次切头切尾，使金属成材率进一步提高。

（2）减少了酸洗机组出口段设备和连轧机入口侧的设备，不需要酸洗和轧制之间的中间仓库，减少了起重和运输设备，缩短了工厂的厂房，降低了设备和厂房的总投资。

（3）在酸洗和轧制之间不需要任何中间工序，缩短了生产周期，提高了生产率。

（4）由于生产的连续化和自动化，减少了操作人员。

酸—轧连续式冷轧机对生产管理、操作、维护检修提出了更高的要求。因为高水平的生产管理和组织是大型连续化、自动化机组的生产保证；任何的操作失误所造成的后果，都对全作业线带来影响；只有高水平的设备维护检修才能保证最低的故障率，发挥出联合机组的优势；对热轧带卷提出了更为严格的要求，不允许有严重缺陷的热轧带卷进入联合机组。由于酸—轧连续式冷轧机所具有的巨大优势，自20世纪80年代以来，世界上迅速改造和新建了20套左右，见表4-4。

表4-4 20世纪80年代到90年代新建和改造的酸洗—轧机联合全连续式冷轧机

序号	公司(国家)名称	钢厂名称	轧机名称	投产年月	生产能力/万 t·a^{-1}	新建改建	全连轧机形式	产品			轧制速度/m·min^{-1}
								钢种	厚度/mm	宽度/mm	
1	日本新日铁公司	君津钢铁厂	CDCM	1981	200	改建	酸洗联合式全连续式机	普碳钢	0.18~1.2	500~1280	2300
2	法国尤西落钢铁公司	蒙塔它钢铁厂		1982	130	改建	酸洗联合式全连续式机	普碳钢	0.25~3.0	570~1600	1800
3	日本川崎钢铁公司	水岛钢铁厂	1MT	1985	190	改建	酸洗联合式全连续式机	普碳钢，硅钢	0.15~3.2	600~1600	1800
4	法国索拉克	圣阿加特厂		1986		新建	酸洗联合式全连续式机	普碳钢	0.4~3.0	600~1850	1400
5	日本钢管公司	福山钢铁厂	3CRM	1987	180	酸洗改建轧机新建	酸洗联合式全连续式机	普碳钢	0.35~2.3	600~1650	1200
6	韩国浦项钢铁公司	浦项钢铁厂	P2C	1987	100	新建	酸洗联合式全连续式机	普碳钢，低合金钢	0.4~2.0	600~1670	600
7	美国钢铁公司浦项钢铁公司(VPT)			1988	141.3	新建	酸洗联合式全连续式机	普碳钢，镀锡板，原板	0.20~2.26	610~1372	2133
8	日本新日铁公司	君津钢铁厂	2CDCM	1988	10万t/月	改建	酸洗联合式全连续式机	普碳钢	0.25~3.4	500~2080	1800
9	韩国浦项钢铁公司	光阳钢铁厂	KICRM	1989	120	新建	酸洗联合式全连续式机	低碳钢	0.2~3.0	720~1880	1100
10	日本阪神钢铁公司		4TRM	1989	120	新建	酸洗联合式全连续式机	普碳钢，特殊钢	0.1~2.3	600~1670	1650
11	韩国浦项钢铁公司	光阳钢铁厂	K2CPM	1990	110	新建	酸洗联合式全连续式机	低碳钢，低合金钢	0.2~3.0	720~1570	1100
12	澳大利亚约翰莱萨特公司	斯波林布尔厂		1989	85(100)	酸洗改建轧机新建	酸洗联合式全连续式机	普碳钢，硅钢，低合金钢	0.30~2.0(0.15~3.7)	600~1320	1430(1100)

续表 4-4

序号	公司(国家)名称	钢厂名称	轧机名称	投产年月	生产能力/万 t·a^{-1}	新建改建	全连轧机形式	产品			轧制速度/m·min^{-1}
								钢 种	厚度/mm	宽度/mm	
13	韩国浦项钢铁公司	光阳钢铁厂	K3CPM	1992	120	新建	酸洗联合式全连续式机	低碳钢,低合金钢	0.15~2.0	600~1270	1800
14	日本新日铁公司	八幡钢铁厂	NYCM	1990	174	新建	预留发展式酸洗联合式	普碳钢,特殊钢	0.25~3.2	600~1880	1800
15	中国钢铁公司		PICM	1992	100	新建	酸洗联合式全连续式机	低碳钢,高碳钢,低合金钢	0.4~3.2	850~1676	1000
16	意大利	里卡热厂		1992	200	改建	酸洗联合式全连续式机	普碳钢	0.35~3.0	610~1830	1565
17	中 国	本钢公司冷轧厂		1995	70(80)	新建	酸洗联合式全连续式机	普碳钢,镀锡板	0.5~3.0	730~1525	1000
18	中 国	宝钢冷轧厂		1996	70	新建	酸洗联合式全连续式机	普碳钢,高碳钢,低合金钢	0.18~0.8	700~1200	1600
19	加拿大多法斯科公司		CPCM	1992	144	新建	酸洗联合式全连续式机	普碳钢	0.2~2.5	600~1575	1600
20	日本新日铁公司	广畑钢铁厂	H-CAPL	1986	90	新建	完全联合式	普碳钢	0.4~2.0	700~1650	600
21	美国内陆钢公司/日本新日铁公司		CCM	1989	(2)	新建	完全联合式	低碳钢,高碳钢,低合金钢	0.4~3.2	710~1652	600

4.3.4.2 酸洗—轧机—退火联合全连续式冷轧机

在酸洗—轧机连续式冷轧机的基础上，又将带钢冷轧后的连续退火机组近距离布置在生产线上，组成酸洗—轧机—退火联合全连续式冷轧机，又称完全联合式冷连轧机。在1986年日本新日铁公司改建成1套这种轧机，如图4-39所示。该轧机将酸洗、轧制、退火和平整工序组合在一条生产线上，它标志着带钢冷连轧机的生产技术从轧机设计、生产组织、自动控制和计算机技术进入了一个更新的阶段。

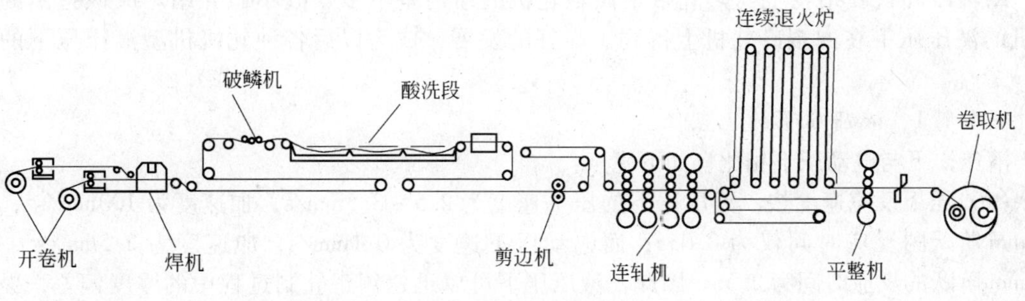

图4-39 酸洗—轧机—退火联合全连续式冷轧机

由于连续退火机组工艺段的速度比较低，最高也没超过 15m/s，因此，限制了酸洗—轧机—退火联合全连续式冷轧机的生产速度。机组速度仅达 600m/min，所以影响了这种联合全连续式冷轧机的推广，目前全世界只有 2 套，还有 1 套建在美国的内陆钢铁公司。但从生产周期上看，以前从酸洗到最终成品的各工序机组单独设置时生产周期为 12 天，而酸洗—轧机—退火联合全连续式冷轧机的生产周期仅为 20min 左右，因此随着科学技术的进展，这种轧机会得到较大发展。

4.4 冷轧带钢轧机的工作机座

围绕着提高产品的产量和质量，现代冷轧带钢轧机的工作机座应满足扩大产品规格、提高轧机效率、保证产品质量、实行自由轧制等方面的要求。因此，轧机工作机座的结构形式和技术参数发展变化非常迅速。各种新机型在近二三十年内层出不穷。归纳起来这些变化集中表现为：

（1）减小工作辊直径；

（2）广泛地采用液压压下系统；

（3）提高和完善板凸度和板形调节能力；

（4）满足自由轧制要求。

根据结构形式的不同，冷轧带钢轧机的工作机座可以分为下面几种形式：

（1）普通四辊冷轧机；

（2）带有轧辊轴向移动机构的冷轧机，如 HC 系列轧机（包括 HC 轧机、UC 轧机、UCMW轧机和 HCW 轧机等）、CVC 系列轧机（包括四辊 CVC 轧机、六辊 CVC 轧机、UPC 轧机等）；

（3）采用特制滚动轴承多段支承辊的多辊轧机，如二十辊轧机、十二辊轧机等；

（4）改变轧辊凸度的轧机，如 VC 辊轧机等；

（5）轧辊成对交叉的 PC 轧机；

（6）异步轧制轧机。

上述机座形式因其使用性能和适用范围的不同，在冷轧带钢生产中被应用的广度和深度不同。下面介绍几种广泛应用的形式。

4.4.1 普通四辊冷轧机

冷轧带钢所采用的四辊轧机主要是液压压下轧机。由于四辊轧机曾经是冷轧带钢生产的主要机型，因此目前四辊冷轧机在生产中仍有相当数量。为满足产品质量要求，在 20 世纪六七十年代新建和改造的轧机都设置了液压压下和板形快速调整机构。

四辊冷轧机在结构上与热轧带钢四辊轧机的结构差不多，故不做介绍。应该指出的是轧机的液压压下在四辊冷轧机上得到了很好的发展，成为以后各种轧机机型液压压下的基础。

4.4.1.1 液压压下的优点

液压压下与电动压下相比有如下优点：

（1）压下反应速度快。液压压下的压下速度为 2.5 ~ 3.5mm/s，加速度为 100mm/s^2，对 0.1mm 阶跃的反应时间仅为 0.05s；而电动压下速度为 0.1mm/s，加速度为 2.5mm/s^2，对 0.1mm 阶跃的反应时间为 2.5s。因此，液压压下可以迅速纠正轧制过程中的厚度偏差，提高厚度精度；对过焊缝的厚度控制可在很短的长度范围内完成，提高了产品合格率。

（2）分辨率高。液压压下机构中都装有高精度的位移传感器，分辨率达到 1μm，而液压压下的伺服控制系统控制液压缸的动作也可以达到相应的精度要求。

（3）实现机座的刚度可控，在等压轧制和等厚轧制的范围内选择轧机的等效刚度模数，提高了轧制精度。

4.4.1.2 *四辊冷轧机液压压下的形式*

四辊冷轧机的液压压下有两种形式：

（1）电动-液压压下装置。它是在轧机电动压下的基础上，在压下螺丝下面或下支承辊轴承座下面设置微调液压缸。电动压下进行辊缝大范围的调整和辊缝设定，微调液压缸用于轧制过程中的厚板控制。这种形式是在对四辊轧机电动压下的改造中诞生的，后来被一些装机水平不高的可逆式轧机和热轧带钢轧机的工作机座所采用。

（2）全液压压下装置。轧机的压下调整完全由压下油缸来完成。为了在轧制过程中进行压力控制和位置控制，在压下油缸上装有压力传感器和位移传感器，如图 4-40 所示。全液压压下四辊轧机对冷轧带钢的厚度控制取得了良好的效果，满足了产品厚度精度要求。完善的液压压下及其控制系统在各种新型轧机中被广泛地采用。

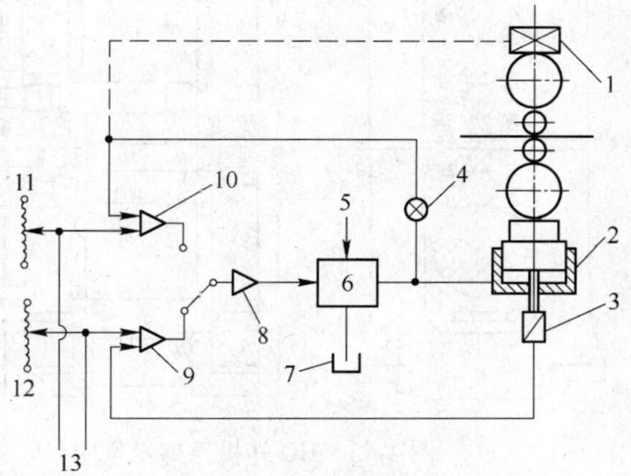

图 4-40 液压压下控制系统基本回路

1—侧压头；2—压下油缸；3—位移传感器；4—压力传感器；5—液压油源；6—伺服阀；7—回油槽；8—功率放大；9—位移控制放大器；10—压力控制放大器；11—轧制力设定；12—油缸位置给定；13—同步给定

4.4.2 HC 系列轧机

普通四辊冷轧机由于有刚度很好的支承辊，轧制带材的纵向和横向厚度差都得到了改善。但普通四辊轧机在结构上有一个致命的弱点，即在板宽的范围以外存在着一个工作辊和支承辊间的有害接触区，如图 4-41 所示。这个有害接触区对工作辊产生一个有害弯曲，使工作辊在轧制过程中产生一个附加弯曲。如图 4-42 所示为 2032mm 轧机不同板宽时有害接触区对工作辊挠度的影响。可以看出：板厚由 800mm 变到 1800mm 时，变化仅一倍多一点，工作辊挠度却改变了几倍；另外板宽范围以外工作辊和支承辊接触，也降低了液压弯辊的效果。为消除四辊冷轧机的有害接触区的影响，出现了 HC 轧机。

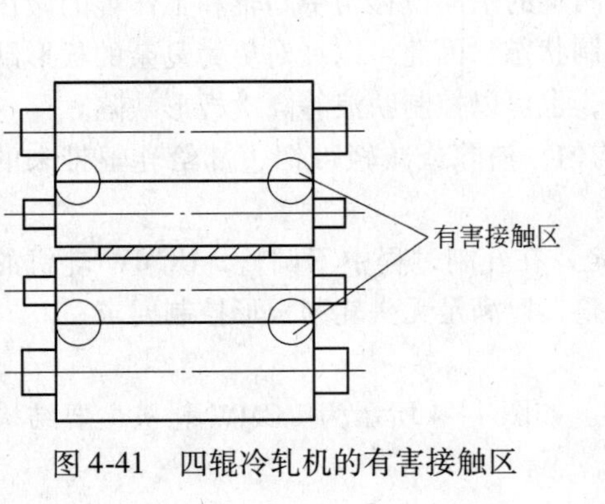

图 4-41 四辊冷轧机的有害接触区

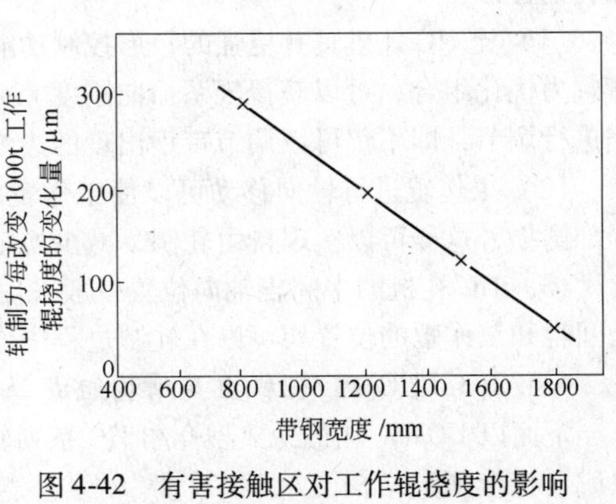

图 4-42 有害接触区对工作辊挠度的影响

4.4.2.1　HC 轧机的特点

HC 轧机在普通四辊冷轧机的基础上，在工作辊和支承辊之间设置了可做轴向移动的中间辊，工作辊也因此采用了更小的直径，如图 4-43 所示。其特点是：

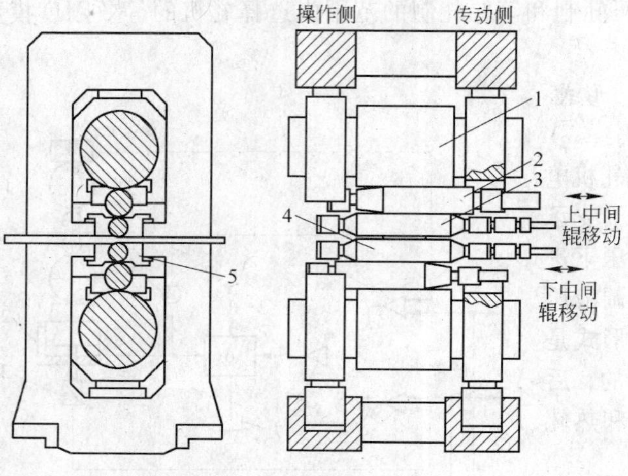

图 4-43　HC 轧机原理示意图
1—支承辊；2—中间辊；3—上工作辊；4—下工作辊；5—工作辊液压弯辊缸

(1) 中间辊的轴向位置据不同板宽进行调整，可以减小工作辊的弯曲挠度和工作辊与支承辊之间的弹性压扁，因此可以显著地减小轧制带钢的边部减薄现象。

(2) 中间辊的轴向位移减小或消除了工作辊和支承辊之间的有害接触区，使液压弯辊不再受到有害接触区的阻碍，明显增加了液压弯辊的板形控制功能。

(3) 采用了比较小的工作辊直径，对于减小轧制力和轧制力矩，采用比较大的压下量轧制有利。这样与四辊轧机相比可以减少轧制道次或增加坯料的厚度，提高了轧机效率。

(4) 中间辊的轴向移动和液压弯辊的配合使用，极大地增加了液压弯辊的板形控制能力，压下量的变化对板形的影响可以很容易地被消除。

(5) 由于 HC 轧机具有很强的板形控制功能，设置支承辊的原始凸度就没有必要，而是采用圆柱辊型（称为平辊），但为改善中间辊端部与工作辊悬臂部分和支承辊的接触状态，中间辊端部做成一定辊型。

工程上通常把中间辊做轴向移动和工作辊设有液压弯辊的轧机称为 HC 轧机；把中间辊做轴向移动和工作辊、中间辊都设有液压弯辊的轧机称为 UC 轧机；把在 UC 轧机基础上再增设有工作辊做轴向移动的轧机称为 UCMW 轧机；把四辊轧机的工作辊做成可以轴向移动轧机称为 HCW 轧机。这些轧机的设计都是以 HC 轧机的设计思想为基础，因此称为 HC 系列轧机。

4.4.2.2　UCMW 轧机的性能

在 HC 系列轧机中，以 UCMW 轧机的功能最为齐全，除具有 HC 轧机的特性外，还具有其独特的性能：

(1) 比 HC 轧机具有更强的板形控制功能。将中间辊的轴向位移与中间辊和工作辊的液压弯辊力优化组合，可以获得辊系横向刚度无穷大的轧制状态。因此可以针对更为复杂的板形缺陷进行调节，即不仅可以调节带钢出现的边浪、中浪，也可以控制肋浪等高次板形缺陷。

(2) 工作辊进行轴向移动可以使工作辊的磨损均匀，消除或减轻带钢边部给轧辊带来的局部磨损，这样可以实现自由轧制，减少换辊次数。

(3) HC 轧机的中间辊轴向位置一般采用位置设定，在轧制过程中不调整，UCMW 轧机的中间辊和工作辊的位置均可以在轧制过程中作随机调整，以满足无头轧制板形控制要求。

4.4.2.3　UCMW 轧机主要结构组成

下面以 UCMW 轧机为典型介绍 HC 系列轧机结构。如图 4-44 所示为 UCMW 轧机主要结构组成（操作侧）结构图。

(1) 压下机构。UCMW 轧机的压下机构采用设在下支承辊轴承座下面的压下液压缸进行。液压缸采用活塞式，高压腔用于压上，低压背压腔使油缸快速回落，防止异物和空气进入伺服回路；为缩短油路，将电液伺服阀固定在油缸上，提高了压下厚度控制的响应速度，缩短了响应时间，提高了厚度精度。在液压缸上设有位置传感器进行位置检测，油路的压力传感器检测轧制压力。

(2) 轧制线调节装置。在轧辊磨削后，为使轧制线保持不变，在下支承辊轴承座上面设有轧制线调节装置，如图 4-45 所示。该结构采用阶梯板与斜楔相配合的方式进行，其中阶梯板的驱动液压缸行程为 850mm，分 5 个阶梯，厚板分别为 85、125、165、205、245mm，厚度差为 40mm；斜楔的驱动液压缸的行程为 820mm，斜楔的斜度为 1∶20，可调节范围为 0 ~ 41mm，其中 1mm 为调节余量。阶梯板和斜楔的结合可以实现在 85 ~ 285mm 范围内连续调节，调节量用位移传感器进行位置检测。

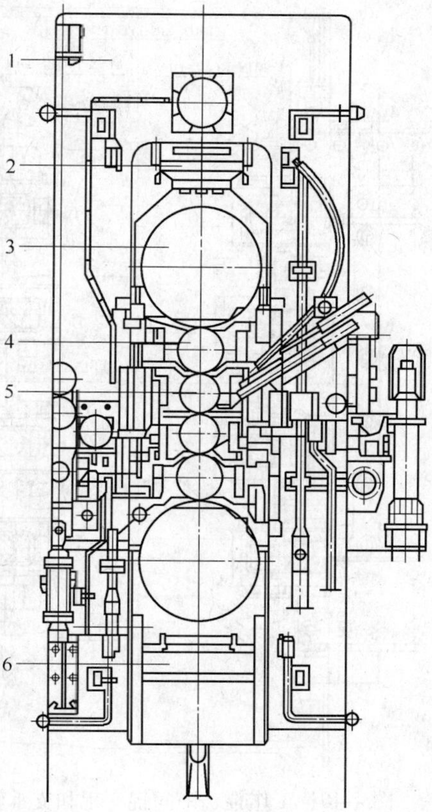

图 4-44 UCMW 轧机结构图

1—机架；2—轧制线调整装置；3—支承辊；4—中间辊；5—工作辊；6—压上油缸

(3) 工作辊、中间辊弯辊和支承辊平衡系统。如图 4-46 所示为工作辊、中间辊弯辊和支承辊平衡系统。上支承辊平衡液压缸装在 1 个专用凸块内，凸块用螺丝固定在牌坊窗口的内侧。在牌坊窗口的 2 个内侧面上各固定有 5 个凸块，在 2 个凸块间形成的滑道内装有滑块，滑块内分别装有中间辊和工作辊的弯辊平衡缸。用于工作辊弯辊的每个滑块内设有 3 个弯辊缸，2 个用于正弯辊，1 个用于负弯辊；用于中间辊弯辊的每个滑道内设有 2 个弯辊缸，全部用于正弯辊。所有这些滑块在工作辊和中间辊做轴向移动时均跟随轧辊一起运动。

(4) 工作辊、中间辊轴向移动装置。工作辊、中间辊轴向移动装置是 HC 系列轧机的特

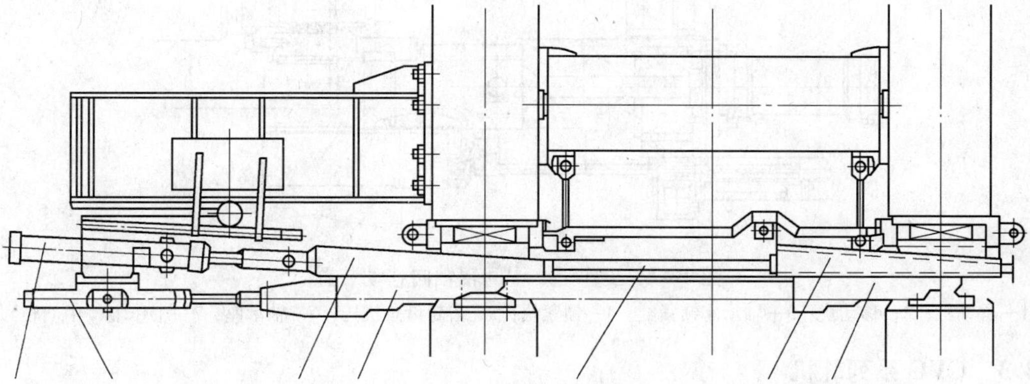

图 4-45 轧制线调节装置

1—斜楔驱动液压缸；2—阶梯板驱动液压缸；3—斜楔；4—阶梯板；5—连杆

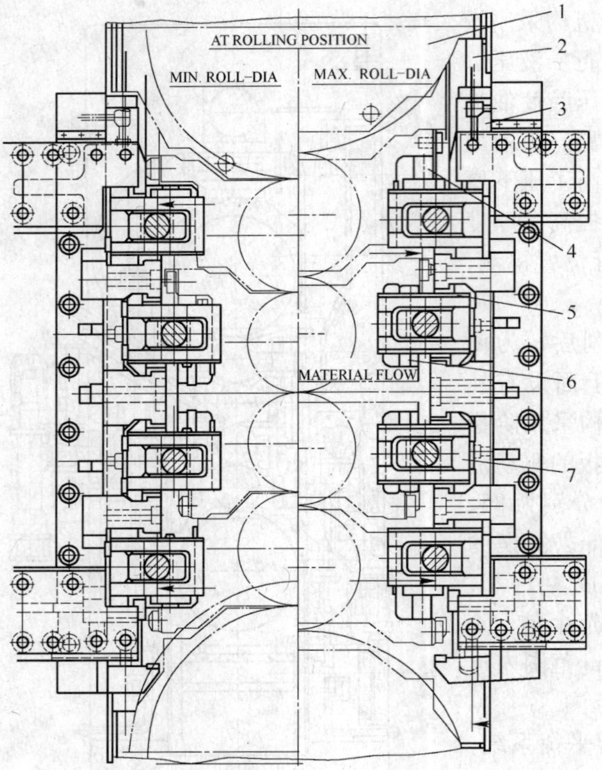

图 4-46　工作辊、中间辊弯辊和支承辊平衡系统
1—上支承辊；2—上支承辊平衡缸；3—凸块；4—中间辊弯辊缸；5—工作辊正弯辊缸；6—工作辊负弯辊缸；7—滑块

色机构，具有许多种结构形式。如图 4-47 所示为一种工作辊、中间辊轴向移动装置的结构形式。

轴向移动装置均装在传动侧的牌坊上，立柱上固定有 2 个轴向移动液压缸，液压缸活塞杆与移动块相连，在移动块上装有轴承座锁紧缸，通过杠杆机构移动锁紧块插入轴承座的槽内，将移动块与轧辊轴承座锁定，传递轴向移动的推力。2 个工作辊可以单独移动和同步移动；2 个中间辊也可以单独移动和同步移动。最大移动力为 1000kN，在轧制过程中可以进行工作辊和中间辊的位置调整，以获得最佳的辊缝形状。移动的行程通过齿条、齿轮装置传给位置传感器，进行轴向移动的位置检测。

（5）轧机的主传动。UCMW 轧机采用上、下工作辊传动，由于工作辊做轴向移动，要求传动轴的长度能够变化，因此无论采用齿型接轴或万向接轴，均需配有花键调整传动轴的长度。

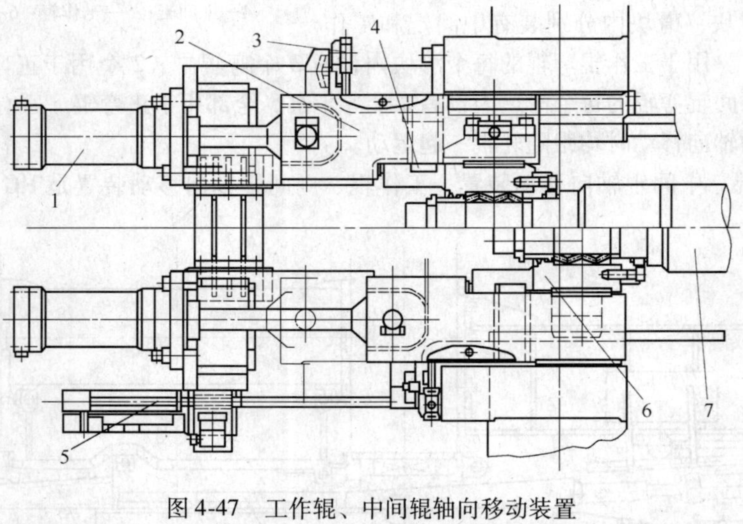

图 4-47　工作辊、中间辊轴向移动装置
1—移动缸；2—移动块；3—轴承座锁紧缸；4—锁紧块；5—齿轮齿条机构；6—轴承座；7—工作辊（中间辊）

4.4.3　CVC 系列轧机

在本书第 3.4 节中对热轧带钢所采用的 CVC 轧机已作了介绍。CVC 轧机采用 S 型轧辊，上、下轧辊的辊型相反布置，调节轧辊的轴向位置可以获得不同的辊缝形状，以满足轧制带钢

的板凸度和板形要求。由于CVC轧辊在轴向移动中可以获得连续的凸度变化，同时配合以液压弯辊，具有良好的板形控制功能，因此在连续式冷轧机上被推广应用。

在冷轧带钢生产中采用的CVC系列轧机中，有四辊CVC轧机和六辊CVC轧机，还有在CVC轧机原理基础上发展起来的采用“雪茄状”轧辊形状的UPC轧机，其轧辊形状和轧缝调节原理如图4-48所示。

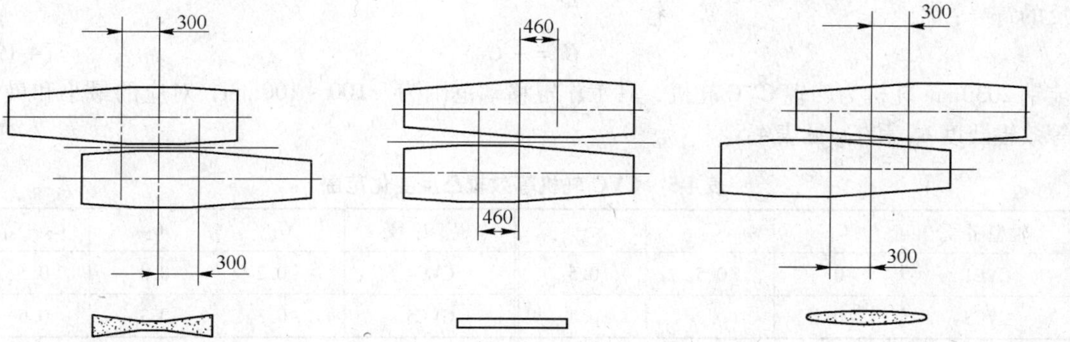

图4-48 UPC轧机原理

4.4.3.1 CVC轧机的等效辊凸度

CVC轧机利用轧辊所采用的特殊辊型进行轧辊的轴向相对移动来改变辊缝凸度，进行板形控制。如图4-49所示，其辊缝形状可以用一个偶函数 $S(x)$ 来描述，即把形成的辊缝看成是一个对称的形状，则辊缝的凸度 C_W 可以写成：

$$C_W = S(0) - S\left(\pm \frac{B}{2}\right) \tag{4-14}$$

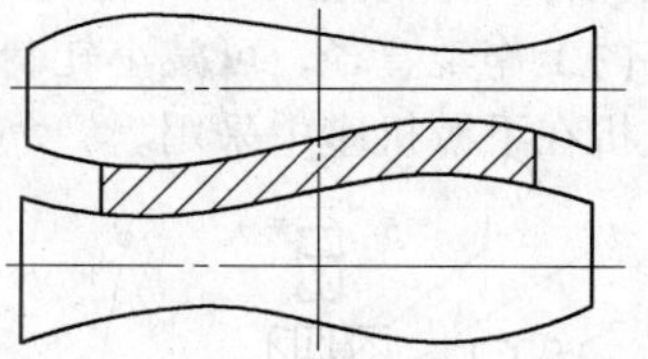

图4-49 CVC轧机辊缝形状

式中 B——辊缝宽度。

C_W 与常见的二次板形（边浪或中浪）有着对应关系，在轧辊做轴向移动时辊缝 C_W 会发生变化。

CVC冷轧机上、下轧辊（工作辊或中间辊）的辊型相同，成反向布置，因此上、下轧辊的辊径函数 $D(x)$ 相同：

$$D(x) = D(x - S_0) = a_0 + A(x - S_0) \tag{4-15}$$

式中 a_0——常数；

S_0——轧辊初始移动量。

将 $A(x)$ 用泰勒公式展开成多项式，则辊径函数可近似写成：

$$D(x) = a_0 + a_1(x - S_0) + a_2(x - S_0)^2 \tag{4-16}$$

德方提供的宝钢冷轧厂的CVC轧机的技术数据轧辊的公称直径坐标值，可以用于绘图和磨辊加工使用。由这些数据可以得到一个辊径函数：

$$D(x) = D_0 + \frac{\Delta D}{4e^3}\left[-3e^2(x - S_0) + (x - S_0)^3\right] \tag{4-17}$$

式中 D_0——轧辊的名义直径；

e——轧辊的最大直径和最小直径间距离的1/2；

ΔD——轧辊最大直径和最小直径之差。

轧辊相对移动后的辊缝凸度 C_W 为：

$$C_W = -\frac{3\Delta D}{4e}\left(\frac{B}{2}\right)^2(S_2 + S) \tag{4-18}$$

式中 S——轧辊的移动量。

从式4-18可以看出，轧辊的轴向移动量与辊缝凸度间存在着线性关系。

为与其他轧机的辊凸度相比较，用等效辊凸度 C 表示CVC辊型曲线，它与辊缝凸度有相反的符号：

$$C = -C_W \tag{4-19}$$

宝钢2030mm轧机为四辊CVC轧机，其工作辊移动范围为 −100～100mm，对应的最小和最大等效辊凸度 C_1 和 C_2 见表4-5。

表4-5 CVC轧机等效辊凸度变化范围

辊型序号	C_1	C_2	C_2-C_1	辊型序号	C_1	C_2	C_2-C_1
CVC1	0	0.5	0.5	CVC4	−0.2	0.3	0.5
CVC3	−0.1	0.3	0.4	CVC5	−0.3	0.3	0.6

4.4.3.2 CVC轧机在带钢冷连轧机中的应用

CVC系列轧机中的四辊CVC轧机和六辊CVC轧机在带钢冷连轧机中均有使用。四辊CVC轧机将工作辊做成CVC辊；六辊CVC轧机将中间辊做成CVC辊。六辊CVC轧机可以采用较小的工作辊直径，可减小轧制力和轧制力矩，轧出更薄的带材。因此，在冷连轧机中六辊CVC轧机在下游机座中采用。

A 工作辊（或中间辊）轴向移动机构

由于冷连轧机采用无头轧制，CVC辊的轴向位置必须在轧制过程中进行调整。因此，轧辊轴向移动机构对于CVC轧机是非常重要的。如图4-50所示为一种CVC冷轧机工作辊（或中间辊）轴向移动机构。轴向移动液压缸固定在操作侧牌坊上，其活塞杆与移动块相连，移动块上装有锁定液压缸，驱动锁定块，将移动块与工作辊（或中间辊）轴承座相连接。在轴向移动缸内设有磁性移动传感器检测CVC辊轴向移动位置，并反馈给CVC辊的伺服系统进行位置控制。

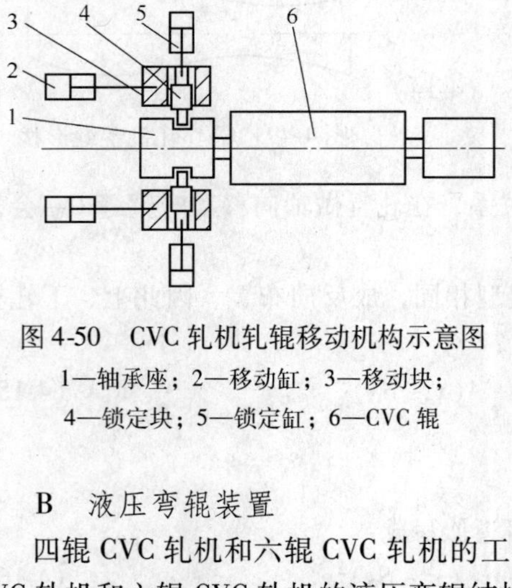

图4-50 CVC轧机轧辊移动机构示意图
1—轴承座；2—移动缸；3—移动块；4—锁定块；5—锁定缸；6—CVC辊

B 液压弯辊装置

四辊CVC轧机和六辊CVC轧机的工作辊都设有正、负弯辊。如图4-51所示为一种四辊CVC轧机和六辊CVC轧机的液压弯辊结构示意图。工作辊的正、负弯辊采用工作辊弯辊块和弯辊液压缸组成，8个工作辊弯辊块由牌坊窗口上凸块的“T”形槽在垂直方向导向，工作辊轴承座与弯辊块之间有动配合的滑槽，既传递了弯辊力，又满足工作辊做轴向移动的要求。中间辊的正、负弯辊装置则由设在凸块内的液压缸推动中间辊的弯辊块实现，中间辊弯辊块的导向与工作辊弯辊块原理相同。

另外，CVC冷轧机在上支承辊轴承座上方设有压下液压缸；在下支承辊轴承座下面设有斜楔机构，调节轧制线高度；四辊CVC轧机采用工作辊传动方式，六辊CVC轧机采用支承辊传动方式。这些结构与其他轧机类似，不再叙述。

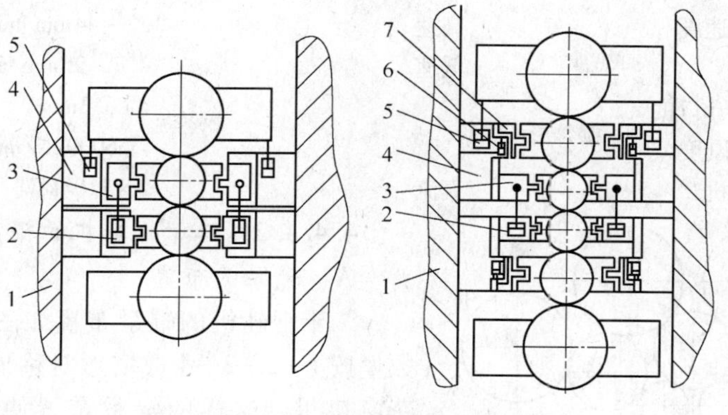

图 4-51 CVC 轧机的液压弯辊装置

1—牌坊；2—工作辊弯辊缸；3—工作辊弯辊块；4—凸块；
5—支承辊平衡缸；6—中间辊弯辊缸；7—中间辊弯辊块

4.4.4 二十辊轧机

随着薄带、极薄带钢轧制，以及硅钢和不锈钢等难于变形金属轧制的需要，二十辊轧机得到了迅速发展。二十辊轧机按机架的结构形式分为森吉米尔型（Sendgimir）和罗恩型（Rohn）两种。森吉米尔型二十辊轧机具有刚度很大的闭式机架和完善的辊型调整系统，轧制带钢的板厚和板形质量好，广泛地用于薄带和极薄带轧制；罗恩型二十辊轧机具有开式机架，轧机刚度低，辊型调节系统也不够完善，因此其应用范围远远不如森吉米尔型二十辊轧机。下面介绍森吉米尔型二十辊轧机。

4.4.4.1 森吉米尔型二十辊轧机特点及 ZR-22BS-42 型轧机主要技术参数

A 森吉米尔型二十辊轧机特点

森吉米尔型二十辊轧机的特点是：

（1）具有整体铸造刚度很好的机架，轧制力沿辊系呈放射状态合理地分布于机架的各个断面，因此与其他各类轧机相比体积小，重量轻。

（2）工作辊直径很小，道次压下率高，适合于薄带材轧制，且可以减少轧制道次，节省能耗。如轧制不锈钢，将厚 3.4mm 的原料轧制到 0.15mm 较四辊轧机可节能 30% ~40%。

（3）轧件在调温的油浴中进行轧制，表面光洁。

（4）轧机具有液压压下及板厚自动控制系统，有良好的板形调节系统，轧制薄带材的产品几何精度高。如轧制 0.2mm 不锈钢，公差为 0.003 ~0.006mm。

（5）由于轧制薄带材和极薄带材产品，对原料的板形和表面质量都提出严格要求，因为原料的板形不好或表面残余氧化铁皮都会增加轧制断带的可能性。

B ZR-22BS-42 二十辊轧机主要技术参数

（1）原料：厚度最大为 3.5mm，最小为 0.35mm；宽度为 770 ~1060mm；卷重最大为 12t。

（2）产品：最小厚度为 0.15 ~0.2mm。

（3）轧机主要参数：

轧辊公称尺寸	工作辊	ϕ63.5 × 1180mm
	第一中间辊	ϕ102 × 1320mm
	第二中间辊	ϕ173 × 1130mm
	外层特制轴承支承辊	ϕ300 × 172mm × 5
轧制速度		0 ~250 ~450mm/min

压下速度	高速	22 ~ 44mm/min
	低速	4.7 ~ 23mm/min
最大开口度		约 6.3mm
轧机刚度		约 6000kN/mm
主电机	直流	2 × 1100kW，460/830r/min

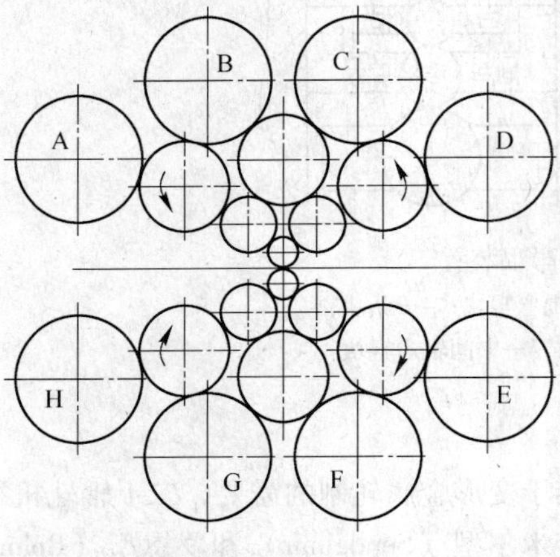

图 4-52　二十辊轧机辊系布置图

4.4.4.2　二十辊轧机的辊系

A　辊系的布置

二十辊轧机的辊系布置如图 4-52 所示。轧辊数量按 1—2—3—4 成塔形对称地布置在机架的梅花窗口里，这样的辊系布置使轧辊有良好的稳定性。

轧辊的直径和辊间距的选择非常重要，直接影响着轧机的刚性、机座尺寸大小和重量，以及工艺润滑的条件等。

工作辊直径最大值根据最小厚度式 4-1 确定；支承辊直径要考虑辊系的刚度、辊系的稳定性、外层支承辊特制轴承寿命等多种因素，一般取前一排辊径的 1.5 ~ 2.0 倍；同一层轧辊的辊间距 δ 的大小要考虑轧辊直径变化、辊系的稳定性和冷却润滑剂的流通。工作辊、第一中间辊、第二中间辊和外层支承辊的辊间距之比为 1:2:3:6。

B　各轧辊的作用

a　工作辊

工作辊是轧辊的变形工具，上、下工作辊自由的各自放在 2 个第一中间辊中间，辊型为圆柱形平辊。由于二十辊轧机开口度小，穿带困难，故穿带时先将工作辊取出，待完成穿带后再将上、下工作辊放入。其轴向定位是靠轧机窗口门上的滚动轴承限位。

b　第一中间辊

有 4 个第一中间辊，上面 2 个是靠着操作侧的平衡弹簧和传动侧的平衡液压缸的平衡力压向第二中间辊。第一中间辊的一端带有锥度，通常取 0.003。锥形段的长度与板宽有关，最常用的有 100、150、200 和 250mm 四种。上、下第一中间辊的锥形段成反方向布置。设置锥形段的目的是使第一中间辊做轴向移动，同时调整锥形段位置可调节板形。

c　第二中间辊

有 6 个第二中间辊，上面 3 个的操作侧由弹簧平衡，传动侧中间的 1 个也由弹簧平衡，两边的 2 个辊用液压平衡，平衡力使第二中间辊压向外层支承辊；其轴向定位靠窗口门上的止推轴承。这 6 个第二中间辊中有 4 个是主动的，靠齿轮机座的 4 个传动轴传递扭矩带动所有的轧辊转动。上面 3 个第二中间辊的中间的那个带有辊型。

d　外层支承辊

8 个外层支承辊均由 5 段特制的 3 列短圆柱滚动轴承组成，5 段轴承装在心轴上组成一个整体支承辊，靠 6 个鞍座支撑在机架窗口的梅花孔里。8 个外层支承辊的作用不同，其鞍座结构形式也不同。其中，B、C 辊具有相同的结构，如图 4-53 所示；A、D、E、F、G、H 6 个辊具有相同的结构形式，如图 4 - 54 所示。外层支承辊承受轧制力，满足轧辊重磨的要求，特别是 3 列短圆柱轴承有比较厚的外环，装配时将直径较大的装在中间，以形成总体的辊凸度，为防止轴承内环局部受力而引起不均匀磨损，在检修装配时要定期转动内环。

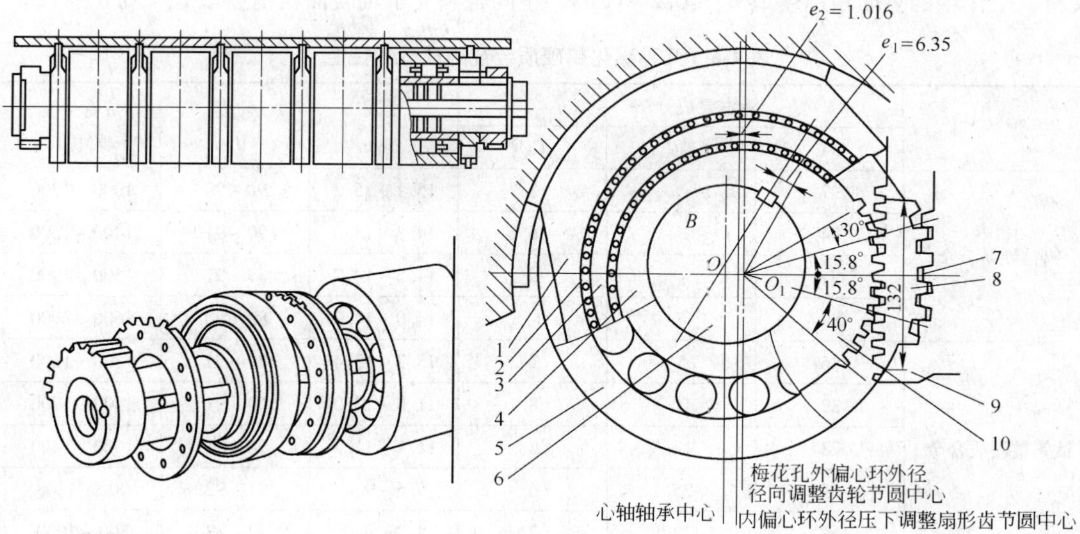

图 4-53　B、C 辊结构图

1—鞍座环；2—滚针轴承；3—外偏心环；4—内偏心环；5—滚柱轴承；6—心轴；7—径向辊型调整齿条；8—径向辊型调整偏心扇形齿轮；9—压下齿条；10—压下调整偏心扇形齿轮

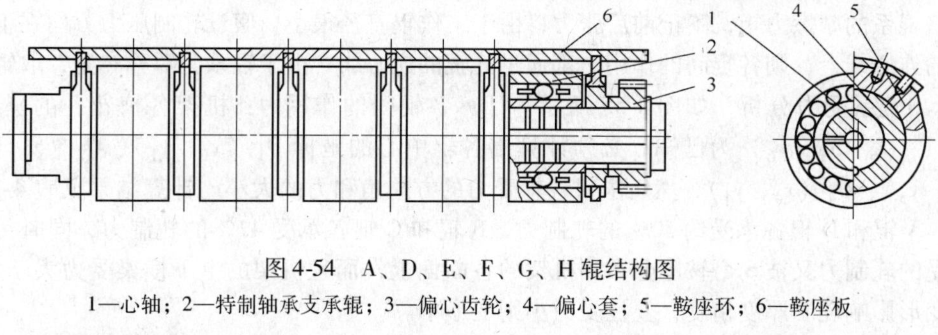

图 4-54　A、D、E、F、G、H 辊结构图

1—心轴；2—特制轴承支承辊；3—偏心齿轮；4—偏心套；5—鞍座环；6—鞍座板

8 个外层支承辊命名为 A、B、C、D、E、F、G、H，它们各自有不同的作用。

（1）B、C 辊：承担轧机压下和辊型径向调节功能；

（2）F、G 辊：承担轧制线高度补偿调节；

（3）A、D、E、H 辊：承担轧辊位置补偿。

C　轧辊的技术要求

（1）轧辊材质要求高：不允许轧辊内有白点、裂纹和夹杂等缺陷，对硫和磷的含量有严格限制，都应小于 0.03%。通常采用铬钢，其中工作辊采用 Cr2MoV 冷模具钢，强度高，淬透性好，淬火硬度 HS 达 84～88，且具有一定韧性。为提高工作辊的耐磨性、耐裂性和增强淬透性，满足轧制宽的极薄带材，减小工作辊的弹性压扁，提高轧辊弹性模量的要求，开始采用碳化钨硬质合金，其弹性模量比模具钢高 2 倍以上。几种碳化钨硬质合金的成分和性能见表4-6。

（2）轧辊硬度：要求轧辊有较高的硬度，而且沿辊身长及圆周方向有较小的硬度差，有足够的淬硬层深度。一般要求工作辊的硬度 HS 大于 80～90，中间辊和支承辊的硬度比工作辊低 15%～20%，沿辊身和圆周方向上的硬度 HS 差不大于 2。

（3）轧辊加工精度：为了能轧出高精度的薄带材和极薄带材，轧辊本身必须具有高的精度。如不锈钢轧制工作辊的锥度和椭圆度要求小于 0.005mm，轧制硅钢要求更高，达 0.003mm；第一中间辊和 4 个传动的第二中间辊的辊径差小于 0.01mm；为获得表面质量高的带材，工作辊的表面粗糙度取 $R_a \leqslant 0.2 \sim 0.05$，中间辊和支承辊表面粗糙度取 $R_a \leqslant 0.8 \sim 0.2$。

表 4-6　几种碳化钨硬质合金的成分和性能

类　别	主要成分/%			密度 /g·cm⁻²	硬度 HRA	抗弯强度 /MPa
	WC	TiC	CO			
钨钴硬质合金	97		3	15.1 ~ 15.2	90 ~ 93	1000 ~ 1200
	94		6	14.8 ~ 15.0	90 ~ 91	1400 ~ 1600
	91		9	14.5 ~ 14.7	89 ~ 91	1500 ~ 1900
	89		11	14.0 ~ 14.3	88 ~ 90	1600 ~ 2000
钛钨钴硬质合金	86	5	9	13.2 ~ 13.4	89 ~ 91	1500 ~ 1600
	82	10	8	11.8 ~ 13.0	90 ~ 91	1500 ~ 1700
	78	14	8	11.1 ~ 11.3	90 ~ 91	1300 ~ 1400
	69	25	6	9.6 ~ 9.8	91 ~ 92	900 ~ 1100
	61	32	7	8.7 ~ 9.0	92 ~ 93	800 ~ 1000

D　轧辊的受力分析

轧制力呈放射状经各个轧辊传至机架，随着压下位置的不同，各辊受力的大小和方向不同。忽略辊系的摩擦力矩，不记前后张力，由于工作辊直径很小，假设轧制压力方向在上、下工作辊的连心线上，则各辊间的作用力都通过轧辊的连心线。由于辊系为对称布置，取辊系的 1/4 表示出辊系受力分析，如图 4-55 所示。计算各辊间的作用力：机架各梅花孔的坐标 O_5（x_5，y_5）、O_6（x_6，y_6）为已知，必须计算出各辊中心的坐标 O_1（x_1，y_1）、O_2（x_2，y_2）、O_3（x_3，y_3）、O_4（x_4，y_4），然后求得各辊受力的方向角和力的大小。计算结果见表 4-7。可以看出，A 辊和 D 辊各承受约 50% 的轧制力，B 辊和 C 辊各承受 42% 的轧制力；同时每个支承辊承受的轧制力又被 6 个鞍座分布到机架的各断面上，而且机架的上下横梁受力大于立柱，而立柱变形影响轧制厚度精度，立柱受力小则变形小。

由上述分析可知：森吉米尔型二十辊轧机的受力是合理的，充分利用了机架的各个断面，在相同轧制力的条件下，轧机体积小，刚度大，产品精度高。

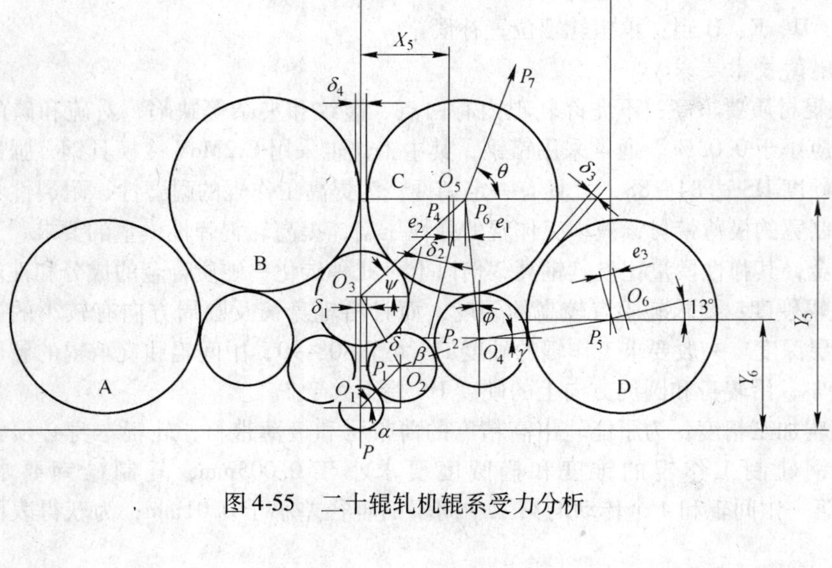

图 4-55　二十辊轧机辊系受力分析

表 4-7　二十辊轧机辊系受力

接触位置	接触点作用力	方向角
工作辊与第一中间辊	$P_1 = 0.651P$	$\alpha = 50°6'$
第一中间辊与第二中间驱动辊	$P_2 = 0.577P$	$\beta = 29°40'$
第一中间辊与第二中间从动辊	$P_3 = 0.23P$	$\delta = 21°32'$
第二中间从动辊与支承辊 B	$P_4 = 0.287P$	$\psi = 48°32'$
第二中间驱动辊与支承辊 A	$P_5 = 0.526P$	$\gamma = 12°50'$
第二中间驱动辊与支承辊 B	$P_6 = 0.169P$	$\varphi = 3°52'$
支承辊 B 与机架	$P_7 = 0.423P$	$\theta = 65°2'$

4.4.4.3　森吉米尔型二十辊轧机的调整机构

A　压下调整机构

压下调整是靠 B、C 辊及其压下机构完成的。由图 4－53 可以看出，B、C 辊的鞍座由外偏心环 3 和内偏心环 4 组成。心轴 6 通过键与内偏心环 4 连接，当压下油缸的活塞通过压下齿条 9 带动压下调整偏心扇形齿轮 10 时，心轴 6 转动，带动 6 个鞍座环 1 的内偏心环 4 同时转动，在内偏心环偏心作用下，心轴 6 的位置发生变化，则 B、C 辊的滚柱轴承 5 同时做压下调整，并经过中间辊将压下动作传给工作辊，实现压下调整。这里应当指出的是内偏心环 4 的外径与偏心扇形齿轮 10 的节圆为一个中心 O，这就保证了在偏心调整时压下齿条与扇形齿轮的啮合状态不变。

由于轧机压下和径向辊型调整都是在承受轧制力条件下进行的，因此在内、外偏心环和外偏心环与鞍座之间设有滚针轴承。

B　辊型调整机构

a　辊型径向调整机构

从图 4-53 可以看出，B、C 辊鞍座的外偏心环 3 与径向辊型调整偏心扇形齿轮 8 用销钉连接在一起，当径向辊型调整齿条 7 在液压马达经蜗轮蜗杆、螺旋传动机构驱动下做升降调整时，转动扇形齿轮 8 和外偏心环 3，心轴 6 的位置必然发生变化，在 6 个鞍座中有 6 个外偏心环，转动某一个外偏心环都会使心轴在该处的一段范围内产生一个弯曲，并通过中间辊传给工作辊，使工作辊在对应的一段产生挠度变化，调节板形。由于辊型径向调整机构设在 B、C 辊的 6 个鞍座上，因此可以沿板宽进行局部板形调整，也可以进行板形整体调整。

b　轴向辊型调整机构

如图 4－56 所示为轴向辊型调整机构的传动原理。用油马达经过减速器和链传动转动螺母，调节丝杠做轴向移动，驱动第一中间辊做轴向移动，调节第一中间辊锥形段的位置，改变了轧制时第一中间辊与工作辊和第二中间辊在该部位的接触状态，工作辊相应地在该部位改变了挠度。上下第一中间辊锥形段布置相反。由于第一中间辊仅在端部有锥形段，因此，轴向辊型调整机构的调整只能改变带钢边部的板形。轴向辊型调整机构使上、下 2 对第一中间辊可以进行单独调整，也可以同时同向或反向调整。

森吉米尔型二十辊轧机同时设有径向和轴向辊型调整机构，这是因为径向辊型调整机构虽然在整个板宽或某一部位进行了板形调整，但外层支承辊与工作辊之间隔有第一、二中间辊，由于轧辊弹性压扁部位增多，降低了调整效率；而轴向辊型调整使第一中间辊直接与工作辊接触，调整效率比径向辊型调整高，可以对轧制带钢的边部板形做出快速调整，但不能调整带钢中部的板形。因此，二者不能互相取代，而是共存。

C　轧辊补偿调整机构

轧辊补偿调整机构包括轧制线高度补偿和位置补偿两项内容。其支承辊的鞍座由 1 个偏心

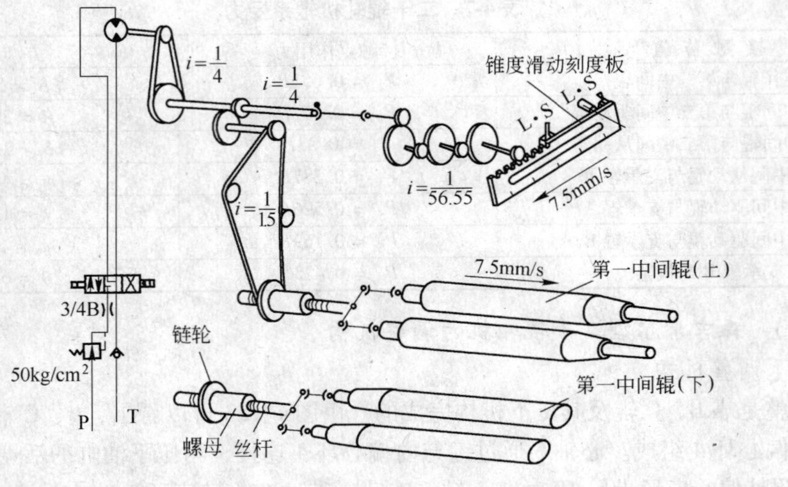

图 4-56　轴向辊型调整机构传动原理

环组成，如图 4-54 所示。由于补偿调整是在空载下进行的，因此偏心环与鞍座之间是滑动摩擦。

a　轧制线标高补偿机构

由于轧辊的磨损与重磨，轧辊直径发生了变化，必须对由此而产生的轧制线标高变化给予补偿。轧制线标高补偿机构设在 F、G 辊，与压下调整类似，在 F、G 辊的一端设有扇形齿轮，扇形齿轮和鞍座内的偏心环均通过键与心轴相连，如图 4-54 所示。当压上液压缸的活塞杆带动齿条转动扇形齿轮时，通过心轴使偏心环转动，调节心轴位置，带动下部辊系，完成轧制线标高调整。

b　轧辊位置补偿调整机构

由于整体的闭式机架辊系排列是否紧凑影响到轧机压下行程的大小，当轧辊因磨损和重磨时，辊径变小会增大压下和轧制线标高补偿的行程，尤其是增大压下行程是不允许的。因此，在 A、D、E、H 辊设有与 F、G 辊相同的鞍座机构，即鞍座内设有 1 个偏心环，在心轴的一端装有 1 个圆柱齿轮取代扇形齿轮，电机经过蜗轮蜗杆减速和伞齿轮与中间齿轮，转动心轴端部的圆柱齿轮，使偏心环转动，调整心轴位置，使辊系收紧或打开。其传动原理如图 4-57 所示。

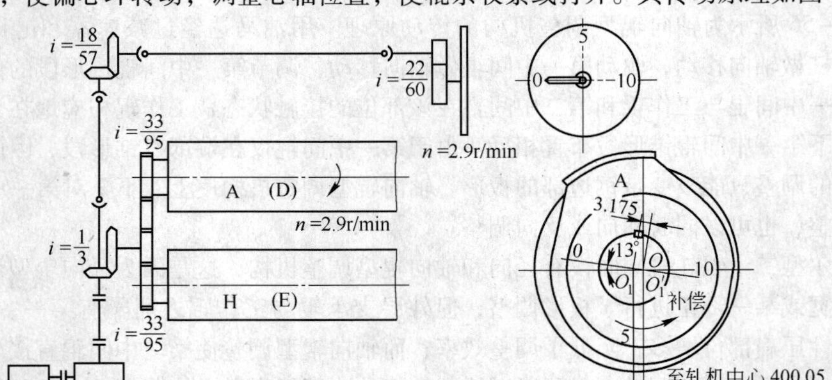

图 4-57　轧辊位置补偿调整机构

4.4.4.4 森吉米尔型二十辊轧机的机架

机架是轧机最重要的部件，森吉米尔型轧机的机架为整体铸钢闭式机架，窗口的 8 个半圆形孔是在坐标镗床上精密加工的。为确保加工精度，机架铸造后要进行完全退火，粗加工后要进行消除应力的退火处理。

4.5 开卷机与卷取机

开卷机和卷取机是生产带材不可缺少的设备，广泛地用于酸洗机组、主机机组和各种精整机组中的开卷和卷取。

开卷机和卷取机的技术水平关系到机组的生产能力和带材的质量。为适应高速化要求，开卷机和卷取机对加减速的反应要灵敏，要求转动惯量小，动平衡性能要好。因此有的卷取机不用减速机，用电机直接带动卷筒，而且采用双电枢电机。为满足带钢厚度精度要求，卷取机要能够建立稳定的大张力，一般采用固定式卷取机。为了满足带材在机组上对中要求，采用浮动式开卷机和卷取机补偿带钢跑偏。

4.5.1 开卷机

开卷机置于机组的头部，用于开卷和建立一定的张力，目前使用的开卷机有两种结构形式：双柱头开卷机和悬臂式开卷机。

4.5.1.1 双柱头开卷机

如图 4-58 所示为 1700mm 冷连轧机使用的双柱头开卷机结构图，由柱头、柱头旋转和柱移动装置，以及活动机座等部分组成。

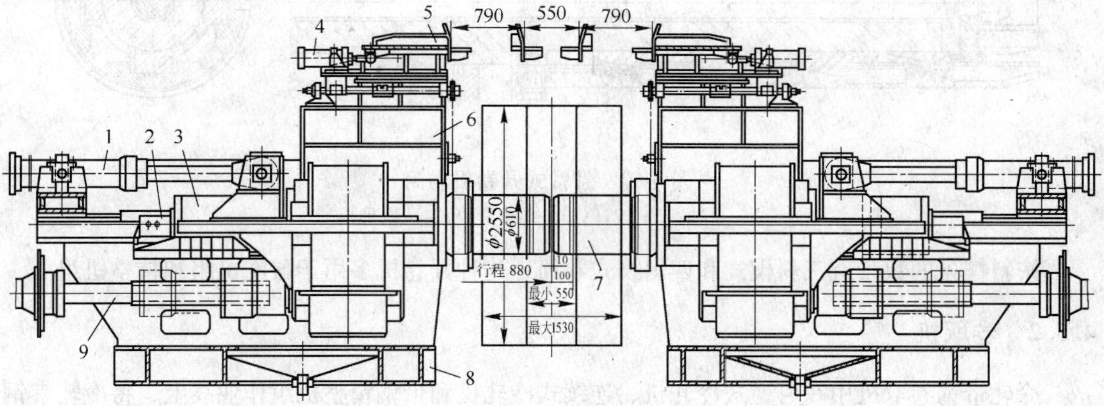

图 4-58 1700mm 冷连轧机组双柱头开卷机

1—柱头移动液压缸；2—回转接头；3—柱头胀缩油缸；4—油缸；5—过桥导板；6—活动机座；7—柱头；8—机座；9—花键轴

柱头 7 由扇形板、单节棱锥轴和液压缸组成。柱头装在活动机座 6 上，柱头的转动由电机经弧齿联轴器、花键轴 9 和一级齿轮减速驱动。2 个柱头分别由 2 个柱头移动液压缸 1 驱动，可以做相对运动夹住带钢；也可以同向移动，靠带钢边缘控制器控制对中带钢。

双柱头开卷机可以采用比较大的开卷张力，设备重心低，回转平衡性能好，开卷速度大，工作平稳，用于连轧机的开卷。

4.5.1.2 悬臂式开卷机

如图 4-59 所示为悬臂式开卷机结构，由卷筒、活动机座、传动装置、浮动控制油缸和底座组成。卷筒为斜楔式，如图4-60所示，由扇形板、主轴、拉杆、斜楔套筒组成。扇形板装在斜楔套筒的斜楔上并同斜面接触，斜楔套筒与主轴间有导向键，胀缩油缸推动拉杆，使斜楔套筒轴向移动，扇形板做径向移动实现胀径。斜楔套筒反向移动，靠弹簧力使扇形板收紧而缩径。为增加悬臂卷筒刚度，有的在卷筒的悬臂端设有活动支撑。

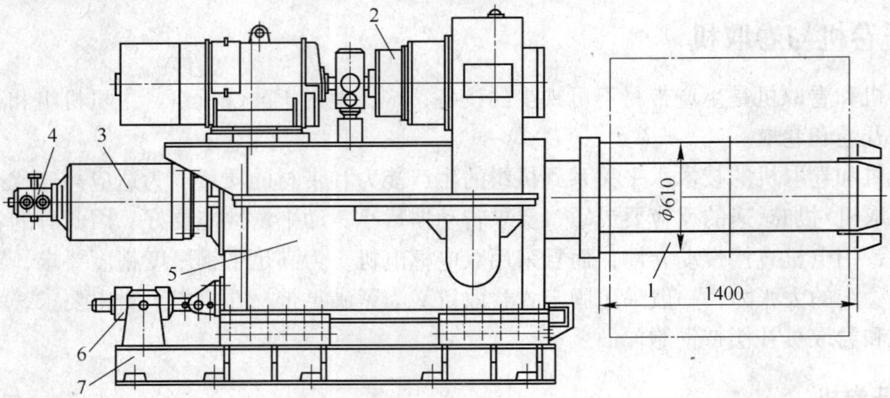

图4-59　悬臂式开卷机

1—卷筒；2—传动装置；3—胀缩油缸；4—回转接头；5—活动机座；6—边缘控制油缸；7—底座

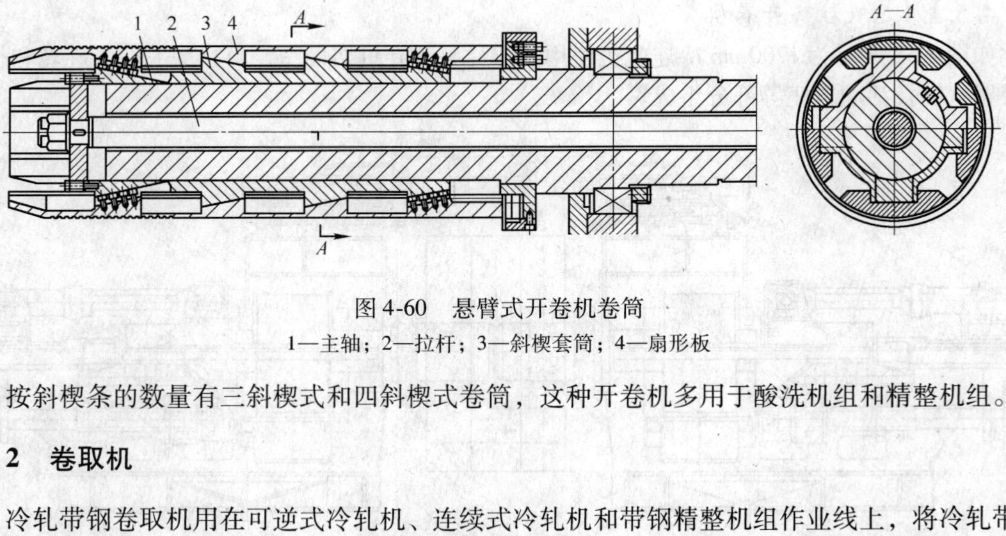

图4-60　悬臂式开卷机卷筒

1—主轴；2—拉杆；3—斜楔套筒；4—扇形板

按斜楔条的数量有三斜楔式和四斜楔式卷筒，这种开卷机多用于酸洗机组和精整机组。

4.5.2　卷取机

冷轧带钢卷取机用在可逆式冷轧机、连续式冷轧机和带钢精整机组作业线上，将冷轧带钢卷取成带卷。

4.5.2.1　卷筒的结构组成

A　实心卷筒

在薄带或极薄带轧制时，因需要采用较大的轧制张力，使卷筒受到很大的径向压力，要求卷筒有较高的刚度和强度；而且不允许带材上有卷筒钳口的压印。起初人们采用实心卷筒。由于实心卷筒无法卸卷而需要设专门的倒卷装置，因而采用在可胀缩卷筒套上套筒，卷完后连同套筒卸下。

B　径向柱塞式卷筒

径向柱塞式卷筒也称弓形板式，如图4-61所示，由主轴、弓形板、径向柱塞缸、补偿活塞、增压器及回转接头组成。

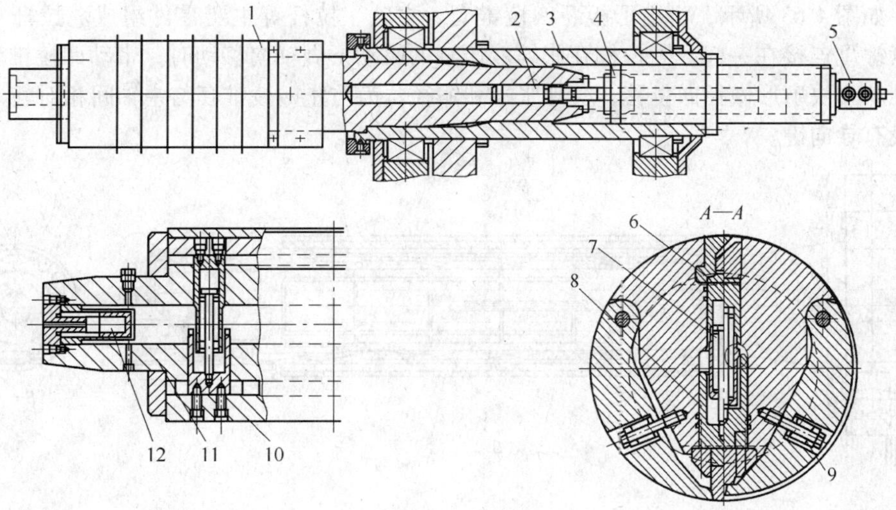

图 4-61　径向柱塞式卷筒结构图

1—卷筒；2—增压柱塞；3—轴套；4—增压器；5—回转接头；6—柱塞；7，9—弹簧；8—柱塞；10—弓形板；11—主轴；12—补偿油缸

卷筒中沿长度方向设有 6 组径向柱塞缸，用于卷筒的胀径和钳口的夹紧；卷筒的缩径和钳口打开靠弹簧 7 和 9。由于径向柱塞缸的直径尺寸受限，因此在卷筒的传动端设有增压器 4，经增压器增压可使径向柱塞缸的工作压力增加 4 倍，由 6.4MPa 增到 25.6MPa，既增加了胀缩油缸的能力，又使回转接头在中压下工作，减少泄漏。由于增压器的高压油腔为定容积式，为了补偿注油和泄漏引起的油量误差，设有补偿油缸 12。

径向柱塞式卷筒结构紧凑，工作可靠，应用较多，但结构较为复杂。

C　斜楔式卷筒

a　四斜楔式卷筒

如图 4-62 所示为四斜楔式卷筒结构，主要零件有扇形板、斜楔、主轴和拉杆。其胀缩液压缸驱动拉杆做轴向移动，靠锁紧螺母和挡盘、拉杆与 4 条斜楔连接，拉杆轴向移动带动斜楔，使扇形板产生径向位移，卷筒直接胀缩。斜楔支撑着扇形板的两翼，同时胀径时向外伸出，与扇形板一起形成一个整圆，因此卷取薄带时不会产生压痕。

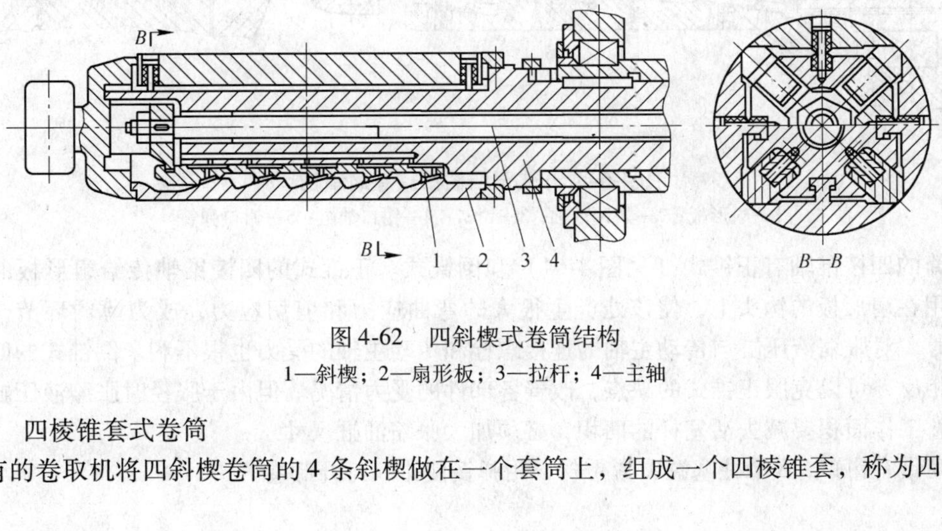

图 4-62　四斜楔式卷筒结构

1—斜楔；2—扇形板；3—拉杆；4—主轴

b　四棱锥套式卷筒

有的卷取机将四斜楔卷筒的 4 条斜楔做在一个套筒上，组成一个四棱锥套，称为四棱锥套

式卷筒。如图 4-63 所示，由扇形板、四棱锥套、主轴、拉杆等主要零件组成。拉杆与四棱锥套由锁紧螺母连接在一起。当拉杆在胀缩液压缸的驱动下做轴向移动时，带动四棱锥套做轴向移动，推动 4 块扇形做径向位移，实现胀径和缩径。为防止四棱锥套与主轴间相对转动，在它们之间设有导向键。

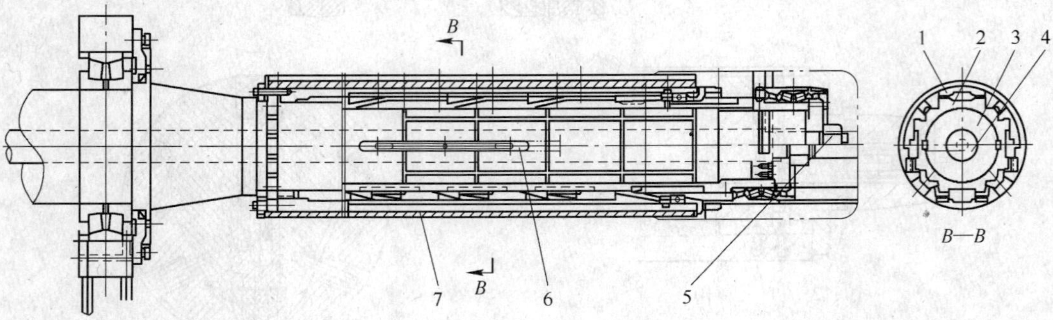

图 4-63　四棱锥套式卷筒

1—扇形板；2—四棱锥套；3—主轴；4—拉杆；5—锁紧螺母；6—导向键；7—橡胶套筒

D　四棱锥式卷筒

a　开式四棱锥卷筒

如图 4-64 所示为开式四棱锥卷筒，由扇形板、四棱锥轴、钳口等主要零件组成。卷筒的直径胀缩直接由胀缩液压缸推动四棱锥轴做轴向移动，使扇形板产生径向位移，不需要中间零件，因此四棱锥轴的尺寸大、强度和刚度高，可以承受较大的张力（最大可达 400 ~ 600kN），而且动平衡性能好，多用于多辊冷轧机和冷连轧机的卷取机。由于卷筒胀径后扇形板之间存在着较大的缝隙，故称为开式卷筒。

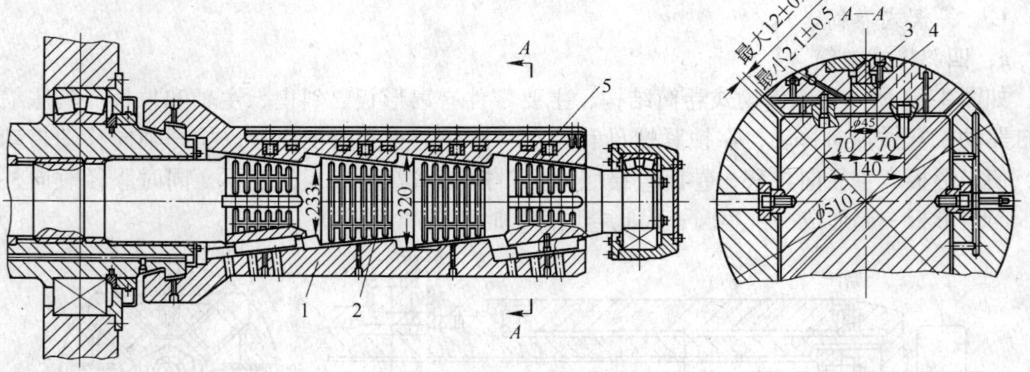

图 4-64　开式正四棱锥式卷筒结构

1—扇形板；2—四棱锥轴；3—钳口；4—钳口油缸；5—钳口弹簧

卷筒的四棱锥轴有正锥式（见图 4-64）和倒锥式。正锥式的四棱锥轴传给扇形板的水平推力作用在扇形板的钩头上，使该处产生很大的弯曲应力和剪切应力，成为薄弱环节，易损坏；同时，对胀缩液压缸与传动主轴的连接螺栓和传动主轴的受力也很不利。倒锥式的四棱锥角方向相反，可以克服正锥式的缺点，改善各部件的受力情况。但由于胀径时胀缩液压缸的工作腔活塞工作面积要减去活塞杆的面积，必须加大胀缩油缸尺寸。

卷筒带有钳口，6 个柱塞缸夹紧带材，用弹簧使钳口打开卸卷。

b　闭式四棱锥卷筒

如图4-65所示为闭式四棱锥卷筒的结构，由扇形板、封条斜楔、四棱锥轴和拉杆组成。当拉杆沿轴向移动时，带动扇形板和封条斜楔沿四棱锥轴的斜面上移，实现胀径。胀径时4块扇形板之间的封条斜楔与扇形板形成一个完整的圆柱表面，因此称这种形式的卷筒为闭式四棱锥卷筒。其优点是在较大张力下也不会因压痕而影响带材质量。

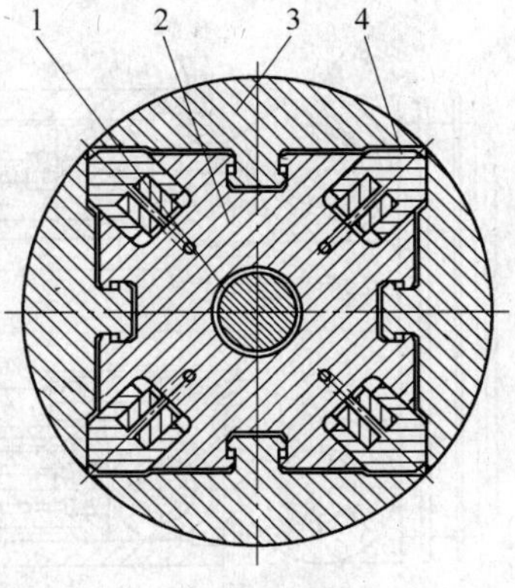

图4-65　闭式四棱锥卷筒结构

1—拉杆；2—四棱锥轴；3—扇形板；4—封条斜楔

如图4-66所示为闭式四棱锥卷筒冷连轧机卷取机。由于冷连轧机要求卷取速度较高，因此取消了传动减速机，电机直接传动卷筒。该卷取机有 ϕ610mm 和 ϕ450mm 两种直径的卷筒，卷筒用于卷取厚度为0.5mm以下的薄带钢，可以根据工艺要求进行卷筒的快速更换。更换方法是将主传动齿型联轴器12的法兰盘螺栓和机架的安装螺栓拆下，整个机架整体吊走，进行整体更换。

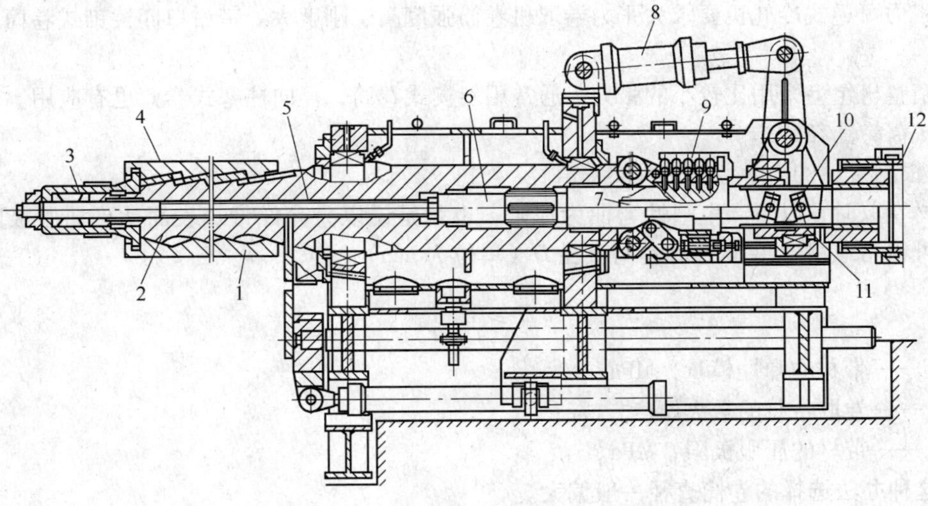

图4-66　闭式四棱锥卷筒冷连轧机卷取机

1—封条斜楔；2—四棱锥轴；3—弹簧；4—扇形板；5—拉杆；6—花键轴；7—斜块；8—胀缩液压缸；9—胀缩连杆座；10—滑块；11—滑套；12—齿型联轴器

卷筒的胀缩机构由胀缩液压缸8的活塞杆伸出220mm时，通过拉杆拨动滑块10，使滑套11和斜块7在花键轴6上移动，斜块7把4个胀缩连杆A推直压缩4组弹簧C（见图4-67），使弹簧箱B移动，因弹簧箱B是固定在花键轴6上的，因此花键轴也移动。而花键轴又与拉杆5连在一起，使拉杆头部的螺母压缩蝶形弹簧3，由于机构限制蝶形弹簧3只能压缩40.8mm（相当于62.5kN），实际上是蝶形弹簧3与弹簧C同时压缩，拉杆的移动量为56.5mm左右。拉杆移动带动扇形板4和封条斜楔1沿棱锥轴的斜面上移，把扇形板和封条斜楔胀径到卷筒的工作直径，卷取带钢。卷筒的缩径过程则相反：首先胀缩液压缸缩回，活塞杆向相反方向拨动滑套和斜块，靠弹簧的恢复力使拉杆和花键轴移动，同时扇形板和封条斜楔返回，完成卷筒缩径。卷筒直径的胀缩范围分别为 ϕ586～610mm 或 ϕ426～450mm。

这种结构卷取机的优点是：

（1）电机直接传动卷筒，系统转动惯量小；

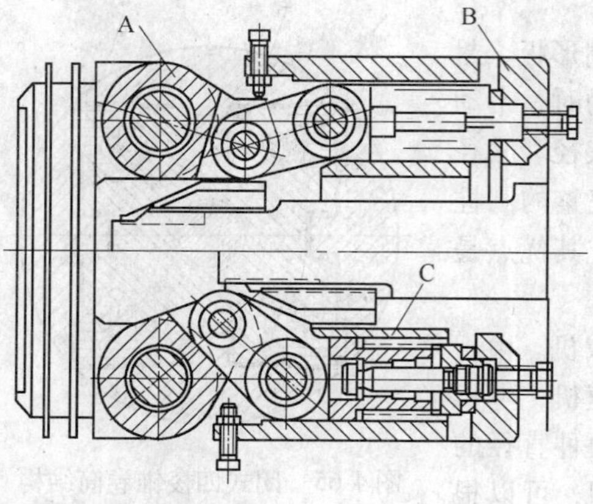

图 4-67　胀缩连杆座

A—胀缩连杆；B—弹簧箱；C—弹簧

（2）胀缩液压缸通过机械系统实现胀缩动作，取消了回转接头，提高了胀缩液压缸的使用寿命；

（3）整体快速更换卷筒，提高了生产率；

（4）卷筒结构满足自行缩径要求，降低了带钢对卷筒的径向压力。

4.5.2.2　卷筒结构和主要参数选择

A　卷筒的结构选择

上述多种卷筒结构形式在使用中如何选择，主要是根据带材冷轧机的性能及轧制工艺的要求。

高速冷连轧机要求卷取机的卷筒胀径后为一整圆、结构对称、动平衡性能好、惯性小和结构坚固可靠，多采用不带钳口的斜楔式或四棱锥式卷筒。

大张力可逆式冷轧机要求大张力卷取机卷筒强度高、刚度大。带钳口四棱锥式卷筒应用较为广泛。

在精整机组上采用比较小的张力，通常用斜楔式卷筒，径向柱塞式卷筒也有应用。

B　卷筒直径的选择

a　根据带材的力学性能选择卷筒直径

带材卷取时，以不产生塑性弯曲为原则，也就是说以只允许带材表面达到屈服极限为条件，即可粗略地用式 4-20 计算卷筒直径 D（单位为 mm）

$$D \geqslant E\frac{h_{max}}{\sigma_s} \tag{4-20}$$

式中　E——带材的弹性模量，MPa；

h_{max}——卷取带材的最大厚度，mm；

σ_s——带材的屈服极限，MPa。

用这种办法选择的卷筒直径一般偏大。

b　根据卷取带材的最大厚度选择卷筒直径

对于带钢：$D = (150 \sim 200)h_{max}$；

对于有色金属：$D = (120 \sim 170)h_{max}$。

c　经验选取

根据国内外现有卷取机采用的卷筒直径分析比较选择。常用的卷筒直径已形成尺寸系列，有 ϕ305、ϕ410、ϕ450、ϕ510、ϕ610mm。

d　卷取张力选择

卷取张力在轧制过程中是很重要的，它可以降低轧制力，影响轧制带材的厚度和板形精度；还影响到钢卷的紧密和齐整。

根据经验，可逆式轧机的卷取张力，一般带钢厚度为 2 ~ 4mm 时，取张应力 $\sigma_0 = (0.2 \sim 0.3)\sigma_s$；厚度为 0.3 ~ 1.0mm 时，取张应力 $\sigma_0 = (0.5 \sim 0.6)\sigma_s$；硅钢厚 2mm 时，取张应力 $\sigma_0 = (0.2 \sim 0.3)\sigma_s$。

连轧机卷取时，一般采用中等张力，取张应力 $\sigma_0 = (0.1 \sim 0.15)\sigma_s$。

精整机组一般用比较小的张力，取张应力 $\sigma_0 = 5 \sim 10$MPa，最大取 30MPa。

二十辊轧机的四棱锥卷取机近成品厚度卷取时，取张应力 $\sigma_0 = 200 \sim 300\text{MPa}$。

C 带材对卷筒压力的计算

a 卷筒的自行缩径

斜楔式卷筒和四棱锥式卷筒在卷取过程中，当带钢对卷筒压力增加到一定大小后卷筒的直径会自行缩小，带层之间产生微量的滑动，卷筒直径的缩小会大大降低带钢对卷筒的径向压力，这种现象称为卷筒的自行缩径。自行缩径的大小与卷筒的结构形式、棱锥面倾角、胀缩液压缸的压力和零件表面质量等因素有关。

扇形板在卷取过程中，随着卷取层数增加受到的径向压力增大，其受力分析如图 4-68 所示，根据力的平衡条件：

$$\int_{-\frac{\pi}{4}}^{\frac{\pi}{4}} p_0 \cos\theta R \mathrm{d}\theta = p_m 2A$$

可得：

$$p_m = \frac{p_0 R}{\sqrt{2}A} \tag{4-21}$$

从式 4-21 可以看出：p_m 的大小随径向压力 p_0 而变化，当 p_0 大到足以克服棱锥斜面上的静摩擦力和胀缩液压缸的推力时，卷筒开始缩径，若 1 块扇形板受到带钢总的抱紧压力为 P，要发生自行缩径时，扇形板和棱锥轴（或拉杆）的受力情况如图 4-69 所示，由力平衡条件得：

$$P = N\cos\alpha + \mu N\sin\alpha \approx N\cos\alpha$$

$$F = N\sin\alpha - \mu N\cos\alpha$$

则：

$$F = N\cos\alpha(\tan\alpha - \mu) = P(\tan\alpha - \mu) \tag{4-22}$$

而：

$$P = 2Ap_m b \tag{4-23}$$

式中 μ——棱锥面上的摩擦系数；

b——带材宽度。

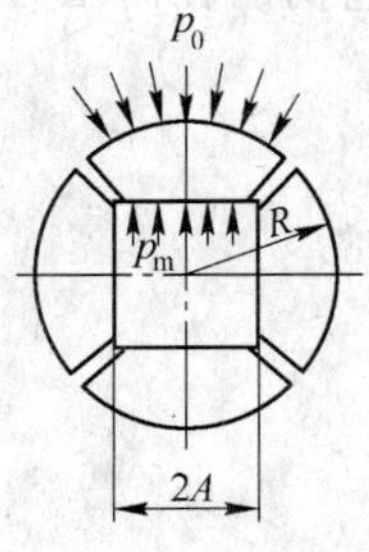

图 4-68 扇形板的受力分析

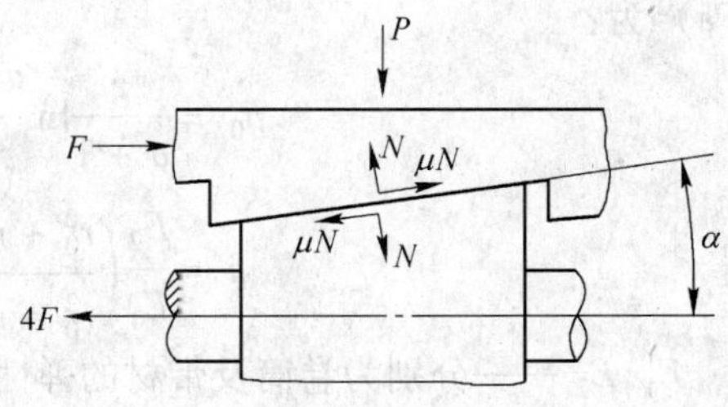

图 4-69 缩径时扇形板的受力分析

将式 4-21 带入式 4-23，得：

$$P = 2A\frac{p_0 R}{\sqrt{2}A}b = \sqrt{2}p_0 Rb \tag{4-24}$$

将式 4-24 带入式 4-22，得卷筒开始缩径时：

$$F = \sqrt{2}p_0 Rb(\tan\alpha - \mu) \tag{4-25}$$

又因：

$$F = \frac{1}{4}F_1$$

式中，F_1 为胀径液压缸的推力。则，自行缩径的带钢抱紧产生的径向压力临界值为：

$$p_0 = \frac{F_1}{4\sqrt{2}Rb(\tan\alpha - \mu)} \tag{4-26}$$

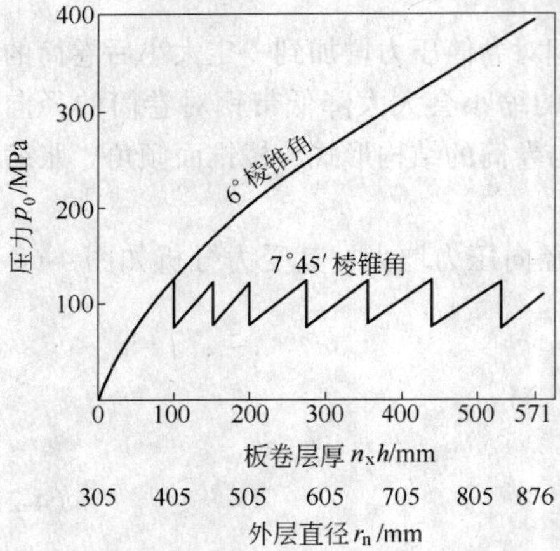

图4-70　棱锥角对卷筒径向压力的影响

从式4-26可以看出：卷筒的自行缩径主要与胀缩液压缸的推力F_1、棱锥斜面角α、摩擦系数μ等有关。若四棱锥斜角为6°时，由于小于摩擦角，则卷筒处于自锁状态，卷取时基本上不出现自行缩径，此时压力p_0随着带卷层数增加而增大；当四棱锥斜角为7°30′~8°时，在润滑条件比较好的条件下，卷筒可能产生自行缩径。自行缩径后，压力p_0迅速下降，然后再上升和下降。两种情况的径向压力p_0的变化曲线如图4-70所示。一般棱锥角α=6°时不产生自行缩径现象，而α=7°30′时出现自行缩径，取μ=0.2，当带层间出现相对滑动时，带材间摩擦系数取0.1~0.13。

卷筒的自行缩径可以使带卷对卷筒的压力下降，这对卷筒受力件的强度有利，但会使带卷内层产生滑动和压应力。过大的压应力会使带卷内层在缺卷后失稳，产生所谓的“塌卷”。塌卷往往发生在钳口附近，会使内层带产生折痕。为防止塌卷应合理的设计锥角α和胀缩液压缸推力F_1，还应设法减小钳口处内层带过大的压应力集中。

b　带材对卷筒的径向压力计算

目前关于卷筒的径向压力计算方法较多，但各计算公式在条件完全相同的条件下所得到的计算结果却相差较大，下面介绍部分计算公式。

（1）英格利斯（C. E. Inglis）公式。

根据厚壁筒弹性变形理论，不考虑卷取过程中产生自行缩径，卷筒的径向压力p_0（单位为MPa）为：

$$p_0 = \frac{\tau}{a+1}\ln\frac{a(r_n^2 - r_0^2) + (r_n^2 + r_0^2)}{2r_0^2} \tag{4-27}$$

其中：

$$a = \frac{E_2}{E_1}\left(\frac{r_0^2 + r_1^2}{r_0^2 - r_1^2} - \mu_1 + \frac{E_1}{E_2}\mu_2\right)$$

式中　E_1, E_2——分别为卷筒及带材的弹性模量，MPa；

τ——带材张应力，MPa；

r_n——带卷的最大直径，mm；

μ_1, μ_2——分别为卷筒及带材的泊桑系数；

r_1, r_2——分别为卷筒及等值内圆半径，mm。

卷筒等值内圆半径r_1的计算。对于径向柱塞式和斜楔式卷筒的等值内圆半径一般取扇形板的最薄处，而四棱锥卷筒的等值内圆半径（单位为mm）可按式4-28确定：

$$r_1 = r_0\sqrt{\frac{A_2}{2 + A_2}} \tag{4-28}$$

其中：

$$A_2 = \ln\frac{r_2}{\sqrt{2}A}$$

式中 A——棱锥轴断面半个边长的平均值。

由于英格利斯公式没有考虑卷筒的自行缩径，因此其计算结果偏高，可供中、小张力等级的卷筒计算使用。

(2) 连家创计算公式。

推导公式时，把卷筒当成一个厚壁筒，并作为弹性理论平面问题建立钢卷径向压力微分方程式，求解卷筒径向压力计算公式为：

$$p_0 = \sigma_0 b(1 - \Phi_n^{\sqrt{m}-1}) \frac{1 - \Phi_n^{\sqrt{m}+1}}{1 - a\Phi_n^{2\sqrt{m}} - b(K-1)\Phi_n^{\sqrt{m}+1}} \tag{4-29}$$

其中：

$$a = \frac{(\sqrt{m}+1)(\sqrt{m}-K)}{(\sqrt{m}-1)(\sqrt{m}+K)}$$

$$b = \frac{2\sqrt{m}}{(\sqrt{m}-1)(\sqrt{m}+K)}$$

在 $m>1$ 的情况下，当 $\Phi_n^{\sqrt{m}-1} = 0$ 时，p_0 达到极限值，即：

$$p_{0\max} = b\sigma_0 = \frac{2\sqrt{m}\sigma_0}{(\sqrt{m}-1)(\sqrt{m}+K)} \tag{4-30}$$

其中：

$$K = \frac{E}{E_0}\left(\frac{1+\lambda^2}{1-\lambda^2} - \mu_0\right) + \mu \tag{4-31}$$

式中 σ_0——带钢的单位张力；

Φ_n——钢卷内径与外径的比值，$\Phi_n = \dfrac{r_0}{r_n}$；

E，μ——带钢的弹性模量和泊桑系数；

E_0，μ_0——卷筒的弹性模量和泊桑系数；

λ——卷筒的内径与外径比值，$\lambda = \dfrac{r_c}{r_0}$。

而 m 的近似表达式为：

$$m = 1 + (1.75 + 0.2\sqrt{K})A + 0.29A^2 \tag{4-32}$$

其中：

$$A = 0.57\frac{\Delta + \eta h}{h}\left(\frac{E}{\sigma_0}\right)^{0.8}$$

式中 h——带钢厚度；

η——0.005 ~ 0.015；

Δ——轧辊表面粗糙度，μm。

(3) 蒋昭计算公式。

蒋昭的研究认为，包紧在卷筒上的带卷是径向压紧程度可变的多层圆筒，带卷是各向异性体，径向弹性模数不等于切向弹性模数。在切向上带材的变形符合虎克定律，而在径向上随着卷取带钢层数的增加带卷的径向弹性模数逐渐减小。因此在计算过程中引入一个紧密系数 ψ 表示带卷内压力与变形的关系：

$$\psi = \frac{\sigma}{\varepsilon} \tag{4-33}$$

式中　ψ——紧密系数，即带卷层的径向弹性模数，它主要与带材的厚度、表面质量和带层间的压力等因素有关；

σ——带层间的单位压力；

ε——带卷层的径向相对变形量。

据实测结果建议：

$$\Psi = \left(\frac{1}{50} \sim \frac{1}{100}\right)E_2$$

式中　E_2——带材的弹性模数，当带材较厚或单位张力较大时建议取上限。

蒋昭公式如下。

当 $K_2 < 0$ 时：

$$p_0 = \frac{t(1+K_2)}{K_2}\left[\frac{1}{K_1-1} - \frac{1}{K_1-1}\left(\frac{r_0}{r_n}\right)^{K_1-1} + \frac{1}{\sqrt{-K_2}}\operatorname{artanh}\sqrt{-K_2} - \frac{1}{\sqrt{-K_2}}\frac{r_n}{r_0}\operatorname{artanh}\sqrt{-K_2}\left(\frac{r_0}{r_n}\right)^{K_1}\right] \tag{4-34a}$$

当 $K_2 = 0$ 时：

$$p_0 = \frac{t}{K_1-1}\left[1 - \left(\frac{r_0}{r_n}\right)^{K_1-1}\right] \tag{4-34b}$$

当 $K_2 > 0$ 时：

$$p_0 = \frac{t(1+K_2)}{K_2}\left[\frac{1}{K_1-1} - \frac{1}{K_1-1}\left(\frac{r_0}{r_n}\right)^{K_1-1} + \frac{1}{\sqrt{K_2}}\operatorname{artanh}\sqrt{K_2} - \frac{1}{\sqrt{K_2}}\frac{r_n}{r_0}\operatorname{artanh}\sqrt{K_2}\left(\frac{r_0}{r_n}\right)^{K_1}\right] \tag{4-34c}$$

其中：

$$K_1 = \sqrt{\frac{E_2}{\Psi}} \approx 7 \sim 10$$

$$K_2 = \frac{K_1 - \dfrac{\omega E_2}{r_0} - \mu_2}{K_1 + \dfrac{\omega E_2}{r_0} + \mu_2}$$

$$\omega = \frac{r_0}{E_1}\left(\frac{r_0^2 + r_1^2}{r_0^2 - r_1^2} - \mu_1\right)$$

式中　t——卷取张应力；

E_1, E_2——分别为卷筒、带材弹性模量；

μ_1, μ_2——分别为卷筒、带材泊桑系数；

r_0, r_1——分别为卷筒外半径、等值内半径；

r_n——带卷任意层半径或最大半径；

artanh——反双曲正切函数符号。

式 4-34 所决定的卷筒径向压力随着卷层卷取数增加而加大，但压力增加值越来越小，而达到一定层数后卷筒所受径向压力几乎不再增大，很快趋近一个最大值。若选取合适的紧密系数 ψ 值，计算结果可比较准确地符合实验结果。

在设计卷筒时，人们感兴趣的是径向压力的最大值。当 $r_n \to \infty$ 时，式 4-34 可写成：

$$p_{0\max} = Nt \tag{4-35}$$

蒋昭公式考虑了卷取过程中的自行缩径，并在实测的基础上得到紧密系数，计算结果比英格利斯公式小得多，实际上当 $K_1 = \sqrt{\dfrac{E_2}{\Psi}} = 1$ 时，蒋昭公式就变为英格利斯公式。

$$
\left.
\begin{aligned}
&\text{当 } K_2 < 0 \text{ 时：} \\
&\qquad N = \frac{1+K_2}{K_1}\left(\frac{1}{K_1-1} + \frac{1}{\sqrt{-K_2}}\operatorname{artanh}\sqrt{-K_2}\right) \\
&\text{当 } K_2 = 0 \text{ 时：} \\
&\qquad N = \frac{1}{K_1-1} \\
&\text{当 } K_2 > 0 \text{ 时：} \\
&\qquad N = \frac{1+K_2}{K_1}\left(\frac{1}{K_1-1} + \frac{1}{\sqrt{K_2}}\operatorname{artanh}\sqrt{K_2}\right)
\end{aligned}
\right\}
\tag{4-36}
$$

4.5.2.3 双卷筒旋转式卷取机

双卷筒旋转式卷取机又称卡罗塞尔（Carrousel）卷取机，布置在全连续式冷连轧机的出口。1 台卷取机上装有 2 个卷筒，在轧制过程中 2 个卷筒交替使用。双卷筒旋转式卷取机的结构由双卷筒及其传动系统（见图 4-71）和大转盘及其传动系统（见图 4-72）组成。2 个卷筒为四棱锥式，由扇形板、四棱锥轴、拉杆和胀缩液压缸组成，在卷筒的悬臂端设有活动支撑。2 个卷筒分别装在大转盘的 1 号和 2 号位置上，通过大转盘的转动可以在卷取过程中变换 2 个卷筒的工作位置。由于大转盘转动时仍需要对卷筒传动卷取，因此卷筒的传动采用 2 个直径不同的空心轴套在一起，且轴线与大转盘的轴线相一致。如图 4-73 所示，由电机、联轴器、齿轮传动和空心轴组成双卷筒的传动系统。1 号连接轴经外面的空心轴和空心轴上的齿轮传动 1 号卷筒；2 号连接轴经里面的空心轴和空心轴两端的齿轮传动 2 号卷筒。当大转盘旋转时，卷筒的转动是在差动状态下进行的。在内空心轴 2 的一端设有回转给油器，经内空心轴的轴向油路将压力油送到大转盘上，再分别供给 2 个卷筒的胀缩液压缸。

大转盘由设在下面的 2 个支撑轮支撑和导向，上面有 1 个压轮保证大转盘工作稳定。大转盘的转动由电机经减速器带动小齿轮，小齿轮与大转盘外缘上的大齿轮啮合，驱动大转盘转

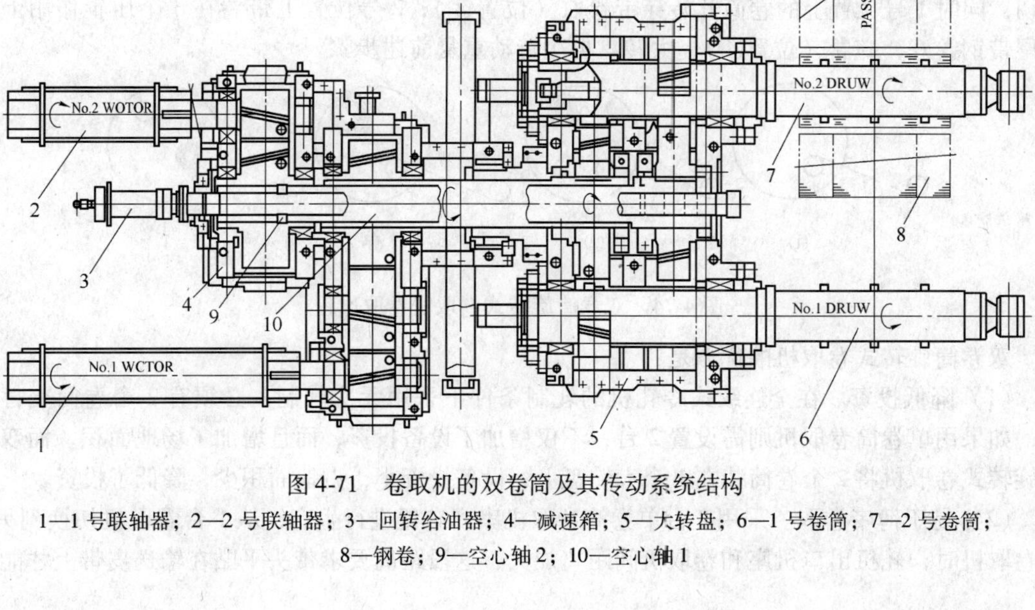

图 4-71 卷取机的双卷筒及其传动系统结构

1—1 号联轴器；2—2 号联轴器；3—回转给油器；4—减速箱；5—大转盘；6—1 号卷筒；7—2 号卷筒；8—钢卷；9—空心轴 2；10—空心轴 1

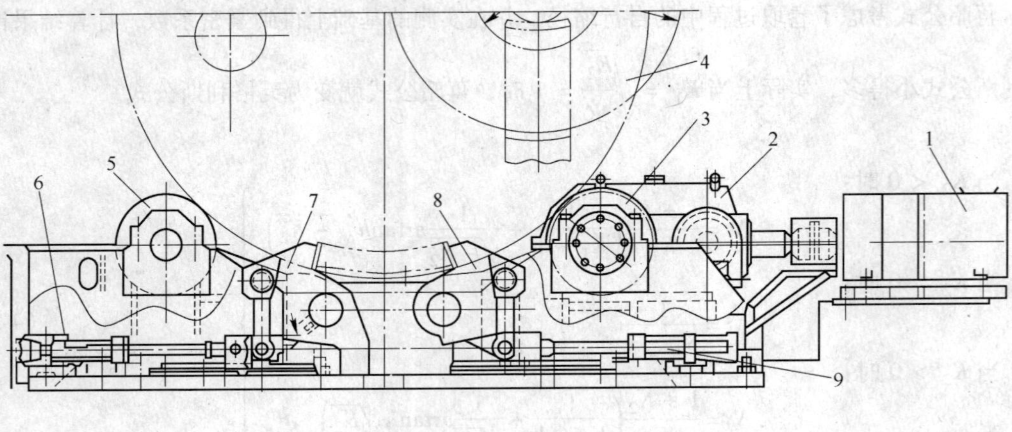

图 4-72 大转盘及其传动系统结构

1—电机；2—减速箱；3—小齿轮；4—大转盘；5—支撑轮；6—挡块驱动油缸；7—挡块；8—锁紧块；9—锁紧块油缸

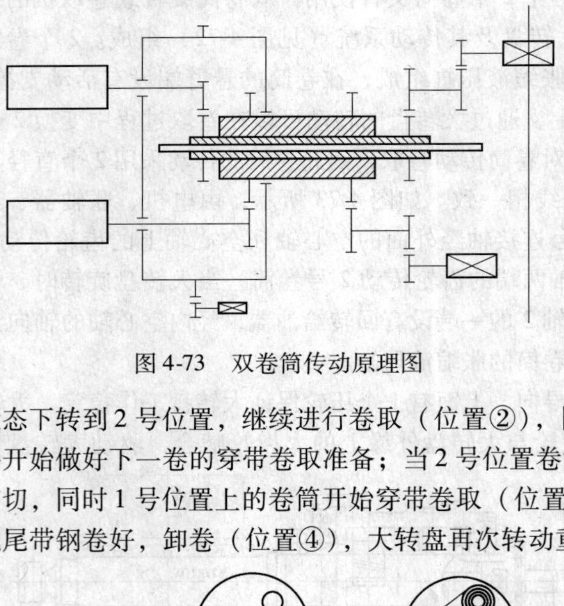

图 4-73 双卷筒传动原理图

动。大转盘的 2 个工作位置相差 180°，当大转盘转到工作位置后，挡块液压缸拨动挡块对其限位；锁定液压缸拨动锁定挡块将大转盘锁定。

双卷筒旋转式卷取机的卷取过程如图 4-74 所示。当带钢出连轧机最后一架机座，经磁性皮带送入卷取机 1 号位置的卷筒（位置①）；卷筒处于胀径状态，在助卷器的助卷下卷取，进入稳定的卷取状态后大转盘转动，将 1 号位置的卷筒在卷取状态下转到 2 号位置，继续进行卷取（位置②），同时 2 号位置上的卷筒转到 1 号工作位置，并开始做好下一卷的穿带卷取准备；当 2 号位置卷筒上带卷达到卷重后，启动分卷滚筒式飞剪剪切，同时 1 号位置上的卷筒开始穿带卷取（位置③）；2 号位置上带卷在 3 个压辊作用下将甩尾带钢卷好，卸卷（位置④），大转盘再次转动重复前述步骤。

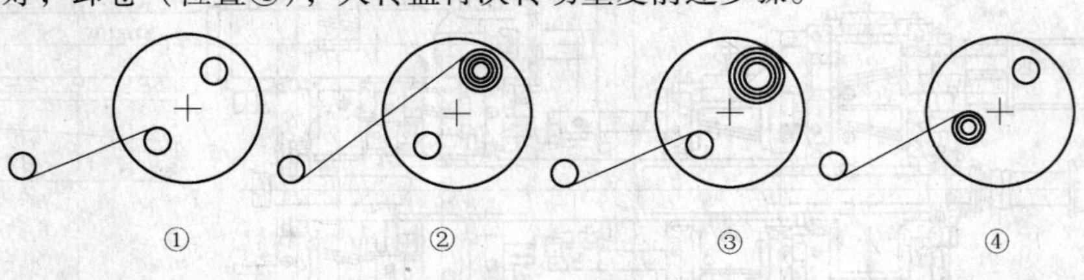

图 4-74 双卷筒旋转式卷取机卷取过程

双卷筒旋转式卷取机的优点是：

（1）降低投资。在全连续式冷轧机的轧制条件下采用无头轧制，必须有 2 个卷筒交替工作，如果用单卷筒卷取机则需设置 2 台，不仅增加了设备投资，而且增加了场地面积。而双卷筒旋转式卷取机将 2 个卷筒装在 1 个大转盘上，设备投资小，占地面积少，降低了投资。

（2）易于薄带卷取。采用 2 台单卷筒卷取机串列布置进行生产，从 1 台卷取机切换到另 1 台卷取机时，轧机出口机座和卷取机间距离加大，这段距离要求带头平贴在输送皮带上才能进入卷取机，这一点对于较厚的带钢容易；而对于薄板生产剪切后的带头则不易平贴在输送皮带上，一旦带头游动和拱起会造成无法穿带卷取的停机故障。采用双卷筒旋转式卷取机，带钢穿带始终保持在1号的卷取位置上，使卷取机和轧机出口机座间距离大为缩短，避免和减少了切换卷取时的停机故障。

4.6　带钢飞剪机和停剪机

带钢飞剪机安装在全连续式冷轧机、镀（涂）层机组和连续式退火机组的作业线上，也可以单独组成横切机组。按带钢飞剪的用途可以分为分卷飞剪和定尺飞剪。

由于飞剪在带钢的运行过程中进行剪切，而且有的带钢要在高速运行下剪切，因此生产工艺对带钢飞剪提出了下列要求：

（1）飞剪机的生产率必须与生产线机组的生产率相适应；

（2）飞剪的剪切速度必须与带钢运行速度同步，即剪切时剪刃在带钢运动方向的水平分速度应略大于带钢运行速度（约3%），保证剪切时不阻挡带钢，也不会产生过大的冲击拉力；

（3）剪切时上、下剪刃做平面平行运动，上、下剪刃剪切方向垂直或近似垂直于带材表面；

（4）具有较宽的定尺调节范围，并且符合长度公差要求；

（5）为了提高飞剪的剪切速度，飞剪的运动构件应尽量降低质量和加速度，减小惯性力和动载荷。

对于分卷飞剪最主要的是满足机组的速度要求；而定尺飞剪则既要满足生产率要求，又要满足剪切定尺和剪切质量的要求。

带钢飞剪机定尺调节原理如下。

在带钢定尺飞剪的前后都装有专门的送料辊，飞剪机和送料辊之间关系如图4-75所示。飞剪连续工作，被剪切下来的带钢定尺长度 L（单位为mm）等于相邻两次剪切间隔时间内带钢所走过的距离，即：

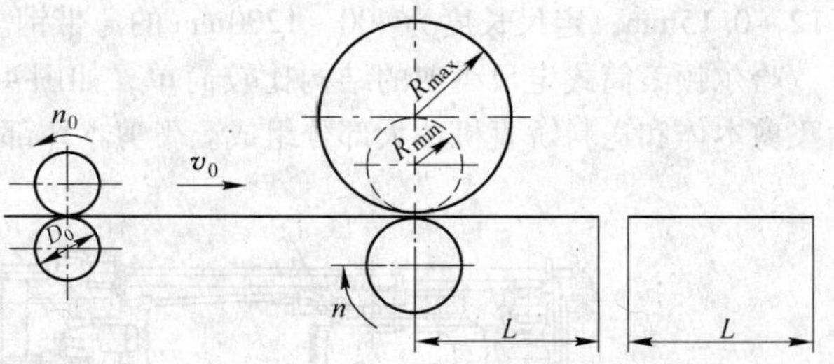

图4-75　飞剪机和送料辊之间的关系

$$L = v_0 t \tag{4-37}$$

其中：

$$v_0 = \frac{\pi D_0}{60} n_0$$

$$t = \frac{60}{n} K$$

式中　v_0——带钢的运行速度，m/s；

D_0, n_0——送料辊的直径和转速；

t——相邻两次剪切的间隔时间，s；

K——空切系数，表示相邻两次剪切剪切机构主传动轴所转圈数；

n——剪切机构主传动轴的转速。

则：

$$L = \pi D_0 \frac{n_0}{n} K \tag{4-38}$$

式4-38为定尺飞剪剪切定尺的通用公式，可以看出：当带钢运行速度一定的情况下，剪切带钢的定尺长度取决于剪切机构主传动轴的转速和空切系数。

(1) 基本定尺：当 $K=1$ 时，改变剪切机构主传动轴转速 n 调节定尺称为基本尺寸。由于剪切机构主传动轴转速 n 是在一定的调节范围内进行的，因此，基本定尺有一个调节范围。当转速 n 减小，即飞剪的剪切速度变慢时，剪切的基本定尺加长。但调节剪切机构主传动轴的转速时，必然引起上下剪刃速度发生变化，产生飞剪剪切速度与带钢运行速度的不同步，这是不允许的。为解决这个重要问题，各种带钢定尺飞剪都设有不同形式的均速机构，在飞剪调节剪切机构主传动轴的转速调节基本定尺时，相应地调节均速机构，以满足飞剪在剪切区内剪刃的水平速度与带钢同步的要求。

(2) 倍尺剪切：调节定尺飞剪的空切系数 K 剪切的定尺称为倍尺。空切是指剪切机构主传动轴转到剪刃应剪切的位置时，使上下剪刃不相遇，具有一定距离的开口度，不能形成剪切。这就要求飞剪应具有空切机构，以满足倍尺剪切的要求。不同的带钢定尺飞剪设有不同的空切机构。

下面介绍几种带钢定尺飞剪。

4.6.1 椭圆齿轮传动滚筒式飞剪

滚筒式定尺飞剪有 2 个旋转方向相反的滚筒，具有良好平衡特性，可以在要求剪切速度很高的机组和剪切线上工作，其剪切速度达到 300m/min 以上。在滚筒式定尺飞剪中，带有椭圆齿轮均速传动的滚筒式飞剪，称为哈尔顿（HALLDEN）滚筒飞剪，具有比较好的使用性能。由于这种飞剪不能保证剪刃对带钢垂直切入，因此不适合剪切较厚的带钢，多用于剪切厚度为 0.12 ~ 0.15mm，定尺长度为 400 ~ 1200mm 的薄带钢。

哈尔顿滚筒式定尺飞剪的结构比较简单，如图 4-76 所示为滚筒式定尺飞剪的结构，主要由飞剪本体和送料矫直机两大部分组成。飞剪本体部分由下列几个主要部分组成。

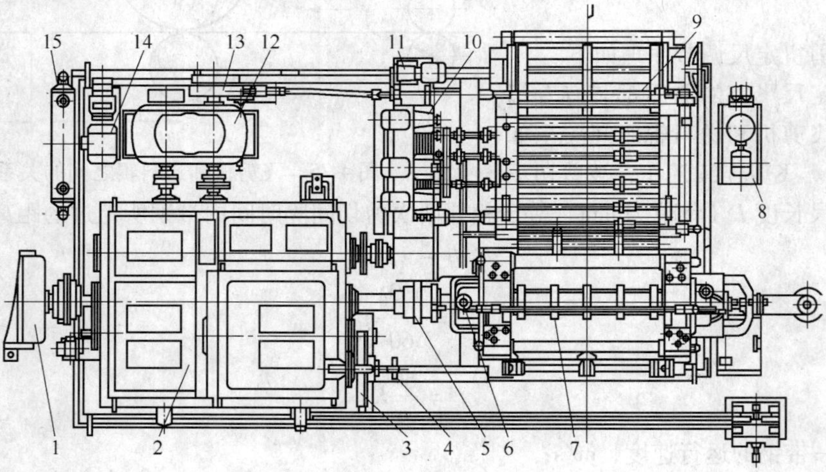

图 4-76 椭圆齿轮传动滚筒式飞剪的结构

1—直流主电机；2—主传动变速箱；3—同步刻度盘；4—放大透镜；5—离合器；6—上下滚筒分配齿轮；7—上下滚筒；8—自动干油站；9—送料矫直机；10—上矫直辊升降调整齿轮电机；11—定尺刻度调整齿轮电机；12—无级变速器；13—制动器；14—稀油润滑系统；15—润滑油冷却器

4.6.1.1 飞剪的传动系统

飞剪上下滚筒的主传动变速箱 2 和送料矫直机传动箱，以及无级变速器 12 装在一个整体机座上，直流主电机1经过主传动变速箱2、离合器5和分配齿轮6分别带动上下滚筒7。主传动变速箱2改变速比调节滚筒的转速，进行剪切定尺的粗调：主电机经主传动变速箱2的齿轮传动减速和差动齿轮系，并配合链式无级变速器12的无级变速，控制送料矫直机的送料速度，实现剪切定尺的微调。

主传动变速箱2的输出轴上装有一个同步刻度盘3（附有放大透镜4），打开离合器5后与上下滚筒离开，慢慢地启动主电机，使刻度盘转到所需要的剪切定尺刻度盘标定值时，主传动箱内的椭圆同步齿轮组就被调定在所需要的同步速度上，重新合上离合器，飞剪就能进行同步剪切所需要的定尺。

4.6.1.2 剪切机构

在飞剪本体的框架内装有上下滚筒，上下滚筒每转一周剪切一次。剪刃靠压板和螺栓固定在螺旋形的剪刃座上。上下剪刃座分别为右旋和左旋，其螺旋角为9°，实际上相当于剪刃具有一定倾斜角的斜剪刃，可以减小剪切力。当上下滚筒转动时，2个剪刃形成的剪切点由滚筒的转动侧逐步移向操作侧，直到转过9°角切断带钢，这就使剪切区比平行的直剪刃的剪切区大。为使剪刃在剪切区内具有良好的剪切角，将上滚筒回转中心相对于下滚筒回转中心向带钢前进方向偏移5mm左右，如图4-77所示。由于上滚筒中心线的偏移，螺旋形刀座底面 $M—M$ 和滚筒中心连线 $y—y$ 构成了不同的安装角（注：$x—x$ 垂直于 $y—y$；$y_2—y_2$ 平行于 $y—y$；$\alpha_1=9°$），从而使上下剪刃获得了剪切前角，对于剪切较薄的带钢这是十分必要的。

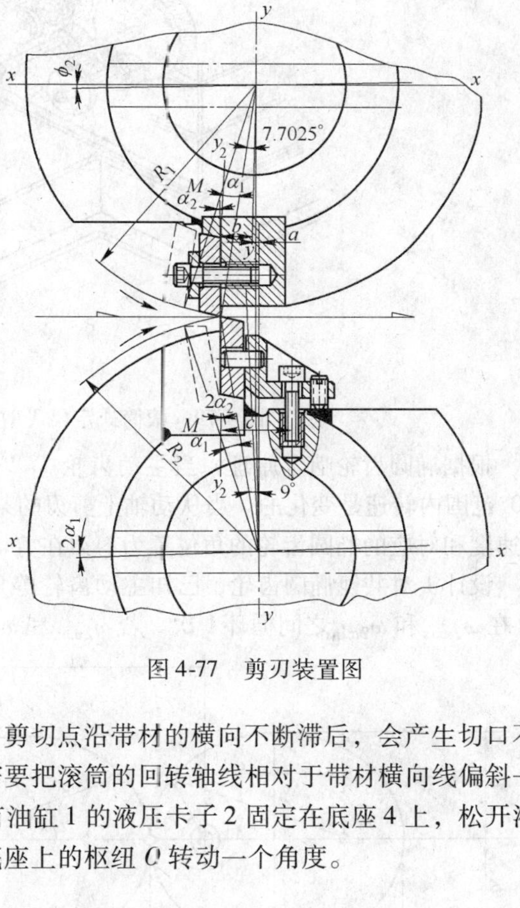

图4-77 剪刃装置图

由于剪刃螺旋角的存在，带材恒速运行时，剪切点沿带材的横向不断滞后，会产生切口不垂直于带材轴线的现象。为了克服这种偏斜，需要把滚筒的回转轴线相对于带材横向线偏斜一个前角 φ，如图4-78所示，剪机本体由6个带有油缸1的液压卡子2固定在底座4上，松开液压卡子，调节螺栓5可使剪切机本体绕传动侧底座上的枢纽 O 转动一个角度。

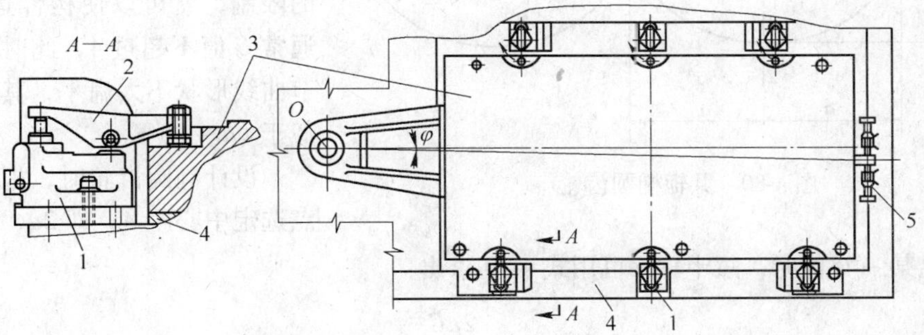

图4-78 剪机本体和滚筒偏转装置

1—油缸；2—液压卡子；3—剪机本体；4—底座；5—调节螺栓

4.6.1.3　椭圆齿轮传动的均速机构

在剪切不同定尺长度时，要调整滚筒转速 n，由此带钢的运行与剪切速度间产生不同步，因此不同的定尺长度有不同的速度同步点。椭圆齿轮传动的均速机构，采用 3 个椭圆齿轮解决剪切不同定尺长度的不同步问题，如图 4-79 所示。

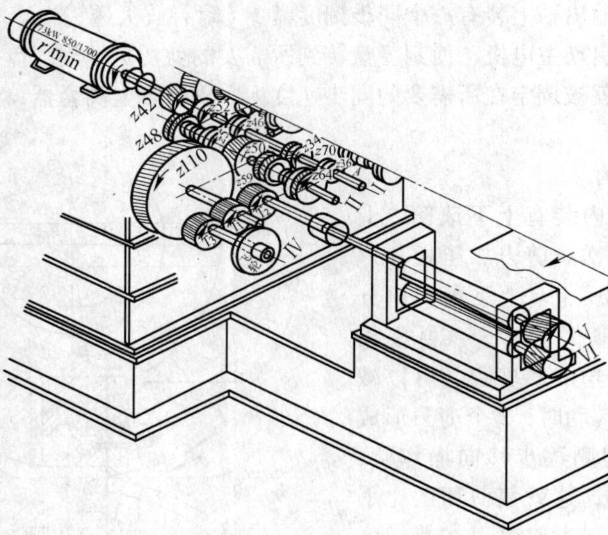

图 4-79　滚筒式定尺飞剪椭圆齿轮传动的均速机构

根据椭圆齿轮啮合原理，当主动齿轮 T_1 以等速旋转时，其共轭椭圆齿轮 T_2 的从动轴在 360°范围内转速是变化的。当从动轴上剪刃的某一瞬时速度与带钢运行速度相同时，选定该瞬时速度和对应的椭圆齿轮的角位置为剪刃在剪切区的位置，即可实现同步定尺剪切。

设计 1 对共轭椭圆齿轮，已知主动齿轮等角速度 ω_1，则从动齿轮每转 1 周其瞬时角速度 ω_2 在 $\omega_{2\max}$ 和 $\omega_{2\min}$ 之间循环 1 次。若 $\omega_{2\max}$ 和 $\omega_{2\min}$ 值为能满足在带钢运行速度下剪切最长和最短定尺所需要的同步速度要求的 $\omega_{2\max}$ 和 $\omega_{2\min}$ 时，则共轭椭圆齿轮即可作为滚筒式定尺飞剪的均速机构使用。

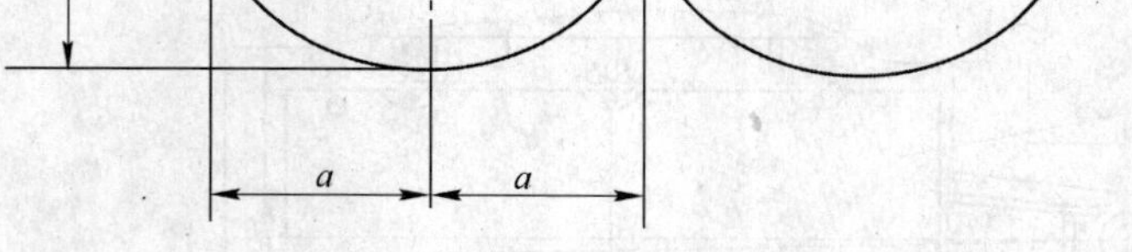

图 4-80　共轭椭圆齿轮

设 G 为从动椭圆齿轮的最大和最小角速度之比，对 G 值加以一定的限制，就可以使构件运动平滑，通常 G 值不超过 4，此时椭圆齿轮节曲线形状不太扁平，其周长也近似于 $(a+b)\pi$。

设计椭圆齿轮时，根据设备特点选定中心距 A，即 $2a$，如图 4-80 所示，满足某一 G 值时，短半轴 b 可用式 4-39 求出：

$$b = \frac{2aG^{\frac{1}{2}}}{1 + G^{\frac{1}{2}}} \tag{4-39}$$

式中　a——椭圆齿轮长半轴；

b——椭圆齿轮短半轴。

椭圆齿轮节曲线方程式为：

$$R_1 = \frac{a(1-e^2)}{1+e\cos\varphi_1}$$

$$e = \frac{\sqrt{a^2-b^2}}{a} = \frac{c}{a}$$

式中 φ_1——主动齿轮回转角；

e——椭圆齿轮偏心率；

c——椭圆中心到焦点距离。

因 $R_1 + R_2 = 2a$，所以：

$$R_2 = a\left(\frac{1+2e\cos\varphi+e^2}{1+e\cos\varphi}\right)$$

又因传动比函数 $i_{21} = \frac{R_1}{R_2}$，所以：

$$i_{21} = \frac{1-e^2}{1+2e\cos\varphi+e^2} \tag{4-40}$$

已知主动齿轮以等角速度 ω_1 回转，则从动齿轮的瞬时转速 ω_2 为：

$$\omega_2 = \omega_1 i_{21} = \omega_1\frac{R_1}{R_2} = \omega_1\frac{1-e^2}{1+2e\cos\varphi+e^2} \tag{4-41}$$

由式 4-41 可知，当 $\varphi_1 = 0°$时，从动齿轮的瞬时角速度最小，为：

$$\omega_{2\min} = \omega_1\frac{a-c}{a+c}$$

当 $\varphi_1 = 180°$时，从动齿轮的瞬时角速度最大，为：

$$\omega_{2\max} = \omega_1\frac{a+c}{a-c}$$

最大最小角速度之比 G 为：

$$G = \left(\frac{a+c}{a-c}\right)^2$$

哈尔顿滚筒式定尺飞剪均速机构椭圆齿轮的 G 值为 2.28。

4.6.1.4 椭圆齿轮传动的平衡

在共轭齿轮传动中，主动齿轮做均速转动，从动齿轮做变速转动，会产生周期性正负交变的惯性力矩，给主传动齿轮和电机带来冲击载荷。在哈尔顿滚筒式飞剪中增加了 1 个平衡椭圆齿轮 T_3（见图 4-79）和 1 个飞轮，用以平衡上述惯性力矩。

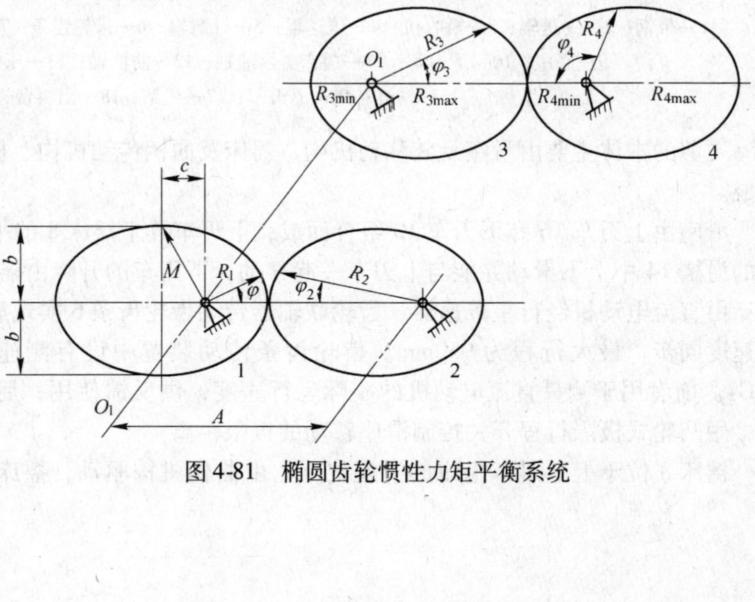

图 4-81 椭圆齿轮惯性力矩平衡系统

近来根据动平衡原理设计的平衡系统如图 4-81 所示，采用另一对椭圆齿轮作为工作椭圆齿轮的平衡系统，2 对椭圆齿轮产生的惯性力矩大小相等、方向相反，附加椭圆齿轮能抵消工作齿轮旋转时产生的不平衡性力矩。

4.6.2　滑座式飞剪

滑座式飞剪又称模式剪，是滑座做往复移动的下切式剪。滑座的移动使上下剪刃与被剪切的带钢运动保持同步，同时摇床向上滑移使装有下剪的下刃车上升完成剪切动作。如果滑座停止移动，只用摇床使下刃车上升和下降，也可以做间断式剪切。这种飞剪的结构简单，电控系统较为复杂，适用于厚规格的热轧带钢，剪切带钢厚度为 4.5 ~ 12mm，定尺长度为 2 ~ 12m，机组速度为 60m/min，最高剪切次数为 20 次/min。

4.6.2.1　滑座式飞剪的结构组成

滑座式飞剪按启动工作制工作，其结构如图 4-82 所示。飞剪的入口设有夹送矫直机，压送辊 4 和记测辊 5 空转，通过气缸夹紧，记测辊的轴端装有脉冲发生器 PLG_1 用来记忆带钢走过的距离。

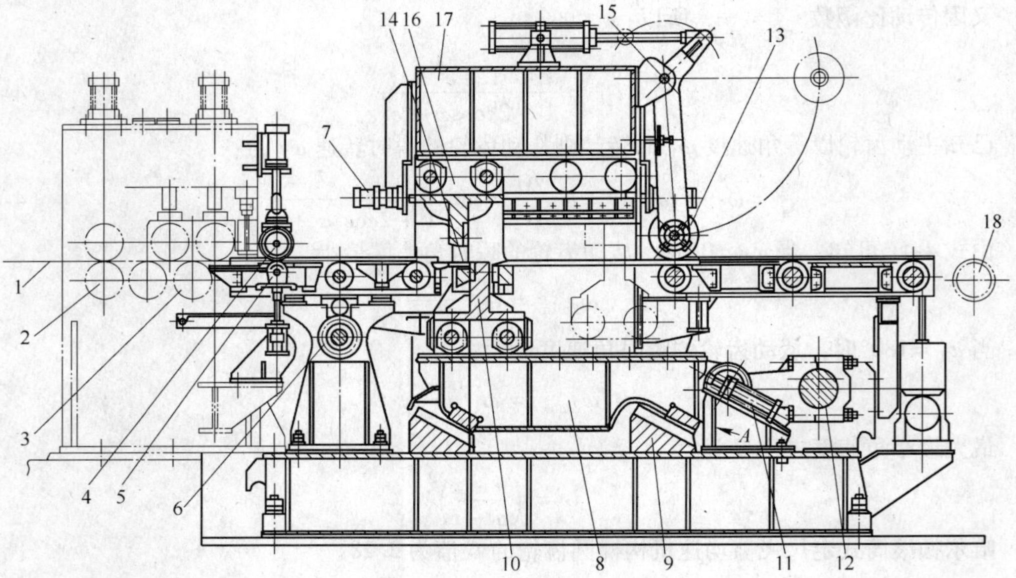

图 4-82　滑座式飞剪的结构

1—带钢；2—夹送辊；3—矫直机；4—压送辊；5—计测辊；6—齿轮齿条；7—油压缓冲器；8—摇床；9—底座；10—下刃车；11—摇床支撑油缸；12—曲柄轴；13—压辊；14—滑槽；15—气缸；16—上刃车；17—机架；18—出料台

飞剪的本体主要由滑座及其移动机构、摇床及曲柄传动机构、机架、压辊和摇床支撑缸等组成。

滑座由上刃车 16 和下刃车 10 组合而成，下刃车置于摇床 8 的平台轨道上，下刃车在上刃车的滑槽 14 中上下滑动并能与上刃车一起移动，下刃车的升降由摇床控制。

由直流电动机经行星减速器，齿轮联轴器带动齿轮齿条 6 实现滑座的移动，移动速度与带钢速度同步，最大行程为 950mm。齿轮齿条传动装置中设有测速发电机 TG 和脉冲发生器 PLG_2。前者用于测量直流电动机的实际运行速度，供反馈使用；后者用来检测滑座的实际距离，用凸轮式极限行程开关控制滑座移动的极限距离。

摇床 8 位于上下刃车组成的滑座之下，由曲柄机构驱动，摇床沿底座 9 上的斜台滑动升降。摇床推动下刃车升降完成带钢剪切。曲柄轴由高滑差式直流电动机经皮带轮减速驱动。为了准确停车，曲柄的工作侧设有水冷气动制动器，还设有测速发电机和行程开关，控制主电机的实际转速和曲柄极限回转位置。

机架17是焊接结构，其内装设着滑座和摇床；机架的框架内侧设有1对油压缓冲器7，最大缓冲行程为63mm；机架出口侧装有压辊13，由气缸15驱动压在带钢上，剪切短定尺时防止带钢头翘起。

4.6.2.2 滑座式飞剪的剪切结构

滑座式飞剪的剪切机构即滑座，包括上刃车和下刃车，如图4-83所示。上刃车安装着对称的双倾角剪刃（即人字刃），其斜度均为1∶32，刃口的有效长度为1700mm，由10个螺钉固定于剪刃座上。

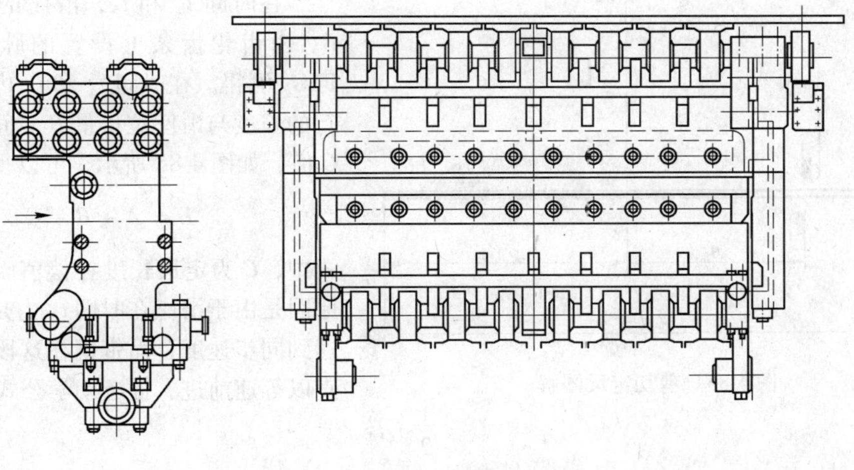

图4-83 滑座式飞剪的剪切结构

上刃车的车架端部各有2个导向轮，可在机架端部导轨上移动，导轨与导向轮的间隙用斜楔机构调整。上刃车下部的销孔与推动它的齿条铰接，齿条在传动齿轮和压辊之间移动，带钢的剪切力通过上刃车顶部的2根各有8个辊柱的支撑轴作用于机架上盖的8条轨道上。

下刃车的剪刃座也用10个螺钉紧固着直剪刃，其下部也有2个支撑轴，每根轴上装有8个辊柱压在摇床平台上的8条轨道上，下剪刃的剪切力通过支撑轴作用在摇床上。摇床快速下降时，为防止在惯性作用下下刃车脱离摇床，在下刃车的下部两端设有1对卡紧辊轮，其心轴具有8mm的偏心量，用以调节夹紧力。

上、下剪刃的间隙是通过上刃车两侧的滑槽中设的斜楔装置来调节的。

4.6.2.3 滑座式飞剪的剪切定尺

A 剪切过程

剪刃从最大开口度启动，剪切后再恢复到最大开口度位置，这为一个剪切循环周期。每个周期内滑座的运动由其速度表示（见图4-84）。

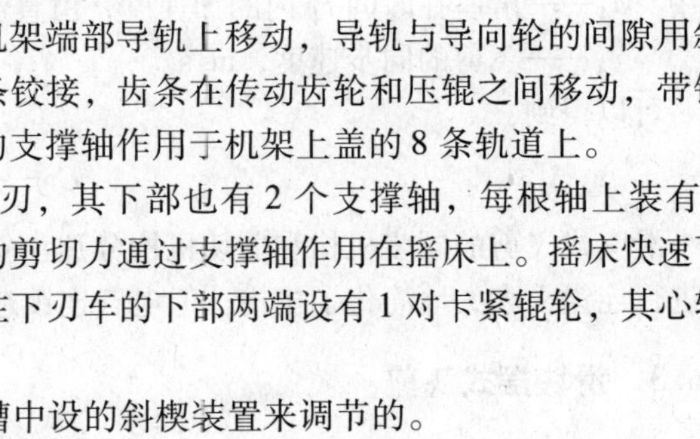

图4-84 滑座式飞剪运动过程的速度图

前次剪切后滑座返回，停在最大开口度；滑座由零速启动，经过时间 t_4 加速到与带钢速度同步的飞剪速度；在时间 t_5 内滑座以同步速度等速运动，并完成剪切；在

P 点切断带钢后，滑座做减速运动，经过时间 t_0，速度为零；滑座返回运动，速度从零经过时间 t_1 加速到某一速度；滑座以等速做返回运动，经过时间 t_2；滑座从某等速开始做减速返回运动，经过时间 t_3，减速到零速；滑座停止运动，等待时间 t_3'。每个剪切周期 T 显然为：

$$T = t_0 + t_1 + t_2 + t_3 + t_3' + t_4 + t_5$$

B 带钢剪切定尺

$$L = v_B T \tag{4-42}$$

式中 v_B——带钢运行速度，m/s。

带钢在 P 点被剪断，此时后续带钢继续前行，其行程由计测辊及脉冲发生器 PLG_1 进行检测，令走过的带钢长度为 A：

$$A = v_B(t_0 + t_1 + t_2 + t_3 + t_3')$$

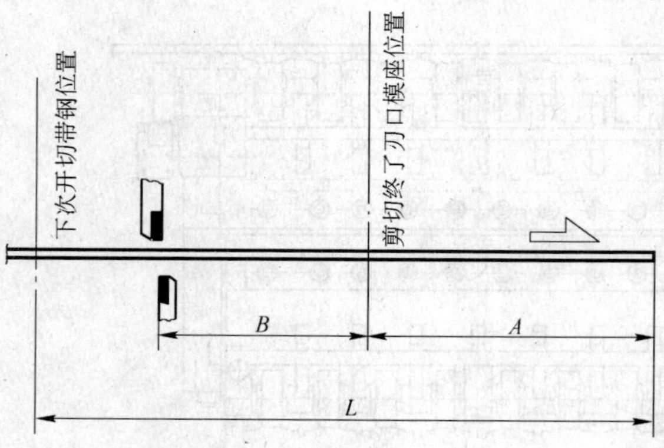

图 4-85 剪切定尺图解

在时间 t_4 和 t_5，滑座的位移量为 B，由齿轮齿条上设置的脉冲发生器 PLG_2 测得。在时间 t_4 和 t_5 内，带钢运行的长度与滑座位移量 B 之间相差一个 C 值，如图 4-85 所示，可以得出：

$$L = A + B + C \tag{4-43}$$

式中，C 为定尺长度补偿值。其产生的原因是由于滑座在时间 t_4 内是由零速加速到同步速度，而带钢在这段时间内一直以等速前进，据运动学公式：

$$C = \frac{1}{2} a_4 t_4^2$$

$$v_s = a_4 t_4$$

式中 a_4——滑座在时间 t_4 内的加速度，由直流电机给定，m/s²；

v_s——飞剪的同步速度，m/s。

可以得到：

$$C = \frac{1}{2a_4} v_s^2 \tag{4-44}$$

滑座式飞剪的同步机构和剪切机构分别独立运行，它们之间没有机械联系，而是靠电气控制进行连锁，大大地简化了机构，但电气连锁造成定尺的公差较大，最大达到 8mm。

4.6.3 滑块摆式飞剪

滑块摆式飞剪是一种剪切 6.4mm 以下热轧带钢的定尺飞剪。上剪刃的刃口做近似于椭圆轨迹的摆动运动，实现与带钢同步；下剪刃的刃口随上剪刃做封闭曲线的往复摆动，同时在上剪架的滑槽内上下滑动，实现同步剪切。

滑块摆式飞剪从结构上分上摆式和下摆式两种。上摆式的上剪架的摆动连杆处于飞剪主轴的上方，如图 4-86 所示的 IHI 式飞剪；下摆式的上剪架的摆动连杆处于飞剪主轴的下方。无论上摆式还是下摆式，上、下剪刃均做往复摆动，所产生的惯性力按正弦函数变化，大小与剪切速度的平方成正比，而使飞剪的动力学性能变坏，产生较大的振动和冲击，限制了飞剪的剪切速度提高，降低了剪切精度。一般剪切速度在 1.8m/s 左右。近年来由于增设了惯性力平衡装置，剪切速度可以提高到 4m/s。滑块摆式飞剪的剪切厚度一般在 0.9 ~ 6.4mm，剪切定尺范围为 800 ~ 12800mm。

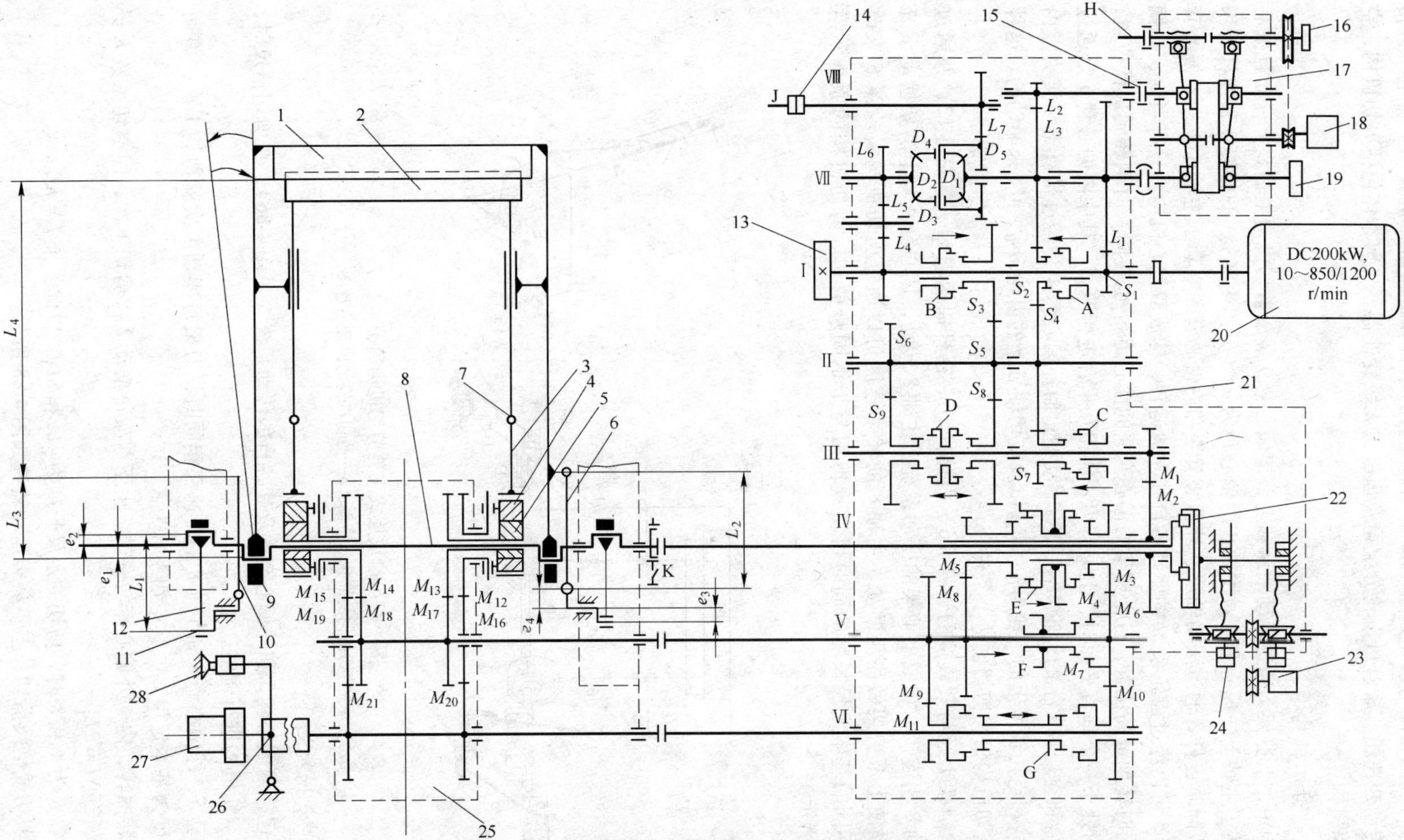

图 4-86 IHI 滑块摆式飞剪剪切机构及传动系统示意图

1—上剪架;2—下剪架;3—连杆;4—外偏心套;5—内偏心套;6—连杆Ⅱ;7—销轴;8—主轴;9—上剪架偏心套;10—内摇杆;11—摇杆曲柄轴;12—连杆Ⅰ;13—飞轮Ⅰ;14—电磁离合器;15—安全联轴节;16—手轮;17—无级变速器;18—齿轮电动机;19—飞轮Ⅱ;20—主电机;21—传动箱;22—均速机构;23—齿轮电动机;24—锁紧油缸;25—空切传动箱;26—牙嵌式离合器;27—微调电动机;28—油缸;A,B,C,D—变速换挡离合器;E,F,G—空切换挡离合器;H—接定尺指示装置;J—接送料矫直机分配箱;K—气动制动器飞剪的剪切机构和传动系统如图 4-86 所示。飞剪的本体和送料矫直机共用 1 台电机，传动系统设有传动变速箱、矫直机齿轮分配箱及齿链式无级变速器。飞剪本体包括剪切机构、空切机构和均速机构。

4.6.3.1　剪切机构

剪切机构中，上剪架 1 通过滚动轴承和上剪架偏心套 9 装于剪切机构主轴 8 上，而且偏心套 9 用键固结于主轴上，偏心套 9 对主轴 8 的偏心距为 e_1（见图 4-86）。下剪架 2 和连杆 3 用销轴 7 铰接；同时连杆 3 通过滚动轴承、外偏心套 4 和内偏心套 5 空套于主轴 8 上；外偏心套 4 和内偏心套 5 可以经过齿轮系 M 的驱动各自独立地运转，构成双偏心机构。只有当内、外偏心套的偏心同时转到最高位置，且上剪架的偏心套 9 的偏心距 e_1 也在同一时刻转到最低位置，即 3 个偏心同处于一个垂直平面时，上下剪刃才能相互重合进行剪切。其中内偏心套 5 是通过齿轮 M_{13}、M_{14} 和空切轴Ⅴ上的齿轮 M_{17}、M_{18} 驱动的；而外偏心套 4 是经过带有十字接头盘由齿轮 M_{12}、M_{15} 和空切轴Ⅴ上的齿轮 M_{19}、M_{16} 以及空切轴Ⅵ上的齿轮 M_{20}、M_{21} 来驱动的。这种驱动方式为空切机构倍尺剪切创造了条件。

另外，上剪架 1 经与其铰接的连杆Ⅱ6、内摇杆 10、摇杆曲柄轴 11、连杆Ⅰ12，并通过偏心套与主轴 8 相连接，构成上剪架的摆动系统。主轴 8 转动，偏心套 9 与上剪架摆动系统运动合成可以使上下剪架做往复摆动。主轴 8 的转动速度可以通过剪切机构齿轮系 S 来改变，在调节不同的基本定尺长度的同时可实现剪刃与带钢同步剪切。剪切机构的原理示意图如图 4-87 所示。

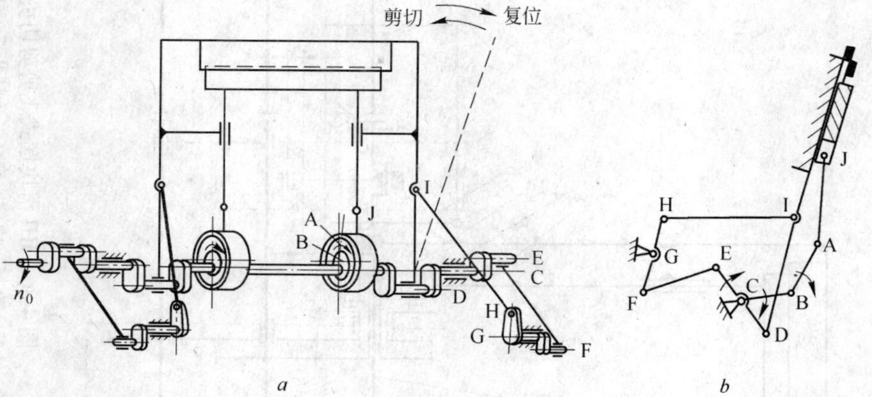

图 4-87　滑块摆式飞剪剪切机构简图

a—剪切机构的简化示意图；*b*—剪切机构的原理示意图

4.6.3.2　空切机构

空切机构包括内偏心套 5 和外偏心套 4 及其各自的传动系统（见图 4-86）。在剪切倍尺时，必须对飞剪的空切机构进行调整。

当内偏心套 5、外偏心套 4 和主轴 8 的转速都相同时，刀架每摆动 1 次就剪切 1 次，剪切的板材定尺长度为基本定尺 L_j，其空切系数为 $K=1$。

当主轴 8 转两转，内、外偏心套转一转，上下剪架每摆动 2 次剪切 1 次，即空切系数 $K=2$，倍尺的定尺长度 $L=2L_j$。

当空切系数 K 为 4 和 8 时，剪切的定尺长度为 $4L_j$ 和 $8L_j$，以此类推 $L=KL_j$。

基本定尺剪切或倍尺剪切，上下剪刃运动轨迹如图 4-88 所示。

实行倍尺剪切时，主轴与偏心套之间的速度比为：

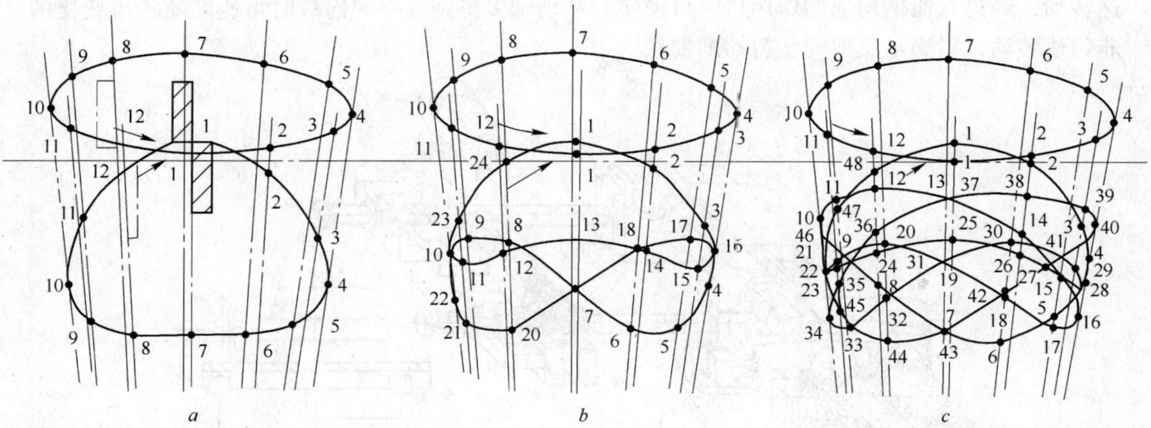

图 4-88　上下剪刃运动轨迹

$$i = \frac{n_t}{n_z} = \frac{K \pm 1}{K} \tag{4-45}$$

式中　n_t——剪切 1 次内、外偏心套同速旋转的转速；

n_z——剪切 1 次主轴旋转的转速。

式中的“+”、“-”是进行倍尺剪切时采取内外偏心套的旋转超前或滞后的两种设计观点。当 $K=2，3，4$ 时，下剪刃的位置变化如图 4-89 所示。从图中可以看出，采用 $i=(K+1)/K$ 方案剪切倍尺，内外偏心套的转数将比主轴多 1 转；采用 $i=(K-1)/K$ 方案剪切倍尺，内外偏心套的转数比主轴少 1 转。显然两个方案的不同影响着下剪刃剪切时的升降速度不同。

还必须指出的是图 4-89 中，在剪切 4 倍尺时，在上剪刃处于 1、3 位置时，上下剪刃的开口度已很小，如果倍尺再增加，剪刃的开口度会更小，若内、外偏心套仍以同速转动，由于上下剪刃的开口度不够，会在空切时伤及带钢，出现所谓“连刃”现象。因此将内、外偏心套各自单独驱动，给内外偏心套以不同的速度比，使空切时小的开口度拉大，避免出现“连刃”现象。

内外偏心套和主轴之间的速度比变换是通过空切轴 V 和 VI 上的齿轮系 M 切换牙嵌式离合器 E、F、G 实现的。当主电机不能准确地停在所需换挡位置时，微调电机 27 进行微调对位，调好后微调电机与空切 VI 轴间离合器脱开。

4.6.3.3　均速机构

当进行基本定尺的调节时，必须调节飞剪本体传动轴的转速 n，这样会改变上下剪架摆动速度，影响到飞剪的剪切速度与带材速度的同步。滑块摆式飞剪采用双曲柄均速机构，如图 4-90 所示。空心主动轮 2 做匀

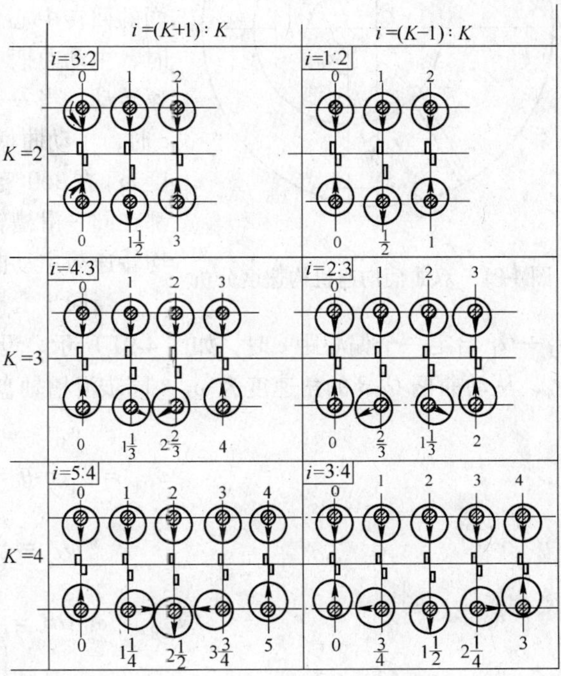

图 4-89　不同 K 值剪刃位置变化

速转动，经过双曲柄均速的作用后，可使实心从动轴 1 得到在一周内瞬时角速度随转角变化的非匀速转动，以满足飞剪同步剪切的要求。

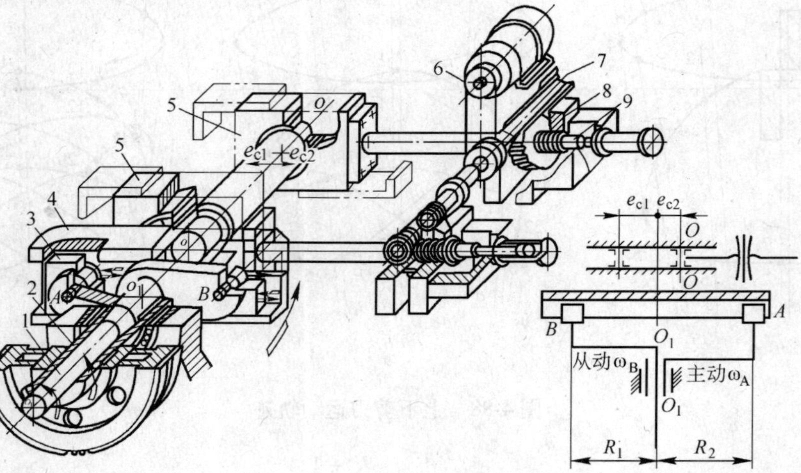

图 4-90　滑块摆式飞剪的均速机构

1—实心从动轴；2—空心主动轴；3—滑块；4—同步滑槽轴盘；5—同步滑槽轴盘可调滑座；6—传动链；7—蜗杆；8—带螺母孔的蜗轮；9—滑座调节丝杠

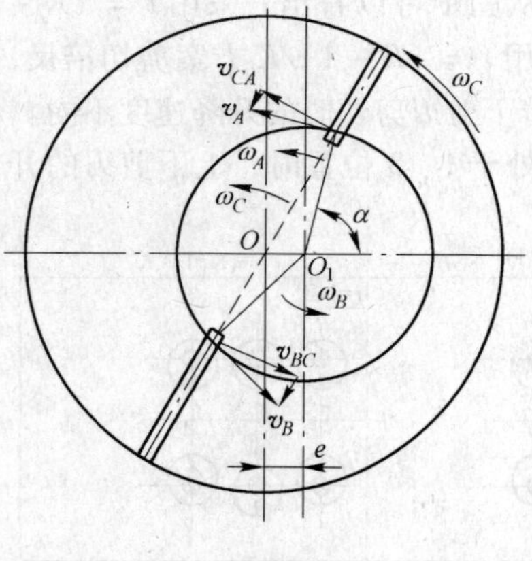

图 4-91　双曲柄均速机构速度分析

在图 4-90 中，O_1A 为空心主动轴的曲柄，O_1B 为实心从动轴的曲柄。同步滑槽轴盘 4 的轴心为 O；O_1A 和 O_1B 通过其端部铰接的滑块 A、B 可分别在同步滑槽轴盘 4 的同一个滑槽中滑动。由于 O_1A 和 O_1B 的半径均为 R，且具有共同的回转中心 O_1，当 O_1 和 O 在同一轴线上，没有偏心 e 时，主动曲柄 O_1A、同步滑槽轴盘和从动曲柄 O_1B 皆为等速转动；当 $O—O$ 和 $O_1—O_1$ 不同心，相对位置出现偏心距 e 时，主动曲柄 O_1A 以等角速度 ω_A 转动，从动曲柄的角速度 ω_B 在 360°范围内按一定规律变化。由于滑块 A 和滑块 B 都在同一滑槽轴盘的同一滑槽中，因此从动曲柄 O_1B 的平均转速与主动曲柄 O_1A 的转速 ω_A 相等。

当同步滑槽轴盘的中心线 $O—O$ 相对于双曲柄中心线 $O_1—O_1$ 给定一个偏心距 e 时，如图 4-91 所示。设双曲柄半径为 R，主动曲柄 O_1A 的角速度为 ω_A，从动曲柄 O_1B 的角速度为 ω_B，同步滑槽轴盘 C 的角速度为 ω_C，则：

$$v_A = \omega_A R$$

$$v_{CA} = v_A\cos\theta = \omega_A R\cos\theta$$

$$\omega_C = \frac{v_{CA}}{OA}$$

$$v_{CB} = \omega_C OB = \frac{OB}{OA}\omega_A R\cos\theta$$

$$v_B = \frac{v_{CB}}{\cos\theta} = \frac{OB}{OA}\omega_A R$$

$$\omega_B = \frac{v_B}{R} = \frac{OB}{OA}\omega_A \tag{4-46}$$

式中，OA 和 OB 由 ΔO_1OA 和 ΔO_1OB 用余弦定理求出：

$$OA = \sqrt{R^2 + e^2 + 2Re\cos\alpha}$$

$$OB = \sqrt{R^2 + e^2 - 2Re\cos(\alpha - 2\theta)}$$

式中，θ 角为 α 角的函数。主、从动曲柄的瞬时速度比为：

$$i_{BA} = \frac{\omega_B}{\omega_A} = \sqrt{\frac{R^2 + e^2 - 2Re\cos(\alpha - 2\theta)}{R^2 + e^2 + 2Re\cos\alpha}} \tag{4-47}$$

当 $\alpha = 0°$时，$\cos(\alpha - 2\theta) = 1$，$\cos\alpha = 1$，则：

$$\omega_{B\min} = \omega_A i_{BA} = \omega_A \frac{R - e}{R + e}$$

当 $\alpha = 180°$时，$\cos(\alpha - 2\theta) = -1$，$\cos\alpha = -1$，则：

$$\omega_{B\max} = \omega_A \frac{R + e}{R - e} \tag{4-48}$$

从动曲柄 O_1B 的角速度最大时的剪刃位置处于剪切带材的剪切区内，使之与带材的速度同步，达到该基本定尺长度的同步剪切。

当 $e = 0$ 时，同步滑槽轴盘与双曲柄同心，即 $\omega_A = \omega_B = \omega_0$。此时飞剪剪切最短的基本定尺，称此时飞剪主轴的转速为同步转速 ω_0。

当 $e > 0$ 时，即基本定尺加长时，由于带材运行速度不变，必须降低主轴的转动速度，使相邻两次剪切时间加长，则 $\omega_A < \omega_0$，为使剪刃能同步剪切而给均速机构一个偏移值 e，使 $\omega_{B\max}$达到同步剪切的角速度 ω_0，即：

$$\omega_{B\max} = \omega_A \frac{R + e}{R - e} = \omega_0 \tag{4-49}$$

可见，此时飞剪主轴的瞬时转动速度在 $\omega_{B\max}$ 和 $\omega_{B\min}$之间变化，其平均角速度为 ω_A，只是在 $\omega_{B\max}$时飞剪进行剪切。这一运动过程如图 4-92 所示。由式 4-49 可得：

$$\frac{L_j}{L_{j\min}} = \frac{\omega_0}{\omega_A} = \frac{\omega_{B\max}}{\omega_A} = \frac{R + e}{R - e}$$

则：

$$e = R\frac{L_j - l_{j\min}}{L_j + l_{j\min}} \tag{4-50}$$

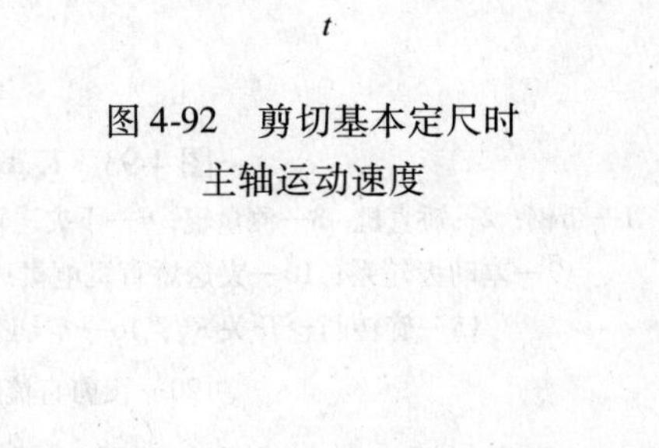

图 4-92 剪切基本定尺时主轴运动速度

偏心距 e 的调整由电机经过链传动带动蜗杆 7 和蜗轮 8，蜗轮的内孔有内螺纹，通过传动丝杠 9 推动滑座 5 实现。

4.6.4 曲柄摆式飞剪

滑块摆式飞剪的固有特性是其惯性力大，限制了飞剪剪切速度的提高。为了克服这一缺点，曲柄摆式飞剪把上刀架与回转曲柄相连，并在回转曲柄上增设了平衡惯性力的配重，提高了飞剪的剪切速度和剪切精度。曲柄摆式飞剪是一种机构紧凑的飞剪。

曲柄摆式飞剪有以下特点：

(1) 曲柄摆式飞剪在剪切过程中，上下剪刃近似平行，当带钢厚度变化时剪刃侧向间隙值能方便地调节，保持着良好的剪切状态。

(2) 动平衡性能好。曲柄摆式飞剪的回转零部件皆做等角速度运动，几乎没有惯性能量波动；均速机构把最高剪切速度安排在回转曲柄最短时；上刀架的重心在回转曲柄和上刀架的铰接点上，曲柄回转时上刀架重心做等速圆周运动；对于有角速度变化的杆件，采用最大惯性能量的相位错开方法降低惯性能量的波动，使飞剪具有良好的动平衡性。因此飞剪的速度提高，剪切厚度为0.15～0.55mm的带钢时，最高剪切速度可达300m/min；剪切定尺精度较好，其公差为长度的0.025%～0.03%。

(3) 采用数字控制的剪切长度误差校正系统和顺序控制的定尺长度自动调整系统，具有较高的自动化水平，操作简单方便。

曲柄摆式飞剪分为D型和K型两种形式。D型飞剪的剪机本体和夹送矫直机共用1台直流电动机驱动，回转曲柄长度不可调，空切机构仅设有液压偏心装置，没有机械偏心。只能靠液压偏心调整完成倍尺剪切，用于精整车间的重卷机组分卷或不足重量小卷的倍尺剪切。K型飞剪的传动有飞剪本体和夹送矫直机的单电机传动和双电机传动。如图4-93所示为K型双电机传动，回转曲柄半径可调，空切机构设有机械偏心和液压偏心，用于剪切500～16000mm范围内的任意定尺长度的剪切。

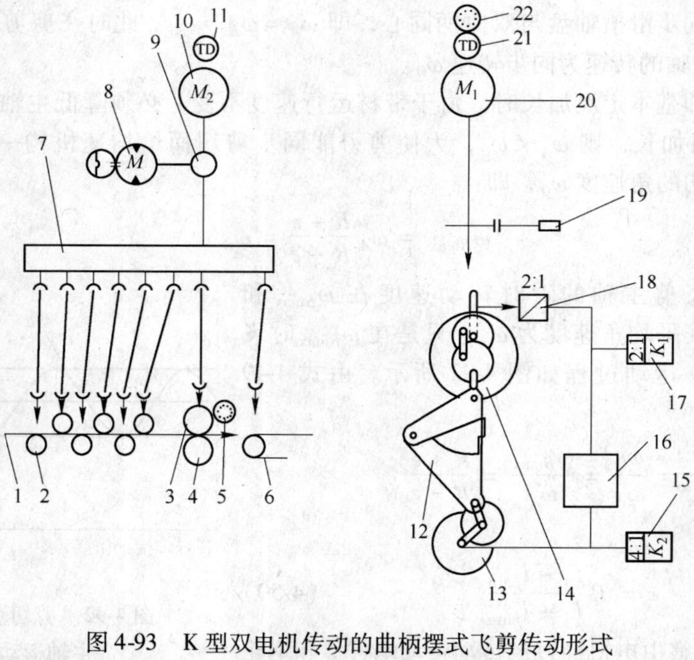

图4-93 K型双电机传动的曲柄摆式飞剪传动形式

1—带钢；2—矫直机；3—测量辊；4—下夹送辊；5—脉冲发生器；6—导板台传送带；7—分配齿轮箱；8—电液步进马达；9—差动齿轮系；10—夹送矫直机电机；11—测速发电机；12—剪切机构；13—空切机构；14—均速机构；15—旋转凸轮开关K_2；16—空切变速箱；17—旋转凸轮开关K_1；18—过桥齿轮；19—制动器；20—飞剪直流电机；21—测速发动机；22—脉冲发生器

双电机传动的K型曲柄摆式飞剪，其剪机本体和夹送矫直机之间靠电气连锁控制，回转曲柄的转速由飞剪主电机轴上的脉冲发生器测定，夹送辊转速由测量辊的脉冲发生器测定。当夹送矫直机送进带钢速度与剪切速度出现微量不同步时，剪切定尺长度与给定长度之间出现偏差，剪切长度误差自动校正系统的数字控制装置立即启动电液步进马达进行功率放大，通过差动齿轮轮系调节夹送矫直机送进带钢速度，直到剪切定尺长度误差被消除。

单电机传动K型曲柄摆式飞剪，在主电机和夹送矫直机之间设有电液步进马达和传动齿轮轮系来完成剪切定尺偏差的动态补偿；同时还完成对定尺调节时飞剪本体和夹送矫直机间传动比的微调。

曲柄摆式飞剪本体的结构组成如图4-94所示，主要由剪切机构、均速机构、空切机构和剪刃间隙调整机构组成。

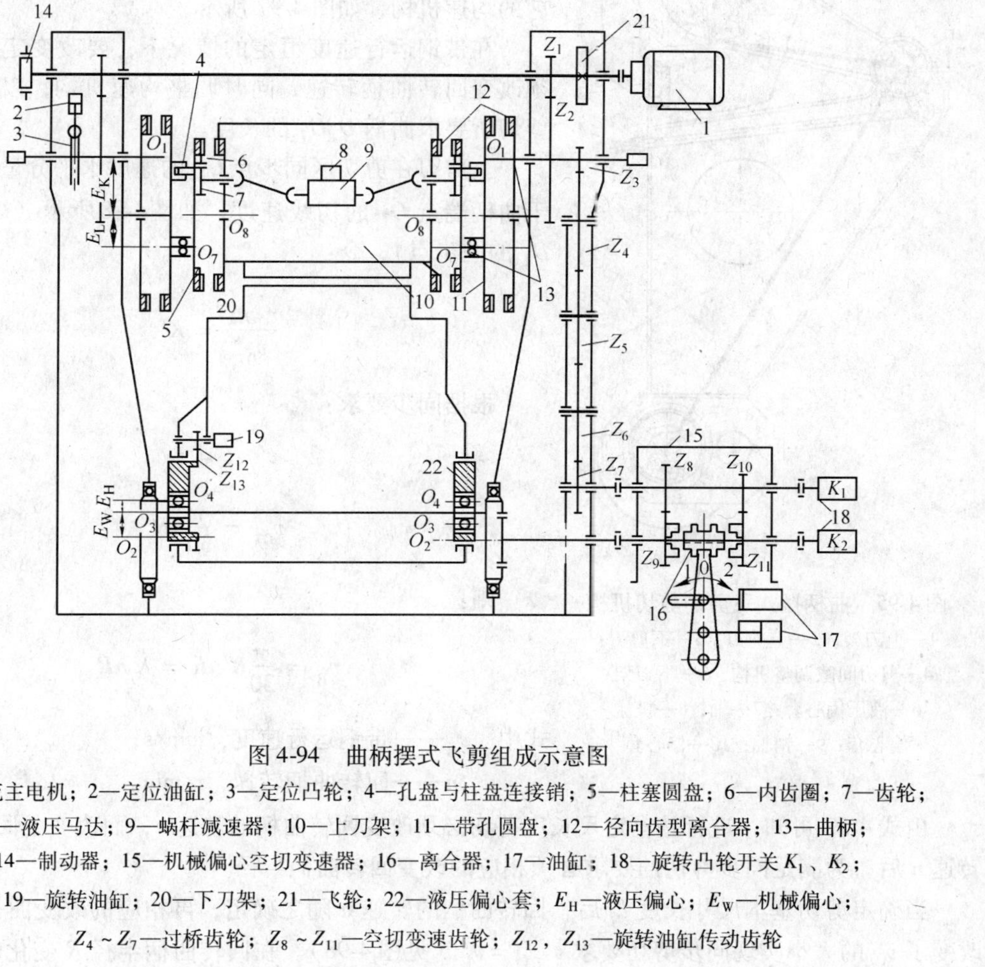

图4-94 曲柄摆式飞剪组成示意图

1—直流主电机；2—定位油缸；3—定位凸轮；4—孔盘与柱盘连接销；5—柱塞圆盘；6—内齿圈；7—齿轮；8—液压马达；9—蜗杆减速器；10—上刀架；11—带孔圆盘；12—径向齿型离合器；13—曲柄；14—制动器；15—机械偏心空切变速器；16—离合器；17—油缸；18—旋转凸轮开关 K_1、K_2；19—旋转油缸；20—下刀架；21—飞轮；22—液压偏心套；E_H—液压偏心；E_W—机械偏心；Z_4 ~ Z_7—过桥齿轮；Z_8 ~ Z_{11}—空切变速齿轮；Z_{12}，Z_{13}—旋转油缸传动齿轮

4.6.4.1 剪切机构

剪切机构为上下刀架和回转曲柄组成的曲柄摇杆机构，当机械偏心和液压偏心参与工作进行倍尺剪切时，成为曲柄摇杆偏心五杆机构和曲柄摇杆双偏心六杆机构。

由于机构是对称的，剪切机构可简化为平面机构进行分析，如图4-95所示，上刀架为连杆，下刀架为摇杆，当回转曲柄旋转时，上下刀架做往复摆动，上下剪刃形成各自封闭的椭圆曲线运动轨迹，轨迹的相交区形成剪切区。

上刀架（见图4-96）由上刀架体1、液压马达2、蜗杆减速器3、万向接轴4及曲柄长度调节部分5组成。安装工具6用于上刀架与曲柄轴的固结，并能防止配重自由翻转，待上刀架安装和调整完后卸除。

下刀架由下刀架体、下剪刃和剪刃间隙调整机构，以及机械偏心和液压偏心等组成。下刀

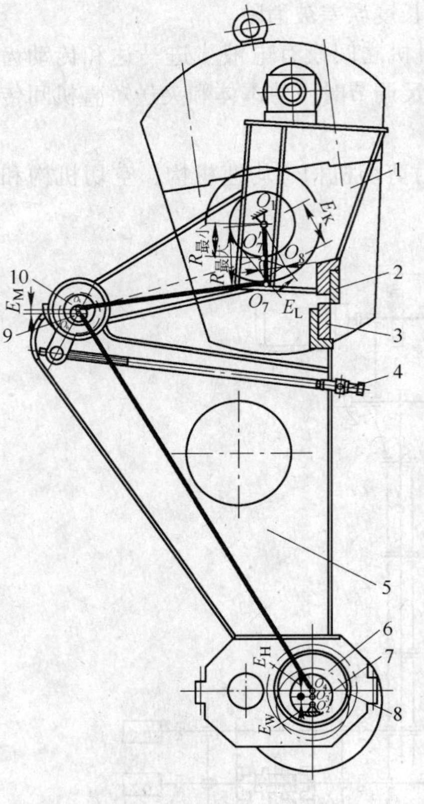

图 4-95　曲柄摆式飞剪的剪切机构
1—上刀架；2—上剪刃；3—下剪刃；4—剪刃间隙调整机构；5—下刀架；6—液压偏心套；7—轴；8—机械偏心套；9—销轴；10—偏心套

架上装有人字形的下剪刃，上下刀架通过销轴 9 和偏心套 10 铰接在一起（见图 4-95），偏心套 10 的偏心量可以调节上下剪刃间隙。下刀架的下方装有由机械偏心和液压偏心组成的空切机构。

4.6.4.2　均速机构

上刀架两端对称设置的回转曲柄长度调节机构即飞剪的均速机构，如图 4-97 所示。

在带钢运行速度恒定的情况下，要改变定尺长度必须改变回转曲柄转速，同时调整均速机构，以满足同步剪切所要求曲柄 O_1O_7 的长度。

上剪刃在剪切区同步点 C_{n1} 的速度水平分量 v'_{D11} 取决于曲柄端点 O_7 的切线速度，如图4-98所示（C_{n1} 为剪刃 D_1 的同步点），令：

$$\frac{v'_{D11}}{v_{07}} = K' \tag{4-51}$$

根据同步要求：

$$v'_{D11} = v_B$$

$$v_{07} = \frac{\pi}{30}nR$$

则：

$$v_B = \frac{\pi}{30}K'nR = K_jnR \tag{4-52}$$

式中　v_B——带钢运行速度，mm/s；

n——回转曲柄转速，r/min。

由式 4-52 可知，进行基本定尺长度剪切必须改变回转曲柄的转速 n，而改变了回转曲柄的转速 n 后，为满足同步剪切的要求必须相应的改变回转曲柄半径。

当确定剪切基本尺寸长度 L_j 后，回转曲柄的转速 n 随之确定，再相应的改变曲柄半径 R，改变了 v_{07} 的大小实现同步剪切要求 $v'_{D11}=v_B$（见图 4-98）。在回转曲柄半径 R 变化时，O_7 点的位置也做相应的移动，引起 O_7O_5 和 O_7O_1 变化，剪刃上 D_1 点的轨迹也将随之变化，从而同步点 C_{n1} 产生变化。所以在飞剪同步调整时，K_j 不是常量，而是一个很复杂的变量。因此，当为了满足基本定尺长度而改变回转曲柄转速 n 时，实际上同时改变 K_j 和 R（改变 K_j 和 R 的乘积）才能保证同步剪切。

回转曲柄长度的调节装置如图 4-97 所示。柱塞圆盘 5 右端尾部可在缸体内移动，其作用相当于柱塞油缸的柱塞，行程为 10mm。这种位移可使由柱塞圆盘上的径向齿和右油缸体上的径向齿组成的径向齿离合器咬合或脱开。柱塞圆盘的左面上方有一个柱塞 7，下方的凸出成为一个枢轴，其轴心 O_7 至柱塞圆盘轴心 O_8 的距离为 E_L。枢轴的滚动轴承嵌入在带孔圆盘 4 的孔内，带孔圆盘 4 左端凸出部分可在左油缸体内移动，带孔圆盘上对应柱塞 7 处有一个与柱塞 7 配合的圆孔，左油缸体与曲柄轴 3 为一整体，曲柄中心 O_1 至油缸中心 O_8 的距

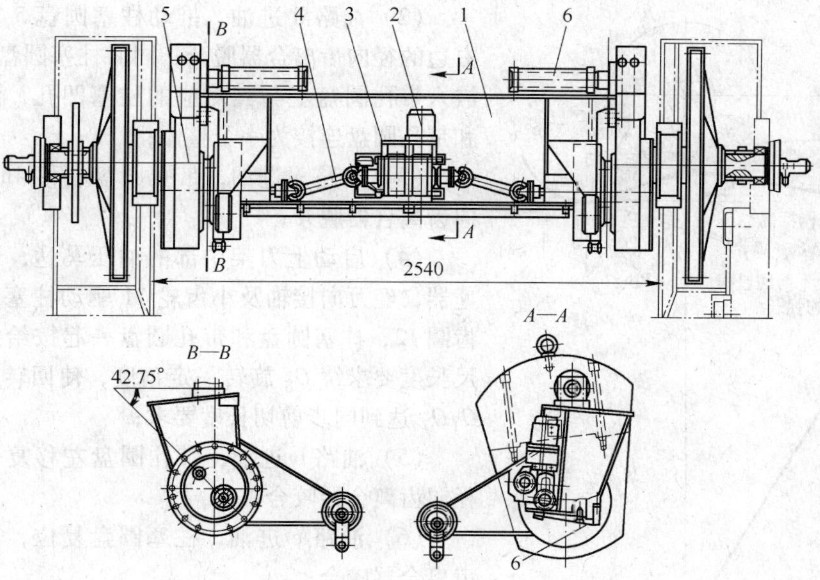

图 4-96 曲柄摆式飞剪上刀架

1—上刀架体；2—液压马达；3—蜗杆减速器；4—万向接轴；5—曲柄长度调节部分；6—安装工具

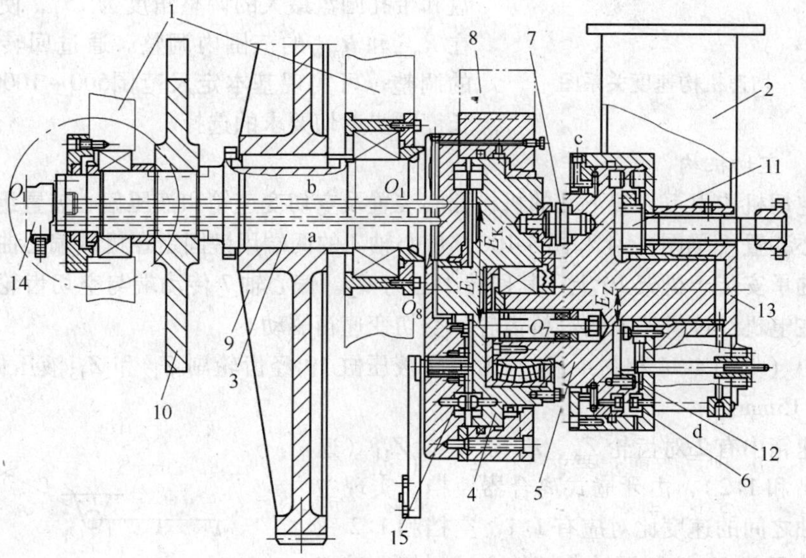

图 4-97 曲柄摆式飞剪回转曲柄长度调节装置

1—剪机架；2—上刀架；3—曲柄轴；4—带孔圆盘；5—柱塞圆盘；6—径向齿型离合器；7—柱塞；8—配重；9—大齿轮；10—定位凸轮盘；11—小齿轮；12—内齿圈；13—油缸体；14—油路分配器；15—左径向齿型离合器

离为 E_K。左油缸体和带孔圆盘 4 上也有 1 对径向齿组成径向齿离合器，其压力油是通过曲柄轴中心的油路分配器 14 供给的。为了平衡惯性力，在带孔圆盘 4 上装有配重（图中假想线部分）。柱塞圆盘的位移由行程开关控制，带孔圆盘的位移由非接触式开关控制。

回转曲柄半径 R 的长度调节在电器顺序控制下完成，具体步骤如下：

（1）定位油缸将压辊卡入定位凸轮盘 10 凹口中，使上刀架固定在剪切位置；

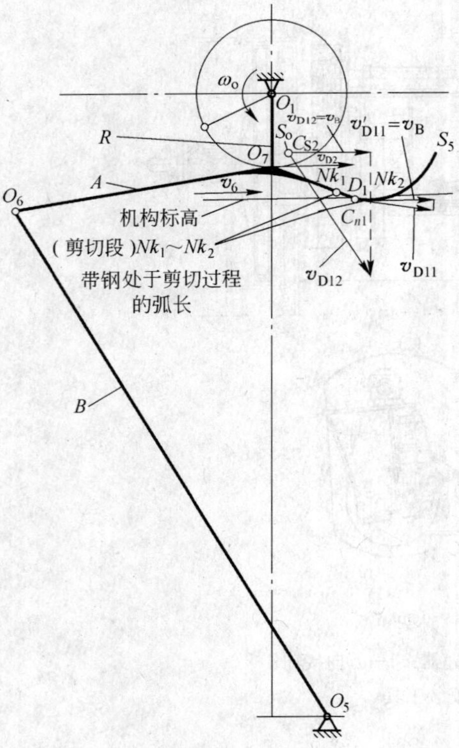

图 4-98　均速机构速度关系图

（2）油路 d 进油，推动柱塞圆盘 5 左移 10mm，右边的径向齿离合器脱开；同时柱塞圆盘上的柱塞 7 嵌入带孔圆盘上与其对应的柱塞凹孔，使柱塞圆盘和带孔圆盘连接为一个整体；

（3）油路 a 进油，带孔圆盘右移 4mm，左侧径向齿离合器脱开；

（4）启动上刀架中部的油压马达，通过蜗杆减速器，经万向接轴及小齿轮 11 驱动柱塞圆盘上的内齿圈 12，柱塞圆盘和带孔圆盘一起按给定的剪切定尺长度要求绕 O_8 旋转一定角度，使回转曲柄的长度 O_1O_7 达到同步剪切长度要求；

（5）油路 b 进油，带孔圆盘左移复位，左边的径向齿离合器咬合；

（6）油路 c 进油，柱塞圆盘复位，右边的径向齿离合器咬合；

（7）定位油缸将压辊从定位凸轮盘 10 凹口中脱出。

回转曲柄半径调节范围如图 4-99 所示，柱塞圆盘和带孔圆盘最大的调整角度为 75°，使回转半径能在 R_{min} 和 R_{max} 的范围内调整。通过回转曲柄半径 R 的调整，可实现基本定尺范围500 ~ 1000mm 的定尺长度同步剪切要求的选择。

4.6.4.3　空切机构

飞剪的空切机构由下刀架下部的机械偏心装置及空切变速箱和液压偏心装置组成。

机械偏心装置（见图 4-94 和图 4-100）偏心轴 7 的两端用键固定在机械偏心曲臂 8 上，曲臂通过滚动轴承安装于机架 10 上，其回转中心为 O_2。偏心轴 7 传动端与空切齿轮变速箱输出轴相接，由主电机经过机架上的过桥齿轮和空切变速箱驱动。

液压偏心（见图 4-94 和图 4-100）由旋转液压缸 19 经齿轮副 Z_{12} 和 Z_{13} 液压偏心套组成，偏心量 E_H 为 15mm。

空切变速箱中有 2 对齿轮 Z_8、Z_9 和 Z_{10}、Z_{11}（速度比各为 1∶1 和 1∶2），由牙嵌式离合器换挡，实现主动轴和传动轴之间的速度比对应有 1∶1、空挡和 1∶2 三种。旋转凸轮开关 K_1 控制回转曲柄使之正好停在剪切位置上，旋转凸轮开关 K_2 控制液压偏心装置，使之参与或不参与工作。

4.6.4.4　剪刃间隙调整机构

如图 4-95 和图 4-101 所示，偏心套 4 的偏心量 E_M 为 8mm，上刀架 1 通过滚动轴承装于偏心套 4 上，下刀架 2 则在销轴 3 上，转动侧隙调节螺杆 5 使偏心套绕销轴 3 转动，就可以实现剪刃侧隙调整，其调整量为 0.2mm，一般取板厚的 10% ~15%。

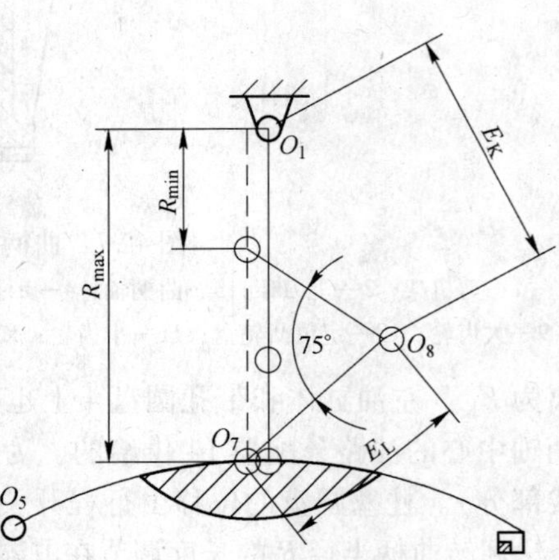

图 4-99　回转曲柄半径调节范围

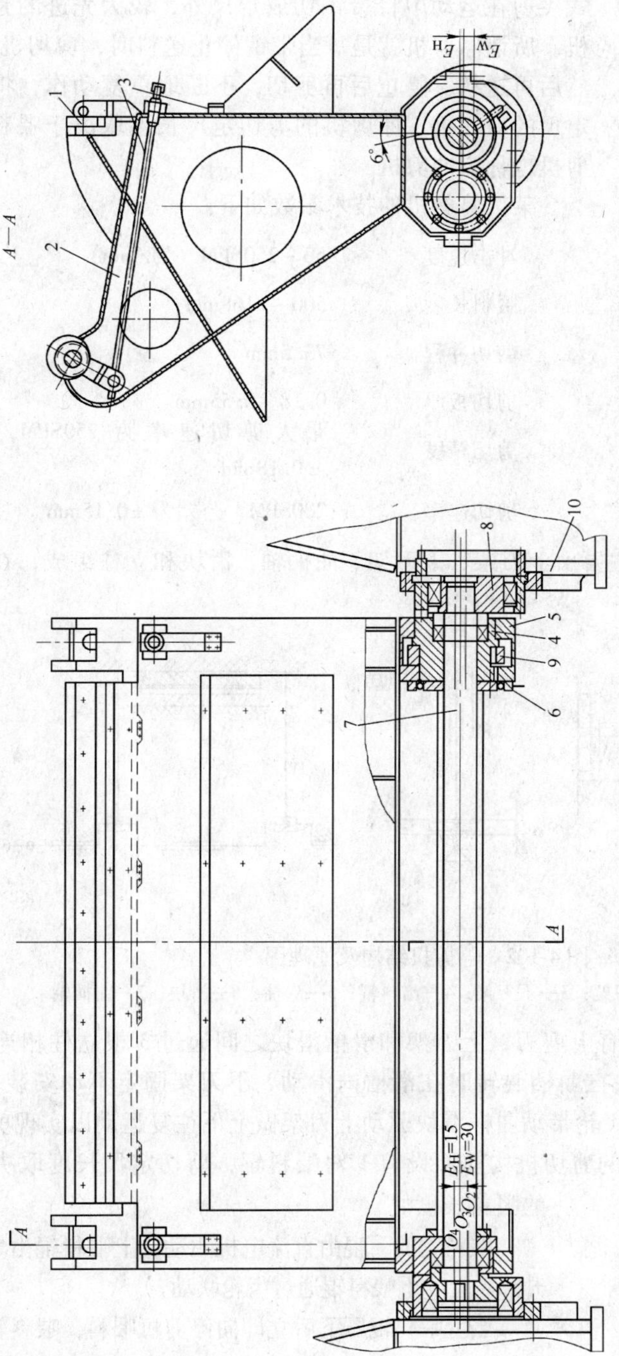

图 4-100 下刀架及空切机构

1—下剪刃；2—下刀架体；3—剪刃侧隙调整杆；4—轴承；5—外套；6—液压偏心套；7—偏心轴；8—机械偏心曲臂；9—液压偏心传动齿轮；10—机架；O_4—偏心套中心线；O_3—偏心轴中心线；O_2—偏心轴回转中心

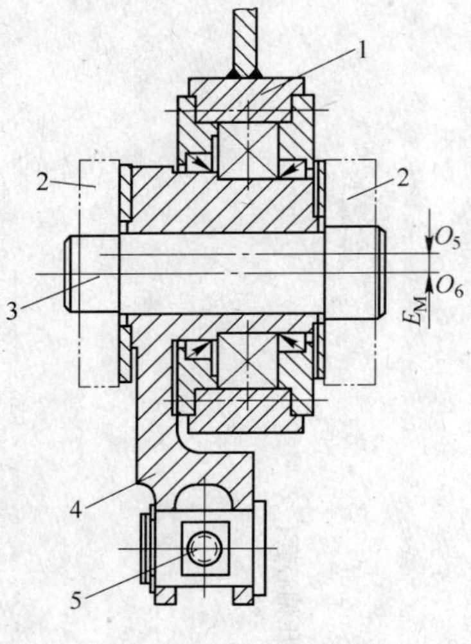

图 4-101　剪刃侧隙调整机构
1—上刀架；2—下刀架；3—销轴；4—偏心套；5—调节螺杆

4.6.5　停剪机

冷轧带钢的定尺剪切，目前采用的除前面所述的各种形式飞剪在运动中将带钢切成定尺外，较为先进的是采用停剪机。所谓停剪机就是每当带钢停止送料时，剪切机剪切 1 次，然后再送料，停止后再剪切，不断地重复动作，将带钢剪成定尺的剪切机。停剪机的剪切定尺长度取决于喂料长度。停剪机也称为冲剪机。

某厂停剪机的技术参数如下：

冲击速度	50 ~ 250SPM（刀/min）
喂料长度	500 ~ 1168mm
剪切冲程	73.5mm
剪切板厚	0.18 ~ 0.55mm
剪切精度	最大剪切速率为 250SPM，公差为 ±0.18mm
剪切速率	200SPM，公差为 ±0.15mm

如图 4-102 所示，停剪机主要由上刀架、下刀架、曲柄轴、滑块和立柱组成，在剪切机构前后设有喂料辊和出料辊。

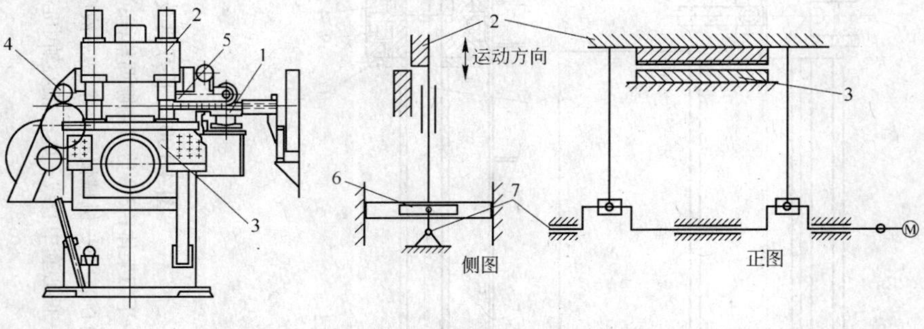

图 4-102　停剪机结构及原理图
1—喂料辊；2—上刀架；3—下刀架；4—出料辊；5—立柱；6—滑块；7—曲柄轴

（1）剪切机构。上刀架装有上剪刃，上刀架和滑槽滑块之间通过 3 根立柱相连接（故称三立柱停剪机），曲柄端部滑块在曲柄旋转时在滑槽内滑动，下刀架固定不动安装在底座上。主电机通过皮带传动离合器和飞轮带动曲柄滑块驱动上刀架做上下往复运动以实现剪切。

（2）喂料机构。在停剪机的剪切机构前面设有 1 对喂料辊，剪切定尺长度取决于喂料辊的喂料长度。

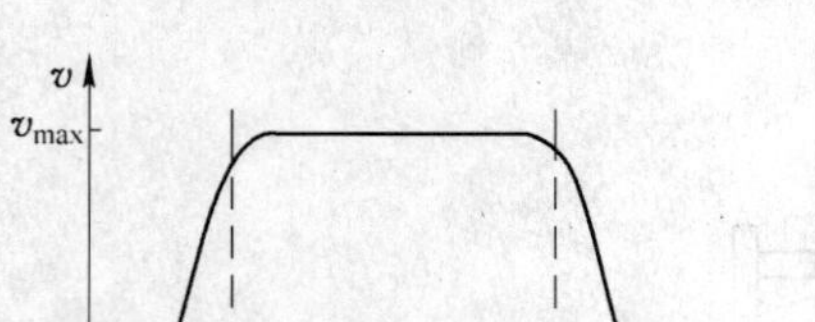

图 4-103　停剪机喂料带钢运动曲线

喂料辊的下辊由直流电机驱动，上喂料辊由气动实现其升降，上、下喂料辊通过齿轮联动。

当上喂料辊压下后立即向停剪机喂料，喂料辊使带钢速度如图 4-103 所示的曲线运动。其中 t_a 为加速喂料时间，t_b 为恒速喂料时间，t_c 为减速喂料时间。剪切定尺长度由下面几个方面决定：设定喂料起始角；给定最大喂料速度；确定喂料角；确定加、减速时间；设定剪切周期时间。

上述通过可编程序控制器（PLC）控制喂料辊电机完成。

（3）出料机构。在剪切机构的出口设有1对出料辊，下出料辊的运动靠主电机经皮带轮和齿轮箱驱动；上辊的提升和压下是通过凸轮机构实现的，下降压力由气囊式随动件提供。

在停剪机曲柄轴的操作侧一端设有刻度盘，显示出各个过程中曲柄轴的位置，如图4-104所示。0°位置上刀架处于最高位置，即最大开口度，180°位置上刀架处于最低剪切位置。

停剪机的喂料可以在出料辊开始出料之后到剪切开始之前的角度范围内的曲柄轴任何位置进行，其保险状态为215°启动、155°结束，允许喂料角度为300°。

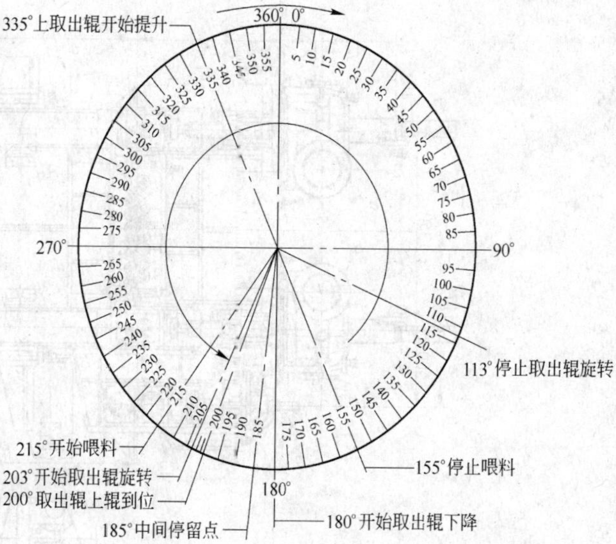

图4-104 剪切过程对应刻度盘位置

上剪刃接触带钢曲柄轴的旋转角度为31°，这就是说在上剪刃接触带钢前必须停止送料，上剪刃和带钢脱离接触后，才能开始出料和喂料。

在上剪刃开始剪切后，上出料辊在曲柄180°位置时开始下降，在200°位置时压下到位；在203°位置时即可以启动出料辊旋转，考虑安全因素增加4°的安全修正值，即在曲柄轴转到207°时启动出料辊出料；在曲柄轴转到335°位置时上出料辊开始上升，至113°时出料辊停止转动。

停剪机的优点是机械机构简单；操作控制简单；动平衡性能好；断口质量好。停剪机适用于薄带剪切。

4.7 带钢矫直机

4.7.1 带钢辊式矫直机

关于厚板辊式矫直机在本书第2.5节中已作了介绍。带钢辊式矫直机属于中、薄板矫直机。中、薄板辊式矫直机与厚板矫直机相比，不仅在结构参数上不同，而且在结构上也有很大区别。

中、薄板辊式矫直机由于矫直的板带材比较薄，因此矫直机的辊距比较小，辊径也比较小，辊数比较多，矫直质量较好。为保证矫直机有良好的垂直刚度和水平刚度，支承辊都采用布棋式布置；而且支承辊都采用分段支撑，这不仅提高了支承辊的强度和刚度，还可以进行分段调整支承辊的压下，调节矫直辊的弯曲挠度以改善板带材的板形质量。下面介绍两种比较典型的带钢辊式矫直机。

4.7.1.1 中薄板十七辊矫直机

如图4-105所示为中薄板十七辊矫直机的结构组成。该矫直机矫直最大板宽为1550mm，板厚为1.2～6mm，矫直板材为碳素钢，屈服极限小于400MPa，矫直辊 $t \times D \times L = 90\text{mm} \times 80\text{mm} \times 1900\text{mm}$，主电机功率为55kW。

这种十七辊矫直机为开式结构，机架4和活动上横梁5由钢板焊接，压下螺丝下端同机架用空心圆柱销连接（见图4-109），上端梯形螺纹部分同蜗轮中心孔内螺纹相配合。因此，活

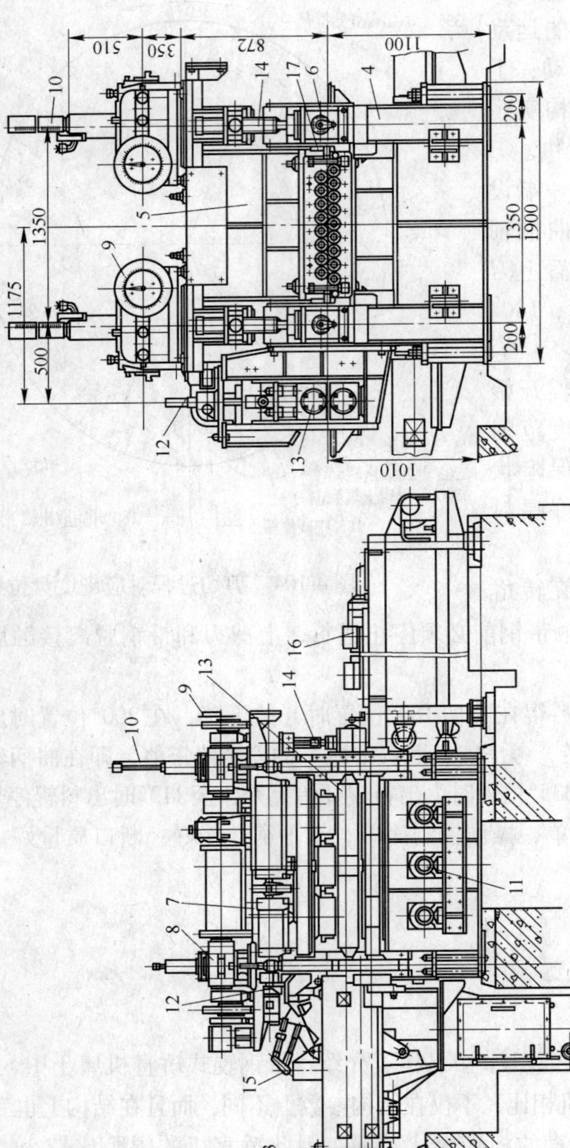

图 4-105　十七辊矫直机外形图

1—主电机；2—传动箱；3—万向接轴；4—机架；5—活动上横梁；6—矫直辊；7—支承辊；8—矫直辊压下装置；9—压下指示盘；10—辊列倾斜度指示装置；11—电动辊型调整装置；12—送料辊压下装置；13—送料辊；14—活动上横梁平衡油缸；15—万向接轴支座；16—换辊装置；17—弧形凸块

动上横梁5和2套压下传动装置8、上矫直辊和上支承辊的全部重量都由4根压下螺丝支撑。为平衡这部分重量并消除压下螺丝与蜗轮中心孔螺纹的间隙，由4个平衡油缸14平衡。上矫直辊可以升降调节开口度，还可以做倾斜排列调整。在活动上横梁的进出口外侧设置弧形凸块17，活动上横梁做升降调整时，弧形凸块能限制其偏转；活动上横梁做倾斜调整时，弧形凸块又能使活动上横梁自位。板带材的弯曲缺陷可通过调整矫直机的开口度和做倾斜排列调整进行矫直。上支承辊共41根，布置形式如图2-28所示，下支承辊45根，支承辊尺寸为$\phi150\times100$mm。为改善板材的板形质量，矫直辊需要做辊型调整，为此下支承辊分成三段进行高度调整，使矫直辊成中凸或中凹辊型，这在一定程度上改善了板材边浪或中浪板形缺陷。

下面介绍十七辊矫直机主要部件的结构。

A 矫直辊、支承辊及其轴承座

矫直辊辊身长取决于矫直板材的最大宽度，通常取最大板宽加上100~130mm。支承辊的长度取决于支承辊的数量、辊型调整的要求以及矫直辊的刚度要求；支承辊直径，对于中薄板矫直机一般取矫直辊直径的2倍，也有取等于矫直辊直径的。倍径支承辊采取布棋式布置。

十七辊矫直机的矫直辊及其轴承的结构如图4-106所示。矫直辊1采用滑动轴承2，上、下轴承座3和4各由4个T形槽螺栓5通过蝶形弹簧弹性地固定在上横梁6和机架7上，且轴承座同上横梁和机架采用弧面对平面的接触方式，当矫直辊调整辊型和受力变形时轴承座可以自位。为了安装时准确定位，在传动侧的轴承座和上横梁和机架间设有键8。拆卸辊列时，活节螺栓9将上、下辊列固定在一起，在下辊列轴承座两端各固定一块矩形垫10使上下矫直辊面不接触。矫直辊的两端部做成扁头，有利于快速换辊。

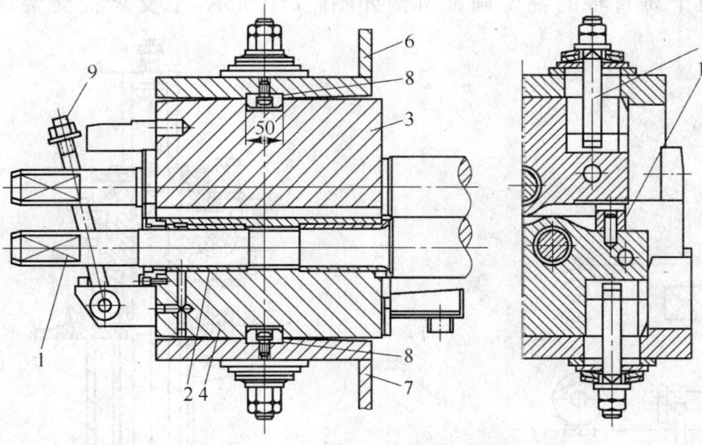

图4-106 十七辊矫直机矫直辊及其轴承结构

1—矫直辊；2—滑动轴承；3—上轴承座；4—下轴承座；5—T形槽螺栓；6—上横梁；7—机架；8—键；9—活节螺栓；10—矩形垫

十七辊矫直机的支承辊及其轴承座如图4-107所示。支承辊采用特别的滚柱轴承，其承载能力大。每3列支承辊用1套支承辊支架，有1个弧面自位，以满足各段支承辊的不同压下调整，改变矫直辊挠度。

B 调整机构

a 辊列调整机构

辊列调整包括辊缝的开口度调整、辊列纵向斜度调整，通常由压下装置来完成。

十七辊矫直机的压下机构传动采用2套传动装置，分前后2组驱动压下机构，如图4-108所示，其压下装置的结构如图4-109所示。活动上横梁1的顶部安装压下装置的传动机构，上

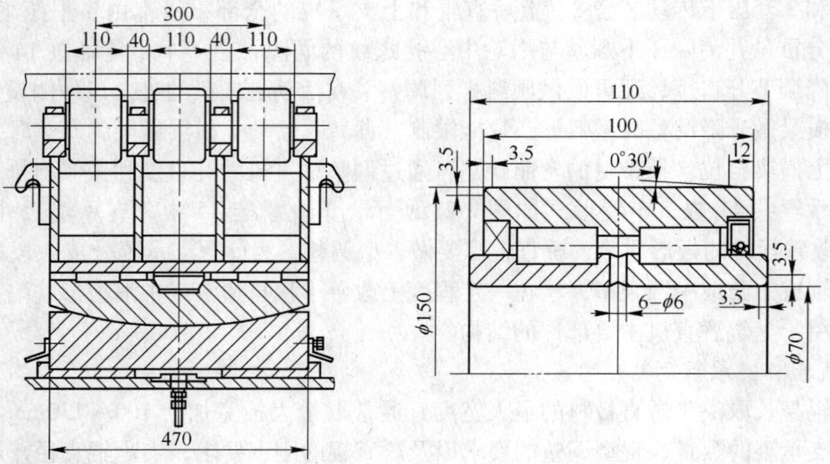

图 4-107　十七辊矫直机支承辊结构

辊列位于活动上横梁的下面。螺杆 2 用空心圆柱销 3 同机架 6 相连。定位垫 4 用于装配空心圆柱销时对准螺杆的孔准确插入。弧形块 5 安装在活动上横梁进出口的两外侧，可以限制上横梁偏转及保证上辊列纵向倾斜调整时自位。当图 4-108 中任一组机构单独运动时，蜗杆 7 便带动蜗轮 8 转动，同时沿螺杆 2 做升降运动完成倾斜调整；压下时则 2 组机构同时运动。

b　下矫直辊的辊型调整机构

十七辊矫直机下矫直辊的辊型调整机构如图4-110所示。下支承辊支架7坐落在上斜楔6

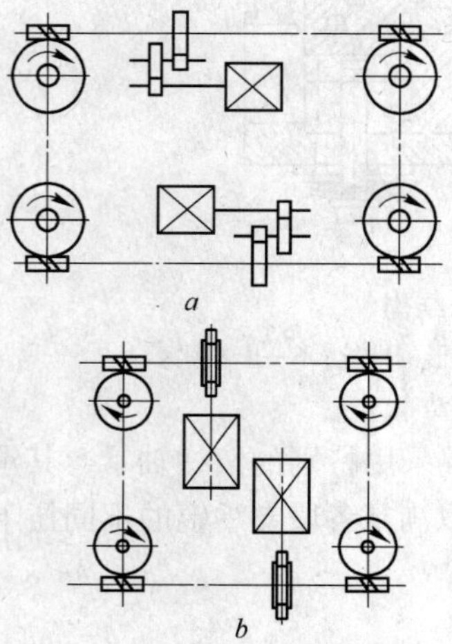

图 4-108　单倾斜压下装置传动系统布置图

a—圆柱齿轮—蜗轮减速；*b*—两级蜗轮减速

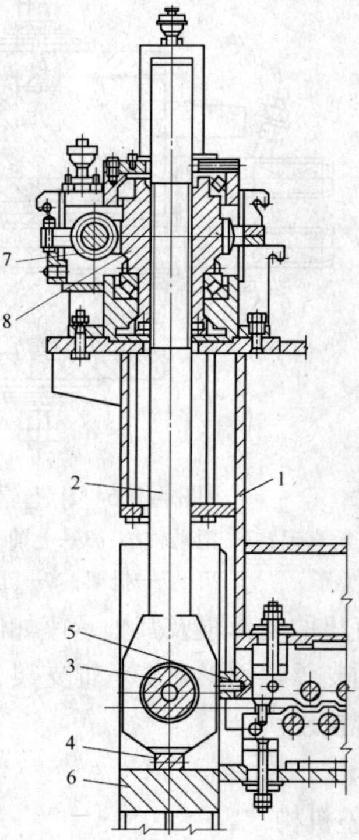

图 4-109　压下装置结构

1—活动上横梁；2—螺杆；3—空心圆柱销；4—定位垫；5—弧形块；6—机架；7—蜗杆；8—蜗轮

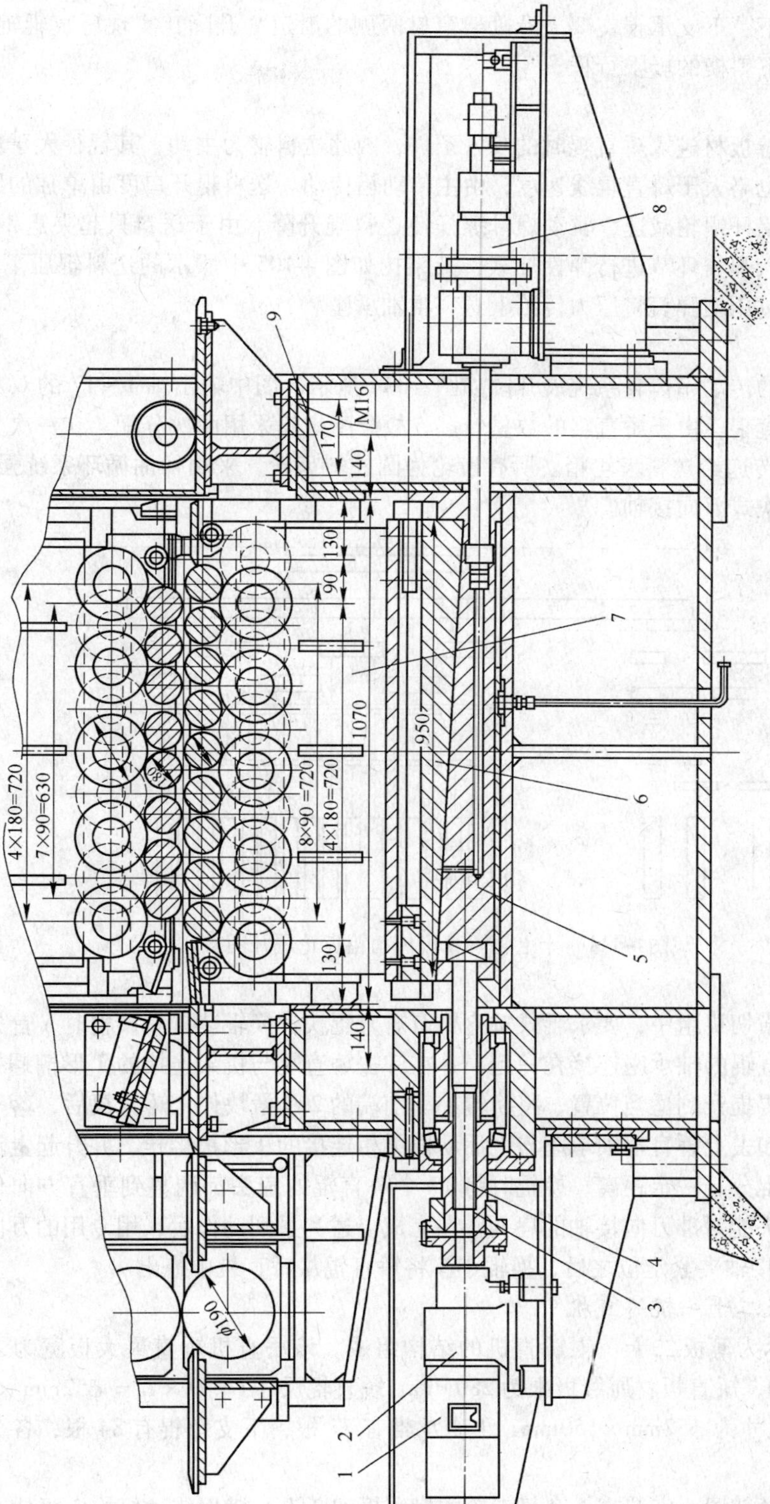

图 4-110 十七辊矫直机电动辊型调整机构

1—电动机；2—行星减速器；3—螺母；4—螺杆；5—下斜楔；6—上斜楔；7—下支承辊支架；8—限位装置；9—滑道

上，由 0. 4kW 电动机 1 通过行星减速器 2 使螺母 3 旋转而使螺杆 4 前进或后退，推动下斜楔 5 移动，在斜楔作用下，下支承辊支架 7 沿机架窗口两侧的滑道 9 升降，实现矫直辊辊型调整，由限位装置 8 控制下斜楔的极限行程。

C　送料辊

送料辊用于改善板材进入矫直辊时的咬入条件，因此送料辊为主动，其辊径大于矫直辊直径，辊面的线速度也略大于矫直辊线速度，由主传动箱传动。送料辊开口度由单独的压下机构调整，压下电机经蜗杆蜗轮减速，驱动螺母螺杆使送料辊升降。由于送料只起夹送钢板作用，故其压下机构中加入弹簧环节进行弹性加载，其结构如图 4-105 中所示的送料辊压下装置 12，压下时压下螺杆通过压缩弹簧将压力传给上送料辊轴承座。

D　传动装置

十七辊矫直机的传动箱齿轮系统展开图如图 4-111 所示。图中输出轴 1 ~ 17 的双数接上矫直辊，单数接下矫直辊。由于矫直辊的数量较多，故分配齿轮采用两次分配。在一次分配齿轮中，齿轮 A 把扭矩传递给送料齿轮箱。所有齿轮为圆柱斜齿轮，采用稀油循环系统强制润滑。传动轴采用扁头滑块式万向接轴。

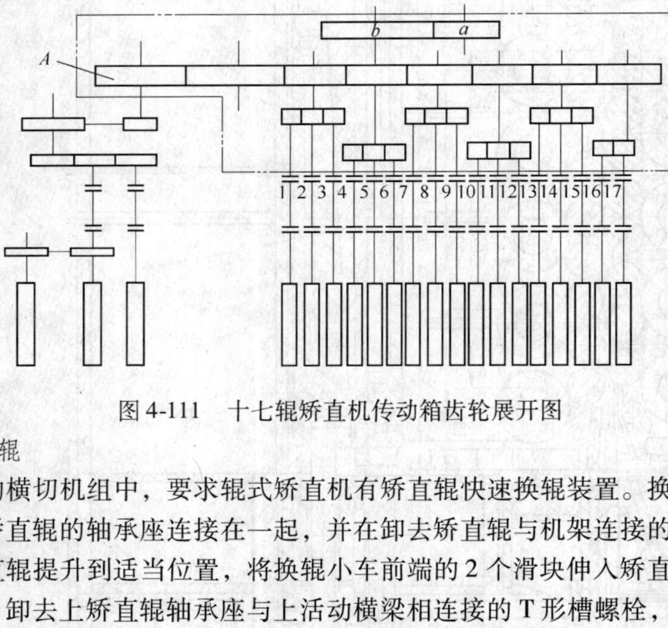

图 4-111　十七辊矫直机传动箱齿轮展开图

E　矫直辊换辊

在高生产率的横切机组中，要求辊式矫直机有矫直辊快速换辊装置。换辊时，首先用活节螺栓把上下 2 排矫直辊的轴承座连接在一起，并在卸去矫直辊与机架连接的 T 形槽螺栓后，开动压下装置将矫直辊提升到适当位置，将换辊小车前端的 2 个滑块伸入矫直机后，落下矫直辊放到 2 个滑块上，卸去上矫直辊轴承座与上活动横梁相连接的 T 形槽螺栓，并升起上活动横梁使上支承辊与矫直辊分开一定距离，换辊时将 17 个矫直辊的扁头都调整到垂直方向位置，以便于新矫直辊的扁头能对准万向接轴的扁孔。在完成上述一系列动作后，用专用的万向接轴固定装置，17 根万向接轴夹紧定位之后，换辊小车将矫直辊从矫直机中拖出。

4. 7. 1. 2　薄板二十一辊矫直机

如图 4-112 所示为薄板二十一辊矫直机的结构组成。该矫直机矫直最大板宽为 1530mm，板厚为 0. 2 ~ 2. 0mm，矫直板材屈服极限为 280MPa，矫直辊尺寸 $t \times D \times L = \phi 52\text{mm} \times 50\text{mm} \times 1750\text{mm}$，支承辊尺寸为 $\phi 52\text{mm} \times 150\text{mm}$，上支承辊有 77 根，下支承辊有 84 根，各分为 7 段支撑矫直辊。

矫直机及主传动装置 5 安装在 4 个行走轮的横移框架 3 上，横移传动机构 2 可使其在轨道 1 上移动，使矫直机投入或撤离生产线。矫直机进入工作位置时，由定位装置 4 定位。上矫直辊组 6 和上支承辊组 7 安装在摆动体 18 上，摆动体由 4 根拉杆通过托轮支撑（参见图 4-115）。

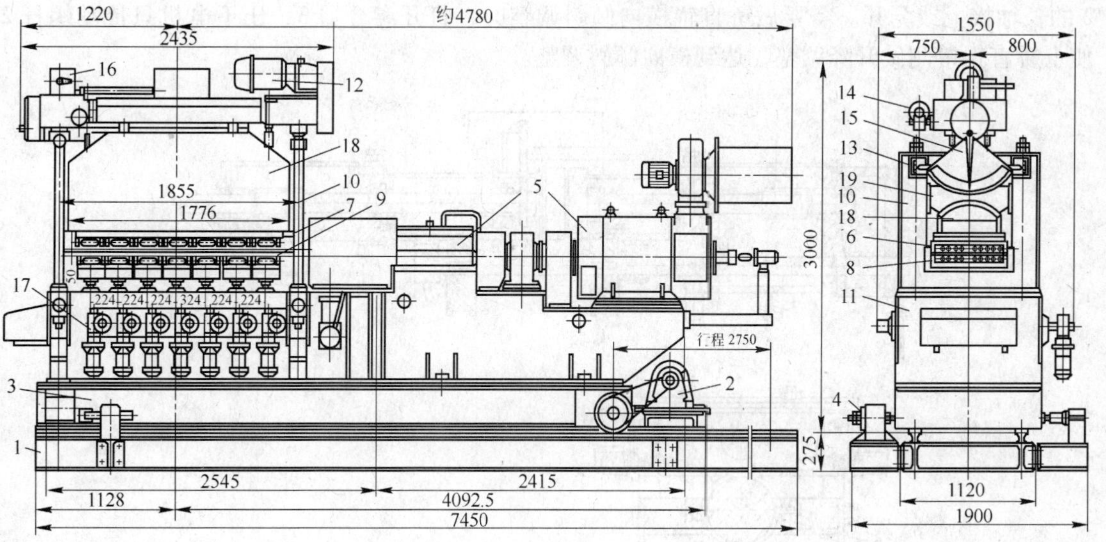

图 4-112 二十一辊矫直机的结构组成

1—轨道；2—横移用传动机构；3—横移框架；4—定位装置；5—主传动装置；6—上矫直辊组；7—上支承辊组；8—下矫直辊组；9—下支承辊组；10—机架；11—底座；12—矫直机开度及横向倾斜调整电机；13—矫直辊开度调节刻度；14—矫直辊纵向倾斜调整电机；15—纵向倾斜刻度；16—横向倾斜刻度；17—下支承辊组调整装置；18—摆动体；19—滑块

电机12、滑块19用于调整矫直辊辊缝开口度，利用滑块19的单侧调整可调节上矫直辊横向倾斜度，由极限开关控制调节量。电机14通过偏心机构拨动摆动体18沿纵向倾斜上矫直辊组，使辊缝由小到大，逐渐减小矫直钢板的弯曲曲率。上矫直辊组轴承座同闭式机架的窗口为球面接触，调整时可以自位。下矫直辊组轴承座固定在窗口的下横梁上。下矫直辊的7段支承辊通过电动机驱动螺母螺杆可分别做升降调整，从而调节矫直辊的辊型。

下面介绍二十一辊矫直机主要部件的结构。

A 矫直辊和支承辊轴承座

薄板矫直机的矫直辊多采用滚针轴承，如图4-113所示，在矫直辊操作侧轴端设有单列向心球轴承，用于承受一定的轴向负荷。在矫直辊发生弯曲时，轴承座以弧面A进行自位。在成组更换矫直辊时，使用下矫直辊轴承座两端的滚轮4。换辊时先将上下矫直辊轴承座连在一起提升一个高度，然后伸进2根一端有支架的钢管支架放下矫直辊，使4个滚轮落在钢管上，则可拉出矫直辊组。

支承辊的轴承座应能承受一定的轴向力，轴承座都能自位（可参见图4-107）。

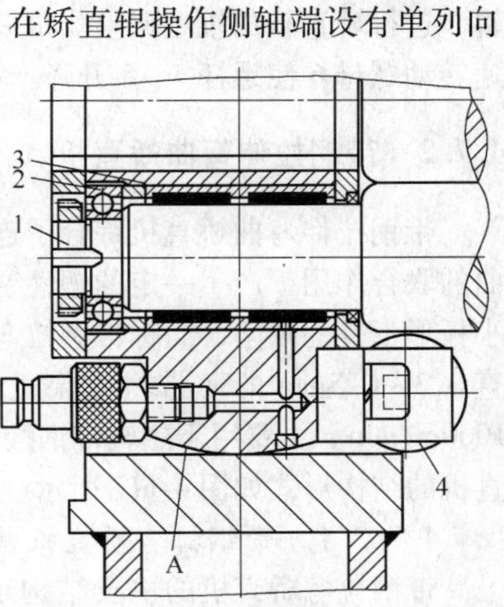

图 4-113 二十一辊矫直机矫直辊装配图

1—矫直辊；2—双列辊针轴承；3—单列向心球轴承；4—滚轮

B 调整机构

a 矫直辊压下和横向倾斜调整

二十一辊矫直机矫直辊的压下及横向倾斜调整机构如图4-114所示。压下电机（见图4-112中12）经减速由蜗杆1、2驱动蜗轮带动压下螺杆4使滑块（见图4-112中19）升降，实现压下调整。离合器3的离合可使蜗杆1、

2 的长轴接上或分开。需要做矫直辊横向倾斜调整时，打开离合器 3，压下电机只传动蜗杆 2 使上矫直辊单侧做升降调整，达到横向倾斜调整。

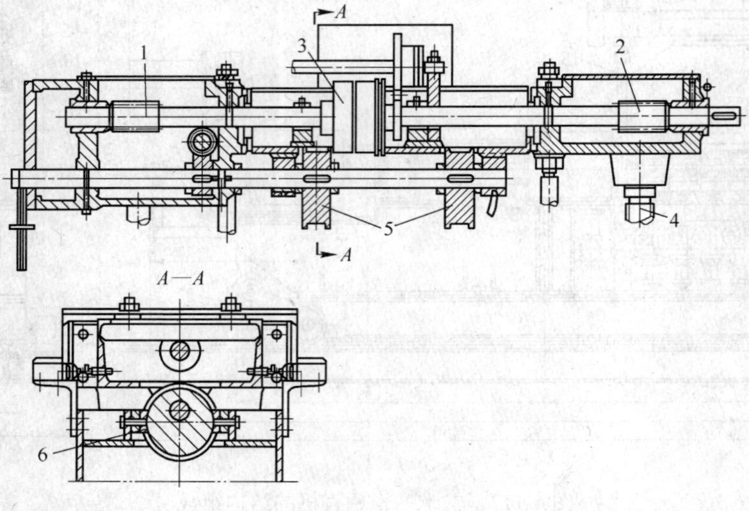

图 4-114　二十一辊矫直机压下及横向倾斜调整机构

1，2—蜗杆；3—离合器；4—压下螺杆；5—偏心轮；6—摩擦块

b　矫直辊组的纵向倾斜调整

二十一辊矫直机用偏心轮机构进行上矫直辊组的纵向倾斜调整。如图 4-115 所示，并参见图 4-114。摆动体 1 由拉杆 2、托轮 3 支撑，两侧的滑块 4（见图 4-112 中 19）与摆动体 1（见图 4-112 中 18）之间有圆弧滑面 A，蜗杆 5、蜗轮 6、压下螺杆 7、固定螺母 8 为压下机构。偏心轮 9 装在上横梁 10 的长轴上（参见图 4-114），偏心轮的几何中心线左右两侧的摩擦块固定在摆动体上。当偏心轮转动时，拨动摆动体摆动。在摆动过程中，摆动体受滑动面 A 和托轮 3 的约束，上横梁始终保持平衡位置。摆动体的摆动使上矫直辊组获得一定程度的纵向倾斜。

c　矫直辊的辊型调整

二十一辊矫直机下矫直辊的辊型调整机构如图 4-112 所示，将支承辊分成 7 组调整下支承辊，进行矫直辊的辊型调整。每一组支承辊的调整如图 4-116 所示，电机 1 经两级蜗杆蜗轮减速转动螺母 6 使螺杆 4、5 升降。

4.7.2　带钢拉伸弯曲矫直机

带钢拉伸弯曲矫直机综合了连续张力矫直机和辊式矫直机的特点，使带钢在拉伸和反复弯曲的联合作用下产生一定的塑性变形，消除了带钢在生产过程中产生的弯曲和在一定程度上减小板形不良的缺陷，简称带钢拉弯矫直机。带钢拉弯矫直机矫直带钢厚度小于 10mm，用于矫直 0.2～0.5mm 的薄带材效果更好；矫直速度范围很大，一般在 0～200m/min，最大达到 1000m/min。主要用于热轧带钢酸洗机组的破鳞、冷轧带材退火和镀层后的矫直。带钢拉弯矫直机的结构形式如图 4-117 所示。

4.7.2.1　带钢拉弯矫直机结构

带钢拉弯矫直机的主要结构组成有弯曲辊组、矫平辊组、张力辊组、调整机构和传动装置。其结构如图 4-118 和图 4-119 所示。

A　弯曲辊组

带钢拉弯矫直机设有 1 组或 2 组弯曲辊组。弯曲辊组采用直径很小的弯曲辊，使带钢在张

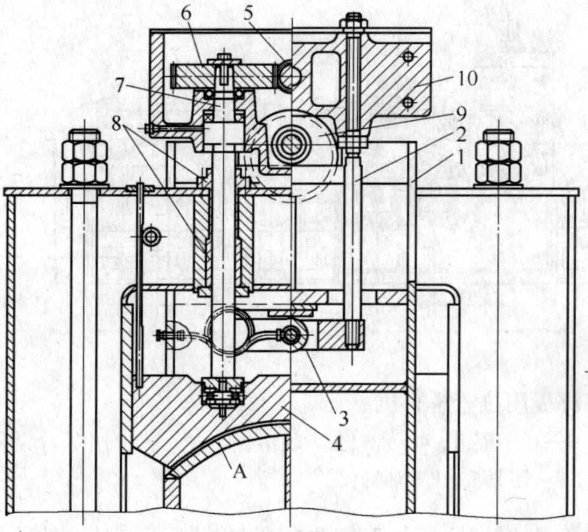

图 4-115 矫直辊纵向倾斜调整

1—摆动体；2—拉杆；3—托轮；4—滑块；5—蜗杆；
6—蜗轮；7—压下螺杆；8—螺母；
9—偏心轮；10—上横梁

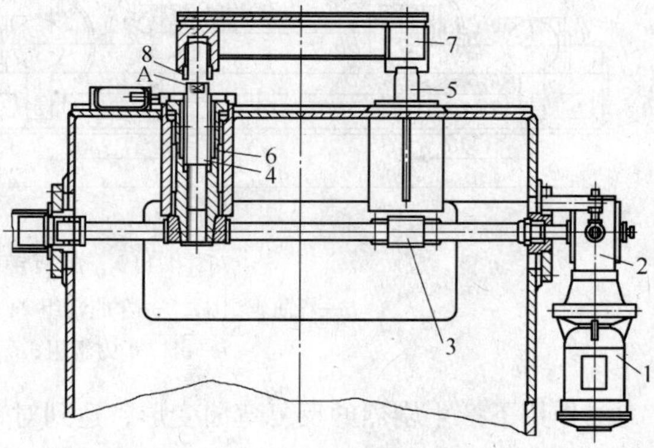

图 4-116 下矫直辊辊型调整

1—电机；2—蜗杆减速器；3—蜗杆蜗轮；4，5—螺杆；
6—螺母；7—下支承辊座；8—调节环

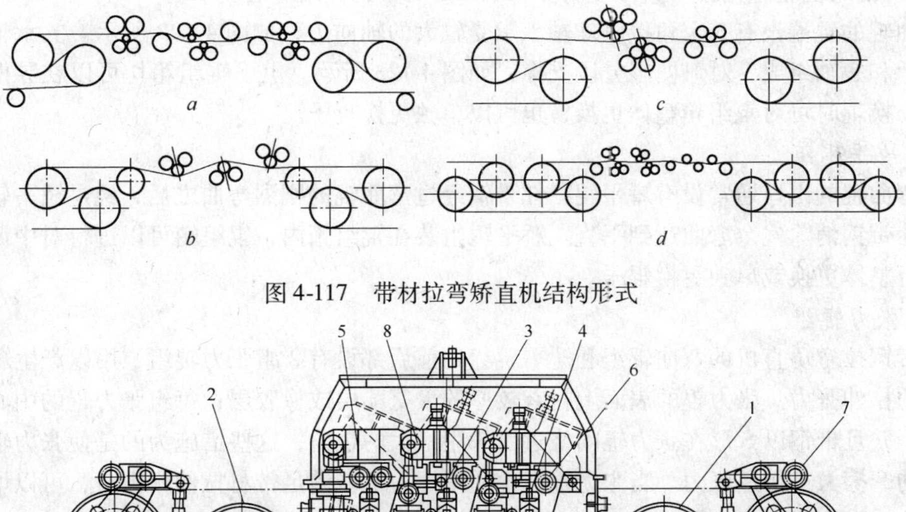

图 4-117 带材拉弯矫直机结构形式

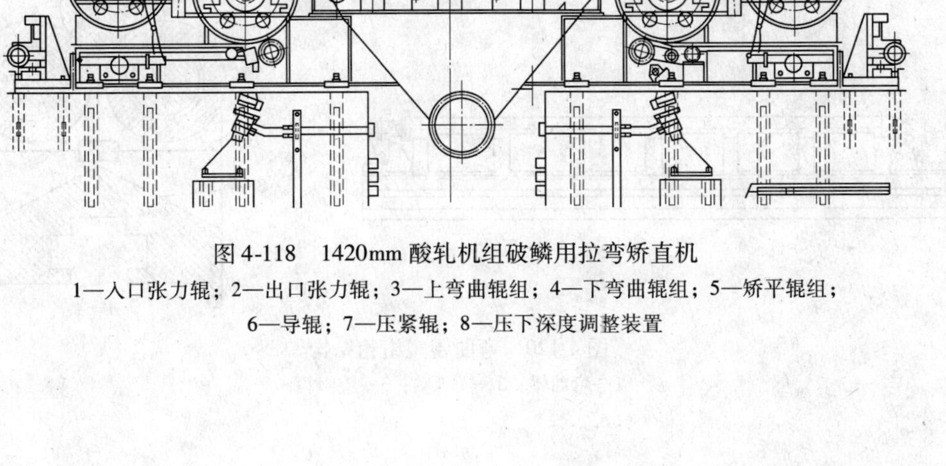

图 4-118 1420mm 酸轧机组破鳞用拉弯矫直机

1—入口张力辊；2—出口张力辊；3—上弯曲辊组；4—下弯曲辊组；5—矫平辊组；
6—导辊；7—压紧辊；8—压下深度调整装置

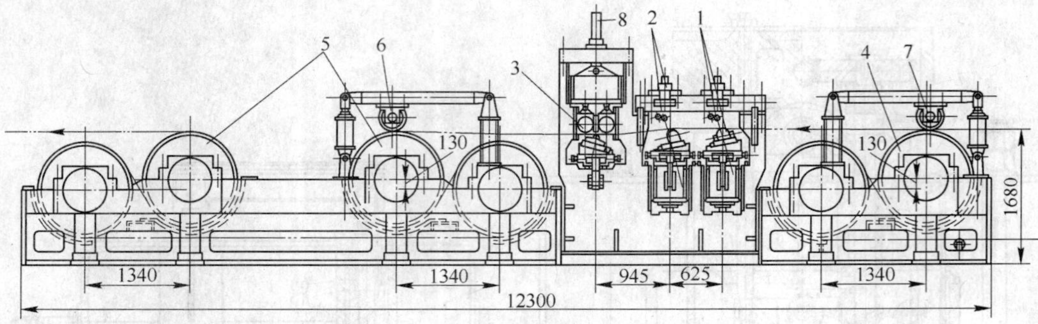

图 4-119　矫直镀锌板用拉弯矫直机

1—弯曲辊组 1；2—弯曲辊组 2；3—矫平辊组；4—入口张力辊组；
5—出口张力辊组；6，7—压紧辊；8—油缸

力的作用下产生剧烈的反复弯曲变形，达到对带钢的矫直。由于弯曲辊的直径很小，因此都采用 1 组支承辊进行支撑，以提高弯曲辊的刚度。弯曲辊和支承辊装在辊组箱上，如图 4-120 所示。根据矫直带钢的厚度和弯曲辊的直径不同，采用 1 层或多层支承辊，如图 4-121 所示。弯曲辊直径 ϕ25mm 的弯曲辊组用于矫直厚度为 0.25 ~ 1.0mm 的带钢，用 2 层支承辊；弯曲辊直径 ϕ60mm 的弯曲辊组用于矫直厚度为 1 ~ 2.5mm 的带钢，用 1 层支承辊。

弯曲辊的辊端设有 3 个角接触球轴承承受较大的轴向力，如图 4-122 所示。支承辊则由辊套、轴承和心轴组成，对弯曲辊分段支撑，如图 4-123 所示。上下辊组箱均可以在导槽中做对中调整。换辊时可对辊组箱整体更换，也可以单独更换辊子。

B　矫平辊组

在弯曲辊的出口通常设有矫平辊。在带钢经过弯曲辊的剧烈弯曲之后，经过矫平辊的矫直作用可使带钢消除残余弯曲达到平直。矫平辊组装在辊组箱内，辊组箱可以进行对中调整，也可以进行整体更换或单独更换辊子。

C　张力辊组

在带钢拉弯矫直机的弯曲辊组和矫平辊组的前后部设有 2 组张力辊组，用以产生矫直带钢所需要的拉伸张力。张力辊的表面上衬有较厚的聚氨酯层或橡胶层；每组张力辊的中心距尽可能减小，并且带钢以 S 形在张力辊间绕过以采用最大的包角，这些措施为的是使张力辊能够产生足够的摩擦力来传递张力。当张力辊产生的摩擦力不能满足带材拉伸张力时，可以增加张力

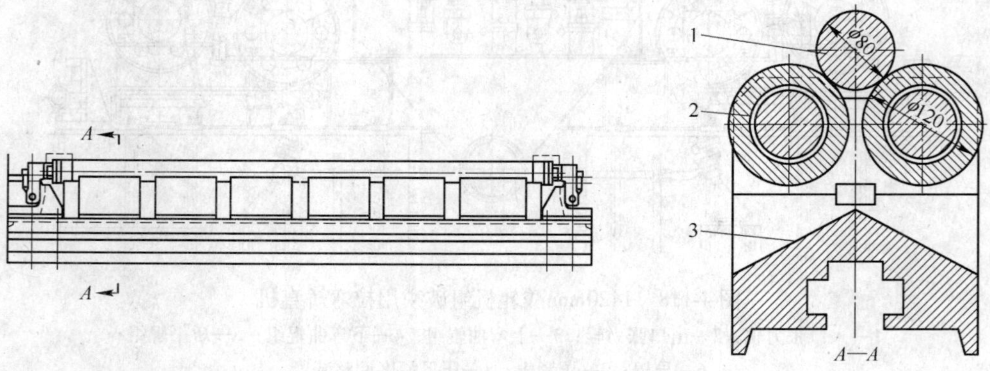

图 4-120　弯曲辊辊组箱结构

1—弯曲辊；2—支承辊；3—辊组箱

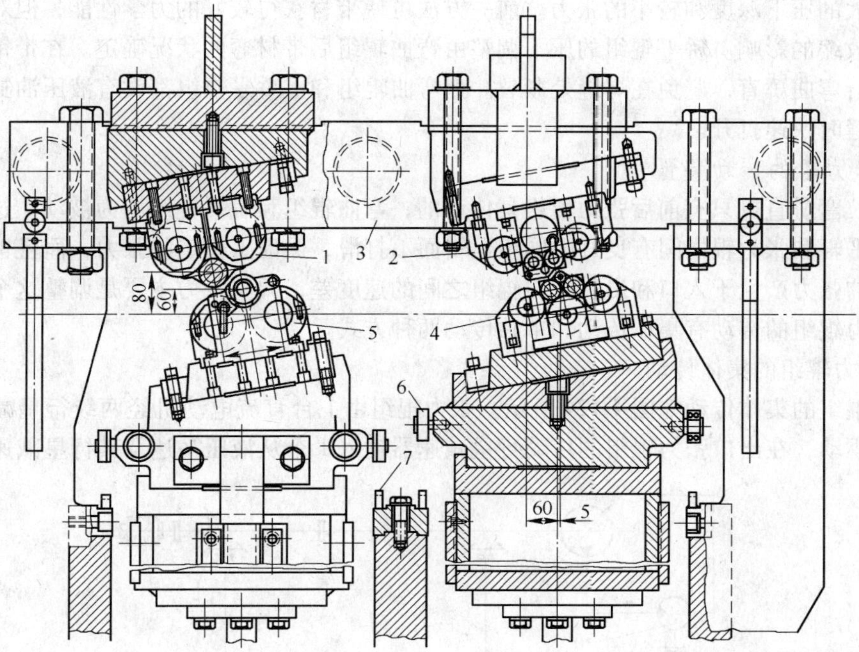

图 4-121 弯曲辊组结构图

1，2—上弯曲辊；3—上横梁；4，5—下弯曲辊组；6—车轮；7—轨道

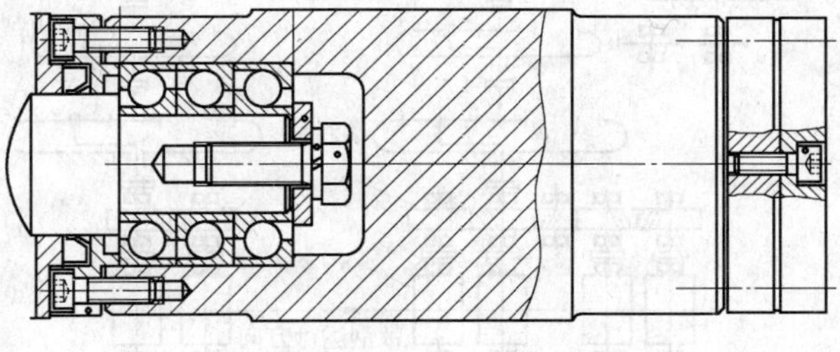

图 4-122 弯曲辊端部结构

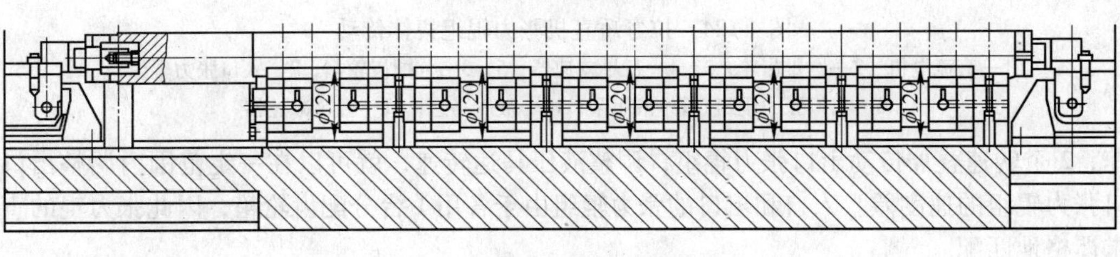

图 4-123 支承辊结构图

辊数量。张力辊的直径选择以带钢缠绕时不产生塑性弯曲变形为原则，因此张力辊的直径都很大，为减轻重量和惯性，张力辊均做成中空。在张力辊上设有压紧辊，用于带钢穿带或断带造成失去张力时，由液压或气动的压力将带钢压紧在张力辊上。

D 压下深度调节及快速打开装置

为了保证带钢弯曲时的压下要求，弯曲辊组和矫平辊组都设有压下深度调节机构，通常由带齿轮减速器电机传动蜗杆蜗轮带动压下螺杆或者由液压油缸对上辊组箱进行调整。下弯曲辊和下矫平辊则不动。为了使带钢达到一定的伸长率，可以采用较小的压下深度和较大的张力，或采用较大的压下深度和较小的张力。前一方法可使带材获得较好的力学性能，但对宽度和厚度会产生收缩的影响。矫平辊组的压下调整由弯曲辊组后带材弯曲状况确定。在带钢的焊缝通过时不进行弯曲矫直，避免在焊缝处撕裂。上弯曲辊组和上矫平辊组都设有液压油缸，使辊组箱在过焊缝时快速打开。

E　张力辊的传动装置

带钢拉弯矫直机只有前后张力辊组是传动的，弯曲辊组和矫平辊组均为被动。这不仅使弯曲辊、矫平辊和张力辊之间有良好的同步运转而不打滑，保证了稳定的张力，而且也使设备简化。带钢的张力产生于入口和出口张力辊组之间的速度差，调整张力主要是调整这个速度差的大小。张力辊组的传动有集体传动和单独传动两种方式。

a　张力辊组的集体传动

张力辊组的集体传动如图 4-124 所示。张力辊组由 1 台直流电动机经两级行星减速器和分配齿轮箱驱动，在出口张力辊组的传动行星减速器输入 1 个从液压马达及其行星减速器传来的

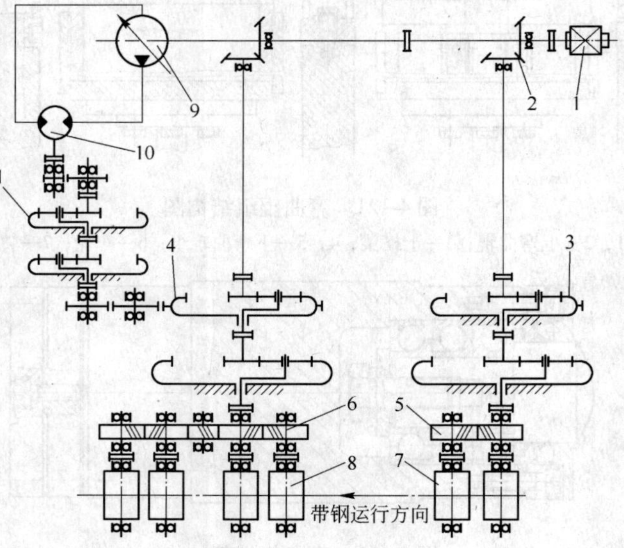

图 4-124　拉弯矫直机张力辊组集体传动

1—直流电机；2—圆锥齿轮；3，4—行星减速器；5，6—分配齿轮箱；7—入口张力辊组；8—出口张力辊组；9—液压泵；10—液压马达；11—行星减速器

转速，2 个转速叠加传动出口张力辊组，调整液压马达转速，就可以在一定范围内调整出口与入口张力辊组的速度差。入口和出口的张力辊组由于各用 1 台分配齿轮箱，因此张力辊的直径要求严格地匹配。

如图 4-125 所示为一个带有速度补偿的带钢拉弯矫直机张力辊组集体传动系统方案。整个传动系统包括 1 个主减速箱 2、1 个调整入口和出口张力辊组速度差的叠加传动行星齿轮箱 7、2 个伞正齿轮箱 3、2 个补偿传动行星齿轮箱 4 和 4 个轴装正齿轮箱 10。

入口张力辊为 1 号和 2 号，出口张力辊为 3 号和 4 号。3 号张力辊直接由主传动箱驱动，在 3 号张力辊和 2 号张力辊之间设有叠加传动行星齿轮箱 7，叠加传动马达 6 通过差动传动调节 2 号张力辊组的转速。当增加带钢伸长率，即加大张力时，2 号张力辊组的速度降低；当过焊缝时需要伸长率为零，此时 2 号张力辊组叠加的速度最大，使 3 号和 2 号张力辊之间有最小的张力。1 号和 4 号张力辊的传动中设有补偿传动行星齿轮箱 4，用来补偿 1 号张力辊与 2 号

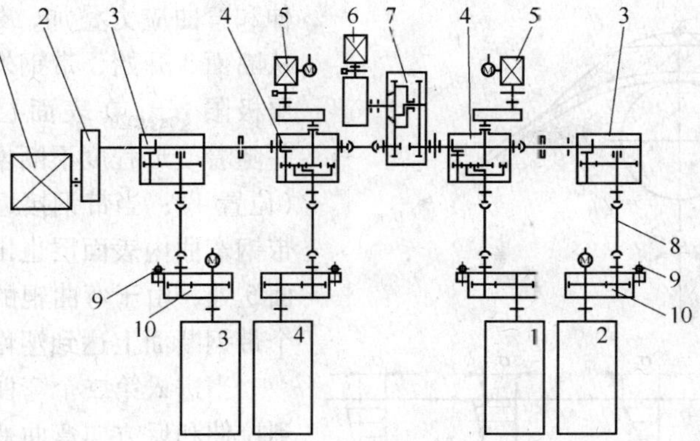

图 4-125 带速度补偿的张力辊组集体传动方案

1—主马达；2—主减速箱；3—伞正齿轮箱；4—补偿传动行星齿轮箱；
5—补偿传动马达；6—叠加传动马达；7—叠加传动行星齿轮箱；
8—万向接轴；9—承载螺栓；10—轴装正齿轮箱

张力辊、4号张力辊与3号张力辊之间出现辊径差对它们之间张力的影响，以及保证1号和2号张力辊之间、3号和4号张力辊之间所必须的带钢张力。可见张力辊组集体传动系统比较复杂。

b 张力辊单独传动

如图4-126所示为由液压马达单独驱动各张力辊的方案，每个张力辊都由1台液压马达传动。出口张力辊组由高压油泵驱动2台油压马达带动；入口张力辊的液压马达由低压回路驱动，在低压回路里装有1台低压油泵，以保证工作压力稳定；入口张力辊在带钢作用下旋转；2台液压马达起张紧的制动作用。出口张力辊的驱动力矩和入口张力辊的制动力矩产生了带钢拉伸和弯曲变形所需要的张力和变形功率，调节高压管路中的压力就可以调节张力。这种传动方案2个张力辊之间的张力不需要严格的辊径配合，只需合理分配各辊子的扭矩，传动系统比较简单。

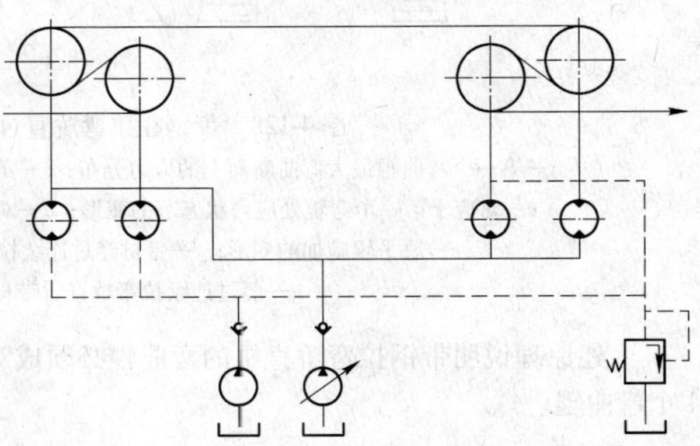

图 4-126 张力辊用液压马达单独传动

4.7.2.2 拉弯矫直原理

在拉弯矫直机上，带材在受到张力辊的拉伸作用的同时，又受到弯曲辊的反复弯曲变形作用。带材是在拉伸变形和弯曲变形的复合作用下得到矫直的。实践证明：拉弯矫直所需要的张力比张力矫直所需要的张力小得多。张力矫直所需要的张应力要大于带材屈服极限σ_s；而拉弯矫直所需要的张应力仅为$(0.1\sim0.3)\sigma_s$。

众所周知，带材在拉伸和弯曲变形复合作用下，其截面上的应力由拉伸应力和弯曲应力叠加而成，并且叠加结果使中性层移向弯曲中心一侧，其位移量取决于张力产生的拉应力的大小。

如图4-127所示为带钢通过第一个弯曲辊时的断面应力分布。带材在位置1之前只受拉伸作用，在断面上仅存在着拉应力；随后带材处于拉伸和弯曲的联合作用下，断面上的应力由拉

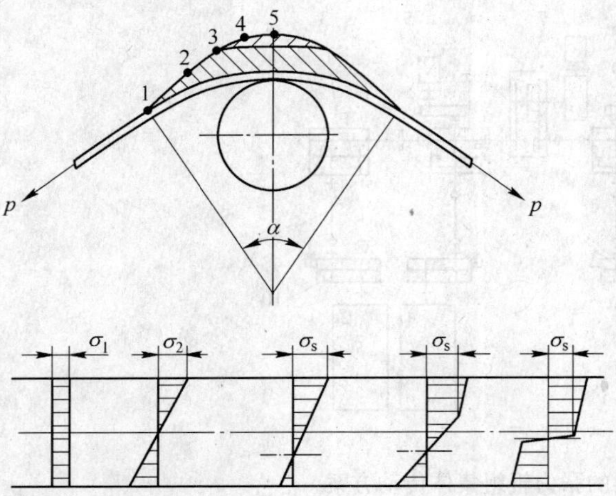

图 4-127　带钢通过第一个弯曲辊时应力分布

伸和弯曲应力叠加，外表面层拉应力增大；从断面 3 开始，带钢外表面层的拉力超过屈服极限 σ_s，在表面层开始出现塑性变形，并随着变形程度不断增加而呈现出加工硬化(位置 4)；当带钢接近最大弯曲变形时，在带钢弯曲内表面层也出现了塑性变形，在断面 5 处，由于弯曲辊的直径很小，几乎在整个带钢断面上达到塑性变形。

当进入第二个弯曲单元时，带钢开始受到拉伸和反方向弯曲变形，叠加后的应力状态与在第一个弯曲单元类似，但弯曲应力的方向相反，在达到最大弯曲状态时的应力最大值也不相等。如图 4-128 所示为带钢经过 2 个弯曲辊和 1 个矫平辊组过程中的应力和应变图。带钢在拉伸变形下，经过 2 次剧烈的弯曲变形和 1 次矫平变形之后，使带材断面上留下对称且平衡的残余应力，带材沿厚度方向上得到趋于一致较为均匀的延伸变形，使带钢的弯曲得到矫直。

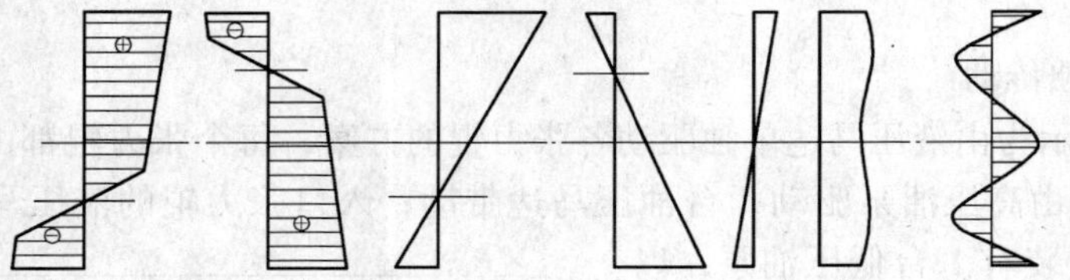

图 4-128　带钢在拉弯矫直过程中的应力应变图

a—第一个弯曲辊最大弯曲断面上的应力分布；*b*—第二个弯曲辊最大弯曲断面上的应力分布；
c—对应于第一个弯辊处应力状态下的变形；*d*—对应于第二个弯辊处应力状态下的变形；
e—矫平辊施加的变形；*f*—带材经过连续拉弯矫直后最终合成的延伸变形；
g—经过连续拉弯矫直后带材内残余应力分布

上述原理说明带钢拉弯矫直机的弯曲辊必须成对设置，最好用 2 个弯曲辊，最多也只设置 4 个弯曲辊。

参 考 文 献

[1] 张树堂，等．当代轧钢技术研究与开发的特点．中国金属学会第六届轧钢学术年会论文，1996，10.
[2] 陈士杰，等．国外轧钢生产技术发展趋势．中国金属学会第六届轧钢学术年会论文，1996，10.
[3] 潘安民，等．在宝钢建设一套5m级现代化宽厚板轧机的必要性和紧迫性．宝钢技术，1998，(3)：23.
[4] 陈瑛．我国建设一套5m级左右特宽厚板轧机的建议．中国金属学会第六届轧钢学术年会论文，1996，10.
[5] 丁嘉庆．现代宽厚板轧钢车间的技术设备．中国金属学会冶金设备专业委员会，板带生产设备学术研究会，1999，9.
[6] 吴立章．现代宽厚板厂的工艺和设备．宝钢技术，1999，(1)：22.
[7] 王延博．轧钢工艺学．北京：冶金工业出版社，1981.
[8] 宝钢1580mm热轧带钢轧机生产工艺及设备．
[9] Tsubota K，Kikugawa H，Baba K，Isoyama S. Deve lopment of the New Plane View Pattern Control System in Plate Rolling，International Conference on Steel Rolling，Tokyo，Japan，proceeding，Sept 29/Oct. 4 1980，1.
[10] 荆其榛．中厚板生产、技术的发展与进步．中国金属学会第六届轧钢学术年会论文，1996，10.
[11] 日本刚铁协会共同研究会．わか国における最近の厚板制造技术の进步，第二版．东京：日本钢铁协会，1984：209.
[12] 小指军夫，制御压延·制御冷却(日文)．东京：地人书馆，1997.
[13] 孙本容，等．中厚板生产．北京：冶金工业出版社，1993.
[14] 陈健就，贺达伦．现代化宽厚板厂控制轧制和控制冷却技术．宝钢技术，1999，(2)：10～16，21.
[15] 常崇民，陈继虞．气雾式在线冷却装置在厚板轧机上的应用．轧钢，1997，(6)：45～47.
[16] 蔡金标，宋耀华．武钢轧板厂现代化中厚板热处理机组及其使用效果．武钢技术，1997，35(11)：30～35.
[17] 姬树高，万雪明．酒钢中板厂的工艺设备及产品开发．轧钢，1998，(5)：15～19.
[18] 邢德臣，等．鞍钢2800mm中厚板轧机液压AGC系统．中国金属学会冶金设备专业委员会板带生产设备学术研讨会论文，1999，10.
[19] 联邦德国"钢铁企业组织技术研究所"编．厚板、热轧宽带钢及冷轧薄板生产．王国章，等译．鞍钢科学技术馆，1979，8.
[20] 陈健就，许超．现代宽厚板矫直机．宝钢技术，1999，(4)：10～14，46.
[21] 《热带钢连轧机》编写小组．热带钢连轧机．北京：机械工业出版社，1976.
[22] 雷闻宇，等．滚动式剪切机滚动原理分析及剪切机构最优化设计．重型机械，1987，(6)：7.
[23] 塑性と加工，1998，(212).
[24] 宋元力，等．现代宽厚板厂计算机控制系统．宝钢技术，1999，(3)：40.
[25] 陈南宁，等．热轧板带生产设备的发展．中国金属学会冶金设备专业委员会板带生产设备学术研讨会论文，1999，10.
[26] 乔洪生，等．热轧厂1580热轧岗位培训教材．宝钢(集团)公司热轧厂，1995，10.
[27] 蒋昭，等．宝钢2050毫米带钢热连轧机装备研制技术第一分册：机械设计．哈尔滨：黑龙江科学技术出版社，1998.
[28] 苗润涛．1580mm热轧机板坯大侧压新技术．宝钢技术，1998，(2)：27.
[29] 中国金属学会科普委员会，等．宝钢热连轧新技术，1989，9.

[30] 杨广. 热轧宽带钢生产工艺技术的新发展和板形控制技术. 第六届全国轧钢学术大会材料，1996，9.
[31] 曹鸿德. 塑性变形力学基础与轧制原理. 北京：机械工业出版社，1981.
[32] 居兴华，等. 宝钢2050热轧板带厚度控制系统研究. 中国金属学会冶金设备专业委员会板带生产设备学术研讨会论文，1999，10.
[33] 张秀芳，等. 热轧带钢的最新技术——无头轧制简介. 中国金属学会第六届轧钢学术年会论文，1996，10.
[34] 张齐兵. IHI定宽压力机的运动学分析. 冶金设备，1998，(5)：9.
[35] 第一重型机械厂科学技术学会. 世界轧钢生产及应用指南，1992，12.
[36] 宝山钢铁(集团)公司. 宝钢1580mm热轧带钢厂电气自动化文集，1997，12.
[37] 贺达伦. QOC技术在1580热轧带钢机上的应用. 宝钢技术，1998，(5)：44.
[38] 颜永根. 冷轧辊表面毛化技术现状与进展. 宝钢技术，1995，(6)：45.
[39] 王国栋. 板形控制和板形理论. 北京：冶金工业出版社，1986.
[40] 徐乐江，等. 宝钢冷连轧机CVC轧机技术的研究与应用. 宝钢技术，1993，(4)：25.
[41] 蔡崇伦. 20辊森吉米尔轧机结构分析. 冶金设备，1980，(3，4)，1981，(1).
[42] 冶金工业部武汉钢铁设计研究院. 板带车间机械设备设计. 北京：冶金工业出版社，1984.
[43] 连家创，等. 轧钢设备及工艺，东北重型工业学院，1985，10.
[44] 中国金属学会热轧板带学术委员会. 中国热轧宽带钢轧机及生产技术. 北京：冶金工业出版社，2002.
[45] 韩旭光. 超薄带钢生产与半无头轧制. 河北冶金，2002，(4)：57(增刊).
[46] 张成瑞. 用于半无头轧制的卷取区设备及其控制. 河北冶金，2002，(4)：95(增刊).
[47] 李果. 热轧润滑技术在唐钢热轧薄板生产线上的应用前景. 河北冶金，2002，(4)：117(增刊).